基于主体与个体的建模

（原书第二版）

〔美〕史蒂文·F. 雷尔斯巴克（Steven F. Railsback）
〔德〕沃克尔·格里姆（Volker Grimm）
主编

邹松兵　许宝荣　嵇振青　译

焦继宗　张文涌　李　芳　孙海涛　校

科 学 出 版 社

北 京

图字号：01-2020-6665

内 容 简 介

从微观细胞网络到宏观生态系统，从社会经济运行到全球气候变化，各类复杂系统均由异质性个体构成，其非线性相互作用催生复杂系统行为，传统还原论难以破解整体规律，而ABM提供了自下而上的研究视角。本书围绕复杂系统研究，系统介绍建模方法及实践路径。开篇阐释建模核心概念，指出模型是对真实系统的有目的的简化，旨在解决问题、解释规律与预测行为，其构建需依据研究问题取舍系统要素，通过方程或程序实现模拟实验。核心内容聚焦基于主体建模（ABM）与基于个体建模（IBM）。ABM将系统组件抽象为具有自主性、适应性和交互性的“主体”，通过模拟主体交互揭示宏观模式涌现机制；IBM则从个体层面出发，关注个体行为及相互作用对系统整体的影响。建模实践部分，引导读者完成从提出研究问题、收集假设、选择参数，到运用NetLogo软件实现模型的全流程，结合实例与代码讲解操作技巧，并介绍“模式导向建模”策略以解决模型设计与校准问题。

本书适用于自然科学、社会科学等多领域，为师生及科研人员提供从概念设计到模型分析的完整技能，为复杂系统研究提供理论与实践支持。

图书在版编目(CIP)数据

基于主体与个体的建模：原书第二版 /（美）史蒂文·F. 雷尔斯巴克（Steven F. Railsback）等主编；邹松兵等译. -- 北京：科学出版社，2025. 9. ISBN 978-7-03-082738-8

Ⅰ. TP311. 561

中国国家版本馆CIP数据核字第20251A1Y56号

责任编辑：杨逢渤 张 菊 / 责任校对：樊雅琼
责任印制：吴兆东 / 封面设计：无极书装

科 学 出 版 社 出版
北京东黄城根北街16号
邮政编码：100717
http://www.sciencep.com
北京中石油彩色印刷有限责任公司印刷
科学出版社发行 各地新华书店经销
*
2025年9月第 一 版 开本：787×1092 1/16
2025年11月第二次印刷 印张：20
字数：470 000

定价：240.00元

（如有印装质量问题，我社负责调换）

第一译者：邹松兵，兰州大学教授，九三学社中央委员会资源环境专门委员会委员，主要从事信息地理学、生态水文学与能源经济学的教学与科研工作，主持国家自然科学基金项目、甘肃省科技重大项目等多项项目，发表SCI论文30余篇，专著译著5部。

译者前言

我们生活在一个充满复杂系统的世界：从微观的细胞网络到宏观的生态系统，从社会经济的运行到全球气候的变化，这些系统由大量异质性的个体组成，个体之间以及个体与环境之间存在着非线性的相互作用，并由此涌现出复杂的系统行为。传统的还原论方法将系统分解为孤立的个体进行研究，难以揭示复杂系统的整体行为和演化规律。

近年来，复杂系统科学蓬勃发展，跨学科研究日益深入。复杂系统，正如普里高津所言，是远离平衡态的非线性系统，这些系统通过自组织形成新的有序结构，表现出自组织、涌现性和不可逆性等特征。钱学森先生将复杂系统科学视为一门横跨自然科学与社会科学的综合性学科，研究范畴涵盖物理、生物、生态、社会、经济等多个领域。北京大学马蔼乃教授则从地理学的视角出发，强调地理复杂系统的空间异质性、时间动态性和人地交互性，并提出了基于多系统集成的开放复杂巨系统——“天地人机信息一体化网络系统”。

作为一门新兴的交叉学科，复杂系统科学致力于研究复杂系统的结构、功能、动力学和演化规律。基于主体的模型（Agent-Based Model，ABM）作为复杂系统科学的重要研究方法之一，为我们提供了一种自下而上的研究视角。ABM 将复杂系统中的个体抽象为具有自主性、适应性和交互性的主体，通过模拟主体之间的局部交互，来研究系统宏观模式的涌现机制。

在 ABM 中，“Agent”和“Individual”是两个密切相关但又有所区别的概念。Individual 指现实世界中的个体，如生态系统中的动物等，其自身具有属性、状态和行为，并与其他个体及环境进行交互。Agent 则是模型世界中对 Individual 的抽象和简化，其继承了个体的特征，但通常只保留与研究问题相关的属性和行为，是 ABM 模型中的基本单元。Agent 现有多种翻译，如“代理”“主体”“智能体”等。在本书中，我们统一将其译为“主体”，这主要基于以下考虑：①主体更能体现 Agent 的自主性、主动性和能动性，在中文语境中，主体指具有独立意识和行动能力的个体，与 Agent 的核心特征高度契合；②主体一词在计算机等学科领域已有广泛应用，有利于保持术语的一致性；③其他翻译方式容易引起歧义，如“代理”在中文中通常指代受委托行事的人或机构。

在 Web of Science 数据库中，基于复杂系统、主体、建模等关键词对 11 183 篇文献进行检索与计量分析，我们发现复杂系统中的主体建模研究已取得显著进展并持续深化。近年来，研究者愈发注重理解复杂系统的运行规律、行为演化及其优化过程，以更全面地探索复杂系统中的局部与整体关系、稳定性与突变机制等，具体如下。

基于主体与多主体系统（Multi-Agent System，MAS）建模的演化。主体建模和多主体系统通过模拟异质性个体的自主交互行为，为揭示复杂系统宏观涌现机制提供了方法论支撑。在这些模型中，每个主体作为独立决策单元，具备环境感知、行为执行及交互响应能力。通过自组织、竞争或协作等交互模式，主体间的局部作用可驱动系统从微观个体行为向宏观群体动态演化。例如，在分析社会网络演化、生态系统动态或经济市场波动时，ABM能够量化个体策略（如适应性决策）对系统长期演化的非线性影响，为探索群体行为形成机制及环境适应性策略提供了动态视角。

复杂适应性系统（Complex Adaptive System，CAS）与仿真优化。CAS由众多自主个体构成，其局部交互引发全局性涌现现象，系统表现出动态自组织与演化特性。此类系统的优化问题不再局限于静态均衡，而是需要在动态演化中寻求适应性最优路径。仿真优化技术通过多情景模拟，评估不同策略下系统的响应与稳定性，从而识别动态环境中的最优决策方案。例如，在资源调度、供应链管理等领域，结合CAS建模与仿真优化，可量化非线性反馈对系统演化的影响，为动态资源配置提供科学依据。

动态行为与演化机制的建模。复杂系统的动态行为与演化机制研究聚焦微观交互如何驱动宏观行为的时间序列变化与结构重构。此类模型中，主体行为受自身状态、环境约束及多主体交互的共同影响，系统整体可能呈现稳态维持、相变跃迁或混沌临界等特征。动态行为建模不仅可捕捉微观-宏观跨尺度关联，还能解析演化背后的驱动力（如竞争阈值、协作网络拓扑）。如何通过模拟和仿真技术捕捉系统演化的动态过程，已成为研究热点，包括：利用高精度仿真技术刻画非线性突变过程（如生态系统崩溃、舆情传播阈值效应），以及结合生物医学（如肿瘤微环境模拟）、材料科学（如纳米颗粒自组装）等跨学科场景推动理论与应用的双向迭代等。

强化学习（Reinforcement Learning，RL）与复杂系统建模的结合。RL通过“试错-反馈”机制赋能主体在复杂环境中的自适应决策，为ABM注入智能化方法论。在RL框架下，主体基于奖励信号动态调整策略，逐步逼近全局最优解。多主体强化学习（Multi-Agent Reinforcement Learning，MARL）进一步扩展了应用场景，通过竞争、协作或混合博弈机制，驱动群体行为向高效均衡演化。例如，在分布式能源管理中，MARL能实现多节点协同调度，提升系统鲁棒性。RL与ABM的深度融合，正推动复杂系统建模向数据驱动、实时响应的智能决策范式转型。

目前，国内关于复杂系统建模的研究同样注重“理论+应用”的双轮驱动，既发展复杂系统的基础理论（如网络科学、非线性动力学），又聚焦复杂系统应用研究与复杂系统软件平台开发。北京师范大学复杂系统学科团队在复杂系统基本理论方面取得创新，提出了刻画复杂系统宏观涌现现象的本征微观态方法，并揭示了复杂系统集体行为的涌现机制。陈晓松教授团队提出基于统计系统的方法研究复杂系统的集体行为、相变及临界现象，并成功应用于二维伊辛模型、地球表面温度等复杂系统。中国科学技术大学复杂系统研究组围绕非线性系统、网络的级联过程、合作与博弈模型等开展研究，涉及生命复杂系统、自驱动个体运动等多个领域。同济大学复杂工程管理研究团队以工程系统复杂性及工程建设运营管理为研究核心，发表500余篇论文，出版30余部著作。郭光灿院士团队在里德堡原子系统中观察到复杂系统接近临界点时的早期预警信号，为理解复杂系统的临界行为提供了重要实验平台。黎夏教授通过结合元胞自动机和多智能体模型，进行了地理模拟优化系统（Geographical Simulation and Optimization System，GeoSOS）等多个领域的研究。我国系统科学和复杂性科学研究正蓬勃发展。

我们相信本书将为国内相关领域的研究人员、教师和学生提供宝贵的学习资源，推动

ABM 方法在我国的普及和应用，为探索复杂系统的奥秘贡献力量。本书在《基于个体的生态学与建模》(*Individual-Based Modeling and Ecology*) 的基础上进行了全面更新，不仅构建了坚实的理论框架，还细致介绍了 ABM 技术从概念设计至计算机实现、参数化及分析的完整流程，特别强调了 NetLogo 软件的应用，并配以丰富的实例、练习题及源代码，为读者提供了从入门到精通的实践路径。本书覆盖了社会科学、生态学、生物学等多个领域，有效填补了国内复杂系统建模实践中的空白，为研究者提供了一个系统化、可操作的建模方法论，极大地推动了复杂系统领域的研究进展。

本书的翻译工作由兰州大学邹松兵、许宝荣、嵇振青（译者），以及焦继宗、张文涌、李芳、孙海涛（校者）专家团队共同完成。翻译本书的过程，也是我们深入学习 ABM 方法的过程。我们力求准确传达原著的思想精髓，同时兼顾中文表达的流畅性和可读性。翻译工作历时三年，译校者们为确保译文质量付出了大量心血。在此，我们特别感谢青藏高原人文环境数据智能实验室、甘肃省科技重大专项（No. 21ZD4FA008，No. 20ZD7FA005）、国家自然科学基金项目（No. U21A2006，No. 42171305）、甘肃省哲学社会科学规划重点项目（No. 2021ZD004）提供的资金支持。同时，在翻译和校对过程中，我们得到了原著作者史蒂文·F. 雷尔斯巴克（Steven F. Railsback）和沃克尔·格里姆（Volker Grimm）以及多位其他领域专家的指导与宝贵建议，他们为本书翻译质量提供了有力保障。我们向所有参与本书翻译与校对的专家和学者致以诚挚的谢意！最后，尽管我们力求完美，但书中难免存在疏漏和不足之处，敬请读者批评指正。

译 者

2025 年 2 月

前　言

《基于主体与个体的建模》第二版终于与大家见面了。

六年来，我们一直在使用并推广第一版《基于个体的生态学与建模》，收集老师及自学者的各种反馈，指导初学建模者，并陆续构建、使用和发布我们自己的模型。与此同时，书中所使用软件平台——Wilensky's NetLogo（Wilensky，1999）——的开发者也一直致力于从多个方面对软件性能进行改进。NetLogo 用户社区也不断开发出各种非常有用的新软件工具。基于此，本版本足有 200 多处修订。

绝大多数修订，旨在改进第一版中让学生和老师都感觉特别难的部分，落实用户给出的卓越建议，从而确保章节内容更加清晰易学。另外，少部分修订用于更新 NetLogo 当前版本（6.0.4）相对应的必要代码示例和方法。还有一些修订，特别在第Ⅳ部分，探讨了新技术和现有的软件工具。同时，为便于教学，本版本修订、替换和新增了许多练习。熟悉第一版的读者会发现，在本版本中，我们对第 4 章和第 5 章中用到的蝴蝶模型进行了大量修订，替换了 6.5 节中给出的软件测试练习模型，对第 10 ~ 12 章用到的商业投资者模型进行了重大调整，改变了第 16 章野狗模型的编程方式，彻底修订了 23.2.1 节中给出的敏感性分析方式，并对第 23 章和第 24 章进行更新以补充 2012 年以来的研究进展。

在修订过程中，本版本更新了章节练习题以及供教师所用的各种解决方案（下面进行讨论）。较第一版而言，本版本中新增的指导材料更完整、更详细。

第一版教材非常成功。它已被多所大学采纳并用作教材，也已有数百名个体用户与我们联系。基于主体和个体的模型（Agent-Based and Individual-Based Model，A/IBM）在政策制定和决策支持应用中越来越受欢迎，并逐渐成为被科研人员认可的、乐于分享给他人的工具。不过，所有这一切并未改变本书编写的初衷，即搭建“想用”A/IBM 的需求和“如何用”的实践之间的桥梁，提供学习使用模型的教师与材料资源。越来越多的大学院系希望开设此类建模课程，但具有建模开发经验的教师却寥寥无几。因此，编写此书也可以协助缺乏开发课程经验的教师和自学者获取相关知识。

本书可单独使用。不过，本书视读者已事先读完，或正与本书配合阅读第一版《基于个体的生态学与建模》（Grimm and Railsback，2005）。第一版侧重于介绍在开展科研时如何设计和分析 A/IBM 的概念框架，而本版本更倾向于实现和分析模型细节。区别于第一版，本版本不仅关注在生态学领域的应用，还添加了社会和人文科学领域的许多示例，可适用于需要 A/IBM 教材的多个领域。常规建模和特有的基于主体的建模的原理在科学领域彼此独立，使多学科性成为可能。

在除生态学外的其他学科领域，基于个体的模型（Individual-Based Model，IBM）更多地被称作基于主体的模型（ABM），因此本书也比较多地使用术语 ABM，而非 IBM。IBM 与 ABM 之间存在历史性差异：IBM 关注个体变化和局部相互作用，而 ABM 侧重决策和适应性行为。不过，这些差异正逐渐淡化，所以如第一版，本版本互换使用这两个术语［事实上，Vincenot（2018）分析表明，这两个术语之所以可以互换，部分原因归于本版本提倡的标准，尤其是第 3 章引入的 ODD 协议］。同样，本书也隐式包含和提到“多主体系统”。多主体系统只是基于主体的建模的一个分支。基于主体的建模主要用于人工智能和人工生命的计算机科学研究。

本书目标

本书旨在为科研人员提供基于主体的建模的入门级课程或独立研究，包括仿真建模和计算机编程新手培训课程。本书适用于研究生和即将开展研究工作的高年级本科生，也适用于希望将基于主体的建模添加到其工具包的经验丰富的科研人员。通过本书，学员可学到 ABM 使用的概念和理论框架，以及运用 NetLogo 软件在计算机上实现模型的详细知识。本书涵盖的主题如下。

■ 何时及为何使用 ABM，它与其他模型有何不同；

■ 如何为特定系统和问题设计 ABM；

■ 设计和描述模型的概念基础；

■ NetLogo 的模型编程及模拟实验；

■ 为解决科学问题应如何分析模型，包括复杂系统理论的发展。

本书的目标是为以上主题，特别是 ABM 所特有主题，奠定一个良好的基础。从策略上，将本书内容限定在学生通过课程可以掌握的材料，而不是深陷大量现有的通用仿真建模文献所涵盖的技术细节。

在整个课程中，我们强调了运用 ABM 进行科学研究的几个专题。

■ 运用模型来解决研究问题。科学模型的基本特征是它们被设计用于解决一个系统或一类系统相关的特定问题，如对系统如何响应新条件进行预测，或仅为了理解驱动系统的机制。

■ 以理论为基础构建模型，利用模型发展和扩充理论。所谓理论，在基于主体的复杂系统环境下，特指可涌现系统行为的个体特征和行为的模型。

■ 学习并遵循科学建模惯例和理论。建模不是缺乏标准程序和理论的直观过程。事实上，建模者有很多东西需要向前辈们学习，如了解适当时空尺度的重要性，以及如何进行规范的模型分析。

■ 编写模型文档与测试软件。新手们常常感觉编写模型文档和测试软件枯燥乏味。事实上，这些工作都是科学建模必不可少的、富有成效的、有时甚至有趣的一部分。

■ 标准化。ABM 的历史性难题之一，即用于思考和描述其他类型模型（如微分方程、统计模型）的标准“语言”不足以系统阐述 ABM。最近在制定 ABM 的各种“标准”方面开展了大量工作，而本书强调 ABM 标准的使用。在本书中，我们始终采用标准协议（即 ODD 协议）描述模型，运用一组标准概念来思考和设计 ABM；NetLogo 本身就是 ABM 编程的标准语言。

为什么采用 NetLogo 软件？

本书选择使用哪个软件平台，对我们来说非常关键。基于主体的建模的软件平台很多，但功能有所不同。我们在学习使用几款最常用的平台并试着教给学生后，有以下 2 点发现：①不存在一款单独的理想平台，平台间各有优劣，并没有一款面向所有应用的最佳理想平台；②NetLogo（Wilensky，1999）显然是初学者及严谨科学建模人员的最佳平台。

NetLogo 为 ABM 提供了一种简单且功能极其强大的编程语言，以及测试和理解 ABM 所必需的图形界面。这样，我们可以花更少的时间在编程上，进而更关注科学研究。如今，虽不是大多数，但已有大量发表的科学 ABM 都是在 NetLogo 中实现的。同样重要的是，美国西北大学（Northwestern University）的 NetLogo 团队提供一套极其完整、有用和专业的文档资料和教程材料。虽最初 NetLogo 被设计为一种教学工具，但它在科学领域的应用发展非常迅速。NetLogo 本身也在不断发展，以更好地满足科研人员的需求。此外，NetLogo 可用于所有现行操作系统，并且是免费的，我们鼓励其他使用 NetLogo 的项目和程序加入我们，并为软件提供支持（通过 NetLogo 网站）。

过去，NetLogo 计算速度慢，人们认为大或复杂的模型需要另外选择语言编程。如今，NetLogo 大有改观，第 24 章将讨论。虽然全书通篇仍采用常规软件概念，但已有足够的经验证实，NetLogo 可以高效地实现和分析大型模型，不再需要转移到其他平台来确保模型的严谨。许多 NetLogo 模型在运行的初始阶段很慢，但其影响因素在其他编程语言中同样存在。在独立发表的文献和支撑材料（www. railsback- grimm- abm- book. com/JASSS-models. html）中，我们解释了如何识别和补救 NetLogo 模型运行慢的部分，并举例说明了使用 NetLogo 实现的多个大型模型和分析。

概述和推荐的课程结构

本书包括 4 个部分。第Ⅰ部分提供入门所需的基础知识：对基于主体的建模和建模过程的初步理解，以及在 NetLogo 中实现 ABM 的基本技能。第Ⅱ部分引入具体的模型设计概念与方法，同时拓宽和强化学生的 NetLogo 技能。第Ⅲ部分转向更广泛的科学问题：利用被建模系统的相关知识来设计具有适当复杂度的模型，深化对系统的理论理解，并校准模型。第Ⅳ部分着重分析模型：如何学习并利用 ABM 进行科学研究。最后，我们提出建议，助您在保持动力的同时持续进阶，成为一名优秀的建模者。

本书的课程应包括理论讲授和计算机实践。书中给出的建模和软件相关概念最好以理论讲授方式进行，而大部分学习以计算机实践方式完成，练习和项目的复杂度逐渐上升。作为一门大学课程，每周须安排 1 ~ 2 小时的理论讲授，以及至少 2 ~ 4 小时的计算机实践。

第Ⅰ部分第 1、3、6 章采用理论讲授形式，第 2、4、5 章采用导入型计算机实践方式，由教师带领一起进行；第 6 章还包括一个重要的实践练习。本书其他章节都包含建模概念和编程技术，将以理论讲授方式介绍，配套用于强化概念与方法的练习。对于第Ⅱ～Ⅳ部分的计算机实践，学生须独立完成，课堂上教师将留出更多时间解答学生的疑惑。计算机实践部分的练习可以作为课后作业去完成。

第Ⅰ和Ⅱ部分的练习通常简短，重点突出，最好全班同学同步练习。从第Ⅲ部分开始，练习题目内容更加开放，创造性和独立性逐渐增强。这时，可逐渐过渡到更多类似项目的工作，更多类似项目的工作可逐步开展，逐渐培育出更多具有独立性的项目，达到与书中练习一致的目标。我们强烈建议老师们尽可能根据自己的经验和学科领域替换掉书中给出的练习。

我们的经验是组队练习，每队通常有两个学生，这种方式至少在课程早期是有成效的。通过组队，学生们可以互相帮助。为了鼓励这种行为，可以把他们安排在同一个计算机机房。编程人员都知道，找出自己的错误的最佳方法是向他人讲解。而且，编程初学者总是容易卡壳，但往往只需要一点帮助，就可以顺利解决。编程老师也须向学生提供“咨询服务”——答疑时间、老师辅导、电子邮件等——帮助他们完成课后作业。

即使作为一门研究生课程，完成本书的学习也有难度。特别是第Ⅱ部分，教师应根据学生特定的兴趣，确定要省略的部分，甚至可以忽略1～2个完整章节。不建议教师在第Ⅰ部分和第Ⅱ部分花太多时间，而忽略后续关键章节（特别是第18、19和22章）。

我们对教师的期望

本书对教师是否使用过ABM不作要求，这种情况在教科书中并不常见，但别无选择，因为有经验的基于主体的建模者太少了。

我们对教师的期望如下。

第一，本书可协助教师非常透彻地消化第一版《基于个体的生态学与建模》，特别是本书更详细地阐述了很多观点，并解释了我们为什么这样做。O’Sullivan 和 Perry（2013）的书也为所谈及的建模类型提供了宝贵且通俗的背景知识。

第二，教师及其助手需要事先积累足够的NetLogo平台经验。该平台易学，但需要去习惯它的编程方式。先验经验可能有用，也可能没用：NetLogo的使用有一些标准的编程技巧（如声明变量、编写类似子程序的例程等），如果用编写C、Java或MatLab的方式编写NetLogo代码，您就不会发现它的优势。幸运的是，无须担忧，NetLogo拥有出色的文档和示例模型。而且，NetLogo很有趣，但如果想完全自学，您可能在最初1～2个小时的学习之后存在一定的困惑和挫折感。不过，NetLogo很受欢迎，在校园里，您就可能找到有经验的用户，如计算机科学专业的教授和学生，他们通常很乐意提供帮助。此外，还有在线的NetLogo用户社区、编程技术支持（stackoverflow. com），以及本书用户的在线论坛（如下所述）。如果教学的前几周就开始认真阅读NetLogo教程材料与本书的第Ⅰ部分和第Ⅱ部分，您应该能够顺利上手。

第三，希望教师协助学生规避新手和建模自学者常见的一些坏习惯。NetLogo推荐一种非常简单有趣的实验性方法：进行少量代码修改，看看会发生什么。这种实验很好，不过学生需要知道，只有完成以下3项任务才算作真正建模：①停止修改和扩展模型——即使模型看起来“真实”或“已完成”——这样它们才能继续推进后续工作，观察模型结果；②记下模型要做什么以及为什么要这么做；③给出确凿证据，证实软件确实可实现第二步的内容。构建过多个 ABM 之后，您就会发现未经严格测试过的软件不太可能没有错误，即使使用 NetLogo 这样简单的平台也是如此。模型的书面描述对于学术交流和软件测试都非常必要。不过，停止修改模型设计之前，以上②和③两个任务都无法实现。希望教师能像计算机编程教师那样：软件须附有目的和设计说明文档，以及严格测试找出其中的错误，否则认为作业不完整。当这些步骤成为习惯之后，您会发现学生的建模能力将显著提升。

在第一版课程的教学中，一些学生在编程方面遇到的困难明显多于其他学生。事先培训可能有用，也可能没用：人们学习编程的速度和天赋是不同的。我们认为，即使对于那些不构建模型，而是使用建模衍生的知识的学者而言，这门基于主体的建模的课程也非常有用（作为应用建模工程师，我们在工作中发现，对于科学家和管理者来说，即使他们从未自己开发过模型，熟悉建模过程也是一项非常有用的技能）。因此，我们对学生是否事先具备编程经验不作要求，因为这可能会使一些人甚至不敢尝试学习这门课程。这样一来，教师应随时准备为编程能力较弱的学生提供额外支持，包括安排师生/生生辅导、提供额外的练习和示例，甚至简单地提供代码，便于学生开展模型分析。模型分析实际上比编程更为重要。

给自学者的建议

尽管我们非常希望每所大学都能开设基于主体的建模的相关课程，但我们也已意识到这是不现实的，有些人需要自学基于主体的建模。如果您是自学者，也不用担心，本书的课程设计对此也进行了考虑。

您应该如何进行呢？我们建议您每阅读一章，便进行相应的练习，直到您能够自如地继续学习。自学 NetLogo 也不用紧张，我们介绍了 NetLogo 软件及其用户提供的许多学习材料和支撑资源。在线用户社区可能对您特别有帮助，您应该能在您附近找到其他 NetLogo 用户进行咨询。您也可随时联系我们，获取练习答案及示例代码。

课程网站和辅助材料

通过课程网站（https://press.princeton.edu/books/paperback/9780691190839/agent-based-and-individual-based-modeling），可获取本书及用户提供的各种补充资料。使用本书时，请关注课程网站的新闻和更新。网站所提供信息包括：

■ 因 NetLogo 版本更新，对文本、示例代码和练习所作的更改（当前版本是 NetLogo 6.0.4）；

■ 文本和练习中所用到的输入文件、文档等；

■ 书中提到的、我们计划更新的补充材料；

■ 矫正部分及说明材料；

- 为教师和自学人员提供的辅助材料；
- 与我们沟通、反馈和分享的方式。

非常感谢瑞德福大学（Radford University）的 Jeremy Wojdak 博士。本书也有一个在线论坛，是定量本科生物教育与合成网络（Quantitative Undergraduate Biology Education and Synthesis network，QUBES）的一部分。QUBES 论坛旨在帮助使用本书的教师彼此交流及与我们进行互动，分享教学材料和经验。本书课程网站上有 QUBES 论坛网站的链接。

致　　谢

在完善本书素材和经验时，我们得到了许多人的帮助。特别是，我们的好朋友，德国德累斯顿工业大学（Technische Universität Dresden，TUD）森林生长与信息科学研究所（Institute of Forest Growth and Forest Computer Sciences）的 Uta Berger 教授。他组织了基于个体和主体的建模的 TUD 暑期学校。这门课的大部分内容是在暑期学校与 Uta Berger 教授一起研发的。在此感谢 Uta Berger 教授、其他的老师及众多学生。此外，还要感谢那些阅读初稿并给出有效反馈的读者，在此不再一一列举。

图 1.1 中的数据由法国国家科学研究中心（Centre National de la Recherche Scientifique，CNRS）奇泽生物研究中心的 Henri Weimerskirch 博士和 Maite Louzao 博士提供。Pe'er 提供了蝴蝶登顶模型观测场的地形数据，这些数据源自 John K. Hall 的工作，由希伯来大学 GIS 中心（Hebrew University GIS center）的 Adi Ben-Nun 提供。洪堡州立大学（Humboldt State University，HSU）的 Steve Hackett 教授和 Howard Stauffer 教授评估了本书部分技术的准确性。第 12 章中等高线绘制的 R 代码由波茨坦大学地球生态研究所（Institute of Geoecology，University of Potsdam）的 Damaris Zurell 提供。对本书（特别是第 6 章）做出贡献的计算机科学家有 Steve Jackson、Steve Lytinen 和 Phil Railsback。Marco Janssen 和 Margaret Lan 为编写教材提供了许多建设性的建议。此外，还要感谢伟大的画家 Astrid Preston（www. astridpreston. com）再次让我们使用她的作品作为封面。

我们非常感谢 Volker Grimm 母校的支持。莱比锡赫尔姆霍兹环境研究中心（Helmholtz Center for Environmental Research，UFZ）的生态建模系（the Department of Ecological Modelling）是一个独特的、从事模型实践和理论研究的专业中心，特别是对自然和人类环境的基于个体的建模。

我们特别感谢西北大学互联学习中心（Northwestern University's Center for Connected Learning）的 Uri Wilensky 和 NetLogo 团队，他们开发并维护该课程的相关软件，确保本课程可行有趣。此外，还要感谢 Seth Tisue 审阅我们的手稿，给出许多改进建议。

多位专家对第一版给出良好反馈和有益评论，在他们的大力支持下，本书得以出版。我们特别感谢 Britta Tietjen、Daniel Ayllón Fernández 以及为普林斯顿大学出版社进行匿名评审的老师。

最后，将本书献给我们的父亲，Charles Railsback 和 Hans Grimm，他们于 2010 年相继去世。他们一生致力于哲学和理性的探究、教育，以及让世界变得更美好。

目　　录

第Ⅱ部分　设计 ABMs 模型的概念框架

第Ⅲ部分 面向模式的建模

第Ⅳ部分　模型分析

第 I 部分
基于主体的建模和 NetLogo 基础

1 模型、基于主体的模型及建模周期

1.1 引言、动机与目标

学习如何构建和使用基于主体的模型（Aagent-Based Model，ABM）或某些领域的基于个体的模型（Individual-Based Model，IBM）很重要，为什么呢？简单地说，ABM 可用于解决传统模型和方法因过于简单而无法处理的问题。例如，An（2001）的研究表明，一个简单的 ABM 模型就可以解释之前曾被误解，致多人死亡的医学综合征的机制。生态学研究人员也发现传统模型因忽略个体行为，所表达的捕食者种群与猎物种群间的基本关系不切实际，而 ABM 可再现传统模型所忽略的个体行为（Abrams，1993；Railsback and Harvey，2013）。还有，最典型的示例是，2008 年国际金融危机部分归因于政策模型。该政策模型简化了管理系统的内在复杂性，而 ABM 可解决该问题（Buchanan，2009）。接下来，让我们仔细分析一个真实的模型，一起来感受 ABM 的魅力。

1.1.1 一个成功的案例：欧洲狂犬病的控制

狂犬病是由病毒引起的，一种可致大量野生哺乳动物死亡的疾病，人和家畜都可能被感染。在欧洲，狂犬病主要由红狐传播。之前无狂犬病的区域（即非疫区）开始暴发狂犬病时，狂犬病以“行波”（Traveling Wave）形式传播：感染率高和低的区域交替出现。

通过给红狐接种疫苗，可大面积根除狂犬病，新疫区也得以控制。于是，欧洲各国政府通过生产狂犬疫苗，将其注入饲料，由飞机喷洒诱饵，根除了中欧的狂犬病。不过，这项计划耗资巨大，且仅在发现并遏制新暴发时有效。其成本效益的关键在于：一个地区需要有多少比例的野狐接种疫苗才能消除狂犬病，以及应对狂犬病暴发的最佳策略是什么？

长期以来，模型一直应用于野生动物以及人类的此类流行病学问题的研究中。采用经典微分方程模型对欧洲狂犬病问题进行模拟，模拟结果表明至少 70% 的狐狸接种疫苗才能消灭狂犬病。管理人员计划采用“带状接种”策略（对包括天花在内的其他流行病非常有效）应对新疫情：疫苗接种区不是新疫区，而是其周围的带状区域，带状区域的宽度通常由疫苗应急供应的有限数量决定。70% 的疫苗接种策略的确成功了。不过，狂犬病问题具有一些重要特征，即狂犬病传播在空间和时间上都存在重要模式，并受个体行为驱动（在本案例中，大多数狐狸的领地固定，而年轻狐狸则进行长距离迁徙），在此基础上，基于主体的建模方法可以精确地预测这些模式。于是，Florian Jeltsch 和同事一起开发了一个简单的 ABM，模拟了多个占据固定家域的狐狸家庭，以及年轻狐狸的迁徙行为（Jeltsch et al.，1997）。该模型准确模拟了狂犬病在空间和时间上的传播。

随后，Dirk Eisinger 和 Hans-Hermann Thulke 对 ABM 进行了修正，以评估疫苗诱饵在空间上的分布如何影响狂犬病的控制（Thulke and Eisinger，2008；Eisinger and Thulke，2008；Eisinger et al.，2005）。他们的 ABM 模拟结果表明，疫苗接种率远低于 70%，就可以根除狂犬病，这一结果不但可节省数百万欧元，而且已通过监测疫苗实际接种率的少量案例研究得到证实。该模型预测疫苗接种率较低的原因是狂犬病的“波形”（Wave）传播是局部传染性接触行为的涌现结果，正是这种局部传染性接触为根除狂犬病提供便利。该模型还提出了一种备选方案，即围绕最初疫区进行圆形紧凑型医疗接种，比起带状接种方案，备选方案更易成功。该模型重现了真实疫情暴发的许多特征，因此其预测也易于理解，狂犬病管理者认可这项研究结果，并成功地应用了该圆形策略。

狂犬病案例表明，基于主体的建模可为诸如环境、健康和经济等许多重要问题找到新的、更好的解决方案。事实也是如此。这些问题都出现在一个由自主“主体”组成的系统中。在该系统中，这些“主体”彼此之间及与环境之间相互作用；它们彼此不同，随时间和空间不断变化；它们具有各种行为，这些行为通常对系统如何运行至关重要。

1.1.2 目标

本章介绍建模与基于主体的建模。首先，明晰一些有关建模的基本概念。这些内容乍看似乎并不重要，但事实上却是本课程其他所有内容的基础。

学习目标：

■ 模型与建模——为什么要建模；

■ 建模周期——设计（Designing）、实施（Implementing）和分析（Analyzing）模型并使用它们解决科学问题的迭代过程；

■ 基于主体的模型——基于主体的模型与其他类型模型的区别，以及使用它们的理由。

1.2 模型

模型是对某个真实系统的特定表达（Starfield，1990）。通过建立和使用模型，可以解决或回答一个或一类与系统相关的问题。科研中，我们通常需要去思考系统运行的原理，解释所观测到的模式，并预测系统行为对某些变化的响应。真实系统往往过于复杂或发展太慢，无法通过实验来分析。例如，仅通过实验很难去理解城市的发展和土地利用变化。因此，我们尝试运用方程或计算机程序构建系统的简化表达，随后对其进行操作和实验。（构建模型意味着需要设计其假设条件和算法。）

真实系统（如一个城市或景观）的简化表达有许多方法。但是，如何确定真实系统的哪些方面需要在模型中表达，哪些方面需要被忽略？要回答这个问题，需要先明确建模的目的。将需要模型回答的问题作为过滤器，通过忽略或简化表达与需要模型回答的问题无关或不重要的方面，来过滤真实系统。

下面来看一个看似简单，但很重要的示例：您是否曾在森林里找过蘑菇？您是否想过最好的搜寻策略是什么？在案例当中，假定您是一位新手，在森林里很难找到蘑菇，甚至踩到蘑菇后才会发现。即使您是一位蘑菇方面的专家，您知道如何辨识出适合蘑菇生长的环境，您也需要一个在较小范围搜寻蘑菇的策略，因为蘑菇很难被发现。

您可能会想到几种简单的策略，因为蘑菇总是簇状生长，对一个区域先进行粗略扫描，一旦发现蘑菇，便开始集中精确搜寻。那么，如何定义“粗略”、“精确”和“扫描方式”，以及精确搜寻多久后要返回到粗略扫描？

人类社会中，寻找与邻里和平共处的满足感也是如此。多种动物都会遇到类似问题，因此它们很可能进化出了良好的自适应搜索策略。例如，信天翁的觅食行为就像蘑菇搜寻者：线性长距离移动和精确搜寻交替进行（图 1.1）。

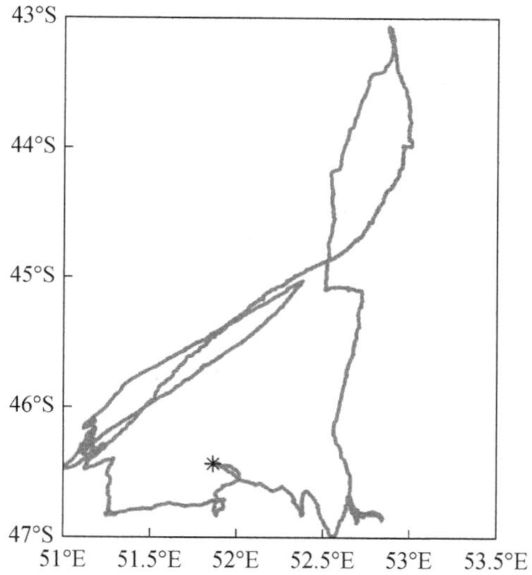

图 1.1 一只雌性漂泊信天翁（*Diomedea exulans*）在南印度洋觅食的飞行路线

飞行开始和结束于克罗泽群岛的一个繁殖集居地（以星号表示）。数据由 H. Weimerskirch 及其同事记录，用于研究信天翁的适应性觅食行为（Weimerskirch et al., 2007）

信天翁与蘑菇搜寻者的共同特点是，感知半径有限——只有在靠近猎物时才能探测到其存在——所以它们必须一直移动。而且，猎物通常并非随机或规则分布，而是集聚分布，因此其搜索行为应具有适应性，即一旦发现目标，搜索方式就会改变。

为什么我们要对这个问题建模？因为即使对于这样简单的问题，我们也无法建立定量的思维模式。凭直觉，我们可以找到一个非常有效的搜寻策略，但随后会发现，其他人运用不同于我们的方法，找到了更多的蘑菇。他们只是更幸运，还是他们的搜寻策略更好？

现在我们就能理解，构建模型之前需要明确定义目标。想象一下，有人简洁地对您说：“拜托，请您模拟一下如何在森林里找蘑菇。”这时，您应该关注什么？不同的蘑菇种类、不同类型的森林、好坏生境的识别，以及采集对蘑菇种群的影响等？然而，当以“在特定时间内，什么样的搜寻策略可以搜寻到最多的蘑菇”为目标时，我们需要知道：

■ 可忽略树木和植被，只需考虑蘑菇的簇状分布特征。另外，可忽略诸如地形或土壤类型等森林的其他异质性——这些或许会对搜索有一些影响，但不足以改变对问题的一般性的回答。

■ 用一种非常简化的方式来表示蘑菇搜寻者就足够。仅以一个移动的“点”表示，该点具有特定的感知半径，并能记录其找到的蘑菇数量，以及直到找到最后一个蘑菇时所用的时间。

现在，我们就可以构建一个模型，该模型包括蘑菇集群以及在模型世界中搜寻蘑菇的单个“主体”。如果“主体”找到一个蘑菇，则切换到精确移动，一旦搜寻时间超出规定的阈值，则切换回直线移动，去寻找其他蘑菇。在这个模型中，假定搜寻蘑菇的能力不随移动速度变化，从而忽略搜寻速度。

图 1.2 给出了上述简单的蘑菇搜寻模型的运行示例。在第 2 章，您将对这个小模型进行编程，开启对软件平台 NetLogo 的学习。

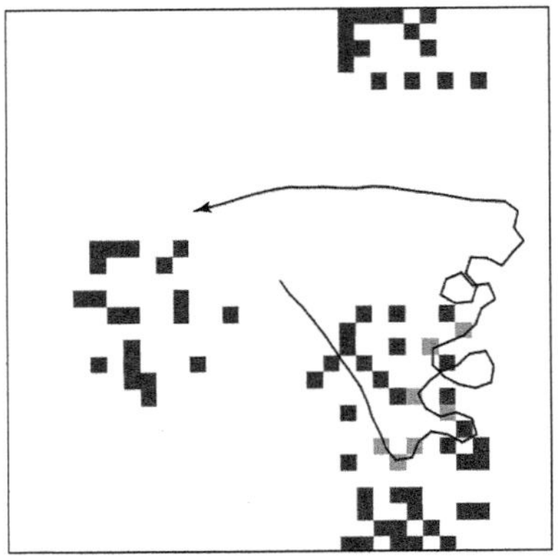

图 1.2　模型主体搜寻簇状分布蘑菇的路径

这类搜寻问题非常简单，我们很清楚什么过程和行为对建模很重要。但是，针对需要运用模型解决的问题，通常怎样才能知道某些因素是否重要？很遗憾，答案是我们无法知道！而这正是我们必须构建、实现（计算机中编程）和分析模型的原因，也只有这样，我们才可以使用数学和计算机逻辑来严格分析简化假设的后果。

模型的首次构建必须建立在对系统的初步理解之上，即理解系统运行的基本原理、系统重要组成要素和主要过程等。这些初步想法可能基于对系统行为的一些经验知识，或解决类似问题的早期模型，也可能是基于理论，或者仅仅基于想象（如搜寻蘑菇的例子）。但是，如果不知道这个系统是如何运行的，则无法构建模型！例如，科研工作者很乐意为几乎所有的事物建立模型，但因尚不知道意识到底是什么以及它是如何产生的，所以迄今为止似乎还没有构建出人类意识显式模型（Explicit Model，对应于隐式模型 Implicit Model）。

第一版模型的假设具有实验性，我们必须测试其是否合适和有用。为此，我们首先需要对真实系统进行识别和特征描述，形成模式和规则，建立标准，依据此标准判断模型是否能很好地表示真实系统。例如，股票市场模型应该表现出真实市场中所看到的价格的各种波动和趋势。通常，模型的第一个版本过于简单，缺少重要的过程和结构，或与真实系统根本不一致，因此我们需要回过头来修改被简化的假设。

1.3 建模周期

思考蘑菇搜寻（或信天翁觅食）模型时，我们靠直觉完成了一系列任务。但科学建模需系统、仔细地研究一系列任务，并运用数学运算和计算机算法严格确定所构成模型简化假设的后果。

科学研究通常需要多次循环迭代建模任务。第一个模型经常需要从以下某些方面进行改进，如模型过于简单或太复杂，或者意识到我们提出了一些错误的问题。因此，将建模视为“建模周期”的循环迭代非常有用（图 1.3）。迭代并不意味着总要遍历整个周期，通常只是遍历较小的循环，如问题表述和模型的口头表述之间的遍历。建模周期包括以下任务。

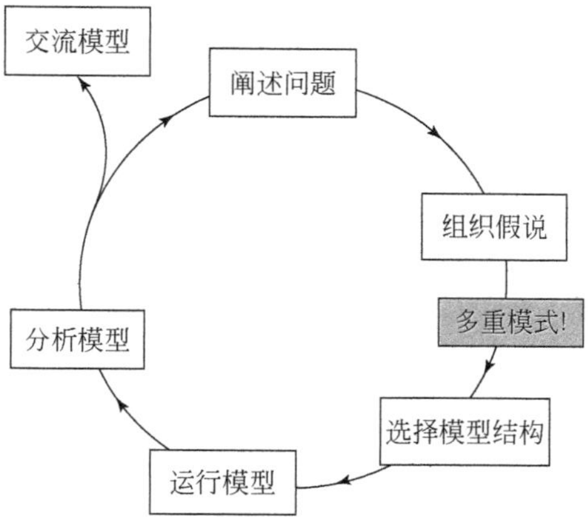

图 1.3　建模周期

资料来源：Grimm 和 Railsback（2005），其翻译书籍为《基于个体的生态学与建模》（2020）

（1）阐述问题。我们需要从一个非常明确的研究问题开始，该问题随后作为设计模型的主要方向和过滤器。通常，提出一个明确而富有成效的问题本身就是一项主要任务，因为一个明确的问题需要一个明确的重点。对于复杂系统而言，确定重点可能很难。很多时候，即使我们提出的问题仅仅是实验性的，但可能因为它不够清晰，或太简单、太复杂等，之后或许需要重新表述。

蘑菇搜寻模型中的问题是，如果蘑菇簇状分布，什么样的搜寻策略可以最大限度地提高搜寻蘑菇的速度？

（2）为基本过程和结构组织假说。基于主体的建模很“朴素”（DeAngelis et al.，1994）。从某种意义上来讲，我们并未将主体与其在诸如丰度、生物量、总体财富、人口比例或营养通量等抽象变量中的行为结合，相反，我们纯粹地直接表达主体及其行为。创建这些主体，将其放在虚拟环境中，随后让虚拟世界运行，看看可以观察到什么。(不过，重要的是要扪心自问：有没有可能用一个更精炼、更简单的模型来回答我们的问题?)

通常，我们必须阐述许多假设，以确定哪些过程和结构对要解决的问题是至关重要的。可以自上而下地问自己一些问题，比如，哪些因素会强烈影响所关注的现象？这些因素彼此独立还是相互作用？它们是否受其他重要因素的影响？我们可以绘制出所谓的影响图，或者流程图，或者仅是我们的系统和问题的漫画。但是，不管选择什么技术，这项任务都需要将我们现有的知识和理解运用至进行广泛假设的头脑风暴中，然后进入最重要的简化阶段。

我们必须强迫自己尽可能地简化模型。建模周期必须尽可能从最简单的模型开始，因为我们希望在循环迭代的同时逐步深入理解。初学者常见的一个错误是在第一版模型中投入太多——通常认为所有因素都是众所周知的，不可被忽略。建模专家对此的回答是“是的，您可能是对的，但是应先关注绝对极少数的因素。将您认为模型中可能需要的所有其他因素放在“愿望清单”中，随后核查它们的重要性。”

给出此建议的理由是：仅凭对系统的初步理解不足以确定因素对模型更重要还是不重要，但模型的目的会告诉我们答案。因此，即使模型非常简单，也要尽快实现它。模型越简单，就越容易实现和分析，进而越快取得成效。项目建模中真正富有成效的阶段开始于启动建模循环时：假设—实现—模型输出—分析—解释—修改假设等。

我们很难将建模周期这项工作体系化。因为经验法通常对设计模型有用，但并不总是有用，所以启发式建模提供了一种重要方法。这些启发式方法遍及本书，可使用索引来查找。启发式建模汇编见 Starfield 等（1990）和 Grimm 和 Railsback（2005，第 2 章）。在本书的第Ⅲ部分中，我们将介绍面向模式的建模，这是将建模周期中的当前步骤和下一步进行体系化的一个非常重要的策略。

对于蘑菇搜寻模型，假设其基本过程是在相对平直的大范围“粗略”移动与小范围精确搜索之间切换，这取决于距离蘑菇搜寻者最近一次发现蘑菇的时长。

（3）选择尺度、实体、状态变量、过程和参数。一旦选定简化的假定和假设来表达我们感兴趣的系统，就该详细认真地思考模型，进而形成对模型的书面表述。形成和更新书面表述对整个建模过程至关重要，包括交付给“客户”（论文评委、期刊审稿人、研究发起人等）等。在第 3 章中，我们将开始运用一个非常有用的协议来表述模型。

对于蘑菇搜寻模型，此步骤包括蘑菇搜寻者穿行的空间如何表示（如正方形网格，格网大小等于蘑菇搜寻者在一个时间步内可以搜寻的区域）、模型中的对象类型（一个蘑菇搜寻者及要搜寻的蘑菇）、蘑菇搜寻者的状态变量或特征（已搜寻的时长、发现的蘑菇数量，以及自上次发现蘑菇以来的时长），以及蘑菇搜寻者的确切搜寻方式。（完整细节信息见第 2 章中实现模型环节。）

（4）实现模型。这是建模周期中最具技术性的部分，在这一阶段将运用数学运算和计算机程序将模型的口头描述转化为“动画”对象（Lotka，1925）。为什么是动画？从某种程度上讲，所实现的模型有其本身独立的动态（或“生命”），该动态由模型的内在逻辑驱动。我们的假设可能是错误或不完整的，但实现本身——除非软件错误——总是正确的：它以逻辑严谨的方式探索我们所给出的假设的后果，并判断初始模型是否有用。

对于建模新手来说，这项任务最为艰巨，因为他们通常没有接受过任何构建软件的训练。因此，我们声称实现总是“正确”的，在建模新手听来就有些讽刺。不借助现有软件平台进行基于主体的建模，可能得花几个月才能“正确实现”模型。不过，借助本书中所使用的软件平台 NetLogo，通常可以在一两天内实现简单的 ABM，包括测试代码及验证其准确性所用时间。所以，千万不要惊慌！

（5）分析、测试和修改模型。新手可能认为设计模型并在计算机上实现的工作量最大。事实上，分析模型并得出结果才是最耗时和最费力的。运用 NetLogo 之类的工具，您将学会快速实现自己的 ABM。但是，利用 ABM 进行科学研究还有更多要求。本书的大部分内容都在介绍“如何从模型得到结果？”，特别是，尝试推进“基于个体的生态学”的研究计划（Grimm and Railsback，2005），并将其应用于其他科学领域。该研究计划致力于理解真实世界，并非仅仅想了解创建主体及构建其行为时会发生什么，而是希望理解哪些主体行为可以解释和预测真实系统的重要特征。为了回答蘑菇搜寻问题，我们尝试使用多种搜索算法和参数值来分析模型，以查看哪种算法搜索蘑菇的效率最高。

（6）交流模型。这里的“交流”指将迄今获取的知识进行发布或以其他方式传递给客户、其他科学家，甚至公众。当然，在整个建模周期中还会发生许多其他类型的交流。这项任务有一个非常重要的好处，即停止模型周期的其他环节，以便有足够的时间全面记录目前为止所做的以及所理解到的内容，并思考和反思下一步应该做什么，从而强化建模周期的规程。

1.4 基于主体的建模

从历史长河来看，科学模型的复杂性通常受到数学求解的限制。当我们仅用微分方程来建模时，必须保持模型足够简单以进行数学“求解”。因此，很遗憾，建模常常局限于非常简单的问题，或运用过于简单的模型强制去解决复杂的问题。

计算机模拟突破了数学求解的局限，可用于处理那些较简化但包含更多真实系统特性的问题。ABM 在某个特定而重要方面简化较少，它们表达了系统的个体组成及其行为，对其各个主体进行建模，而不是仅用整个系统状态的变量来描述该系统。因此，在 ABM 中，个体独特、自主，彼此之间及与环境之间进行局部相互作用。个体可以是生物、人类、企业、机构和任何其他追求特定目标的实体。个体的独特性表示主体的大小、位置、资源储量和历史等特征通常相互区别；其自主性表示主体行动彼此独立，各自有不同的目标；个体的局部相互作用通常表示在地理空间或诸如网络等其他类型“空间”中，主体仅与其邻域中的主体交互，不与邻域之外的所有其他主体交互。生物努力生存和繁殖；股票市场的交易者努力赚钱；企业需要盈利和维持经营；监管部门执法并为公众提供福利。因此，主体具有自适应性行为，它们根据自身、其他主体及其所处环境的当前状态调整自身行为。

使用 ABM 可解决与涌现相关的问题，系统动态源于系统个体组分间的相互作用，以及对彼此及其所处环境做出的响应。因此，利用 ABM 可研究系统行为如何从其个体组分特征和行为中产生，以及如何与之关联的问题。

ABM 是跨尺度模型，可用于研究涌现问题。通常，有些科研人员仅研究系统尺度，用微分方程等方法对系统进行建模，来反映整个系统的变化。有些科研人员只研究所谓的主体：动植物、人、组织等如何变化、如何响应外部环境。ABM 则不同，它可以关注到这两个（有时更多）尺度及其相互作用，可用于观察因个体行为而发生的系统变化，以及系统行为对个体的影响。因此，对主体的行为进行建模，同时观察和理解主体所组成系统的行为成为本课程自始至终的主题。

区别于传统模型，ABM 在诸如再现个体及影响它们的环境变量如何随空间、时间或维度而变化等其他方面“未被简化”（Unsimplified）。ABM 通常包括因过于复杂而无法融入简单模型的各种重要过程。

运用 ABM 可以处理哪种类型的问题？每年，越来越多的重要问题通过 ABM 得以解决。这些问题因过于复杂而需要跨尺度方法来解决，没有模型或只用简单的模型无法解决。以下是一些简单的例子。

■ 什么因素导致了 2008 年的房地产市场崩盘，什么样的政策变化可以防止该现象再次发生（Gilbert et al.，2009；Geanakoplos，2012）？

■ 什么原因导致股市复杂且看似不可预测的动态趋势？市场波动是由交易者的动态行为、股价变化，还是仅仅由市场的交易规则引起的（LeBaron，2001；Duffy，2006）？

■ 如何管理热带森林，在保证森林的可持续的同时，保持对森林稳定性至关重要的经济用途和生物多样性水平（Huth et al.，2004；Bohn and Huth，2017）？

■ 滨鸟种群如何应对消失或改变的赖以生存的泥滩，如何高效减缓该影响（Goss-Custard et al.，2006）？

■ 来自基因组和细胞外环境的信号以及诸如迁移、增殖、分化和细胞死亡等细胞行为如何调节和维持人类组织的发育？该系统异常如何诱发疾病（Peirce et al.，2004；An，2015；Martin et al.，2015）？

■ 为治疗（Hunt et al.，2013）或观察意想不到的副作用（Smith et al.，2016），研究药物与人体器官及其内部过程如何相互作用？

■ 在城市扩张期间，土地利用变化格局的驱动因子是什么，以及这些驱动因子将如何受到物理环境和管理政策的影响（Parker et al.，2003；Brown et al.，2004；Groeneveld et al.，2017）？

当然，运用 ABM 解决复杂的多尺度问题也需要付出努力。传统建模需要具备数学知识，尤其是微积分学和统计学知识，而仿真建模则需要具备其他技能。本课程旨在训练运用 ABM 需要掌握的非常重要的三项技能。

■ 思考和描述模型的新“语言”。微分方程或统计学语言无法简洁、准确地定义 ABM，所以需要一套标准的概念集来描述 ABM 的重要环节，如涌现（Emergence）、适应性行为（Adaptive Behavior）、相互作用（Interaction）、感知（Sensing）。

■ 模型的计算机实现以及观察、测试、控制和分析模型的软件技能。相比大多数其他类型的模型 ABM 对软件技能的要求更高，开发针对 ABM 的实用软件的难度也更大。

■ 设计和分析模型的策略。虽对计算机仿真模型的复杂程度几乎不作限制，但如果模型过于复杂，参数化、验证或分析的难度将增加。我们需要一种方法来确定哪些实体、变量和过程应该出现在模型中，哪些不应该。构建模型之后，我们需要一些分析模型的方法，以便了解真实系统。

成熟的 ABM 假定各主体互不相同；主体只与一些，而不是所有的其他主体相互作用；

主体随时间而改变；它们经历不同的“生命周期”或阶段，可能包括出生和死亡；为实现其目标，主体可作出自适应性决策。然而，与任何模型假设一样，ABM 假定这些个体尺度的特征很重要来进行实验。实验结果可能是，对于许多问题，并不明确需要所有这些特征，甚至不需要任何一个特征。事实上，完全成熟的 ABM 罕见。例如，生态学中的许多有用的 ABM 仅包含个体尺度的特征，即局部相互作用。因此，尽管 ABM 假定以某种方式表达主体，我们仍需要对主体的类型及表达的细节做出选择。

大多数模型假设都是实验性的，所以需要测试模型，即必须实现模型并分析其假设。对于通常在科研中处理的复杂系统，仅仅通过思考还不足以严格推演出所简化假设的结果，必须在计算机上运行，并显示出会产生的结果。因此，必须循环迭代整个建模周期。

1.5 小结与结论

基于主体的建模虽不是一种全新的方法，但它仍提供了看待旧问题的许多新视角，以及可用于研究许多新问题。事实上，ABM 的使用会越来越令人兴奋。ABM 方法趋于成熟，最严重的错误已出现并被纠正，基于主体的方法也不再被看作是激进和可疑的，而且我们已拥有很多简便的建模工具。借助前人的经验和已构建好的工具，我们可直接着手解决许多感兴趣的问题。

本章的目标是介绍与建模和基于主体的建模相关的最基本和最重要的知识。当您对自己或他人的模型感到疑惑时，可从“大局”角度思考如下问题，如这个模型到底是做什么的，这是不是一个好的模型，应该将这个或那个过程添加到我的模型中吗，我的模型“完成”了吗，等等。回顾相关的基本知识，可能会对您大有帮助。与建模和基于主体的建模相关的知识小结如下：

■ 模型是为解决一个特定问题（或某一类问题）而对系统进行的有目的简化；

■ 当认为系统个体及其行为对一个模型很重要时，选择使用 ABM；

■ 建模是一个迭代循环周期，包括阐述一个明确的问题，对关键过程和结构进行组织假说，通过选择恰当的尺度、实体、状态变量、过程和参数来构建模型，计算机程序实现模型，以及分析、测试和修改模型。

理解这个建模周期非常重要。建模实践综述（Schmolke et al.，2010）表明，对周期中的各环节进行显式分析并编写文档是改进模型开发和使用的重要方法。Schmolke 等提出了一种非常有用的格式（“TRACE”），用于文档记录开发、实现和分析模型的整个周期。Augusiak 等（2014）和 Grimm 等（2014）进一步完善了 TRACE。

在初始阶段，对这些知识有一个基本的了解至关重要。在第 I 部分的其余章节中，我们将侧重于介绍如何在计算机上实现建模的相关基本知识。不过，在本书的其余部分，我们将回归建模思想。一旦具备编程和分析所编写模型的能力，并了解如何使用这些建模概念，您将很快成为一位真正的建模者。

1.6 练　　习

（1）同一个系统中，解决的问题不同，使用的模型也不同。一个典型的例子是杂货店的结账队列选择问题。如果您是顾客，该选择去哪个收银台结账，针对该问题，应如何建模？您的模型要解决什么确切问题？模型中包括哪些实体和过程？如果您是商店管理员，您将决定接下来的一个多小时如何管理队列，您的模型将解决哪些问题？模型会是什么样子？最后，如果您是商店设计师，问题是如何设计收银台区域，确保员工最少并且每小时为 100 位顾客结账，您会对什么进行建模？（提示：可以考虑在店外排队。）

（2）对于以下问题，模型中应该包含什么要素？应该表达哪些类型的对象，这些对象的基本特征应该由哪些变量来表示，模型中应该包含哪些引起对象变化的过程？是否应该运用基于主体的模型？如果问题不够清晰，则无法作出决定，需要重新表述问题，直至得到一个足够清晰的问题。

a）果园里，树木种植距离应该多近？

b）一名员工应在其退休计划的五个投资基金中分别存入多少钱？

c）一条新路在不同行驶方向上，应该有一条、两条还是三条车道？

d）是否允许少量合法捕鲸？

e）为了尽快获得物理学士学位，学生在这学期应该申请哪些课程？

f）一家木材公司每年应该砍伐多少棵树？

g）银行通过投资客户存款来赚钱，但他们也必须预留一些现金备用。如果客户提取的现金超过了银行的备用金，或者他们的投资未赚取足够的钱来支付银行开支，银行将破产。政府监管机构要求银行必须预留总存款最小比例的现金不能用于投资。为了尽量降低银行破产风险，该最小比例应该是多少？

h）为实现利润最大化，萨克森航空公司每天在法兰克福（其国际港）和莱比锡之间应该安排多少航班？

i）为最大限度地减少全系统范围内的延误和事故风险，欧洲航空管理局每天应允许多少航班从法兰克福飞往莱比锡？

j）有两部新电影将于下周末上映。其中一部是根据漫画系列改编，以超级英雄、特效、汽车追逐和暴力为特色；另一部是浪漫喜剧，由一位美丽的女演员和一位憨厚但可爱的男演员主演。请问下周末、未来四周和未来五年内哪部电影最赚钱？

k）在您的研究、学习或日常经验中，还有哪些问题可作为模型或基于主体的模型的基础？

2 NetLogo 入门

2.1 引言与目标

NetLogo 是本课程中用于实现 ABM 的软件包，从本章开始学习 NetLogo（Wilensky，1999）。NetLogo 的优点之一在于，花几分钟就可安装好，并开始探索其内置模型，随后借助其教程学习模型编程的基础知识。

首先，解释 NetLogo 中最重要的组成要素，来引出 NetLogo，然后边做边学，通过运用 NetLogo 的最基本要素编写非常简单的模型，来学习 NetLogo。《NetLogo 用户手册》（*NetLogo User Manual*）包括教程、界面与编程的详细指南，以及完整且重要的 NetLogo 词典（NetLogo Dictionary），非常完善。建议您主要通过《NetLogo 用户手册》来学习 NetLogo 的基本要素。因此，在本章的学习中，您需要花费与学习本章内容同样多的时间，来研读 NetLogo 材料。

本章最后列出了 NetLogo 要素清单，这些要素对于理解 NetLogo 非常重要。其中，许多要素已在本章中进行介绍，其他要素在用户手册的教程中进行了说明。建议您不时地回到该清单，来检查对 NetLogo 的掌握和理解情况。再次声明，本书是关于基于主体的建模，而非仅仅是 NetLogo 操作。但本书采用 NetLogo 作为工具，这也是一开始就必须介绍 NetLogo 的原因，不过我们会尽快将重点放回归建模。

本章的主要目标是熟悉 NetLogo 的基本要素。

学习目标：

■ 熟悉《NetLogo 用户手册》及其组成，重点关注界面指南（Interface Guide）、编程指南（Programming Guide）以及 NetLogo 词典（NetLogo Dictionary）。

■ 完成《NetLogo 用户手册》中的三个教程。

■ 认识界面（Interface）、信息（Info）和代码（Code）标签页。

■ 了解如何将按钮（Button）添加到界面（Interface），如何使用世界（World）并更改其设置。

■ 明白 NetLogo 中“主体”的四种内置类型［观察者（Observer）、嵌块（Patche）、海龟（Turtle）和链接（Link）］。

■ 熟悉 NetLogo 的基本代码要素［例程（Procedure）、原语（Primitive）、命令（Command）和报告器（Reporter）］，以及 NetLogo 程序的基本结果，包括“setup”和“go”例程。(所谓“代码”是指建模者为实现其模型而编写的编程语句。)

■ 按照给出的示例，编写出第一个非常简单的模型。

2.2 NetLogo 快览

首先，安装 NetLogo 并查看其基本信息。

▶ 从 NetLogo 网站（http://ccl. northwestern. edu/netlogo/）下载 NetLogo 并安装。整个过程仅需几分钟。在网站上可找到所有常见计算机操作系统对应的 NetLogo 版本。

本书采用当前最新版，即 2018 年发布的 NetLogo 6. 0. 4。此后的新版本有可能导致本书中的一些示例代码过时。请查看本书的网站（见序言部分），检查自 NetLogo 6. 0. 4 版本以来是否有任何重要的新版本发布或代码示例是否进行了修订。

▶ 启动 NetLogo，单击“帮助”(Help)，然后单击“NetLogo 用户手册”（NetLogo User Manual），打开 NetLogo 的详细文档，该文档出现在 web 浏览器中。用户手册中特别重要的部分是“Learning NetLogo”部分的简介和教程。一旦开始编程，界面指南和编程指南也会很重要，您也应该去熟悉。

▶ 继续操作之前，请阅读《NetLogo 用户手册》中的“教程 1：模型”（Tutorial #1：Models）。请确保已理解“setup”和“go”按钮，滑块和开关（Slider and Switch），图和监视器（Plot and Monitor），视图（View）是什么及如何调整其设置、视图的坐标系统和 max-pxcor 与 max-pycor 如何工作，以及如何打开和使用模型库（Models Library）。

▶ 查看并尝试模型库中的一些模型。一定要查看信息标签页，了解模型的书面描述及用途等。信息标签页将在下一章进行具体讨论，它非常重要!

模型库包含许多有趣的模型，它们按学科分组。不过，这些示例模型绝大部分仅针对相当简单的科学问题，可能是因为其易于理解，并能展示 NetLogo 在建模和显示空间与运动方面的优势，因此使用示例模型可能会给人留下这样的印象：NetLogo 主要用于生成动画输出。不过，您很快就会发现事实并非如此。

模型库中的示例代码尤为重要。本章包含许多关于如何在 NetLogo 中执行特定操作（如控制对象执行的顺序、读取输入文件和写入输出文件、导入图片、用直方图表示结果、控制颜色等）的示例代码。当您不确定如何编程时，可通过示例代码寻找思路，您甚至可简单地复制代码。

现在，您已了解 NetLogo 术语的基本知识。NetLogo 中的“主体”有四种类型。

■ 可移动的主体（mobile agent），其在 NetLogo 中被称为海龟（turtle）。(稍后将学习如何创建我们自定义类型的海龟。)

■ 嵌块（patch），表示空间的正方形单元。在界面标签页上，运用由嵌块组成的矩形网络表示“世界”。

■ 链接（link），链接两个海龟，并提供了一种表示海龟之间关系的方式，如网络。

■ 观察者（observer），可认为是模型及其显示的整体控制器。观察者可创建其他主体，包含全局变量。(如果对该概念比较困惑，可想象您自己就是观察者。)

(“主体”这个词的用法与基于主体的建模者通常使用的方式略有不同。当谈到 ABM 而不是 NetLogo 时，主体指构成所建模种群或系统中的个体，而不包含嵌块、链接和观察者。准确理解 NetLogo 文档中使用的“主体”一词非常重要，但也要理解，在不具体谈论

NetLogo 代码时，我们使用该词含义的差异。)

这些类型的主体各自都有其使用的特定变量和命令。NetLogo 词典（见用户手册的参考部分）定义了所有变量和命令。变量可以包含数字、文本、主体，甚至包含所有或部分主体组成的“主体集”。每种主体类型都有几个重要的内置变量，可通过在 NetLogo 词典中单击特定类别“变量”找到。这些内置变量表示几乎用于所有模型的位置和颜色等信息。当您编写自己的程序时，您需要对各主体类型定义模型所需的附加变量。属于观察者的变量自动成为全局变量，这意味着所有主体都可以读取和更改其值。全局变量通常用于表示模型参数以及影响到所有主体的一般环境特征。

原语（primitive）是 NetLogo 的一组内置程序或命令，用来告诉主体要做什么；原语非常重要，因为它帮您完成大量的编程工作。例如，原语 move-to 告诉海龟要移动到某个嵌块或其他海龟的位置。更强大的原语 uphill 告诉海龟移动到相邻的变量值最高的嵌块。

这些原语在 NetLogo 词典中均有定义；编写 NetLogo 程序的一个主要技巧是不断查询 NetLogo 词典，找到包含您希望程序执行的任务的原语，从而最大限度减少自己编写的代码量。原语数量众多，一开始就运用有些困难。不过，当您学习了最常用的少部分原语之后，原语的使用就容易得多（请参阅本章末的 NetLogo 清单）。在 NetLogo 词典的顶部，原语按其应用的主体类型和所执行的功能归类。通过查阅分类列表，来找到您所需的原语。

NetLogo 的原语分为两类：命令（command）和报告器（reporter）。命令简单地告诉主体需要执行的动作（如 move-to）。报告器计算一个数值并将其返回以供程序使用（如 mean 指生成一个数字序列的平均值；neighbors 则指生成周围嵌块的列表）。

当在 NetLogo 词典中查找原语时，将看到海龟、嵌块、链接或观察者的图标（观察者的图标是一只眼睛）。这些图标表示该原语只能由对应的主体类型使用。NetLogo 术语的上下文（context）非常重要，但一开始可能令人困惑。程序中的每段代码都在一种（偶尔几种）主体（海龟、嵌块、链接或观察者）的上下文中，并且该上下文中的各段代码只能由对应的主体类型执行。如果您写了一个语句块用于告诉海龟执行一些指令，而该语句块中包含仅能被嵌块使用的原语，则该错误被称为“在海龟上下文中使用嵌块命令”。

编写代码时，如何知道代码处于哪种上下文中？如果您正在编写观察者执行的程序（例如，go 和 setup；通过界面上的按钮执行的任何程序），则您正处于观察者上下文中。如果您正在编写由海龟（或嵌块）执行的程序，则您正处于海龟（或嵌块）上下文中。但是，在一个程序中，上下文可能会发生变化，因为诸如 ask、create-turtles 和 hatch 等原语可以在包含其他主体执行代码的括号（[ ]）中开始新的上下文。如果 go 例程包含语句 ask turtles [move]，则 move 例程处于海龟上下文中。相关进一步解释，请参阅 NetLogo 编程指南。

同样，为各类主体定义的变量，只能由相同类型主体访问。例如，嵌块无法使用为海龟定义的变量进行计算，观察者无法使用嵌块变量，等等（但是，嵌块可以使用原语获取海龟变量的值）。此限制有两个非常重要的例外：观察者变量是全局变量，可供所有类型使用；海龟可自动使用其当前所处的嵌块的变量。

▶ 要理解主体、变量、命令和报告器等，请仔细阅读编程指南中的“主体”、“主体集”、“例程” 和 “变量” 部分。

在这一点上，您可能会感到困惑和不知所措，但不要慌！这里介绍的所有内容将在本书的第Ⅰ部分和第Ⅱ部分进行重复、强化和详细介绍。或许起初很慢，但很快您会感觉到 NetLogo 变得直观易学。现在，只需不断参考 NetLogo 文档，跟随本书边学边做就可以了。

2.3 示例程序：蘑菇搜寻模型

现在准备好编写我们的第一个模型，即 1.2 节中介绍过的蘑菇搜寻模型。以下逐步描述模型。

▶ 创建一个新的 NetLogo 程序：单击 “NetLogo” 下拉菜单的 “File/New” （文件/新建）。通过单击 “File/Save as” （文件/保存为）将程序保存至您选择的路径中，文件名为 MushroomHunt. nlogo。

▶ 单击 “Settings” （设置）按钮进行属性设置。

单击 “Settings” （设置）按钮，打开 “Model Settings” 对话框，您可以查看和更改世界（World）的几何形状。现在，我们将采用世界中心默认的几何原点（patch 0，0），最大 x 坐标（max-pxcor）和最大 y 坐标（max-pycor）设置为 16，这就创建了一个包含 33×33 个嵌块的正方形。尽管我们当前采用默认的几何图形，但检查相关设置始终是一个很重要的习惯。单击 “OK” （确定）关闭 “Model Settings” 对话框。

在蘑菇搜寻模型中，我们想要创建一个由黑色嵌块组成的世界，其间点缀有几簇红色嵌块（代表蘑菇）；创建 2 只海龟——蘑菇搜寻者；然后，让蘑菇搜寻者搜索红色嵌块。因此，我们需要编写初始化（创建）世界和蘑菇搜寻者的程序，以及其在模型运行时需要执行的指令。

按照 NetLogo 的惯例，我们采用命名为 setup 的例程来初始化世界和海龟，用命名为 go 的例程来表达模型运行时重复执行的指令。阅读编程指南得知，一个例程以关键字 to 和 end 分别表示开始和结束，且包含模型的一个独立部分的代码块。

要编写 setup 和 go 例程，需先在界面标签页上创建用于启动该例程的按钮。

▶ 在界面标签页上，有一个通常标记为 “Button” （按钮）的下拉菜单，可用于选择 NetLogo 所提供的界面要素（按钮、滑块、开关等）。单击该选择器，打开 NetLogo 所提供的界面要素列表，然后单击按钮。将鼠标光标置于黑色世界窗口左边的空白处，然后单击。这将在界面上放置一个新按钮，并打开一个窗口，用于输入该新按钮的特征(图 2.1)。

▶ 在命令框中输入 “setup” 并单击 “OK”。

现在我们已创建好一个按钮，用于执行一个名为 setup 的例程。按钮标签呈红色，表示存在问题，即在代码标签页上还没有对应的名为 setup 的命令或例程存在。下面马上会解决这个问题。

接下来，编写 setup 例程。

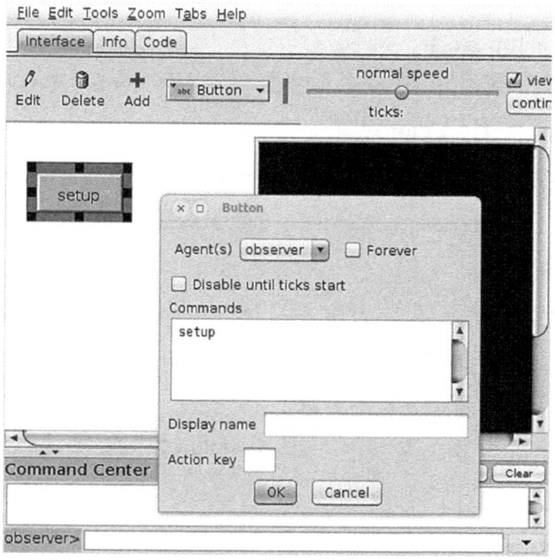

图 2.1 在界面上添加一个按钮

▶ 单击“Code”（代码）标签页，将看到一块用于输入代码的空白区。如图 2.2 所示，开始输入

```
to setup
end
```

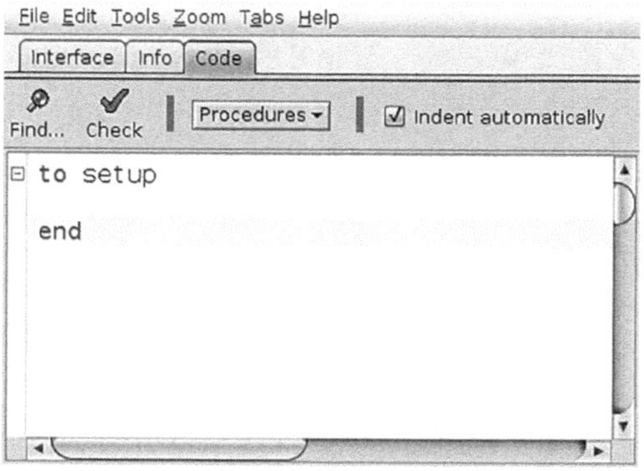

图 2.2 开始在代码标签页中编写代码

▶ 单击“Check”（检查）按钮。

“Check”按钮可运行 NetLogo 的语法检查器，查找代码格式中的错误，如是否缺少括号、原语输入参数的个数是否正确，以及是否调用了不存在的例程等。为能够快速编写代码，建议编写每个语句之后都尽量使用语法检查器，这个步骤至关重要，您可以立即发现错误，并准确定位错误位置。不过，该检查器并不能查出所有的错误，第 6 章将讨论其相关内容，并给出其他查找错误的方法。

在没有错误消息后，再切换回界面标签页，“setup”按钮的标签变成黑色，表示它现在找到了一个要执行的 setup 例程，即使这个程序仍然为空。

▶ 返回代码标签页，删除单词 end。再次单击“Check”（检查）按钮。您将会收到一条错误消息，说明程序没有以 end 结尾。

▶ 通过多次使用 Ctrl-Z 来撤回对 end 的删除。

编程提示：编辑代码的快捷键

编辑代码时，以下控制键（或苹果电脑上的命令键）组合（在计算机时代前期被发明）必不可少：CTRL-C（复制）、CTRL-V（粘贴）、CTRL-X（剪切）、CTRL-F（查找或替换）、CTRL-Z（撤销）和 CTRL-Y（重做）。

（类似的编程提示将在本书多处出现，提供有用的一般性建议。本书在最后以一个单独的索引列表给出。）

▶ 返回到界面标签页，创建第二个按钮，表示 go 命令，选择按钮窗口上的“Forever”（持续执行）复选框，单击“OK”（确定）。

第二个按钮 go 现在有一对圆形箭头，表示它是一个持续执行的按钮。持续执行指当按钮被单击时，它会重复执行其例程，直到再次单击该按钮为止。

▶ 类似于创建 setup 例程（写入“to setup”和“end”两行代码），在 go 例程中写入“skeleton”。

现在，告诉 setup 例程，要更改嵌块的颜色。

▶ 更改 setup 例程

```
to setup
  ask patches
  [
    set pcolor red
  ]
end
```

ask 原语是 NetLogo 中最重要和最强大的原语。它使选定的对象（这里是所有嵌块）执行其后面方括号中指定的所有指令。方括号描述一起执行的命令块；您可以将“[”当作“开始块”（begin block），将“]”当作“结束块”（end block）。（注意，NetLogo 会通过自动缩进代码，来区分代码是在一组方括号内，还是程序的开头和结尾。）

刚写出的“ask”语句，将所有嵌块使用的内置颜色变量 pcolor 设置为一个新值。默认情况下，嵌块的 pcolor 设置为黑色（这就是为什么世界看起来像一个大的黑色方块的原因），但新的 setup 例程使用原语 set 将嵌块更改为红色。原语 set 被称作赋值运算符：它将一个值（red）赋给一个变量（pcolor）。（在许多编程语言中，此赋值语句被写成 pcolor = red，但这在 NetLogo 中是无效的！）

▶ 测试新的 setup 例程：进入界面标签页，单击“setup”按钮。所有的嵌块都变成红色。

若只希望少量的几簇嵌块变成红色。让 NetLogo 随机选择 4 个嵌块，然后将这 4 个嵌块附近的 20 个嵌块变成红色。修改 setup 例程如下：

```
ask n-of 4 patches
[
  ask n-of 20 patches in-radius 5
  [
    set pcolor red
  ]
]
```

这是我们第一次接触原语 n-of 和 in-radius。

▶ 在 NetLogo 词典中查找 n-of 和 in-radius。打开词典并找到主体集合（Agentset）类，其下列出了与主体集合相关的所有原语。不过这里有一个重要的技巧，您可以直接通过在单词上单击并按 F1，来从代码中找到任何原语的定义。

通过查找词典得知，n-of 返回一组对象的一个随机子集，in-radius 则返回指定半径内（这里是 5 个嵌块宽度）的所有对象（这里是嵌块）。这时新的 setup 代码可识别出四个随机嵌块，并要求各嵌块在其半径为 5 的范围内随机识别 20 个嵌块，然后将识别出的嵌块变成红色。

▶ 在界面标签页单击“setup”按钮。

如果所有嵌块都是红色的，那什么也不会发生！程序有错吗？不完全是，因为您只告诉程序把一些嵌块变成红色——但所有嵌块都已变成红色，所以你看不到任何变化。为了避免这种问题，通常在开始初始化之前，确保模型世界重置为空白和采用默认设置，该步骤可通过原语 clear-all（缩写为 ca）完成。可将 clear-all（ca）添加到 setup 例程的第二行，如下所示：

```
to setup
  ca
  ask n-of 4 patches
  [
    ask n-of 20 patches in-radius 5
    [
      set pcolor green
    ]
  ]
end
```

编程提示：clear-all

对于初学者来说，忘记在 setup 例程的开始处放置 clear-all（ca）是一个常见错误。几乎每一次运行，我们都需要删除上次运行模型保存的所有内容，然后开始 setup 例程的初始化过程。在构建和使用 NetLogo 程序时，将会反复单击“setup”“go”按钮。ca 将清除所有的海龟和链接，将全局变量和嵌块变量设为其默认值 0（界面上由滑块、开关、选择器或输入框控制的全局变量除外），并清除界面上的所有图形。如果在 setup 例程中忘记使用 ca，之前运行留存的垃圾（主体、颜色、图形数据）将与 setup 例程新创建的内容混在一起。所以，一定要学会在 setup 之后的第二行使用 ca。

如果单击“setup”按钮，您将看到一个由黑色和红色嵌块组成的世界。多次单击“setup”按钮，将看到创建的四个随机的红色嵌块集。

有时候，由于集群相互重叠，已创建的集群看起来比想象中的更多或更少；其他时候，它看起来像是在世界边缘处仅创建了一个集群的一部分，其原因见 NetLogo 界面指南中的视图（Views）部分，阅读“世界回绕”（world wrapping），并查看编程指南中名为“拓扑”（Topology）的部分。理解 NetLogo 的这部分相当重要！

▶ 在 NetLogo 主菜单中，单击“File | Save”（文件/保存）。一定要记得经常保存！如果有意外，NetLogo 无法恢复未保存部分。（这时，您编写的代码应该与本节末尾提供的完整程序相匹配；如有疑问，请使用所提供的完整程序代码。）

现在把红色嵌块的集群数作为模型的一个参数。在模型和程序中，我们通常不会将控制重要要素的数字直接写入底层代码中，这被称为硬编码（hardwiring）。相反，我们把它们设置成易于查找和更改的参数。为此，我们需创建一个名为 num-clusters 的全局变量，并将其值设为 4，然后在创建集群的 ask 语句中使用 num-clusters。可通过原语 set 为变量赋值，不过需要先定义该变量（见编程指南的“变量”部分）。

▶ 在代码标签页中，找到所有代码的顶部并插入

```
globals
[
  num-clusters
]
```

▶ 在 setup 例程中，把以下内容添加至 ca 之后：

```
set num-clusters 4
```

▶ 并将语句 ask n-of 4 patches 中的 4 替换为 num-clusters。

现在，若要更改集群的数量，无须遍历整个程序，只要找到其确切位置，并更改其参数值。（稍后，将使用滑块来更改界面上的参数。）

这样，我们就建立了蘑菇搜寻程序的世界。接下来，需要创建 2 个主体，即案例中的 2 个蘑菇搜寻者。此步骤可通过原语 create-turtles（缩写为 crt）完成。语句 crt 2 [ ] 表示创建两个海龟，并使它们执行方括号内的代码。

▶ 在 setup 例程的结尾处，在 end 之前，添加以下代码。单击“Check”（检查）查找错误，然后单击界面上的“setup”按钮运行：

```
crt 2
[
```

```
  set size 2
    set color yellow
  ]
```

size 和 color 是内置海龟变量，不需定义就可直接设置。多次单击“setup”按钮，您将看到蘑菇搜寻者被默认位于世界中心，但其朝向随机。

图 2.3 给出了显示界面。

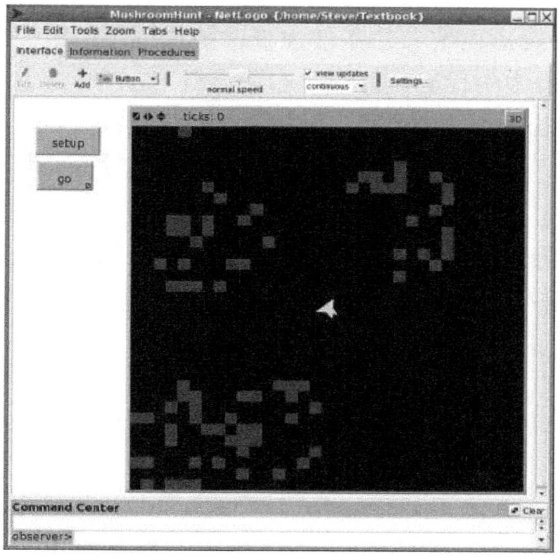

图 2.3　蘑菇搜寻模型初始化界面

现在，编写 go 例程。go 例程定义了模型的调度，即模型反复执行的过程及执行顺序。因为 go 例程是程序的核心，让它简单易懂非常重要，所以 go 例程几乎不包含实际的过程或指令。相反，go 例程只是简单地调用已编写好的包含指令的其他例程。

蘑菇搜寻模型仅包含一个指令，即蘑菇搜寻者的搜索行为。因此，go 例程只需要包含一个语句，用于告诉所有海龟（即 2 个蘑菇搜寻者）执行一个海龟例程，该例程中已包含搜寻指令：

```
ask turtles [search]
```

当然，为了实现这一点，我们需要为蘑菇搜寻者编写一个名为 search 的例程来执行。

▶ 把上一步的语句 ask turtles 添加到 go 例程中。然后创建如下的一个空的程序，检查所有代码：

```
to search
end
```

现在来编写蘑菇搜寻者如何搜索。每次执行搜索时，如果蘑菇搜寻者最近没有发现目标（如在已搜索过的 20 个嵌块中），我们希望他们改变方向；如果他们最近确实找到了蘑菇，则继续搜索同一区域，随后，前进一个嵌块。

▶ 将此代码添加到 search 例程，如有不理解处，请查阅 NetLogo 词典：

```
ifelse time-since-last-found <= 20
  [right (random 181)-90]
  [right (random 21)-10]
forward 1
```

请从 NetLogo 词典的随机词条中，找出 right （random 181） –90 度语句是如何使海龟在–90 度和+90 度之间随机旋转角度的。

注意 ifelse 原语（或者有时是相关的 if 和 ifelse-value）的用法。布尔条件语句的返回结果为真或假。如果 ifelse 后面的布尔条件为真，则执行第一组方括号中的代码；如果为假，则执行第二组方括号中的代码。这里，布尔条件 time-since-last-found< =20 包含一个比较：如果 time-since-last-found 的值小于或等于 20，则为真。

但是，当您现在单击 "Check"（检查）按钮时，出现一个问题：什么是 time-since-last-found? 我们希望它是一个变量，用于记录每个蘑菇搜寻者发现蘑菇的时间。这就要求以下 3 点。首先，对于每个蘑菇搜寻者，该变量具有自己的唯一值，因此它必须是一个海龟变量。我们需要将 time-since-last-found 定义为一个海龟变量。

▶ 在程序开始时的 globals 语句之后，添加

```
turtles-own
[
  time-since-last-found
]
```

其次，在创建蘑菇搜寻者时需要设置该变量的初始值。假设蘑菇搜寻者还没有找到蘑菇，将其值设为大于 20。

▶ 在 setup 例程中，将 create-turtles （crt） 语句更改如下：

```
crt 2
[
  set size 2
  set color yellow
  set time-since-last-found 999
]
```

最后，蘑菇搜寻者必须在每一步更新 time-since-last-found。如果他们找到蘑菇，则需要将 time-since-last-found 重置为零（开始采集蘑菇!）；否则，需要在 time-since-last-found 中加 1。当蘑菇搜寻者位于红色嵌块时，我们认为找到蘑菇。

▶ 将这些语句添加到 search 例程结尾处：

```
ifelse pcolor = red
  [
    set time-since-last-found 0
    set pcolor yellow
  ]
  [
```

```
    set time-since-last-found time-since-last-found + 1
  ]
```

请注意，这些语句之所以有效，是因为 NetLogo 允许海龟读取并更改其所在嵌块的变量；这里，海龟使用 pcolor，即其所在嵌块的颜色。同样，还要注意的是，time-since-last-found 的值需要加 1，使用 set 语句将其旧值加 1 赋给新值。（注意，在 NetLogo 中，算术运算符两侧必须使用空格，如“+”；否则，NetLogo 会认为它们是变量名的一部分。）

确保您理解嵌块的坐标是离散变量：它们只有以嵌块宽度为单位的整数值。而海龟坐标是连续变量：可以取一个嵌块内的任何值，如 13.11 个单位。因此，区分海龟坐标和嵌块坐标的原语很重要。例如，move-to 表示将海龟移到嵌块中心，但 forward 则可将海龟移动到任何地方。

现在，因蘑菇搜寻者移动太快，您通过单击“go”按钮来测试程序，可能看不清太多变化。如果是这样，请调整界面上的速度滑动条（speed controller）。（再次单击“go”按钮可停止执行。）

太好了！这就是我们的第一个完整的 NetLogo 程序！（一定要记得保存！）尽管它很简单，但它包含 NetLogo 程序中最重要的组成。在停止程序之前，先看看另外三个重要的 NetLogo 工具：主体监视器（Agent Monitors）、命令中心（Command Center）和原语 ticks。

主体监视器是用来查看和更改对象（海龟、嵌块或链接）变量的工具。

▶ 将光标移到其中一个蘑菇搜寻者上，右键单击，将出现一个快捷菜单，在最后列出“turtle 0”；将光标移到此条目并选择“inspect turtle 0”。

打开了一个主体监视器，其包括两个部分，被检查的海龟及其环境的缩放视图，以及海龟的所有变量列表（海龟的位置、颜色、朝向、已创建的海龟变量“time-since-last-found”等）。（各部分通过单击左上角的黑色小三角形，可以隐藏显示，也可通过打开和关闭主体监视器的原语进行操作。）您可以单击“go”按钮重新运行模型并观察变量如何变化。

当然，您不仅可以使用主体监视器查看主体的变量，也可以在主体监视器中输入一个新值，来随时更改其变量值。

▶ 停止程序，将海龟的 size 改为 5，并将 time-since-last-found 改为-99。（当您按下回车键，或将光标移出对话框并单击任意位置时，更改成功。）

主体监视器还可用于更多处理，包括通过编写代码中使用的相同类型的 NetLogo 语句，直接向选定的对象发出命令。请阅读《NetLogo 用户手册》的“Agent Monitors”部分。

命令中心出现在界面标签页的底部。这里，您可以向观察者或所有嵌块、海龟或链接发送命令，并返回如 show 等输出原语的结果。阅读《NetLogo 用户手册》的“Command Center”部分，并尝试执行一些命令，如将嵌块的 pcolor 设置为蓝色。

在主体监视器和命令中心输入命令的功能起初似乎用处不大，但随着您对 NetLogo 的熟悉，您会发现这些工具非常有用。让我们感受一下，请使用命令中心执行以下操作：

▶ 设置好蘑菇搜寻程序，运行一两秒钟后停止。选择命令中心的“observer>”（观察者>），从弹出列表中，选择“turtles>”（海龟集>），这样您就可以向所有海龟发出命令，输入 hatch 1 [right 160]，这告诉每个蘑菇搜寻者创建第二个蘑菇搜寻者，然后再旋转 160

度（图2.4）。

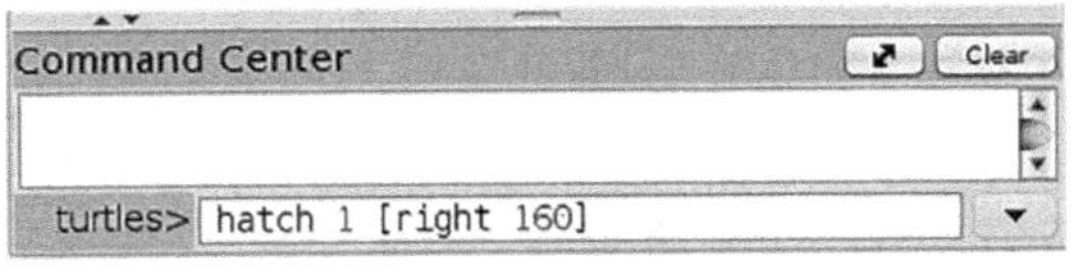

图2.4　通过命令中心（Command Center）向所有海龟（turtles）发出命令

▶ 运行程序，看看现在的四个蘑菇搜寻者是如何搜索红色嵌块的。可重复 hatch 命令来创建更多的蘑菇搜寻者：只需将光标放在命令行中并点击键盘上的↑以检索上一个命令，然后按回车键。

▶ 在生成更多海龟后，让命令中心告诉您共有多少只海龟——切换到观察者，然后输入 show count turtles。

截至目前，程序并未显示处理时间：程序并未记录 go 例程执行了多少次，因此即使假定蘑菇搜寻者每次移动代表一分钟，我们也无法确定模拟的时长。为了记录时间，在每次调用 go 例程时都调用原语 tick。请阅读编程指南的 "Tick Counter"（时钟计数器）部分，然后：

▶ 在 setup 例程的结尾处，在 end 命令前，插入一行只包含 reset -ticks 的语句。

在 go 例程的第二行，插入一行只包含 tick 的语句。

如果您现在依次单击 "setup" "go" 按钮，您可在视图（View）窗口顶部看到时钟计数器，它显示了 go 例程执行的次数。

最后，该操作有助于查看蘑菇搜寻者的路径，如图 1.2 所示。我们可以通过将海龟的内置变量 pen-mode 从默认的 "up" 改为 "down" 来轻松实现。

▶ 在 setup 例程中，将原语 pen-down 添加到 crt 代码块的结尾中。

现在，整个程序应如下所示：

```
globals
[
  num-clusters
]
turtles-own
[
  time-since-last-found
]
to setup
  ca
  set num-clusters 4

  ask n-of num-clusters patches
  [
    ask n-of 20 patches in-radius 5
```

```
      [
        set pcolor red
      ]
    ]
    crt 2
    [
      set size 2
      set color yellow
      set time-since-last-found 999
      pen-down
    ]
    reset-ticks
end
to go
    tick
    ask turtles [search]
end
to search
    ifelse time-since-last-found <= 20
      [right (random 181)-90]
      [right (random 21)-10]
   fd 1
   ifelse pcolor = red
   [
     set time-since-last-found 0
     set pcolor yellow
   ]
   [
     set time-since-last-found time-since-last-found + 1
   ]
end
```

2.4 小结与结论

2.4.1 小结

本章的目标是扫除最大障碍，助您成为一位 NetLogo 用户：即学会什么是嵌块、海龟、链接和观察者等基本知识，如何在界面标签页上显示图形，什么是例程、原语、命令和报告器，以及使用 setup 例程和对应按钮初始化模型，使用 go 例程和对应按钮运行模型。我们希望您已开始学习编程，尝试添加一两条语句，并使用“Check”（检查）按钮，看看界面上有什么变化，然后再添加一些语句。

要顺利使用 NetLogo，必须学会不时地翻阅用户手册。无论编程经验有多丰富，初学 NetLogo 都需查看编程指南和 NetLogo 词典，学习如何编程及运用原语。但没必要记住各原语，或所有原语及其功能，只要在需要时查词典即可。

2.4.2 给编程初学者

如果能和他人一起学习，当遇到困难时就可以向有经验同伴请教，这样，学编程语言也会更加有趣和高效。当试着向别人解释清楚问题时，常会想出解决问题的方法，而且往往只需要一点点简单的帮助就可以取得快速进展。所以，如果是在课堂上学习 NetLogo，互相帮助为上策。相反，如果自学，试着到社区去找 NetLogo 用户，NetLogo 用户到处都有。另外，您也可求助于 NetLogo 用户组（参见下面的练习 6）。

2.4.3 给有经验的程序员和科研人员的建议

熟悉其他编程语言的用户，起初常会对 NetLogo 感到困惑，有经验的科研人员可能会发现 NetLogo 并不像其他工具那样有特点。与编程小白相比，您可能需克服一个问题，即习惯 NetLogo 的风格。

例如，因无法快速理解传统编程语言（“do” 和 “while” 循环、数组、消息对象等）向 NetLogo 编程语言的转换逻辑，常常有经验的程序员很快就决定不再使用 NetLogo。但请相信我们，并坚持下去。只要有一点经验和理解，您就会发现 NetLogo 可以实现您的任何想法，而且是换了一种更容易的方式。与其他平台相比，NetLogo 的主要优势在于，您可以很快就专注于科学研究，即仅需要一两个小时来习惯其风格和编程基础知识，之后您就可以非常快速地去编程、分析和修改模型，而不用在编程学习上花费数周或数月的时间。

NetLogo 确实会强加一种思考问题的方式，即努力提出问题，以便应用 NetLogo 内置功能。对于任何科学工具来说都是如此，特别是将微积分或其他数学框架作为思考方式的分析模型。现在，重要的是要意识到工具和模型结构之间的交互作用！

2.4.4 NetLogo 清单和速览参考

为了便于您最终理解 NetLogo，我们提供了一份 NetLogo 要素的清单。您已学过的要素已用下划线标出。你不需要详细地记住所有的用法，但要知道它们，并能够在需要时查找到它们。

主菜单栏（Main menu bar）

- <u>文件/保存（File/Save）</u>——构建模型时记得随时保存更改！
- <u>文件/模型库（File/Models Library）</u>
  - <u>代码示例（Code Examples）</u>：查看操作示例

界面标签页（Interface tab）

- 世界（World）——使用其设置来更改或查看
  - 原点位置（Location of origin）——位置（0，0）必须在世界内部。
  - 世界大小（World size）
  - 回绕（Wrapping）
  - 时钟计数器（Tick counter）
- 主体监视器（Agent Monitors）——在视图（View）窗口，右键单击嵌块（patches）、海龟（turtles），或链接（links）来：
  - 查看变量
  - 更改变量
  - 运行例程
  - 跟踪查看一个海龟（turtle）
- 命令中心（Command Center）
- 按钮（Buttons）——在界面标签页执行程序：
  - Setup
  - Go——了解“只执行一次”（once）与“持续执行”（forever）之间的区别
  - Step——仅执行一次 go 例程的按钮
- 滑块（Sliders）——定义并初始化全局变量
- 开关（Switches）——定义和初始化一个布尔变量
- 界面标签页的其他对象——选择器（Choosers）、输入框（Inputs）、监视器（Monitors）和输出区（Outputs）
- 图（Plots）

代码标签页（Codetab）

- 上下文（Contexts）——哪个主体可以执行哪段代码
  - 可能是观察者（Observer）、嵌块（patch）、海龟［turtle，种类（breed）］和链接（link）的上下文
  - 每个例程都有上下文
  - 每个 ask 语句都从一个新的上下文开始
  - 上下文由以下因素决定：
    - ask 语句——指定哪个主体执行什么指令?
    - 使用上下文特定的原语或变量
    - 全局变量，如果 setup 和 go 例程中没有 ask 语句
- 变量类型（Varibile types）——
  - 数值（Number）
  - 布尔值（Boolean）（真或假）
  - 字符串（String）（字母数字字符）
  - 颜色（Color）
  - 主体（Agent）

    - ■ 主体集合（Agentset）
    - ■ 列表（List）
- ■ 内置变量和主体集（参见 NetLogo 词典中的“变量”）——
  - ■ 全局主体集合和变量
    - ■ 嵌块（嵌块集）
    - ■ 海龟、种类（海龟集）
    - ■ 链接（链接集）
    - ■ ticks（命令已执行的次数）
  - ■ 嵌块变量：
    - ■ pcolor
    - ■ pxcor，pycor（整型数）
    - ■ plabel
  - ■ 海龟变量：
    - ■ 颜色（color）
    - ■ xcor，ycor（实数，位置连续）
    - ■ label
- ■ 定义变量——
  - ■ 全局变量（globals）
  - ■ patches-own
  - ■ turtles-own
  - ■ links-own
- ■ 检查（Check）按钮（语法检查器）

信息标签页（Info tab）

- ■ ODD 格式

帮助（Help）

- ■ 编程指南（Programming Guide）
- ■ NetLogo 词典（NetLogo Dictionary）
- ■ 界面指南（Interface Guide）
- ■ NetLogo 用户组邮件列表（NetLogo Users Group email list）

输出（Creating output）

- ■ 汇总统计（Summary statistics）
- ■ 图（Plots）
- ■ 输出文件（Output files）

行为空间（BehaviorSpace）

2.5 练　习

（1）请仔细阅读《NetLogo 用户手册》中的 3 个教程。教程 3（Tutorial #3）中用到的模型在本练习中不需要构建，留在第 4 章中进行。但请留意和透彻理解以下概念。

■ 从模型库中查找并运行模型；

■ “Setup”“go” 按钮，“只执行一次”（once）和“持续执行”（forever）的按钮；

■ 速度控制器工作原理——如何使您的计算机看起来运行更快？

■ 用于控制模型参数的滑块和开关；

■ 在信息标签页查找有关模型的信息；

■ 改变世界的大小，即嵌块的数量；

■ 嵌块的坐标；

■ 使用命令中心；

■ 颜色，设置嵌块和海龟的颜色；

■ 主体监视器与命令中心；

■ 例程：编写的一段程序代码；

■ 初始化模型的 Setup 例程；

■ 运行模型的 go 例程；

■ 命令：clear-all、ask、set 和 setxy；

■ 从一个例程“调用”（Calling）另一个例程；Setup 和 go 例程调用多个其他例程，每个例程包含一个行为；

■ 定义海龟和嵌块的变量；

■ 主体集；

■ 时钟计数器及其原语 reset-ticks 和 tick。

（2）熟悉界面和编程指南以及 NetLogo 词典，以便有效地将其用作参考。[可以跳过有关三维视图（3D View）的界面部分，这部分我们不使用。] 从现在起，我们将假设您已经完成了教程的学习，并学习了如何使用用户手册和 NetLogo 词典，以及如何在模型库及其代码示例部分中查找示例。

（3）在蘑菇搜寻模型中创建 4 个红色嵌块集群。对于每个集群，我们要求有 20 个嵌块变红。请问总共是有 80 个红色的嵌块吗？您可以通过在命令中心输入语句 show count patches with [pcolor = red] 来快速查看。每次单击“setup”按钮后，请多次执行上述操作。您为什么会得到这样的答案？

（4）对蘑菇搜寻模型进行以下小改动。一次只做一个小改动，检查并保存为一个新名称的模型。

■ 只有一个蘑菇搜寻者，而不是两个。

■ 蘑菇搜寻者最初朝向总是 45 度方位。

■ 把原来的共有 4 簇，每簇 20 个蘑菇，替换为共有 8 簇，每簇 10 个蘑菇，且每簇的半径为三个嵌块宽度。

■ 当蘑菇搜寻者发现一个蘑菇时，命令中心输出“I found one!”（请参阅原语 print、write、type 和 show）。

■ 当蘑菇搜寻者最近还没有发现蘑菇时，他会在-45 度和+45 度间，而不是在-10 度与+10 度间随机变换角度。

■ 蘑菇搜寻者从左下角开始寻找，而不是从中间开始（参考原语 min- pxcor、min-pycor 和 setxy）。

■ 蘑菇搜寻者要对其找到的蘑菇进行计数。这就需要一个新的海龟变量，找到一个新的蘑菇时该变量必须递增 1，在命令中心输出数值，表示蘑菇搜寻者到目前为止找到的蘑菇数量，而不是“I found one!”。

（5）打开并浏览 NetLogo 模型库中至少两个其他模型。尝试从信息标签页了解模型的用途及其代码。

（6）有关 NetLogo 基础知识的简要概述和参考，请下载并学习 Luis Izquierdo 的“NetLogo 6 快速指南”（“NetLogo 6 Quick Guide”）。

（7）查找实现以下函数的 NetLogo 原语：

■ 将数字（如海龟的平均大小）四舍五入到小数点后三位。

■ 识别 age 变量最高值的所有海龟。

■ 识别 age 变量最低值的所有海龟。

■ 将海龟移到坐标为（-3，5）的嵌块中。

■ 将一只海龟向左移动三个嵌块，向上移动五个嵌块。

■ 将海龟按大小分类。

■ 查找文本字符串中的前 10 个字符。

■ 将整个界面保存为图形文件。

■ 请使用一个原语移除所有海龟。

■ 打开一个弹出菜单，让用户选择输入文件。

■ 每 4 秒钟执行一组命令。

■ 让海龟在其当前位置留下永久性标记。

■ 将海龟移至其四个相邻嵌块（上、下、左、右）中 risk 变量最低值的一个。

（8）通过 NetLogo 网站首页上的“mailing lists you can join”链接，加入在线 NetLogo 用户组（注意每天只接收一封摘要邮件的选项），订阅 Stack Overflow 的 NetLogo（http://stackoverflow. com/questions/taged/netlogo；将光标放在页面顶部附近的“NetLogo”上）。用户组是一个电子论坛，用于询问和回答有关 NetLogo 编程和建模的问题。加入用户组后，您会了解到 NetLogo 应用的项目类型、所遇到的问题及解决方案。学习 NetLogo 时，可通过提问和回答问题参与到用户组中。不过，遵守用户组礼仪是非常重要的，这样你就不会对那些过分热情回答您问题的人感到不耐烦！当您刚接触到 NetLogo，遇到问题或疑问时，第一时间并非发布问题。您可以先尝试其他一切可能的方式，如搜寻文档并向他人寻求帮助，尤其是，先彻底搜索用户组存档和 Stack Overflow（所有之前的电子邮件信息，您加入组时就会找到搜索方式）。若您的问题还未得到解答，请选择发布问题。

3 ABM 的描述与阐述：ODD 协议

3.1 引言与目标

ABM 的阐述是建模启发式阶段的推进，是对模型的第一次正式且严谨的表达。在建模的启发式阶段，对问题、数据、想法和假设进行了最初思考。为阐述模型，需将其表达为文字、图表、方程等形式，对模型结构做出一系列决策。初学者常常犹豫是否要写下他们的第一个模型版本。不过一定要意识到，只有明确表述，达到人们能够理解的程度，模型才真正存在。

完整的模型阐述的第一个目的是让我们自己（模型的开发者）认真思考模型的所有部分。直到写出模型，我们才可能确定在模型设计时必须做出的所有决策。第二个目的是便于与同行或专家交流模型，从而对模型阐述进行更深入的讨论与修正。第三个目的，我们将其作为实现模型的基础，计算机程序根据它来执行。为将其明确地转换成计算机代码，对模型的各个要素及组成的阐述都务必完整和具体。当然，在最终准备发布工作结果时，需要包括一个完整准确的模型描述。

本章暂且放下对 NetLogo 的学习，着手研究如何描述，以及如何思考 ABM 的设计。阐述 ABM 时，我们需要描述 ABM 的哪些特征，以及我们如何简洁而清晰地描述这些特征？当运用基于方程式的经典模型时，我们清楚地知道如何回答这些问题，记下方程式及其参数值即可。但当我们运用 ABM 时，因模型过于复杂，而且没有类似微分方程之类的惯用数学符号，回答以上问题就变得非常困难。不过，描述 ABM 的标准协议 ODD［概述（Overview）、设计概念（Design concept）和细节（Detail）］现已被基于主体的建模人员广泛使用，我们将在本章中介绍它。事实证明，ODD 协议不仅对描述 ABM 很有效，还可作为在阐述模型时思考模型的框架。

现在，我们还未学会编程模型，更不用说设计模型或发布结果，为什么这么快就要引入模型描述和阐述协议？原因很简单，该协议的应用将贯穿本书的其余章节。而且，本章中的案例模型描述是接下来两章 NetLogo 课程的基础。另一个重要原因是，从一开始就要学会系统、有组织地思考 ABM。若没有这样一个系统的方法来阐述和描述模型，用模型来进行科学研究将会非常困难！

在本书的其余部分，您将获得大量使用 ODD 的经验，并对其各个部分有更多的了解。

学习目标：

■ 深刻理解 ODD 的“概述”（Overview）和“细节”（Detail）要素。（这些要素将贯穿整个课程，但仅在此处进行解释）。

■ 初步了解“设计概念”（Design concept）（这部分内容将在本书第Ⅱ部分进行更多地

探讨)。

■ 根据 ODD 描述来理解第 4、5 章中编程使用的模型。

3.2 ODD 概述

使用 ABM 时，很难牢记模型的所有特征。事实上，文献对 ABM 的许多描述是不完整的，导致无法重新实现模型和复制其结果。然而，结果的可复制性对科学研究尤为关键，无法重现的模型是不科学的。此外，ABM 描述通常混杂事实描述，以及冗长的论证、解释和各种讨论。通常，为了快速评估模型本身的真实情况，即使模型本身极其简单，我们也得一页页地查阅其描述。如何以一种便于理解又完整的方式来描述 ABM？众所周知的方法就是标准化，如果能够事先知道要呈现哪些类型的信息及这些信息的呈现顺序，那么理解书面材料会容易得多。若能够一直使用对 ABM 有效的协议，那么编写和阅读模型阐述也会变得更加容易。

为将标准化优势用于 ABM，大量经验丰富的建模者（Grimm et al.，2006；另请参见 Grimm and Railsback，2005 的第 10 章）提出了描述 ABM 的 ODD 协议。ODD 旨在创建对真实模型的完整、快速且易于掌握的描述，并以一致的顺序进行组织来呈现信息。ODD 现已广泛应用于生态和社会科学研究（Polhill et al.，2008）。截至 2017 年末，ODD 已用于约 1500 个已公布的模型描述。

迄今为止，使用 ODD 的经验在于，该协议非常有助于阐述 ABM 以及描述 ABM 的最初目的。一旦学会 ODD，建模者会发现他们从一开始就在运用 ODD 来协助做出所有基本的阐述决策，如 ABM 中应包含什么样的事物，主体应具有哪些行为，以及需要哪些输出。正如微分方程提供了一种思考（以及描述）数学建模问题的方法，以及频度和贝叶斯理论提供了思考统计建模问题的方法一样，ODD 提供了思考和描述基于主体的建模问题的方法。我们通常从最早的、极其简单的模型版本（1.3 节）开始编写模型的 ODD 描述，然后通过修订和补充 ODD，并更新软件来匹配它以完成建模周期。ODD 描述不仅包含模型可以做什么，还包含建模者为什么这样设计模型，它使模型设计更科学。我们强烈建议您使用本书网站下载页面所提供的 ODD 模板。该模板是一个 Word 文件，包含 ODD 要素的所有部分，并附有如何完成各要素的详细说明和示例。2019 年，ODD 协议的更新版本发布，聚焦于如何避免在运用协议时可能出现的最常见错误，并将重点放在面向模式的建模上，面向模式的建模将在本书第Ⅲ部分介绍。以下对 ODD 的描述包含了这些更新。

3.3 ODD 协议

ODD 协议包括概述、设计列表和细节 3 个基本构成。概述部分描述模型的内容和设计方法，设计列表部分描述 ABM 基本特征，细节部分提供完整描述模型必要的细节。下面给出了 ODD 协议的 7 个要素（图 3.1），它们是 ABM 开发人员必须设计的要素。在编写 ODD 模型描述时，您应对这 7 个要素进行编号，确保其完整且顺序正确。

基本构成	ODD 协议的要素
概述	1. 目的和模式
	2. 实体、状态变量和尺度
	3. 过程概述和调度
设计列表	4. 设计列表 • 基本原理 • 涌现 • 适应性 • 目标 • 学习 • 预测 • 感知 • 相互作用 • 随机性 • 集群 • 观察
细节	5. 初始化
	6. 输入数据
	7. 子模型

图 3.1 描述 ABM 的 ODD 协议概览［改自 Grimm 等（2010）的描述］

1. 目的和模式

第一个要素是对模型要解决的问题的清晰而简洁的陈述，即正在构建什么系统的模型，以及想用模型证实什么。目的并不是模型的组成部分，但为什么一开始 ODD 就要陈述模型的目的？因为，如果最初都不能确定模型的用途，就不可能对模型做出任何决定，即不知道模型应该包含什么，不应该包含什么，以及模型结构是否有意义。知道模型的目的，就像拥有一份通往模型描述其余部分的路线图，只有知道模型要解决什么问题，才能对模型应该是什么样子有更好的预估。

为有助于阐述和理解模型，目的描述必须尽可能具体。充分明确地定义模型目的，以明确模型中应包含哪些内容及不应包含哪些内容，这一点非常重要，但往往又极其困难。若从一开始就清晰定义模型的目的，无论是构建模型的整个过程，还是仅仅理解他人的模型，效率都会显著提高。当在模型设计决策上遇到困难，回过头尝试使模型目的更加具体，通常会有帮助。我们到底在对什么系统建模？模型需要回答哪些管理或理论问题？一个非常有用的技巧是绘制你想要生成的第一版模型的结果部分的关键图表：什么输入（x 轴）驱使了什么输出（y 轴），用什么单位，以及采用何种变化形式（误差线、直方图等）。明确说明模型并非针对哪些系统和问题而设计，对约束设计通常也是有帮助和重要的。在模型目的的早期陈述中，用“特别地，……”这类词是一个很好的方法，可以让建模者和读者关注模型的目的。

第一个 ODD 要素中的“模式”部分解决了类似于“我们在构建什么系统的模型”的问题。除了通过对系统进行命名来回答这个问题（Chitwan 国家公园中的老虎种群；Carter et al.，2015），还应详细说明模型所使用的标准，来确定模型是否足够真实，这有助于实现模型目的。正如将在本书第Ⅲ部分学习到的，模式是检验模型的最佳标准：可以假设，若模型能重现由相同过程驱动的各种模式，则模型对其目的是有效的，其中过程对于模型设计问题非常重要。同等重要的还有，要知道模型不能重现哪些模式，因为这些模式反映出模型缺少的或不现实的假设。（更多关于模式及如何选择模式等内容见第 17 章。）

因此，该 ODD 要素包括对模式的陈述，用于确定模型如何实现其目的。对于不涉及具体实际系统的概念模型（如 3.4 节和 10.4 节给出的第一个示例模型），可能只有通用模式被认为是建模的系统类型的典型代表（如有周期，或有空间模式，或有平衡态，或有对冲击的典型响应）。但对于更具体的模型，应该从观测数据、文献和专家意见中提取特定模式。对于老虎模型，将模式陈述为“作为检验模型是否有用的标准，我们将采用在公园老虎种群研究中观测到的模式，即出生率和幼崽存活率的范围，雌雄领地的重叠区，以及领地大小和猎物数量之间所呈现的负相关关系。”

2. 实体、状态变量和尺度

接下来，一起来看模型的框架。其包括实体，即模型要表达的对象类型，以及用于描述实体的变量和属性。ABM 通常包括以下类型的实体：一种或多种主体；主体生活和交互的环境，通常表示为地理空间或其他维度（如网络上的位置）中的局部单元或嵌块；影响所有主体的“全局”环境。其中，模型实体通过状态变量来表示，这些状态变量通过模型可随时指定。主体的状态通常通过其属性（如大小、年龄、储蓄、意见、记忆）和行为属性（如搜索行为类型、投标策略或学习算法）来定义。有些状态变量是静态的，保持不变，如动物的性别和物种，以及诸如植物和城市等不可移动的主体的位置。尽管如此，这些仍然是“变量”，因主体的不同而不同。如果所有主体在某些变量上都相同，则没必要定义该变量，如在动物种群模型中只表示雌性（常见于雄性个体不会限制繁殖成功率的物种），就没有必要将“性别”作为状态变量。

但是，状态变量并不包括可以从主体及其环境的状态推导或计算的量。例如，假定代表土地所有者的主体不动，然后根据土地所有者和服务中心各自的位置，可计算出土地所有者到景观中某个服务中心的距离。因此，该距离不是表征土地所有者本身的状态变量，而是表征土地所有者及其环境的状态变量。根据经验，ABM 主体的状态变量是无法从其他变量中直接推导出的变量。

使用 ODD 的初学者常常会对状态变量的概念感到困惑。区分状态变量与非状态变量的关键在于，在计算机程序中，这个变量能否用于表征我们感兴趣的主体，并表示主体随时间的变化或主体间的差异？例如，如果植物个体的生长速率保持常数，并且所有个体的生长速率都相同，则它不是一个状态变量。（该参数将在后面作为生长子模型的一部分来描述。）但是，如果不同植物个体间的生长速率不同（可能是因为它们所处的土壤），或者不同的物种具有不同的生长速率，那么生长速率就是一个状态变量。

许多 ABM 在空间上是明确的，即它们表示主体所在的空间或环境的位置，且空间通常呈异质性。环境可以是连续表面（每个点具有不同的环境变量值）。但更多情况下，空间通常被“离散地”表示为正方形格网上的单元格或嵌块。这种离散结构的优点在于其忽略了嵌块间的空间效应，大大减少了模拟空间过程所需的数据量和计算量。嵌块的特征可以由一个或多个状态变量表征，包括定义空间中其所处位置的坐标。

最后，全局环境指随时间变化，但不一定在空间上变化的变量，如天气变量（如温度）、某种系统范围内的扰动所发生的频率，或税率。这些环境变量通常是外部变量，由不受 ABM 主体影响的数据或子模型提供。

原则上，任何实际复杂系统的描述变量有无穷多。因此，在基于主体的建模中，必须确定模型中所包含的变量。这些变量对于回答我们研究的问题至关重要，并且强烈地影响主体及其环境的行为。例如，除了解决与广告相关的问题的模型外，商业模型通常不考虑商标颜色和广告口号。不过，还有一个更重要的因素影响变量的选择，即用于构建现实结构的理想模式。为量化这些模式及模型与观测值的匹配度，我们可能需要添加变量，正如下面设计列表中“观察”要素所讨论的。

另外，还需具体说明模型的时间尺度和空间尺度。时间尺度指时间的表示方式，即要模拟多长时间（时间范围）以及时间过程的模拟（相关主题更详尽的介绍见第 14 章）。大多数 ABM 采用离散的时间步来表示，如一天、一周或一年（时间分辨率或时间步长）。时间步的使用意味着发生时间短于一个时间步的所有过程或变化，只能通过两个连续时间步间状态变量值的变化来汇总表示。例如，年时间步的物种死亡率的生态模型无法区分年内个体的死亡先后。日时间步的股票市场模型仅以每日平均要价和卖价以及交易数量来表示每日的所有交易，而时间步短于日的同一市场模型则可以记录单次交易。

模型的时间范围指模拟的时间跨度，即模拟了多长时间（时间步数、年数、分钟数）？该问题还取决于观测结果或模型输出，以及它们发生的时间尺度。时间范围通常由模型产生的系统尺度决定，而时间分辨率通常由内在驱动模型的主体尺度决定。

如果模型是空间显式的，则必须描述空间的大小或范围。如果使用网格单元或嵌块来表示空间变化，则必须指定其大小，即空间分辨率。与时间分辨率一样，ABM 的恰当空间分辨率取决于关键的行为、相互作用和现象。单个网格单元内的空间关系和影响将被忽略，仅表示单元间的空间效应。例如，在描述城市动态的模型中，单个家庭通常由网格或嵌块表示。家庭内部的空间关系（如谁睡在哪间卧室），因为对于解释城市格局不重要而被忽略。

3. 过程概述和调度

以上 ODD 要素与模型结构有关。本部分我们将讨论动态问题，即改变模型实体状态变量的过程。每个过程（有一个非常重要的例外）都会描述模型实体的行为或动态，因此要先确认模型的实体。要概述模型的过程，我们只需明确：模型实体在做什么？随着模拟时间的推移，主体将执行什么行为？其环境会怎样更新和变化？在 ODD 协议的这部分，对模型实体执行的每个过程都作了简要描述。如果该过程非常简单，还可以在本部分进行完整描述。但是，通常我们将过程视为“子模型”，仅用一个一目了然的词语（如交配、出售、购买等）来命名，并在 ODD 描述的最后一部分“子模型”中，使用完全相同的名称给出详细信息。

唯一与模型实体没有链接的过程是观察者过程，即我们——模型的创建者，想要观察并记录模型实体做什么，为什么做，什么时候做，以及从中将涌现出什么模式。因此，需要具体指定观察过程，如图形和绘图显示模型的状态，并将汇总统计量写入输出文件。ODD 协议包括对观察者过程的描述，因为我们观察模型的方式——我们从模型中收集的“数据”类型以及我们如何看待这些数据——会极大地影响我们对模型的解释和从中学习到的内容。

除指定模型中哪些过程需要显式表达外，我们还需指定模型的调度，即计算机执行过程的顺序。充分描述的 ABM 调度提供了整个模型的简洁而完整的框架。当您想要了解 NetLogo 中的模型可以解决什么问题的时候，查找并阅读其调度（go 例程），快速了解模型中的实体，以及它们以什么顺序执行哪些过程或行为。

活动对于理解和描述 ABM 调度至关重要。模型的调度可看作是一系列活动的集合；一个活动由三部分组成：模型实体、执行的过程，以及执行顺序。例如，在 NetLogo 中，一个活动通常编写成一个语句，如

```
ask turtles [move]
```

该语句指定模型实体（所有的海龟，turtles）执行的过程（move 例程），以及实体在环境中的移动方式。如果仔细阅读 NetLogo 文档，您会发现通过 ask 语句，海龟每次以随机顺序执行一次 move 例程，即每次执行 ask 语句时，海龟移动的顺序都是随机的。然而，许多模型依赖于充分描述的其他类型的调度（如非随机执行顺序、异步更新或离散事件，相关内容将在第 14 章中讨论）。

有些 ABM 调度非常简单，只需按执行顺序简单列出 ODD 此部分中的模型过程，并在各个主体执行顺序上添加所需的细节就可以完全指定。不过，在许多 ABM 中，调度相当复杂，很难用语言准确描述。对于此类模型，我们建议使用伪码（伪码模仿计算机程序的逻辑结构，但使用供人而不是计算机阅读的文字）。您将在本书中看到许多调度，从中可以学习如何很好地描述它们。

4. 设计列表

ODD 协议的这部分给出了对设计 ABM 很重要的一组设计列表的模型实现方式（表 3.1，另参见第 7 章）。设计列表提供了一种标准化方法，来思考无法用微分方程等其他概念框架很好地描述的重要特征。例如，从主体及其环境的哪些特征涌现出什么模型结果？（传统模型通常只生成一种结果，且直接通过方程计算得到，而 ABM 可以产生复杂、不可预测的多种结果。）主体将做出什么适应性决策？假设主体做出这些决策是为了增加某目标的某种衡量标准（如生物体的“适合度”、经济主体的“效用”），那么这个衡量标准是什么？该模型是否包括集群，即具有自主行为的主体的集合？通过回答表 3.1 中的问题来描述如何在模型中运用这些设计要素，就像做出重要的设计决策时，借助检查表来确保自己并无缺漏。同时，对概念可以按设计实现的原因（如为什么假定主体可感知某些其他主体的某些变量）进行讨论，表明设计决策源于对建模系统的了解和对模型目的的仔细考虑。

ODD 协议中有 11 个不同的设计要素（表 3.1）。现在不用完全理解它们，对每个要素的更详细的介绍见第Ⅱ部分。并非所有的要素对所有的 ABM 都很重要；有些 ABM 非常简单，我们只需要详细了解几个设计要素。但即使在这种情况下，也要考虑设计要素的完整列表，并说明未采用的 ABM 要素。

表 3.1　ABM 的设计要素及 ODD 描述中要回答的关键问题

要素	关键问题
基本原理	1. 模型设计的基本概念、理论、假设或建模方法是什么？对要解决问题，模型如何与之前的思考相关联？
	2. 在模型设计中，如何纳入这些原理？是否实现了这些原理？模型是在其设计中实现了这些原理，还是将其作为一个研究主题（如评估这些原理并提出替代方案）来处理？
涌现	3. 模型的重要结果和输出是什么？哪些来自个体适应行为机制？哪些是通过给模型强加规则生成的？
适应性	4. 主体有哪些适应性行为，为什么有？其以什么方式应对环境和自身的变化？作出了什么决策？
	5. 这些适应性行为如何建模？是假定主体可以通过权衡，选择最有可能实现其特定目标（直接目标搜寻）的备选方案？还是简单地强制主体重现在真实系统中观察到的行为模式（间接目标搜寻）？
目标	6. 对于直接目标搜寻所模拟的适应性行为，采用主体目标的何种度量指标（如，生态学中的"适合度"，经济学中的"效用"）来排序决策备选方案？这项目标度量指标是主体的内部模型，即主体如何从决策备选方案中获益。目标度量指标中包括哪些影响未来的要素（如未来繁殖期内的存活率、某段时间内继续营业的可能性、下一申报期内的利润等）？该目标度量指标如何表达主体及其在环境重要变量下的适应性行为？
	7. 考虑到模型目的及其代表的真实系统，如何选择目标度量指标中的变量和机制（如死亡或倒闭的风险、繁殖或盈利的必要条件）？在建模决策中，如何纳入主体的当前内部状态？目标度量指标是否随主体的变化而变化？
学习	8. 随着时间的推移，个体的适应性决策行为是否会因其经历而改变？如果会改变，将如何变化？
预测	9. 在其适应性行为子模型中，主体如何预测未来条件（环境条件和内在条件）？对于要建模的真实个体，哪些假设或机制是预测建模的基础？
	10. 预测建模中如何运用诸如记忆、学习或环境线索等机制？还是预测是"隐性的"，即隐含在适应行为的简单规则中？
感知	11. 假定主体可感知到自身及所处环境的哪些变量，并在其行为中予以考虑？这些假设的基础是什么？
	12. 哪些感知机制属于显式建模，假定主体确切"知道"哪些感知变量？
	13. 假定主体"知道"或感知变量的准确度或不确定性有多少？感知距离是多少（在地理、网络或其他空间）？
相互作用	14. 模型主体间如何进行相互作用？是直接相互作用，如一个主体直接改变其他主体的状态？还是间接相互作用，如通过对资源的竞争等改变其他主体的状态？
	15. 主体与其他哪些主体相互作用？
	16. 模型的相互作用源于哪些真实的相互作用机制？这种相互作用在什么时空尺度上出现？
随机性	17. 如何以及为什么在模型中使用随机过程（基于伪随机码）？用到的随机过程是否可用于初始化模型？通常，要认识到过程的变化，而不去探究其变化的原因吗？凭借经验确定的概率可以重现观察到的行为吗？
集群	18. 模型中表达有集群吗（集群即主体的集合，影响成员主体的状态或行为，同时受其他成员的影响）？
	19. 模型中如何表达集群？是从主体的行为涌现，还是通过行为子模型强制形成集群？或者，集群被看作具有自身行为和状态变量的另外一类主体？

续表

要素	关键问题
观察	20. 要观察模型的内部动态，以及系统尺度上的行为，模型需要哪些输出？要进行模型输出，需要用到什么工具（图形、文件输出、个体数据等）？
	21. 根据可用性标准（即通常在“目的和模式”要素中定义的一组模式），测试模型需要哪些输出和分析？回答模型要解决的问题需要哪些输出？

5. 初始化

模型的初始条件往往决定模型结果。在模拟之初，必须说明如何搭建模型。搭建模型的初始条件包括要创建的主体数量、给定主体状态变量（位置、大小等）的初始值，以及设置环境变量初始值等。

当我们去理解系统对某些新条件（一个新想法或新物种的引入）如何响应时，我们希望模型结果依赖于其初始条件。

但在其他情况下，我们希望模型结果独立于初始条件。运行模型，直到其“遗忘”初始状态的所有“记忆”(改变初始条件，也会得出大致相同的结果)。

无论如何，为使模型及其结果具有可复制性，必须指定模型中所有实体的所有状态变量的初始状态。

6. 输入数据

模型的输入数据通常包括环境变量，如温度或市场价格等。这些环境变量随时间而变化，被模型读入，而不是在模型内进行模拟。

这些输入通常是在模型运行时从数据文件中读入。(这里的“输入”并非指参数值或初始化数据，其有时也会在模拟开始时通过文件读取。)

7. 子模型

至此，ODD 协议已经给出了模型的“框架”，即实体、状态变量、所有过程的名称以及如何调度，这是模型成形的基本思想。接下来要做的就是填充内容。模型中所有的主要过程都被看作是子模型。在 ABM 中，您可以将子模型视为一个过程的模型；子模型通常相互独立，可独立进行设计和测试。子模型在“过程概述和调度”(ODD 协议的第 3 部分)中提到，这里我们进行详细介绍。为使 ABM 具有可复制性，我们必须描述构成子模型的所有方程、逻辑规则和算法，通过描述参数，即子模型中用到的方程系数和其他值，来实现。通常以表格形式列出每个参数的含义、单位、默认值、值域和设值依据。只写出这些细节并不会给人留下深刻印象，还需要编写文档来说明这样构思子模型的原因。我们使用了哪些文献资料？作出了哪些假设？如何测试和校准子模型？子模型在什么条件下更可靠或更不可靠？发表成果时，我们可能只提供对子模型的描述，而将模型假设的充分论证和分析归入 ODD 在线附录或诸如 TRACE 文档之类的附件中（Schmolke et al., 2010；Grimm et al., 2014）。

接下来，我们一起来看看第一个真实版 ABM 的 ODD 描述。所选案例极其简单，却也是三篇有趣的期刊论文的基础。因此，也可以看出，尽管有些 ABM 需花费数月，甚至数年才能富有成效，但从非常简单的 ABM 中我们也常常可以得出很多，甚至与真实世界有关的结果。

3.4 案例：蝴蝶的虚拟廊道

为了交配等目的，许多动物都会在生命的某个时刻分散——离开栖息地，长途迁徙。要分散的动物会对周围的景观做出响应，避开某些特征，并被其他特征所吸引。这些对景观的行为响应将引导它们运动，形成路径，这些路径被称作廊道。在景观中，廊道被认为是利于扩散的线形要素，如绿篱、篱笆和道路沿线的植被。因无法看到动物眼中的景观，我们对廊道的感知有限。聚集大量分散动物的区域会不会是虚拟廊道呢？其没有像矮树篱，以及躲避捕食者的隐身之地等易于辨识的特征，而是从更精细的景观特征和动物决定去处的行为方式中涌现。

为展示“虚拟廊道”，Pe'er 等（2005）选用了“蝴蝶择偶”这个非常简单的系统，在该系统中可很容易观察到真实个体。对于大多数蝴蝶物种，雄性和未交配过的雌性都会应用“登顶”策略进行择偶，它们仅仅沿坡体向上飞行，在山顶聚集，相遇并交配。Pe'er 等（2005）开发的这个模型就是一个很好的案例，该模型特别简单，但能够捕捉到与特定问题相关的系统的本质。因模型非常简单，我们跳过阐述模型的启发式头脑风暴阶段，直接使用 ODD 协议对模型进行阐述。

1. 目的和模式

该模型旨在探索虚拟廊道相关问题。具体来讲，该模型用于探索什么条件下，蝴蝶的登顶行为会与景观的地形特征相互作用，许多蝴蝶沿着相对狭窄的路径飞行，涌现虚拟廊道？蝴蝶向上移动的变化趋势如何影响虚拟廊道的出现？蝴蝶沿坡体向上飞行的偏好差异将如何影响虚拟廊道的出现？该模型不表达蝴蝶的特定位置或种类，仅使用一般模式作为回答这些问题的可用性标准：蝴蝶可以到达山顶，并且其飞行具有很强的随机性，这体现了除海拔以外的因素的影响。

2. 实体、状态变量和尺度

模型有两类实体，蝴蝶和表达景观的正方形嵌块。景观呈正方形，由 150×150 个嵌块组成，每个嵌块都有一个“海拔”状态变量。蝴蝶仅包含位置特征，运用其所在嵌块的位置来描述。这样，蝴蝶位置可用其所在嵌块中心的 x 和 y 坐标构成的离散数据来表示。因模型通用，模拟中未指定嵌块的大小和单位时间步的长度。当使用真实景观时，一个嵌块大小为 25m×25m。模拟持续 1000 个时间步；虽单位时间步的长度未指定，但应约等于蝴蝶从一个嵌块移动到其相邻嵌块所用时间。邻边的距离是 25m，对角线方向的距离为 35m。

3. 过程概述和调度

模型仅包含一个过程，即蝴蝶的移动。每只蝴蝶在每个单位时间步只移动一次。因蝴蝶间没有相互作用，蝴蝶执行活动的顺序并不重要。

4. 设计概念

本模型用到的基本原理是虚拟廊道的概念，即多数个体登顶采用的飞行路径。与动物迁徙廊道的经典假设相比较，本概念更加新颖。经典假设认为，廊道本身具有吸引力，因此迁徙动物使用廊道，而本概念认为动物为更广阔的景观进行迁徙。通过观察模型的两个部分（蝴蝶的适应性运动行为和它们穿行的景观），涌现出的廊道被定义为虚拟廊道。其中，蝴蝶的适应性行为通过一个简单的经验规则来模拟。这个经验规则再现了所观察到的真实蝴蝶的行为，即沿坡体向上飞行。这种行为之所以会出现，可以这样去理解（模型中不包括），蝴蝶沿坡体向上飞行，进行交配，成功传递基因，实现生物体假定的最终目标。由于登顶行为被事先假定为蝴蝶的目标，因此目标和预测的概念没有具体探讨。模型中没有学习过程。

感知在模型中很重要，假定蝴蝶可识别出周围具有最高海拔的相邻嵌块，而非更远距离的海拔信息［Pe’er（2003）实地研究中有论述蝴蝶感知海拔差异的距离问题］。

模型不包括蝴蝶间的相互作用；Pe’er（2003）在实地研究中发现，真实蝴蝶间确实会相互作用，在上坡途中它们时而会停下来交流。但是，他认为虚拟廊道模型中的相互作用并不重要。

蝴蝶飞行变化的影响因素过于复杂，无法机械表达。模型运用随机性来表达蝴蝶飞行变化的两个影响因素。真实蝴蝶并不总是直接沿坡体向上飞行，其原因可能是：①蝴蝶感知周围邻域最高海拔嵌块的能力有限；②除地形因素之外，如沿途需要授粉的花朵等其他因素也会影响蝴蝶的飞行方向。通过在模型中假定蝴蝶并非每个时间步都沿坡向上飞行，它们有时也会随机飞行，来表达蝴蝶飞行行为的差异。蝴蝶无论是沿坡直接向上飞行，还是在任意时间步的随机飞行，都可以运用参数 q 进行随机性建模。参数 q 指个体沿坡直接向上飞行而不是随机飞行的概率。

为观察定义模型可用性的两种模式，在模型中选用地形和蝴蝶位置的图形显示。为观察虚拟廊道，我们将定义一个具体的“廊道宽度”度量指标，用以表示从起始嵌块到达山顶，蝴蝶飞行路径的宽度，具体定义方法等详细内容见 5.2 节。

5. 初始化

模型启动时，景观地形中每个嵌块的海拔将被初始化。模型版本不同，用到的景观数据也不同。模型用到以下两类景观：①简单的人造地形景观；②真实研究区地形景观，从包含每个嵌块海拔值的文件中导入。创建 500 只蝴蝶，通过从所有嵌块中随机选取嵌块来定义各蝴蝶的初始位置，蝴蝶遍布整个景观。

6. 输入数据

假定环境条件不变，因此模型没有输入数据。

7. 子模型

运动子模型精确地定义了蝴蝶是沿坡向上飞行还是随机飞行。“沿坡向上飞行”被明确定义为飞到周围海拔最高的相邻嵌块；若邻域嵌块中的两个嵌块海拔相同，则随机选择其中的一个嵌块。“随机飞行”被定义为以相同的选择概率飞到邻域嵌块中的任一嵌块。“邻域嵌块”是蝴蝶当前所在嵌块周围的八个嵌块。蝴蝶决定沿坡向上飞行还是随机飞行由参数 q 控制，其值域是 0.0 ~ 1.0。参数 q 是一个全局变量，所有的蝴蝶应用相同的 q 值。每个时间步，每只蝴蝶从 0.0 ~ 1.0 的均匀分布中抽取一个随机数。如果这个随机数小于 q，蝴蝶沿坡向上飞行；否则，蝴蝶随机飞行，如图 3.2 所示。

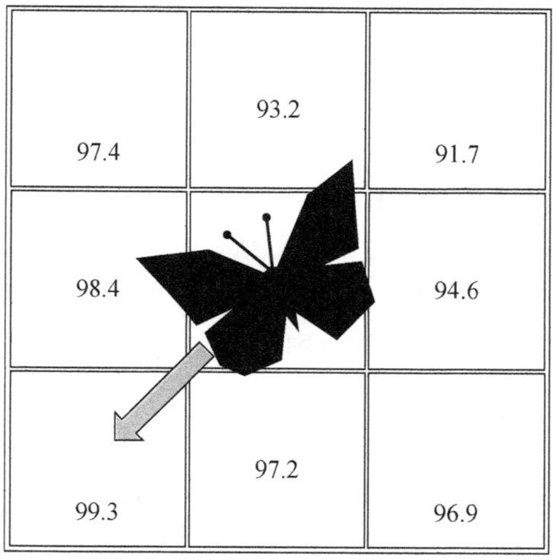

图 3.2 蝴蝶的飞行活动
蝴蝶飞向其八个相邻嵌块中的一个嵌块。各嵌块上的数值表示其海拔变量。如果随机数小于 q，蝴蝶会飞到海拔最高的相邻嵌块，如图中箭头所示；否则，蝴蝶随机飞到八个相邻嵌块中的一个嵌块

ODD 格式的以上阐述包含在计算机上实现模型所需的所有信息。学习 NetLogo 时，您会发现 ODD 要素与 NetLogo 程序的一般要素相对应。例如，NetLogo 包含特定的对话框和原语，用于设置空间尺度，记录时间步，定义和初始化模型实体，以及调度活动并观察结果。在第 4 章中，我们将这个蝴蝶登顶模型的 ODD 描述，用作您的第一个真实 NetLogo 程序的蓝本。

3.5 小结与结论

书面描述模型可能是建模中最重要的部分，没有书面描述就无法完成建模。ABM 复杂，需要清晰、标准地思考和编写，因此使用标准概念和格式来描述和设计模型就显得格外重要。微分方程和统计建模的标准“语言”无法描述 ABM，因此我们采用 ODD 协议及其设计概念。离开这样的标准，ABM 通常就会被描述得不完整，导致无法被复制，从而显得不科学。因此，将 ODD 作为 ABM 交流的标准语言是本书的主要目标之一。

ODD 具有通用性和层次性。通用性表示它可用于描述任何应用或学科领域中的任何 ABM。层次性表示它首先概述模型的结构、尺度、过程和调度，以便我们通过 ODD 了解模型的初步知识；然后表达细节，理解模型如何真正重现现实过程。通过二者可解释隐含在模型设计中的重要概念。例如，模型中哪些关键行为是涌现的而非强加的？随机性有多大？为什么？为更好地理解模型结果如何涌现，我们该如何观察模型行为？

3.2 节提到 ODD 最初用作描述 ABM 的标准方式，除此之外，ODD 有一个重要优点，它为思考和阐述 ABM 提供了一个非常有用的框架。3.4 节又提到 ODD 的另一个重要优点，一旦以 ODD 格式写下模型后，向 NetLogo 程序的转换方式就一目了然。下一章，将返回到 NetLogo 的学习，说明 ODD 与 NetLogo 之间的紧密对应关系。事实上，本书第Ⅱ部分的内容围绕在 NetLogo 中实现 ODD 设计概念的方法来组织，您将真正学会建模和快速编程。

3.6 练　　习

（1）本书的网站上列出了使用 ODD 协议描述 ABM 的文献清单。为加深对协议的理解，请您找出几篇文献并阅读模型描述。请思考文献作者如何清晰、紧密地围绕协议展开模型描述？模型描述看起来是否清晰、完整？不过，随着协议的发展演变，协议中用到的某些术语，尤其是设计概念术语，已发生变化。例如，生态学使用“适合度”一词来替代协议中的“目标”。有关生态学应用到的设计概念的更多详细讨论，请阅读 Grimm 和 Railsback（2005）的第 5 章。

（2）本书的网站上还列出了用到 ABM 但未使用 ODD 协议的文献清单。或者，您可以在线搜索您感兴趣领域的一些 ABM。找出一个或多个模型并阅读其模型描述，使用模板文件完成模型的 ODD 协议描述。模板文件可以在本书网站上的第 3 章的下载部分找到。看看哪些信息易于从出版物中提取到，哪些信息可能缺失？

（3）您想象一个简单的问题，也可以从第 1 章练习 2 列出的问题中选择，这个问题可通过模型得到更好的理解，以及很有必要显式地表达主体。对这个问题很重要的因素是什么（实体的种类、变量、过程）？其中，哪些因素看起来绝对必要，哪些因素属于第一版模型的“愿望清单”？请选取一个仅包含系统的关键实体和过程的简单 ABM，试着阐述其 ODD 描述。根据本书网站上提供的 ODD 模板，讨论并修订 ODD 描述。如果您对许多设计决策没有把握，也请不用担心，您将会从本书中学到很多阐述和分析 ABM 所需的技能和经验。

4 实现第一个基于主体的模型

4.1 引言与目标

本章我们将继续学习 NetLogo。不过，学习重点转向真实 ABM 的编程和使用，进而解决现实科学问题。以本章讨论的角度，第 2 章中的蘑菇搜寻模型既不属于典型的基于主体的模型，也不是很科学。而且，虽然本章多数内容还是 NetLogo 编程，但已开始解决一些其他建模问题。我们将在第 5 章真正使用 ABM，输出有意义的结果并加以分析，以解决科学问题。

学习目标：

- 理解如何转换模型，从 ODD 格式的书面描述转换为 NetLogo 代码。
- 理解如何定义全局变量、海龟变量和嵌块变量。
- 熟悉 NetLogo 最重要的原语，如 ask、set、let、create-turtles、ifelse 和 one-of。
- 开始学习良好的编程实践，如进行很小的更改、不断检查，以及编写代码注释。
- 生成自己的蝴蝶登顶模型软件程序，蝴蝶登顶模型描述见第 3 章。

4.2 ODD 与 NetLogo

在第 3 章中，我们介绍了用于描述 ABM 的 ODD 协议，并列举了一个案例，即蝴蝶登顶模型的 ODD 阐述。接下来，我们将介绍 ODD 描述的模型在 NetLogo 中如何实现？其实很简单，NetLogo 中的要素与 ODD 所阐述的主要要素相对应。

1. 目的和模式

NetLogo 的信息标签页中包含 ABM 的 ODD 描述。其描述将从模型的总体目标和验证模式的简短陈述开始。

2. 实体、状态变量和尺度

在 NetLogo 中，构建 ABM 的基本实体类型有以下 3 种：正方形嵌块组成的世界、表征移动主体的海龟，以及观察者。海龟和嵌块（以及可能的其他类型主体）的状态变量通过 turtles-own [ ] 和 patches-own [ ] 语句定义，而全局环境变量通过 globals [ ] 语句定义。和 ODD 一样，在 NetLogo 中，一开始就需要定义这些变量。

3. 过程概述和调度

这一步恰好对应 go 例程。一个精心设计的 go 例程只是简单地调用实现所有子模型的其他例程，仅提供所有过程的概览（并非其具体实现），指定其调度，确定每个时间步所有过程执行的顺序。

4. 设计列表

设计列表中列出了设计模型时所作的各种决策，它们不会直接出现在 NetLogo 代码中，但是可以通过 NetLogo 中的许多原语和界面工具实现。如何在 NetLogo 中实现设计列表，将在本书的第Ⅱ部分探讨。

5. 初始化

这对应每个 NetLogo 程序中的 setup 例程。单击 setup 按钮，执行 ODD 初始化要素中描述的所有操作。

6. 输入数据

若模型使用时间序列数据来描述环境，可通过在 NetLogo 中输入原语来从文件读取数据。

7. 子模型

ODD 的子模型与 NetLogo 中的例程密切对应，但不完全相同。模型的各子模型运用独立的 NetLogo 例程来编写代码，然后通过 go 例程来调用。（有时，为方便起见，会将一个复杂子模型拆分成几个更小的例程来处理。）

根据 ODD 与 NetLogo 的对应关系，基于模型的 ODD 阐述来编程就变得简单直接。当然，这些对应关系并非偶然，ODD 与 NetLogo 都用于捕捉和组织 ABM 的重要特征。

4.3 蝴蝶登顶模型：从 ODD 到 NetLogo

现在，我们将正式开始首次 NetLogo 程序编写工作，对蝴蝶模型的 ODD 阐述进行转换。编程分层逐步进行，包含许多临时测试。强烈建议您始终按以下方式编程。

■ 编写模型的总体结构，避免过早迷失在细节中。一旦构建出模型总体结构，一次添加一个具体细节。

■ 添加的新要素包括一个例程、一个变量、一个复杂代码表达的算法等。添加每个新要素之前，需对现有代码进行一些基本测试，并保存文件。这样，可确保之前的程序正确，若突然出现问题，问题很有可能（尽管并非总是）出自最近一次的小修改。

首先，创建一个新 NetLogo 程序，保存，并在信息标签页输入模型的 ODD 描述。

▶ 启动 NetLogo，通过“File | New”（文件/新建），创建一个新 NetLogo 程序。通过“File | Save”（文件/保存），保存程序至您所定义的文件夹，命名为 Butterfly-1. nlogo。

▶ 从本书网站的第 4 章（https://www.railsback-grimm-abm-book.com/downloads-errata-2nd-edition/），复制包含“蝴蝶模型”（Butterfly Model）ODD 描述的文件内容。

▶ 进入 NetLogo 的信息标签页，单击“Edit”（编辑）按钮，粘贴并覆盖原有内容。

▶ 再次单击“Edit”（编辑）按钮。

现在，您可以在文档中看到“蝴蝶模型”的 ODD 描述。

然后，开始对模型 ODD 描述的第二部分——状态变量和尺度，进行编程。首先，定义模型的状态变量，包括嵌块变量、海龟变量和观察者自身的变量。

▶ 进入代码标签页，插入

```
globals [ ]
patches-own [ ]
turtles-own [ ]
```

▶ 单击“Check”（检查）按钮。

应该没有报错，目前为止代码语法正确。从 ODD 描述得知，海龟除自身位置外没有其他状态变量。因 NetLogo 已内置海龟的位置变量（xcor，ycor），所以不需再定义。但是，嵌块具有海拔变量，且该变量不是内置变量，所以我们必须对其进行定义。

▶ 在程序中，将海拔作为嵌块的状态变量插入：

```
patches-own [ elevation ]
```

如果您熟悉其他编程语言，可能想知道 NetLogo 如何设置变量“elevation”的类型。NetLogo 将通过 set 原语赋值给变量，通过所赋数值来表达变量类型。

接着，需要指定模型的空间范围，即包含的嵌块数量。

▶ 进入界面标签页，单击“Settings”（设置）按钮，将“原点位置”设在左下角；将“嵌块的最大 y 坐标”（max-pycor）和“嵌块的最大 x 坐标”（max-pxcor）更改为 149。现在就定义好了一个世界，或一个景观，即以左下角嵌块为原点（0，0），由 150×150 个嵌块构成。关闭两个“world wrap”（世界回绕）复选框，所定义的模型世界就有了封闭边界。单击“OK”（确定）保存。

您会看到，现在显示 Netlogo 世界的“视图”很大，不能全图显示。这时，可通过以下方式进行调整：

▶ 再次单击“Settings”（设置）按钮，将“Patch size”（嵌块大小）改为 3 左右，进行调试，直到视图大小合适为止。（也可以右键单击视图，然后拖动视图的一个角来改变嵌块尺寸。）

接下来，编写 setup 例程，创建和初始化所有实体与状态变量。该步骤对应 ODD 描述的初始化部分。回到代码标签页，我们再来编写框架。

▶ 在现有程序的末尾，插入

```
to setup
  ca
  ask patches
  [

  ]
```

```
  reset-ticks
end
```

setup 例程中已有一些代码——ca 和 reset-ticks。其中，ca 用于将所有的全局变量清零，几乎总是位于 to setup 的下一行，而 reset-ticks 总位于 setup 例程的最后。通过使用 ask patches 语句给所有嵌块变量“elevation”赋值来初始化嵌块。相关代码放在 ask patches 语句的方括号内。

通过赋给所有嵌块海拔值，创建一个供蝴蝶飞入的地形景观。该景观看起来是什么样？ODD 描述并不完整，仅告诉我们从一个简单的人造地形开始。因模型中需要探讨蝴蝶如何找到山顶，很显然，地形景观中需要一些小山。我们可以表达一个真实景观（见下一章），不过，刚开始还是先创建一个简单场景，便于预测所发生的现象。而且，考虑到仅创建 1 座小山或许不够有趣，在模型中创建 4 座光滑的小山，通过正弦三角函数生成。

▶ 将以下代码写入 ask patches 命令。注意，在 NetLogo 中，在诸如加号(+)和乘号(*)等算术运算符两侧需要加空格。

```
ask patches
[
  set elevation 200 + (100 *  (sin (pxcor *  3.8)+ sin (pycor *  3.8)))
  set pcolor scale-color green elevation 0 400
]
```

以上代码中，将每个嵌块的海拔值作为其 x 和 y 坐标的正弦函数，这样将生成 4 座小山，山峰处海拔非常接近 400 个嵌块的长度，而山谷处海拔最低，接近 0.0。

最后，在视图上显示嵌块海拔。按照 0～400 的嵌块海拔范围，通过“pcolor”对嵌块进行不同色调的绿色（green）渲染，请查找非常有用的原语 scale-color。

请记住，命令“ask patches”创建了一个嵌块上下文，[ ] 内的所有代码必须由嵌块执行。因此，这条代码用到了我们之前定义过的嵌块状态变量 elevation 和内置嵌块变量 pcolor。(千万不能使用内置变量 color，color 是海龟变量。)

现在，依照尽早测试的原则，为看到以上创建的模型景观，确保与我们的设想一致，我们需要执行一个新的 setup 例程。

▶ 在界面标签页，单击“Button”（按钮）下拉菜单，选择“Button”（按钮），将光标放在视图左侧的空白处，单击鼠标左键。

▶ 在界面空白处出现了一个新按钮，同时弹出一个对话框，对新按钮进行设置。在命令框，输入“setup”，单击“OK”（确定）。

▶ 现在，将这个新按钮链接到刚刚编写的 setup 例程。单击按钮，执行 setup 例程，界面显示如图 4.1 所示。

视图中出现了一个包含 4 座小山的景观！祝贺您！如果视图中的显示与图 4.1 不同，返回并仔细查看所有命令，找出原因。请记住，再次单击“setup”按钮，才会显示您修正后的结果。

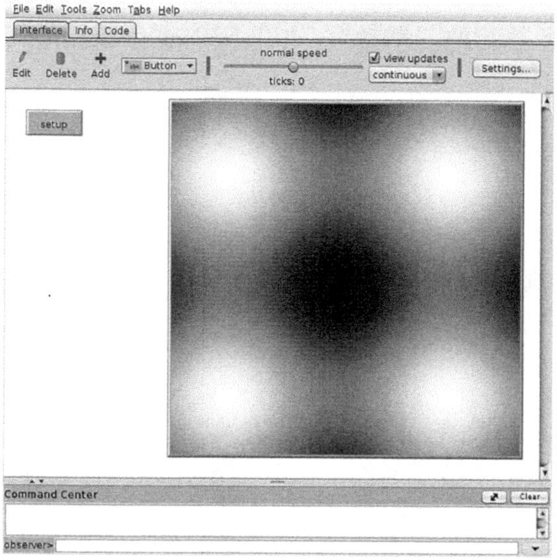

图 4.1　蝴蝶模型中的人造景观

Netlogo 脑筋急转弯

单击“setup”按钮，NetLogo 并非简单地自上而下对嵌块进行色彩渲染，而是看起来对视图内所见到的所有嵌块进行色彩渲染，为什么？可以通过调慢速度滑块，来清晰地查看。这是 NetLogo 的一种奇特的图形渲染技术吗？（提示：请仔细阅读有关主体集合的编程指南部分。）

现在，返回到 setup 例程代码，创建一些主体（或者 NetLogo 中所谓的海龟）。“海龟”的创建通过原语 create-turtles（缩写为 crt）来完成。crt 500 [ ] 表示创建 ODD 描述初始化部分所指定的 500 只海龟。为更好地观察海龟，我们希望能够增大它们的符号尺寸，并指定其初始位置。海龟随机放置的方式有多种。其中一种简单方法是使用原语 move-to one-of patches（阅读 NetLogo 词典中有关这 3 个原语的描述）。不过，使用原语 label 会清晰地凸显其生成的随机位置。

▶ 在 setup 例程的 ask patches 语句的结尾输入以下代码：

```
crt 500
[
  set size 2
  setxy random-pxcor random-pycor
]
```

▶ 单击“Check”（检查）按钮来检查语法，然后单击界面标签页的“setup”按钮。

现在，我们已经在第一个最低版模型中完成了对世界（嵌块）和主体（海龟）的初始化。

接下来，需对模型的调度进行编程，即 go 例程。根据 ODD 描述，蝴蝶模型的调度只包含一个活动，即由海龟执行的“移动”，这在 Netlogo 中很容易实现。

▶ 添加以下例程

```
to go
ask turtles [move]
end
```

▶ 在例程最后，添加 move 例程的框架

```
to move
end
```

现在，单击“Check”（检查），没有语法错误。

不过，go 例程仍缺失一个重要的部分，即在 NetLogo 中如何控制模型的时间范围。模型的时间范围指模型停止运行之前所执行的时间步的数量。在模型状态变量和尺度的 ODD 描述中，我们看到蝴蝶模型持续模拟 1000 个时间步。在第 2 章，我们已经学习了通过原语 reset-ticks、tick 和 ticks 设置内置时钟计数器的方法。阅读原语 stop 的文档，修改 go 例程，执行 1000 次后停止运行模型：

```
to go
  ask turtles [move]
  tick
  if ticks >= 1000 [stop]
end
```

▶ 切换到界面标签页，添加“go”按钮。像添加“setup”按钮一样，添加按钮，然后输入“go”，作为按钮执行的命令。激活“持续执行”复选框。这样，单击按钮后，就会重复执行 go 例程。

编程提示：修改“界面标签页”上的要素

要移动、调整和编辑界面标签页的要素（按钮、滑块、图等），必须先选中要素。右键单击要素，选择“Select”或“Edit”，或将鼠标在要选择要素上拖动来选择要素。通过单击界面标签页上要素之外的其他位置来清除所选中的要素。

这时，如果您单击“go”按钮，go 例程将执行 1000 次，您可以看到时钟计数器持续增长到 1000。除此之外，什么都不会发生，因为 go 例程调用的 move 例程仍是一个框架。尽管如此，程序正常运行，证实程序的整体结构是正确的。我们还添加了在 go 例程中经常用到的技巧：通过原语 tick 可以追踪模拟时间，通过对变量 ticks 的设置可以在特定时刻让模型停止。

（记得随时保存！）

下一步，我们进行 move 例程的编写。在信息标签页查找 ODD 要素“子模型”，您将

了解到蝴蝶以概率 q 移动到邻域中海拔最高的嵌块，否则以 $1-q$ 的概率在邻域嵌块中随机选择。即使到了局部高地，蝴蝶也一直遵循该规则。

▶ 为了描述蝴蝶运动过程，将以下代码添加到 move 例程中

```
to move ;
  ifelse random-float 1.0 < q
    [ uphill elevation ]
    [ move-to one-of neighbors ]
end
```

ifelse 语句看起来应该很熟悉，因为第 2 章蘑菇搜寻模型的搜寻过程用到了类似的语句。如果 $q=0.2$，表示原语 random-float 生成的随机数小于 q 的概率是 20%，这时 ifelse 条件为真，条件为假的概率为 80%。这样，第一对［ ］内的语句（uphill elevation）以概率 q 执行，备选语句（move-to one-of neighbors）则以 $1-q$ 的概率执行。原语 uphill 是 NetLogo 的一个典型应用，许多 ABM 都会考虑某变量（这里指 elevation）的梯度变化。upstill 提供了一个捷径。类似这样的原语将使代码更加紧凑且易于理解，但它也会使 NetLogo 原语列表乍看比较庞大。

move 例程中的其他两个原语（move-to 和 one-of）看起来一目了然，但最好能够查询一下，以便透彻理解它们。

▶ 返回到界面标签页并单击“go”按钮。

代码标签页会报错，提示变量 q 还没有被定义。（若再单击界面标签页，您也可以进入该界面，但代码标签页的标签会变为红色，提醒您代码存在错误。）

q 是对所有海龟定义的参数，所以需将其定义为一个全局变量，通过修改代码顶部的 globals 语句来进行。

```
globals [ q ]
```

仅定义变量 q 是不够的，我们还必须为它赋一个值；否则，它将保持 NetLogo 的默认变量值 0.0。通常，我们运用 setup 例程来初始化所有全局变量。我们可以在 setup 例程中 reset-ticks 的上一行添加以下内容。

```
set q 0.4
```

现在海龟将以 40% 的概率移向邻域嵌块中海拔最高的嵌块，并以 60% 的概率随机选择邻域嵌块中的一个嵌块。

现在，激动人心的时刻到了，您可以运行并检查您的第一个完整的 ABM！

▶ 切换至界面标签页，依次单击“setup”按钮和“go”按钮。

可以看到，海龟在按照我们的设计寻找山顶，不过其路线不平直，且有些振荡。

就像蘑菇搜寻模型，将海龟的“画笔”放下，这样我们就可以看到它们的行进路线。

▶ 在 setup 例程 crt［create turtles］语句块（即 crt 后［ ］内的代码语句）内，添加以 pen-down 命令结尾的新行。

现在，您就可以开始琢磨模型及程序。例如，修改模型的唯一参数 q。仅编辑 setup 例程，改变 q 值，然后返回界面标签页，单击“setup”按钮和“go”按钮。（您也可以改变

创建的蝴蝶数量，或通过 setxy70 70 改变蝴蝶的初始位置。您还可以修改海拔方程来改变地形等）。$q=0.4$ 时，运行模型，蝴蝶以 60% 的概率随机选择，结果如图 4.2 所示。

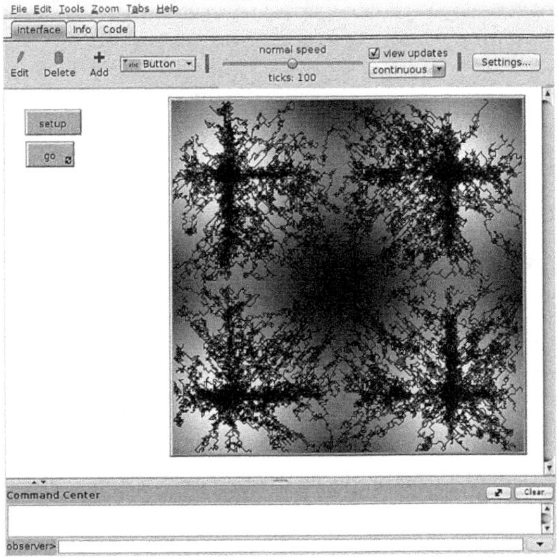

图 4.2　蝴蝶模型最初版本界面（$q=0.4$）

4.4　注释与完整程序

现在，蝴蝶模型的核心模块已实现，但仍缺失 4 类重要因素：注释、观察、现实场景以及模型分析。下面我们着重介绍注释，其余 3 类因素放在第 5 章来介绍。

注释是位于同一行代码中，跟在分号（;）后的任何文本。这些文本是对代码的解释说明，不被 NetLogo 编译。注释可以帮助其他人更容易理解代码，对我们自己而言也非常有用，几天几周过后，您可能忘记为什么程序这样编写，而没有采用现在看来的更好的方式。（这是一个常见的问题，通常发生在最难写和最容易混淆的代码处。）在每个例程的开始处加上注释，说明该例程是在海龟、嵌块还是观察者上下文中，考虑上下文信息可协助您编程，并使代码更容易修改。

▶ 作为一个很好的示例注释，将 move 例程的第一行修改为以下内容，这样，您就可以记住该例程代码在海龟上下文中运行（即只有海龟来执行该例程）：

```
to move ; A turtle procedure
```

为保持文本简短，强制读者理解代码，本书中的示例代码很少使用注释。您可以通过本书网站下载程序，下载的程序包含注释，而且您必须养成注释自己代码的习惯。特别是，使用注释：

■ 简要描述各例程或代码重要部分的目的；

■ 解释变量的含义；

■ 记录各例程上下文——执行例程的主体类型；

■ 记录哪些代码块或例程以“]”或“end”结束（参见以下示例）；
■ 在较长的程序中，使用如下注释线直观区分不同的例程：

```
; ---------------------------------------------------------------------------
```

另外，详细冗长的注释并不能替代清晰且易读的代码！尤其在 NetLogo 中，您应当认真编写代码，这样就不需要使用太多注释来解释代码。对变量和例程使用描述性的名称，并使您的代码语句读起来像自然语言一样。运用制表符和空行来表达代码的组织结构。整本书都会采用这种“自注释”代码方法。

注释的另一个重要用途是通过注释掉代码使代码暂时无效。如果您替换了几行语句，但认为以后可能需要恢复旧代码，只需在每行语句的开头加一个分号“注释掉”即可。例如，我们通常会添加临时的测试输出语句，就像在 setup 例程的 ask patches 语句后，插入如下语句来检查设置海拔的相关计算。

```
show (word pxcor "" pycor " "  elevation)
```

运行一次，您将看到对应于每个位置的海拔信息，验证之前的设置是否正确，但您不会希望每次使用 setup 例程时都重复此项检查！所以，当您不再需要该语句时，在它前面加一个分号就可以。将语句保留在代码中但把它注释掉，这样既记录了如何检查海拔设置，又可以在有需要时随时重复检查。

以下是我们的蝴蝶模型程序，包含注释。

```
globals [ q ] ; q is the probability that butterfly moves
              ; directly to the highest surrounding patch
patches-own [ elevation ]
turtles-own [ ]

to setup
  ca

; Assign an elevation to patches and color them by it
ask patches
[
  ; Elevation is a sine function of X, Y coordinates
  ; with maximum elevation of 400 when sin is 1.0
  set elevation 200 + (100 *  (sin (pxcor *  3.8) +
    sin (pycor *  3.8)))

  set pcolor scale-color green elevation 0 400
] ; end of "ask patches"
; Create butterflies
crt 500
[
  set size 2
```

```
  ; Set initial location to random patch
  setxy random-pxcor random-pycor
  pen-down
]

; Initialize the "q" parameter
set q 0.4

  reset-ticks
end ; of setup procedure

to go ; This is the master schedule
  ask turtles [move]
  tick
  if ticks >= 1000 [stop]
end

to move ; The butterfly move procedure, in turtle context
        ; Decide whether to move to the highest
        ; surrounding patch with probability q
  ifelse random-float 1.0 < q
  [ uphill elevation ] ; Move deterministically uphill
  [ move-to one-of neighbors ] ; Or move randomly
end ; of move procedure
```

▶ 在您的程序中加入注释并保存。

该模型缺少的第二类重要因素是观察。目前为止，该模型的结果仅在视图中显示，可以查找明显的错误并看到蝴蝶的行为方式。但是，要将模型用于科学目的，理解“虚拟廊道”的涌现，则需要额外的输出来量化蝴蝶飞行涌现的廊道宽度。

使模型更科学的另一个因素是模型场景。像我们之前所做的，为更容易理解场景和主体行为之间的相互作用，并辨识错误，用人造场景开始编程、模型测试和分析是可以的，但我们当然不想只将我们的分析局限在现在所用的人造场景上。

最后，我们还没有对这个模型做任何分析，如 q 参数如何影响蝴蝶的运动和虚拟廊道的涌现。下一章我们将应用现实场景进行观察和分析，但现在您估计已经迫不及待想“玩”模型了。“玩”，即对模型和程序的创造性测试和修改（“如果……会发生什么”），这在建模中很重要。通常，我们一开始并不确定应该使用哪些观测结果来分析模型。我们也不确定子模型是否合适。NetLogo 使“玩”变得非常简单。您现在就可以开始启发式分析（即“玩”）模型了。

4.5 小结与结论

如果这本书只是关于 NetLogo 编程，那么这一章将会教您如何编写程序和使用界面。

但是，这本书主要是关于科学中的基于主体的建模，所以本章在开始时回顾了描述 ABM 的 ODD 协议，并演示了如何将一个 ODD 描述直接转换为 NetLogo 程序。科学建模从思考和记录模型设计开始，ODD 提供了一种高效的标准方法来实现这一点。然后，当我们认为设计已足够在计算机上实现时，我们需把它转换成代码，开始测试和修改模型，并运用其来回答最初要解决的问题。

ODD 协议和 NetLogo 都是独立发展的，但它们有许多相似之处，并且联系紧密。这不是巧合，因为 ODD 和 NetLogo 都通过寻找 ABM 的关键特征以及区别于其他模型的独特方式组织，很自然地，二者相互对应。4.2 节给出了 ODD 的各要素如何对应 NetLogo 程序的特定部分。

本章介绍了几种简单但有效的建模技术。

（1）从可想象到的最简单的模型版本开始建模，忽略许多您希望之后包含的组件和流程。

（2）以层次结构来开发程序：从结构的框架（例程、ask 命令、ifelse 控制的开关等）开始；测试这些框架的语法错误；然后逐步对框架补充细节。ODD 从模型最一般的特征开始；一旦对这些特征进行编程，您就有了一个稳固的“框架”，模型目的被记录在信息标签页中，视图的尺寸被设置，状态变量被定义，并且您知道在 go 例程中应该调用哪些例程。然后，您可以补充细节信息，首先将 ODD 初始化要素转换为 setup 例程，然后对每个例程进行完整编程。每一步，您都可以添加一些框架，比如空的例程和 ask 语句，然后检查错误。

（3）如果您的模型最终包含一个复杂或真实的环境，那就从一个简化的人造环境开始。这种简化可以帮助您尽早地开始搭建模型，更重要的是，它将使您更容易识别主体与其环境交互时，编程中或逻辑中可能出现的错误。

（4）花一些时间编排好您的代码格式并标注适当的注释。注释有两个目的：①让代码更容易理解和浏览，并提示代码的上下文，哪些代码块和例程以“]”或 end 结束等；②记录您对重要环节的编程方式和原因。要记住，即使只有很少的注释，您的代码也应该易于阅读和理解。这不仅仅是美观问题。如果您的模型完全成功，您和其他人将会多次阅读和修改代码，所以在编写代码时，请多花些时间，以便于将来工作的开展。

现在，退出编程，考虑一下目前为止我们已经实现了什么。我们想开发一个模型，来理解蝴蝶飞行的虚拟廊道的涌现方式与涌现位置。假设廊道不一定与特别适合迁徙的场景特征有关，而仅从地形和蝴蝶飞行决策的交互中涌现。模型用一种最简单的方式来表达蝴蝶飞行决策，蝴蝶沿坡向上飞行，飞行的变化由参数 q 来表示。高度人工化景观的第一个结果表明，我们定义的蝴蝶飞行规则确实有可能产生虚拟廊道，不过显然还有更多工作要做。为构建虚拟廊道问题的真实 ABM，下一章我们将量化蝴蝶模型虚拟廊道的输出，加入蝴蝶飞行的真实景观并提供系统分析廊道的方法。

4.6 练　　习

（1）尝试参数 q 的不同值。预测 q 为 0.0 和 1.0 时会发生什么，然后运行模型；您的预测正确吗?

(2)修改您的模型，使主体的初始位置不完全随机，而是在某个特定区域内随机选择位置。(提示：查找提供可用作坐标的随机数的原语。)

(3)从前两个练习中，您应该看到蝴蝶的路径出乎意料，似乎是人为控制的。您对此有什么解释吗?您如何确定其原因?请尝试一种重要的模型分析技术，对模型进行重大更改来理解您所看到的现象。例如，使用更少但面积更大的嵌块来调整“世界”设置，并仅使用少量的几只蝴蝶。您也可以在嵌块上添加标签，用数字表明其海拔。(提示：嵌块有一个内置变量 plabel，原语 precision 有助于使嵌块的标签易于理解。参见练习 4。)

(4)尝试通过为嵌块海拔加入随机数等给场景添加“噪声”。设置嵌块海拔后，将以下语句添加到 setup 例程中：set elevation elevation + random-float 20. 0。观察它如何影响运动?这个实验有助于回答练习 3 中的问题吗?

5 从动画到科学

5.1 引言与目标

初学者通常认为建模主要是构建和实现模型。事实并非如此，真正的建模工作始于模型首次实现之后。然后，使用模型来回答我们建模要解决的问题，这需要不断修改模型的阐述和软件代码。这种模型分析和优化的迭代过程——建模周期——通常不会出现在最后发表的出版刊物中。相反，模型通常仅以构建好并应用的静态实体形式呈现。事实上，每个模型描述都只是过程的一个快照。

NetLogo 模型库也有类似问题，它展示模型，并在信息标签页给出一些如何分析模型的提示，但却无法演示如何运用它们进行科学研究。这些模型以动画形式表达，让我们直观看到不同假设和方程下会发生什么。但它们并没有告诉我们如何探讨想法和概念，如何发展和检验假设，以及如何寻找针对观察到的现象的简洁和一般性的解释。

在本章中，我们将以蝴蝶模型为例，通过添加科学研究所需内容，来举例说明如何将 NetLogo 程序变成一个科学模型，而不仅仅是一个模拟器。请记住，蝴蝶模型的目的是探索虚拟廊道的涌现。虚拟廊道指即使没有吸引蝴蝶的对象，蝴蝶也会聚集的区域。目前为止，蝴蝶模型模拟了蝴蝶运动，但未给出任何与廊道相关的信息，以及廊道涌现的时间和强度，因此本章不仅仅对蝴蝶运动进行可视化显示，还需要输出可供分析的量化数据。我们还将通过读取地形数据文件方式，用真实场景来代替模型中简单的人造场景。本章练习中，我们建议您对蝴蝶模型进行一些科学分析。

假定，现在的您已经掌握了足够多的 NetLogo 知识，同时经常在用户手册中查找内容，并获取他人帮助，已经可以自己编写代码，因此除非涉及特别复杂的原语或方法，我们将不再提供完整的代码来演示模型中的修改部分。

许多人，特别是在没有老师和同学的帮助下阅读本书的人，可能会在编写本章 NetLogo 代码时遇到困难。再次提醒您，您不能仅从一本书中学习 NetLogo，您需要经常返回并阅读 NetLogo 的编程指南，查阅词典，并查看模型库中的示例。如果您正在自学，且在查阅 NetLogo 文档之后，仍未解决问题，可以向我们的网站求助。请注意，本书的第Ⅱ部分将强化与深化对这里使用的所有编程技术的理解。如果您觉得自己像是不习水性的落水者，那尽最大的努力就可以了，别担心，事情很快就会变得容易。

学习目标：

■ 了解版本控制的重要性，只要进行重大更改，就要保存程序的文档版本。

■ 认识到在使用 ABM 进行科学研究时，需要输出量化结果，并进行模拟实验；执行您的第一个模拟实验。

■ 通过在界面标签页上创建滑块或开关，学习定义和初始化全局变量。

■ 理解什么是报告器，以及如何生成报告。

■ 开始学习查找并修复代码中的错误。

■ 学习创建输出文件，即写入到输出窗口、创建时间序列图和将绘图结果导出等方式。

■ 尝试用一种简单的方法将数据导入 NetLogo，创建一个使用真实地形数据场景的蝴蝶模型版本。

5.2 廊道观测

当前的蝴蝶模型尚未实现其科学目标，部分归因于其缺乏一种定量观察虚拟廊道涌现范围的方法。如何刻画廊道呢？显然，如果所有蝴蝶从同一起点出发，q 是 1.0 时，其运动路径相同，廊道将会非常狭窄；如果移动完全随机，则我们不会识别出任何类似廊道的特征。所以，需要量化运动路径宽度是如何随着我们的修改，诸如 q 或者场景地形的变化，而变化的。接下来，我们来解决这个问题。

首先我们将对程序做出重大更改：

▶ 创建并保存蝴蝶模型的新版本。

编程提示：版本控制

每次创建模型的新版本时，通过输入描述性名称或选择单独路径保存程序，来创建程序的新副本。在更改任何内容之前，请先执行此操作！然后，更改模型时，使用代码标签页中的注释来记录对程序所作的更改，并更新信息标签页来描述新版本。否则，我们很容易一不小心覆盖稍后仍需要的之前版本，或忘记版本间的异同。建议创建一张表格来准确记录模型的每个副本所作的更改。

即使您只是随便尝试一下模型，也要确保先将其保存为一个临时版本，以免篡改混淆永久文件。

程序员使用“版本控制”术语来记录软件哪个副本进行了哪些更改。在整个课程中，我们将对多个程序进行修改；从一开始就养成控制版本的习惯，将会省去许多麻烦，避免浪费时间。

Pe'er 等（2005）通过将 1000 个时间步内所有个体访问的嵌块数量除以起始嵌块与山顶嵌块之间的距离，量化了廊道宽度。在该模型版本中，不同的蝴蝶可以在不同的位置开始和结束，因此我们对此度量指标稍作修改。我们将所有蝴蝶经过的“廊道”的宽度量化为所有蝴蝶访问的嵌块数量（a）除以所有蝴蝶起始和终止位置之间的平均距离（b）（图 5.1）。当所有蝴蝶从同一起点出发，沿着相同的笔直路径向山顶飞行时，此廊道宽度测量值应较低（接近 1.0），但当个别蝴蝶沿着不同、越来越弯曲的路径向山顶飞行时，廊道宽度测量值增加。

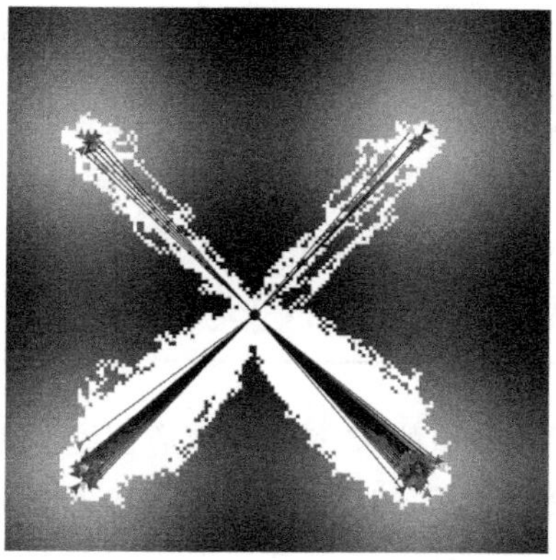

图 5.1　一组沿坡向上飞往山顶的蝴蝶的廊道宽度的测量

这里，500 只蝴蝶从位置（68，65）开始飞行，$q=0.4$。廊道宽度是所有蝴蝶访问的嵌块数量（a，即图中的白色嵌块）除以蝴蝶飞行的起始和终止嵌块之间的平均直线段的距离（b，以嵌块长度为单位）。这里，绝大多数蝴蝶会飞上两座较低的山顶，也有一些会飞到较高的山顶。白色嵌块有 4266 个，所有蝴蝶的起点（黑点）和终点之间的平均距离为 62.0 个嵌块；因此，廊道宽度为 68.8 个嵌块

为了分析模型，我们将绘制廊道宽度与 q 的关系图。这点很重要：在分析模型时，我们需要清楚地知道，希望从什么样的输出结果生成什么样的图，这决定了我们要进行的模拟实验，以及我们需要程序生成的输出（另请参见第 22 章）。

我们已经确定了需要在模型中改变哪些参数来观察和分析廊道宽度，接下来让我们实现这些改变。请注意，这是本书第一次在没有告诉您具体编码方法的情况下要求您编程。您可能会花一些时间，犯一些难以理解和修复的错误。这也是您第一次需要制定自己的策略来发现和修复错误。为了不重复犯错，主要的策略是，仔细阅读 NetLogo 用户手册和词典来理解原语并使用示例。（盲目照搬示例，通常没什么帮助。）

▶ 在界面标签页上创建一个滑块，通过改变 q 值来进行实验，观察其结果。（NetLogo 用户手册的界面指南将告诉您如何操作；也可参见下面的编程提示。）设置滑块，使 q 在 0.0～1.0 间以 0.01 的增量变化。然后通过滑块改变 q 值，观察所有蝴蝶飞行路径覆盖区如何变化。

编程提示：将变量移动到界面

开始进行模型实验时，经常需要多次改变某个参数的值。为方便操作，NetLogo 在界面标签页上提供滑块、输入框、开关（用于布尔变量）和选择器，一旦知道要更改哪个全局变量，就可通过创建这些界面要素来控制变量，将其移动到界面。但是，将变量移到界面对初学者来说可能会比较困难。界面上的控件既可以定义也可以初始化变量，理解这一点很重要；这里有一些操作提示。

首先，只有全局变量可由滑块、输入框、开关和选择器控制，海龟或嵌块变量则不能。其次，一旦为全局变量创建界面控件，该变量就不能出现在程序顶端的 globals 语句中。我们建议您从 globals 语句中注释掉该变量，这样当您阅读代码标签页时，就会提醒您

该变量已存在。最后，在界面标签页上的全局变量是唯一没有被原语 clear-all 设置为零的变量。

最大的潜在问题是忘记从 setup 例程中删除设置变量值的语句。例如，如果您将蝴蝶模型的 q 参数定义为一个滑块，并将滑块设置为 0.5，但忘记从 setup 例程中删除语句 set q 0.2，则每次运行模型时，setup 例程都会将滑块重置为 0.2，且 NetLogo 不会报错。因此，每当您将变量移到界面时，请务必在 setup 例程中注释掉其初始化语句。

现在，我们需要计算并记录所有蝴蝶飞行的廊道宽度。怎么做呢？针对廊道宽度的定义（图 5.1），我们需要知道蝴蝶访问的嵌块数量（a）和蝴蝶飞行的起始和终止嵌块之间的平均距离（b）。我们可以通过赋予每个嵌块一个变量来计算蝴蝶访问过的嵌块数量，该变量可以跟踪海龟（蝴蝶）是否去过那里。当蝴蝶停止移动时，如果有一个变量记录其起始嵌块，就可以计算出终止嵌块到起始嵌块的距离。因此，我们将为嵌块和海龟引入一个新的状态变量。该变量并非由嵌块和海龟自身使用，而是供我们计算廊道宽度和分析模型。

▶ 向 patches-own 语句添加一个新变量：used?。这是一个布尔（真-假）变量，所以我们遵循 NetLogo 的惯例，使用问号来结束变量名。如果有蝴蝶落在嵌块上，则该变量为真。

▶ 向 turtles-own 语句添加一个新变量：start-patch。

▶ 在 setup 例程中，通过添加语句来初始化这些新变量。在初始化嵌块的语句（ask patches [ ]）末尾，添加 set used? False。在 crt 语句中海龟初始化结束时，将 start patch 设置为海龟所在的嵌块。

原语 patch-here 显示海龟当前所在的嵌块。当我们将这个嵌块分配给海龟变量 start-patch 时，海龟的初始嵌块将成为其状态变量之一。(状态变量不仅可以是数值，还可以是主体、列表和主体集合。)

编程提示：初始化变量值

在 NetLogo 中，新变量在被程序赋予新值之前一直保持为 0。因此，如果一个变量从 0 开始，就没必要初始化。但您一定要养成为所有变量赋初值的习惯，这个习惯非常重要，可避免因忘记用非零值初始化变量（如全局参数）而导致的错误；这些错误经常发生，却很难被注意到和发现。

现在来追踪蝴蝶曾访问的嵌块。可以让蝴蝶这样做：

▶ 在 move 例程中添加一个语句，该语句使蝴蝶在移动到一个新的嵌块后，将该嵌块的变量 used? 变为“True”。(记住，海龟可以改变其所在嵌块的变量，就像它们是海龟的变量一样。)

最后，在模拟结束时计算廊道宽度。

▶ 编写 corridor-width 报告器例程的框架，返回海龟的平均路径宽度结果。在 NetLogo 词典中查找关键字 to-report，并在编程指南的“例程”部分阅读有关报告器的内容。[请注意，report 是 NetLogo 术语，用于返回由括号中的代码块、原语或例程计算的结果。报告器（reporter）可以返回要报告的结果。这里，我们正在编写一个完整的例程，返回一个数值，即廊道宽度；在其他编程语言中，类似程序被称作函数。]

在新的 corridor-width 例程中：

▶ 创建一个新的局部变量，并将其设置为至少访问过一次的嵌块数量。(提示：使用原语 count。) 此语句使用非常重要的原语 let 创建一个局部变量（该新变量可以命名为 num-patches-used）并赋值。要理解原语 let，请阅读编程指南中的“变量”部分。该语句还将首次运用另一个极其重要的原语 with，通过 with 可检查主体集合（这里是内置主体集合嵌块），并报告一个新的主体集合，仅包含满足某些条件（这里的条件是变量 used? 为“True”）的初始主体集合的成员。NetLogo 词典中 with 的条目包含一个有用的示例，您需要了解编程指南的“Agentsets”部分。请记住，NetLogo 语句通常类似于口语；您可以编写您想要执行的操作，如通过计算变量 used? 为“True”的嵌块数量来设置新变量 num-patches-used。

▶ 同样，还要创建一个新的局部变量来表示所有海龟当前位置与其起始点之间的平均距离。该语句包含两个部分。第一部分用于计算所有海龟当前位置与起始点距离的平均值，见原语 mean。随后，必须准确地编程，计算每只海龟当前位置与存储在其变量 start-patch 中的嵌块之间的距离，在词典中查找与距离相关的海龟原语。您还需要透彻理解一个非常重要的原语 of。在代码的注释部分，用文字（对于所有海龟，设置一个新的变量来表示海龟与其起始嵌块之间的平均距离）表述您想做的事情非常有帮助。可以通过使用主体监视器检查一只海龟来核查您的计算。

▶ 基于以上两个新的局部变量，计算廊道宽度（访问的嵌块数除以平均距离），并返回例程的结果值。同样，通过使用主体监视器检查一只海龟来核查您的计算过程。

▶ 在界面中添加一个“output”要素。

▶ 在 go 例程中，执行 1000 个时间步后，插入一个执行一次的语句，确保该语句在 stop 命令之前。该语句将在新的“输出区”中输出 corridor-width 的值。(您能找到输出到“输出区”的原语吗?) 不仅可输出廊道宽度值，还可输出文本“Corridor width:”。方法有多种，请参考 NetLogo 词典中的 input/output 和 string 原语。

如果一切顺利，当 $q=0.4$ 时，廊道宽度值为 320 ~ 330，输出窗口如图 5.2 所示。

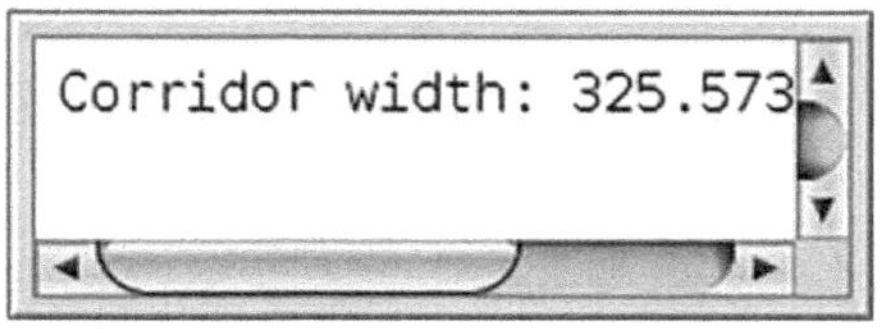

图 5.2　廊道宽度的显示窗口

编程提示：故障排除技巧

现在您主要是自己写代码，作为一个初学者，有时会遇到一些麻烦。遇到问题是正常现象，当前阶段建议系统学习以下故障排除方法。

■ 慢慢来，每次只添加一小段代码，测试顺利再进行下一步；

■ 经常查阅用户手册；

■ 在模型库和代码示例中查找代码；

■ 使用主体监视器，并在程序中临时放置 show 语句（使用原语 show 输出一个或多个变量的当前值），以查看每步操作的结果；

■ 在 NetLogo 用户群查找对相关问题的讨论；

■ 使用逻辑（“它应该这样运行，因为……”）和启发式（“让我试试这个，看会发生什么……”）。

下一章的内容将集中于发现、修复和避免错误。

5.3 分析模型

接下来，分析蝴蝶模型，看看廊道宽度如何受参数 q 的影响。使用滑块，大幅度改变 q 值，记下所得廊道宽度，然后绘制廊道宽度与 q 的关系图，类似于图 5.3。[NetLogo 软件中，一个名为“BehaviorSpace”（行为空间）的工具有助于进行这种实验；您将在第 8 章学习如何使用它。]

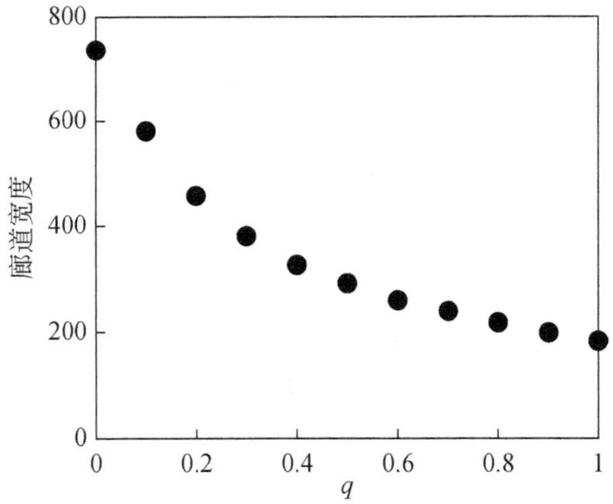

图 5.3 蝴蝶模型的廊道宽度是变量 q 的函数

该图不是由 NetLogo 软件生成的，由于模型的随机性，每次生成的结果会有所变化

这个结果并不奇怪，因为它们主要表明，蝴蝶运动决策的随机性越小，移动路线越笔直，廊道宽度越窄。看起来，人工场景越少，可能生成的结果就越有趣。不过，简化场景可以测试观察结果是否如我们所预期的那样。

5.4 时序结果：添加图表与文件输出

接下来，尝试以下操作：在模拟运行中检查结果，而不仅仅只在模型运行结束时检查结果。图（Plots）对于观察模型运行结果极其有用，同时我们仍需输出结果以便分析它们。我们当然不希望将每个时间步的结果都显示在图或输出窗口，相反我们需要 NetLogo 将结果写入可以用于分析的文件中。

但是在添加任何时序输出之前，我们必须更改蝴蝶模型代码来输出各时间步的结果。目前的程序只在模拟结束时，计算并输出一次廊道宽度；现在，我们需要稍微修改模型的调度，以便在各时间步长都计算和绘制结果。go 例程如下所示：

```
to go
  ask turtles [move]
  plot corridor-width
  tick
  if ticks >= 1000 [stop]
end
```

新的 plot 语句做两件事：调用 corridor-width 报告器获取当前的 corridor-width 值，然后将该值发送到界面标签页，用于绘制下一个点。该点的 x 值将是执行 plot 的次数，这里等于已执行的时间步数。（NetLogo 可通过在界面的图对象中直接编写代码来更新绘图。我们建议您将绘图语句保存在代码中，这样更易更新，也不太可能遗忘。）

▶ 如上所述，修改 go 例程。单击“Check”（检查）按钮，NetLogo 应显示没有错误，但如果您尝试运行模型，则会出现报错，指出没有当前绘图。

▶ 阅读编程指南中有关绘图的部分，将图添加到界面，并命名为“Corridor width”。删除绘图对话框“Pen update commands”（绘图更新命令）部分的所有文本。在 x 轴（Tick）和 y 轴上（Corridor width）添加恰当的标注。

▶ 运用不同的 q 值测试运行模型。

通过查看绘图结果，可以了解廊道宽度如何随 q 和时间变化，但要进行任何实际分析，就需将这些结果写入文件。文件输出的方法之一是使用原语 export-plot（其他方法见第 9 章），它一次性将绘图中的所有点的信息写入文件。

▶ 读取 NetLogo 词典中的 exprot-plot 和 word 条目，然后将以下语句添加到 go 例程的 stop 命令后，使程序在 1000 个时间步长后停止，并将 plot 的内容写入文件

```
export-plot "Corridor width"
(word "Corridor-output-for-q-" q ".csv")
```

文件名中包含 q 值，每次更改 q 值都会得到不同的文件。

接下来，通过运行多个模型和汇总一些电子表格，您可以对不同 q 值对应的廊道宽度的变化进行绘图（图 5.4）。

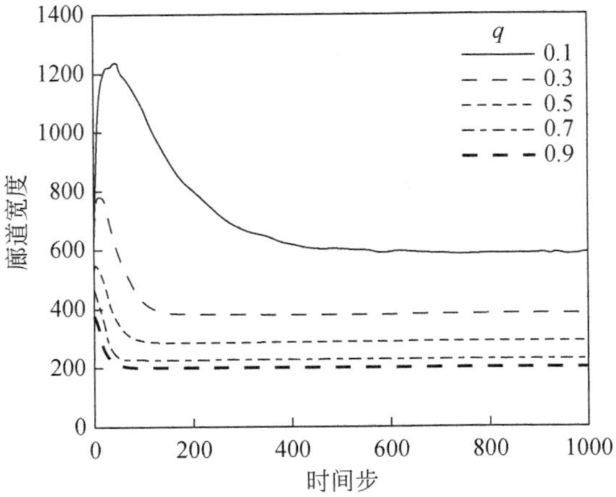

图 5.4　5 个不同的 q 值条件下，模拟的廊道宽度的变化

每条线表示一次模型运行的结果。运行模型 5 次并导出结果，然后在电子表格中汇总数据，最终基于汇总结果绘制成图

编程提示：CSV 文件

在 NetLogo 中，通过 export-plot 和其他 export-原语导出的文件以逗号分隔值或 .csv 格式写入文件。此文件格式通常用于存储和传输数据，.csv 文件很容易被常见的数据软件（如电子表格应用程序）打开。如果您不熟悉 .csv 格式，请参阅维基百科上关于逗号分隔值的文章，或者在文字处理程序或纯文本编辑器中打开一个 .csv 文件来查看它的数据排列格式。格式非常简单：文件中的每一行对应一个数据记录（如一个电子表格行）；值或字段用逗号分隔，值可用双引号括起来。在第 6 章中，您将学习用 .csv 格式编写自己的输出文件。

export-plot 和其他原语生成的 .csv 文件在计算机上显示时可能会出现问题。通常，计算机中使用逗号作为小数点标记，用分号作为 .csv 文件中的字段分隔符（像许多欧洲计算机的做法一样）。而 NetLogo 生成的 .csv 文件却使用逗号分隔字段，句点作为小数点标记。如果有类似问题出现，可编辑输出文件，通过将逗号替换为分号，将句点替换为逗号来解决。或者，在将 NetLogo 输出文件导入电子表格或其他分析软件时，使用英文状态下的数值格式。

5.5 真实场景

现在我们来看看真实、复杂场景下，蝴蝶行为和虚拟廊道会发生什么变化。将真实场景的地形数据（或任何其他空间数据）导入 NetLogo 非常简单，只需为其准备好数据。在本书的网站上，我们提供了一个纯文本文件，您可以将其导入 NetLogo 并用作场景数据。此文件（文件名为 ElevationData. txt）来自 Guy Pe'er 对蝴蝶运动进行实地研究和模型分析的区域之一（Pe'er，2003；Pe'er et al.，2004，2005）。该文件包含空间分辨率为25m的嵌块的平均海拔。

编程提示：一种简单的导入空间数据的方法

以下是将“基于格网”的空间数据作为嵌块变量的导入方法。所谓“基于格网”是指表达为 *x* 和 *y* 方向上均匀分布的点或格网的数据记录，类似于 NetLogo 的嵌块，包括 *x* 坐标、*y* 坐标和一个变量值（可以是海拔或任何随空间变化的值）。

最具挑战性的部分是转换数据，使其符合 NetLogo 中设置世界的要求。实际数据通常以坐标系（如 UTM）表示，NetLogo 无法直接使用这些坐标系，因为 NetLogo 要求嵌块的坐标是整数，并且世界中包含位置（0，0）。相关数据转换可在数据读入时，通过 NetLogo 代码来实现。不过，最安全的方法是在导入 NetLogo 之前，通过诸如可以查看和检查数据的电子表格之类软件进行转换。通过转换，生成一个输入文件，为每个嵌块提供一个空间变量的值。（它很容易修改，且可同时读取多个嵌块变量。）

空间输入必须包含矩形空间中各格点或像元所对应的数据行。每条数据行应包括该位置的 *x* 坐标、*y* 坐标和空间变量值。

NetLogo 要求点（0，0）在世界中。最简单的方法是将点（0，0）放置在左下角，通过确定原始数据中的最小 *x* 和 *y* 坐标，然后将所有数据点的 *x* 和 *y* 坐标分别减去相应的最小值来实现。

NetLogo 中相连嵌块的中心相距一个距离单位（即一个嵌块的边长），因此必须对数据进行转换，使点之间正好相距一个单位。将上一段计算出的 *x* 和 *y* 坐标除以空间分辨率（格网大小，点间的距离），点坐标单位与空间分辨率单位相同。例如，如果点代表边长为5m的正方形区域，坐标以米为单位，则将 *x* 和 *y* 坐标除以5。这样，所有坐标现在都应该是整数，并且网格坐标应从0开始，以1递增。将数据保存为纯文本文件。

在 NetLogo 的“Model Settings”窗口，设置尺寸以匹配数据集范围（或在 setup 例程中使用原语 resize-world）。关闭世界回绕（至少暂时关闭），以便 NetLogo 显示所输入文件中的点是否超出世界范围。

将空间数据文件（文件名为 ElevationData. txt）存储在与 NetLogo 程序相同的目录中。（也可以参考原语 user-file。）在 setup 例程中添加如下代码，读取海拔数据：

```
file-open "ElevationData.txt"
while [not file-at-end?]
[
  let next-X file-read let next-Y file-read
  let next-elevation file-read
  ask patch next-X next-Y [set elevation next-elevation]
]
file-close
```

ask patch 语句按照文件，为对应位置上的嵌块（请参阅原语 patch）进行海拔赋值。（如果您广泛使用空间数据，则需熟悉 NetLogo 的 GIS 扩展，便于导入和导出此类数据；请参阅 24.5 节。）

▶ 创建模型的新版本，并更改其 setup 例程，从文件 ElevationData. txt 中读取海拔。（为什么不将新代码放在已有的 ask patches [ ] 语句中来读取文件设置嵌块的海拔？）

▶ 查看海拔数据文件来确定您的“世界”的大小。

▶ 修改按海拔对嵌块着色的语句，在最小海拔和最大海拔之间配色缩放。

显然，原语 max 和 min 似乎很有用，您可能会用到

```
ask patches
[
set pcolor scale- color green elevation (min [elevation] of patches) (max
[elevation] of patches)
set used? false
]
```

（请注意，为了使代码更容易理解，我们可以选择使用圆括号内语句来明确嵌块的 min [elevation] 和 max [elevation] 是 scale-color 的输入参数。）

若进行尝试，您会发现 setup 非常缓慢。原因很清楚：要为 22 500 个嵌块分别设置其对应 pcolor。在设置各嵌块的 pcolor 时，NetLogo 必须查看每个嵌块一次，以确定最低海拔，然后重复操作确定其最高海拔。如此一来，我们对嵌块海拔的检查次数就达到了 22 500×（2×22 500）≈10.1 亿次！通过再次使用局部变量，可避免绝大多数的计算。创建两个局部变量——最低海拔和最高海拔，并运用这两个变量来设置每个嵌块的颜色：

```
let min-elevation min [elevation] of patches
let max-elevation max [elevation] of patches
ask patches
[
  set pcolor scale-color green elevation min-elevation max-elevation
  set used? false
]
```

我们还利用了局部变量的一个独特特性：在观察者上下文中创建 min-elevation 和 max-elevation（setup 是一个观察者例程），而在嵌块上下文的 ask patches 语句中使用它们。无论处于何种上下文，一旦我们创建了一个局部变量，该局部变量就可以在任何后续代码中使用，直至创建该变量的例程（或括号中的代码块）结束。

当前模型世界应如图 5.5 所示。其中，500 个个体从随机位置出发，然后在 $q=0.4$ 的条件下，移动 1000 个时间步。

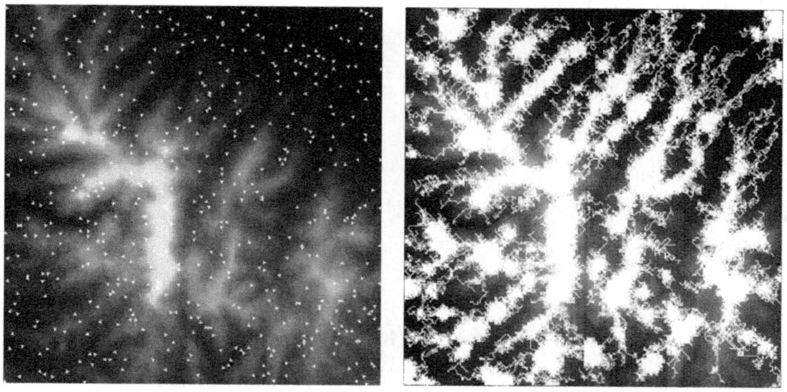

(a) (b)

图 5.5　包含蝴蝶起始位置的真实场景的地形（a）与 $q=0.4$ 时从蝴蝶的运动行为和地形中涌现的虚拟廊道（b）

5.6　小结与结论

从本章的标题可以看出，NetLogo 的应用不再是简单的动画，而是基于主体的科学。当然，我们只做了最初的几步：建模一个由多个主体组成的系统，增加可供分析的定量观察，开始使用模拟实验，以及使用真实的空间数据。本书的其余章节将继续培养您使用 ABM 进行科学研究的技能。

蝴蝶模型非常简单，但它已需要一些有难度的决策，如应用不同方法来定义廊道宽度，可能会产生不同的结果。因此，在面向更复杂的模型应用之前，学习如何分析简单模型非常重要。

蝴蝶模型适用于初学者的一个原因是所有学科的人都能理解它，即使它已被用于严肃的生态研究（Pe'er et al.，2004，2005，2006）。请记住，ABM 和 NetLogo 并不局限于场景中移动的有机体。几乎完全相同的技术和代码可用于模拟不同类型的主体（如人群、组织、想法等）在多种空间（政治或经济环境、社交网络等）中移动，而且 NetLogo 可以对根本不移动的主体之间的相互作用进行建模。

5.7　练　　习

（1）实现本章介绍的蝴蝶模型的新版本。

（2）“pen-down”模式下，海龟留下的轨迹有助于查看其路径，但我们很难看到海龟的最终位置。在您的蝴蝶模型界面上新建一个按钮，清除这些轨迹。（提示：对于移动和绘制，通常有一个原语可完全满足您的需要。）

（3）尝试运行蝴蝶模型，蝴蝶都从空间的一角开始。记住，我们已经关闭世界回绕，所以如果海龟越过世界边界，模型将停止并报错。这时你会发现，无论使用的 q 值多小，蝴蝶都不会越过边界走出世界从而报错，为什么？

（4）运行包含真实场景的模型版本，改变参数 q，观察其如何影响场景和蝴蝶运动之间的相互作用。蝴蝶从不同位置出发，仅通过视图查看 q 取何值时最适于蝴蝶在山顶或其附近寻找配偶？

（5）更严谨地分析练习 4 的问题。设计一个指标来衡量蝴蝶飞行结束时的聚集程度，并将其作为蝴蝶找到配偶的可能性指标，如对于所有蝴蝶而言，某半径内蝴蝶数量的平均值，或者包含蝴蝶的嵌块数量（嵌块数量越少，蝴蝶越聚集）。进行模拟实验，观察该指标如何随 q 变化。

（6）重复练习 5，运用最初的人造场景开展重复实验，观察结果是否依赖于场景？

（7）模型假设蝴蝶即使找到山顶后也会继续移动，这奇怪吗？修改模型，当蝴蝶所在嵌块的海拔高于所有相邻嵌块时，蝴蝶停止移动。在 move 例程开头添加以下语句来完成此操作：if elevation >= max [elevation] of neighbors [stop]。首先，准确解释该语句中每个词的作用。然后，将练习 4 和练习 5 重复修改后运行。这会使蝴蝶找到配偶的可能性增大还是减少？为什么？

（8）尝试蝴蝶运动的其他模型。例如，蝴蝶可能不会选择最高的邻域嵌块，而是从所有较高的邻域嵌块中随机选择。不同的运动子模型在这两种场景下有什么效果（例如，q 与廊道宽度之间的关系）？

（9）应用您的蝴蝶模型版本，您能完成 Pe'er 等（2006）的模型版本所进行的所有分析吗？

（10）本书网站有另外一个矩形区域的地形输入文件。下载该文件并进行必要的转换，将其运用到蝴蝶模型中。

（11）另一个与蝴蝶登顶模型一样简单的 ABM 由 Jovani 和 Grimm（2008）开发。找到该出版物（可通过本书网站获取），阅读其 ODD 模型描述并在 NetLogo 中进行编程。（该出版物省略了参数 SD 的值，SD 为 10.0。）其中，稍微有点棘手的部分是，确保鸟类使用前一个时间步中邻域的 OSL 值更新其 OSL 值；对 OSL 的旧值和新值使用单独的变量，并设计一个单独指令，在所有鸟类计算出新值后，将旧值设置为新值，看看能否重现本书中报告的一般结果。

6 测试程序

6.1 引言与目标

本章将讨论为什么及如何搜索 NetLogo 程序中的错误，然后记录错误被发现和修复的过程。目前为止，在编程实践中，您无疑已拥有一定的找出并修复明显错误的调试经验。本章介绍的许多技术对于调试也很有用，不过当前重点更多放在调试完成之后的严格、系统地查找仍隐藏的错误。

这种实践通常被称为软件验证：验证您的软件是否准确地实现您所设计的模型目标。要验证软件，除测试程序外，还需要做两件事。只有独立描述出模型，才能验证一个程序是否准确地实现了模型，这正是需要一个完整的模型书面描述的原因之一。而且，因为验证意味着提供令人信服的证据，我们必须记录测试过程，并且记录方式要使客户（如论文导师、期刊审稿人、可能使用我们的结果的决策者）相信我们已经足够努力地去发现和修正错误。

为什么我们要在本书的第 I 部分讨论软件测试？最重要的原因是强调软件测试作为建模周期环节之一的重要性。软件测试常常被自学编程的科研人员所忽视。他们的模型和结论通常在发表时，很少或没有证据表明模型软件没有严重错误。相反，计算机相关的科研人员知道，在彻底测试之前，任何软件都不应该被认为可以使用，只有测试完成之后，编程才算完成。NetLogo 的一个缺点是程序很容易编写，以至于用户很容易说服自己不可能有任何错误。然而，随着您建模和编程实践的深入，您将会意识到软件的错误极其常见，如果您不查找，许多错误将不会被注意到。因此，在这里介绍测试，将方便您在后续的课程中实践，并养成习惯。

这么早介绍软件测试的另一个原因是它会使建模更加有效。没有经验的程序员，如果要进行软件验证，也往往是在写完一个完整程序后才去进行。这种做法使错误更难识别和分离（它们可能在代码的任何位置），而且效率低下，您可能花费很多时间编写代码，但是由于一开始出现的错误，这些代码将完全无法使用。相反，软件专业人员将测试视为编程的一个常见部分，伴随代码开发，不断进行测试，模型投入使用之前，其所有内容都应该进行测试。越早发现错误，完成整个建模项目的速度就会越快。

软件测试很重要，其不可能独立于模型分析，特别是 ABM。当构建并开始使用一个可产生复杂结果的模型（正如 ABM）时，我们会观察结果并对其进行分析，看看可以从模型中得到什么结论。当模型产生了一个有趣、出乎意料的结果时，我们应该立即问自己：这个结果是新颖、重要的，还是源于存在问题的模型设计决策，或仅仅是一个编程错误？要回答这个问题，我们必须开展一些调查工作，找出结果产生的原因，而这项研究的第一步是软件测试，确保程序没有问题。只有排除编程错误的可能性，才能将新颖的模型结果视为有趣的结果去进一步分析。

当然，软件测试必须是一种权衡：如果在软件测试上花费的精力太少，错误很可能无法被发现，或被发现得太晚，造成重大损失、付出昂贵代价——需重复分析，撤回结论，为产生误导性的结果道歉，等等。但实际上不可能保证完全没有错误，软件测试需要时间和精力。本章是关于如何通过恰当的努力做出合理的权衡，以保证不会出现重大错误。最重要的是我们需要一种态度，即编程错误是建模过程中常见且不可避免的一部分，不必感到尴尬（只要能发现它们），但它们并不总是显而易见的。高效的建模者假设软件错误是不可避免的，并不断地查找它们。

学习目标：

■ 七种常见的软件错误；

■ 查找和修复软件错误的十项重要技术，包括将中间模型结果写入输出文件，便于其他软件进行分析；

■ 为什么要记录，如何记录软件测试。

6.2 常见错误类型

以下是一些在使用 ABM 和 NetLogo 时可能会遇到的常见错误。

6.2.1 排版错误

排版错误为在 NetLogo 代码中输入错误的文本。NetLogo 的语法检查器会发现简单的打字错误（如将 ask turtles 写成 ask turtlse），却不会察觉到错误变量名称的使用，特别是在复制和粘贴代码时。例如，您可能希望根据正态分布初始化海龟的位置，并将其用于 x 坐标：

```
set xcor random-normal meanxcor stddev
```

然后，您通过复制和粘贴以上代码来指定 y 坐标，并将 xcor 更改为 ycor：

```
set ycor random-normal meanxcor stddev
```

但是，在以上复制和粘贴的代码中，您忘记将 meanxcor 更改为 meanycor，这样，当 meanxcor 与 meanycor 具有不同值时，就会出现错误。这个错误可能很容易从视图中发现，但其他错误则不会，NetLogo 也不会找到这些错误！

6.2.2 语法错误

语法错误包括需要使用括号时忘记使用，以及数学表达式中数字和运算符之间不留空格（如设置 set xcor max-pxcor / 2 而不是设置 set xcor max-pxcor / 2）等。NetLogo 的语法检查器很容易发现这些错误，但不能确保会找到所有的语法错误。

6.2.3 误解原语

在使用与您想象的功能不完全相同的原语时，很容易引入错误。例如，不理解嵌块的坐标是整型数，而海龟的坐标是浮点数。(之前，我们将海龟坐标视为“连续”变量，这意味着它们可以有小数值，而不仅仅是整数值。在计算机中，连续变量用浮点数表示。)由于这种差异，以下两个语句可返回不同的结果，尽管它们起初看起来都创建了一个新的 neighbor-turtles 主体集合，包含距离在 2 以内的海龟：

```
let neighbor-turtles turtles in-radius 2
let neighbor-turtles turtles-on patches in-radius 2
```

这两个语句返回的结果不同，其差异取决于它们是在海龟还是嵌块上下文中使用(图 6.1)。报告器 turtles in-radius 2 返回以执行这条语句的主体为圆心，半径为 2 的圆内的所有海龟。如果该主体是一个嵌块，那么圆的中心位于嵌块的中心；如果该主体是一只海龟，那么圆的中心则是海龟的确切位置，而不是嵌块的中心。turtles-on patches in-radius 2 返回以主体所在嵌块中心为圆心，半径为 2 的圆内的所有海龟。

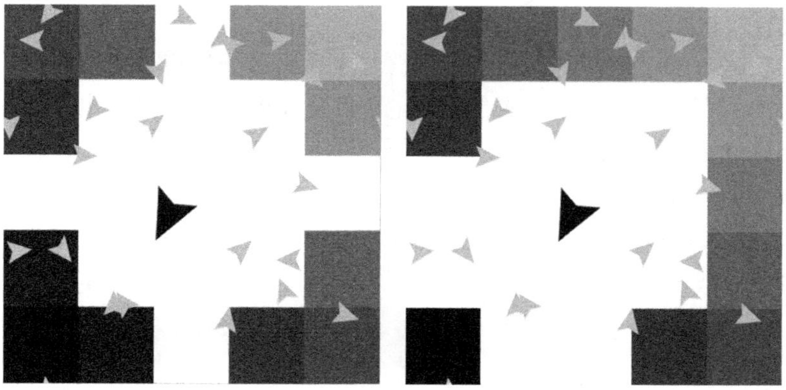

图 6.1 语句 turtles-on patches in-radius 2 由 (a) 中心嵌块和 (b) 中心嵌块上的海龟(黑色大海龟) 执行时生成的主体集合 (白色嵌块中的所有海龟)

另一个常见的错误是没有理解原语 in-radius 和 neighbors 之间的细微差别。您可能认为，如果一个嵌块执行原语 neighbors 或语句 patches in-radius 1.5，可返回邻近嵌块的相同的主体集合，但事实并非如此。(请自己查找，打开一个嵌块监视器并在其命令行中输入以下语句：ask neighbors [set pcolor red]。然后，再次执行 ask patches in-radius 1.5 [set pcolor blue])。本章后续部分还会给出另一个被误解的原语。

6.2.4 显示设置错误

在 NetLogo 中，模型的一些关键特性——如空间大小以及空间在水平或垂直维度上是否“回绕”——并未写在程序语句中，而是通过界面标签页上的世界设置来操作。忘记检查或更改这些设置可能会导致错误，且这些错误无法通过查找程序发现。在代码中，NetLogo 通过原语 resize-world 来设置世界大小；在 setup 例程中应用原语 resize-world 可降低因忘记更改显示设置导致错误的可能性。

6.2.5 运行时错误

运行时错误是非常难以处理的一类重要的软件错误。但幸运的是，相对于其他许多编程语言，NetLogo 处理该类错误会更有优势。运行时错误发生在程序语法或逻辑没有错误的情况下，程序执行以下计算机无法处理的操作，如

■ 有 0 值的变量做分母；

■ 试图将一个对象放在世界范围之外的位置（如当 max-pxcor 为 49 且禁用“世界回绕”时，set xy 50 20）；

■ 请求一个不再存在的主体执行例程（如已执行原语 die 之后的主体）；

■ 把数字的幂次提升得过大以至于计算结果超出计算机的存储范围；

■ 尝试打开前一个模型运行期间未关闭的文件（将在 9.4 节中解释），或尝试删除根本不存在的文件。

在一些编程语言中，运行时错误通常只会导致代码停止运行（可能或没有发出错误声明，这些错误声明可能有帮助，也可能没有帮助），或更糟——在给出一些完全错误的变量值后，代码继续运行。幸运的是，NetLogo 软件在出现运行时错误时，程序代码会停止运行并给出有用的解释。

但 NetLogo 在查找运行时错误方面并不完美，所以您仍需尽力去预测可能会发生的运行时错误类型，有时还需要对其进行测试。查找和处理此类运行时错误的技术将在第 15 章中讨论。

6.2.6 逻辑错误

逻辑错误通常是最有可能引起实际问题的错误类型。当程序以执行并生成结果的方式编写时，就可能会出现这种错误。程序执行后生成的结果是错误的，因为您在程序逻辑中犯了错误——忘记初始化变量，或将方程编写错误，或 if 语句中使用了不当的条件，等等。逻辑错误生成的错误结果明显，有时很容易找出，但通常要经过仔细测试才能被发现。

6.2.7 表达错误

模型的表达错误虽不是编程错误，但仅在编写和执行模型软件后才能被发现。在构建几乎每一个模型时，一些假设、算法或参数值都会产生意想不到的结果，需要在模型实现和测试之后进行修订。发现并纠正这些错误后，一定要更新模型的书面文档。

6.3 NetLogo 程序调试和测试技术

软件验证是计算机科学中的一个重要问题，其相关文献非常丰富。这里，我们讨论程序测试技术，其能够合理兼顾 NetLogo 中实现科学模型所花费的精力与模型可靠性。

什么时候应该使用这些调试和测试技术？有些技术在调试阶段更有用：在编写程序过程中检查、诊断和修复错误。事实上，我们在这里介绍的所有技术都有助于在编写程序过程中诊断错误。但是，有些技术，特别是代码审查和独立实现，应该在程序代码编写完成之后，用于研究、出版、决策制定以及任何其他结果的应用之前，重新应用于模型。已完成的代码的这些测试是为了发现遗留的隐藏错误，并提供软件已可以使用的证据（正如我们在 6.4 节中讨论的那样）。

6.3.1 语法检查

NetLogo 的语法易于检查：只需单击代码标签页中的检查按钮，NetLogo 就会显示是否发现错误。这个语法检查器非常有用，但有时会发出不清楚的错误声明，指向代码中远离实际错误的地方。例如，如果您有一个位于观察者上下文中的例程，当在其中插入一个在海龟或嵌块上下文中运用的原语的语句时，语法检查器可能会在代码中完全不相干的部分给出一个上下文错误提示。想要提高效率，就要经常单击检查按钮，这样错误就会被快速、逐个发现，从而被隔离和修复。养成每写一两行程序后使用语法检查器的习惯。

在逐步编写代码时，经常单击检查按钮，这样即使代码不完整，也不会出现语法错误。例如，如果正在编写一个海龟例程，必须调用一个名为 update-resources 的嵌块例程，在该例程尚未编写时，语法检查器将会提示您有一个错误。不过，当您简单增加如下的一个 update-resources 例程框架，语法检查器将不再认为这是一个错误。

```
to update-resources
end
```

同样，如果您正在编写一个复杂的 ifelse 语句，您可以在完成“then”和“else”部分之前先编写并检查“if”部分。例如，语法检查器可以在编写这条语句的以下三个阶段之间使用（这是本章最后用作代码测试练习所使用的模型）：

（1）

```
ifelse patch-at 0 1 = nobody
  [ ]
  [ ]
```

（2）

```
ifelse patch-at 0 1 = nobody
  [ set output-string (word output-string "nobody") ]
  [ ]
```

(3)

```
ifelse patch-at 0 1 = nobody
  [set output-string (word output-string "nobody")]
  [set output-string (word output-string (similarity-with patch-at 0 1))]
```

我们已经在第 2 章中使用了这种技术，尽管它看起来很微不足道，但对提高编程效率非常有帮助。

6.3.2 可视化测试

可视化测试指在 NetLogo 界面上查看模型的结果，观察是否有异样，是否存在明显的问题（如当海龟理应在空间上随机初始化时，却都在一个嵌块中创建）？模型运行一段时间后会出现奇怪的模式吗？就 ABM 而言，可视化测试非常强大且重要：每当构建一个模型，几乎都会有一些错误很容易在显示器上看到，而不太容易通过其他方法快速检测到。

NetLogo 的内置视图可以使可视化测试非常容易——如果您在设计程序时有效地使用这种显示。在模型中，主体的特征及其环境通过设置主体的颜色、标签以及海龟的大小与形状来显示。设计软件时，显示器将向您显示最有价值的信息，以便发现问题和理解模型行为。我们将在第 9 章进一步探讨显示器的使用，以下是一些可视化测试技巧。

■ 您可以在软件完成之前，就开始使用视图来测试您的软件。与语法检查器的使用一样，编写模型过程中应尽早并经常使用可视化测试。例如，一旦编写出 setup 例程去初始化嵌块的变量（如赋予嵌块如海拔或资源生产率等某些特征的初始值），就可以通过其中的一个变量对嵌块进行着色，将 “setup” 按钮添加到界面标签页，通过设置世界，来核对嵌块特征的显示。然后，当您继续编写初始化海龟的 setup 例程时，可返回到界面标签页，查找海龟的位置、大小等方面的错误。

■ 色彩原语 scale-color 根据嵌块或海龟的某个变量值对其进行着色。（您可以编写简单例程，通过界面上的按钮来执行，对不同变量的视图进行色彩渲染。）

■ 海龟和嵌块分别有内置变量 label 和 plabel，用于标识所有或部分主体。例如，如果海龟有状态变量 energy-reserves，可使用如下简单语句来追踪该变量的变化（该语句将在更新 energy-reserves 值的语句之后执行）

```
set label energy-reserves
```

（您还可以使用原语 precision 限制标签中显示的小数点位数，并在 “模型设置” 窗口中设置标签字体大小。）

■ 在测试时，通常只研究一个较小的世界和较少的海龟，只需缩小世界的尺寸，在模型设置窗口中增大嵌块尺寸，或创建较少的海龟即可。

■ 当模型快速运行时，我们通常很难理解发生了什么。您可以通过界面标签页上的速度控制来减慢运行速度。当您希望逐个时间步，甚至逐个例程追踪程序执行时，仅执行一次程序调度的 “step” 按钮就派上用场。只需在界面中添加一个新按钮，让它执行命令 go，但在 “显示名称” 窗口中输入 “step”，而不选中 “持续执行” 复选框。您还可以添加一些按钮，每个按钮只执行 go 例程中的一个子例程。

6.3.3 打印语句

隔离和诊断错误代码最行之有效的方法可能也非常简单：插入语句，将信息写到显示或文件中，这样您就可以看到发生了什么。NetLogo 提供多种可供使用的输入/输出原语：export-output、output、print、show、type、write。

print 语句常用于确定程序出问题的位置。举个例子，如果您的模型一直在循环执行某个步骤，您可以在每个例程的开始和结束插入 show“Starting procedure X” 和 show“Ending procedure X”（X 表示程序的名称）等语句来辨识运行速度很慢的例程。这样的话，当运行模型时，您就会看到哪个例程开始运行，却一直没有结束。

print 语句的另一个常见用法是在不同的时间输出关键变量值，协助诊断模型异常的原因。为了理解所发生的事情，只需简单输出您需要看到的任何变量名和变量值即可（确保您已理解原语 word）。（单击清空按钮旁的双箭头，可以将命令中心移动到界面右侧。6.3.4 节给出了该技巧的另一个方法。）

（许多其他的软件平台都提供集成调试器：每次执行一个步骤时，可看到程序变量——这比 print 语句要高效得多。不过，NetLogo 没有。）

6.3.4 使用主体监视器进行现场测试

右键单击视图菜单，打开主体监视器，指向任何嵌块以及嵌块上的海龟和链接。（如果您对它们不熟悉，请先阅读用户手册界面指南中的“Agent Monitor”部分。）主体监视器窗口显示选定对象的变量值，用于“现场测试”计算。通常，这个过程需手动记录变量值，亲自推测结果应如何变化，然后逐步执行模型完成调度的一次迭代，查看主体监视器显示的变化是否符合您的预期。

主体监视器对于快速查看主体的状态变量值和测试明显错误的关键计算非常有用。然而，这些查验只在查看极少量的计算时可行，不足以用于测试一个模型。“独立重现”方法（6.3.10 节）则更为彻底，并通常包括了现场测试的内容。

主体监视器也可以通过代码打开：较 print 语句而言，由原语 inspect 打开主体监视器，是通常采用的更有用的调试和测试工具。例如，如果您想去理解为什么海龟偶尔会做一些出乎意料的事情（如得到一个负数），您可以对海龟进行编程，当其为负数时，暂停执行并打开自己的监视器，使用的代码如下：

```
set size size + growth
if size < 0
[
  inspect self
  user-message (word "Turtle"who "has a negative size")
]
```

当异常出现时，可识别并全面检查引起异常的主体。(另请参见 stop-inspecting 及相关原语。)

6.3.5 压力测试

“压力”或“极限”测试是指运用超出正常范围的参数和输入数据来运行程序。正常情况下，隐藏的错误往往会在压力测试中暴露。通过压力测试，可非常清晰地预测模型在极端条件下的行为：如果将蝴蝶登顶模型中的 q 设置为 1.0，蝴蝶仍四处游荡，那么蝴蝶的移动方式就有问题。举个真实的例子，鱼类模型的运行条件是所有小鱼迅速死亡（大鱼会吃掉小鱼，且大鱼的密度高），但仍有一些小鱼存活，就说明这个鱼类模型有问题。鱼的长度被 NetLogo 没有发现的运行时错误赋予了无意义的值。

压力测试运用极端的参数值，分别从个体尺度（少量，通过主体监视器）和系统尺度检查结果，并调查异常情况。例如，主体可获取巨额利润或立即倒闭，或迅速繁殖或根本不繁殖；使用超出正常范围的环境条件，或者不切实际的变量或常量。

6.3.6 测试例程

测试例程是为产生仅用于测试的中间输出（视图上的图形输出、命令中心显示的文本或文件输出）而编写的新例程。测试例程可能需要添加新的状态变量，仅用于观察运行的结果。可创建更多的按钮或在命令中心、主体监视器的命令窗口输入其名称来调用这些例程。例如，本章最后的练习 7 给出了名为 show-similarities 的测试例程代码。在该模型中，一个嵌块的行为取决于该嵌块 5 个“文化特征”变量值与其 4 个相邻嵌块（东、西、南、北方向）的相似程度，并写入命令中心。模型用户可打开嵌块监视器，通过在监视器命令窗口输入 show-similarities 执行测试例程，查看嵌块与其 4 个相邻嵌块的相似程度。

6.3.7 测试程序

在大型程序中，很难测试某个原语、例程或算法。在这种情况下，我们建议编写一个单独的短程序，只用于测试特定的编程想法。例如，如果希望各海龟“记住”它访问过的嵌块的顺序（这样它就可以依据该顺序，返回到过去的位置），您可以定义一个海龟状态变量 path，并制作成一个 NetLogo 列表来模拟海龟的记忆。海龟每次移动时，都会将当前嵌块添加到此列表中。不过，使用列表的语法可能会比较难（将在 14.2.3 节了解）。因此，编写一个测试程序是个较好的选择。在程序中，海龟在场景中随机地转向然后移动 100 个时间步，并将其访问过的嵌块存储在其 path 变量中：

```
turtles-own [ path ]
```

为了测试一切是否正常，可以让海龟沿路径返回。

该问题的测试程序可以包括以下 setup 例程：

```
to setup
  ca
  crt 1
  [
    set color red ; So we can tell initial path from return
    set path (list patch-here); initialize the path
                                ; memory list
    pd ; put pen down

    ; Move randomly and memorize the patches visited.
    ; Each new patch is put at the * start*  of the list
    repeat 100
    [
      rt (random 91-45)
      fd 1
      set path fput patch-here path
    ]
  ]
end
```

命名为 go-back 的测试例程如下：

```
ask turtles
[
  set color blue ; make the turtle'  s return trace blue
  foreach path ; see "foreach":
            ; executes once for each patch on list
  [
    a-patch -> set heading towards a-patch fd 1
  ]
]
```

要测试这个记忆算法，只需在命令中心键入 setup 即可创建一个海龟路径，然后键入 go-back，以查看 go-back 例程是否成功使海龟沿其路径返回。在一个完整的模型中开发和测试它，遇到的困难将更多，效率将更低。

6.3.8 代码审查

专业程序员经常让同行阅读和审查其代码，就像科研人员的研究论文在发表之前需要被审阅一样。审查员的工作是仔细比较代码与模型阐述，查找诸如排版错误、逻辑错误、程序中遗漏或表述不当错误，以及 ODD 阐述中未记录的软件中的重要假设等问题。当程序员怀疑有错误但又找不到时，审查尤其有用；通过不同人的审查，经常可以发现程序员已经寻找很久但未找到的错误。

审查员的第二项工作是确保代码组织良好，易于理解。变量和例程的名称是描述性的吗？语句是否简单明了？是否有准确和有用的注释贯穿始终？如果没有，程序员或其他人就不太可能轻松地发现错误或进行修订。

您在编程时，应该始终做好程序被他人审查的准备。这样，当您需要帮助，或需要通过工作经审查来获得愉悦与公信力时，您的代码就会很顺利地通过审查。（如果您的模型确实可用于科学研究，那么其他人很可能希望查看和使用您的代码，这也是一个好的模型的标志。）即使只供您自己所用，如果代码组织清晰，例程和变量的名称能表明其含义，并经常附有注释，您的效率也会更高。

6.3.9 文件输出结果的统计分析

搜索问题的一种更系统的方法是输出模型关键部分的文件，然后分析输出内容，查看它是否满足模型阐述的预期。随机事件是否以预期的频率发生？变量是否保持在期望的范围内？从本质上讲，这些测试属于假设检验，建模人员通过模型阐述对模型结果进行预判，然后统计性地检验模型是否符合预判。如果没有，则建模者必须确定代码是否有错及出错原因，或预判是否出错？

接下来，运用第 4 章的简单蝴蝶登顶模型来演示这种测试。在这个模型（见 4.4 节的代码）中，海龟移动到海拔最高的相邻嵌块的概率等于 q。由此可能会预测到，移动到海拔最高相邻嵌块的概率等于 q。然而，这种预测是错误的：当海龟随机移动（概率为 $1-q$）时，它们仍然有 1/8 的概率落在海拔最高嵌块上。同时，我们也忽略了这样一种可能，位于世界边缘的海龟，其相邻嵌块更少。因此，查阅概率相关书籍，我们将移动到海拔最高嵌块的预测频率修改为 $q+(1-q)/8$。事实证明，当多个相邻嵌块具有相同的最高海拔时，这个预测的频率也是错误的；在对称型山丘的山顶，四个相邻嵌块的海拔都相同。

我们可以测试代码运行的结果是否符合这一预测，方法是让海龟写出其各相邻嵌块的海拔及其访问的嵌块的海拔。首先，参考下方编程提示中关于输出文件的说明，在 setup 和 go 例程中添加用于打开和关闭输出文件的语句（命名类似于“TestOutput. csv”，采用逗号分隔值的格式）。接下来，将以下输出语句添加到 move 例程：

```
; The butterfly move procedure, which is in turtle context to move
  ; First, write some test output:
  ; elevation of all neighbors
  ask neighbors [ file-type (word elevation ",") ]

  ; Decide whether to move uphill with probability q
  ifelse random-float 1.0 < q
  [ uphill elevation ]; Move uphill
  [ move-to one-of neighbors ] ; Otherwise randomly

  ; Write the elevation turtle moved to,
  ; using "print" to get a carriage return.
```

```
  file-print elevation

end ; of move procedure
```

然后，更改 setup 例程，只创建 100 个海龟（确保输出文件大小合理），并运行模型。生成的结果文件可以很容易地导入电子表格进行分析，如图 6.2 所示。您可能会发现，在电子表格中的某些行，其列数比正常的 9 列少，这主要是因为位于世界边缘的蝴蝶，它们相邻的嵌块少于 8 个。解决该问题的一种方法是按第九列对电子表格中的结果进行排序，而忽略较短的行。

	A	B	C	D	E	F	G	H	I	J
1	Neighbor elevations								Elevation moved to	Did turtle move to highest neighbor?
2	19.3960	18.1648	18.5998	18.5994	19.3895	18.7842	18.7590	18.1096	18.7590	=IF(I2=MAX(A2:H2),1,0)
3	18.8552	20.1671	19.5205	17.9939	19.3895	18.5994	18.5998	18.1096	20.1671	1
4	20.2679	18.7590	19.5205	19.3895	21.5747	20.7938	20.0000	20.9311	19.5205	0
5	18.7590	18.8552	20.1671	18.1096	19.5862	20.9311	20.2679	19.3895	20.9311	1
6	20.7938	19.5205	21.5747	20.2679	22.3414	21.0000	20.1671	21.6804	21.6804	0
7	21.0000	21.5747	21.7157	22.4138	20.2679	22.3414	23.0928	20.9311	23.0928	1
8	22.3414	22.9815	22.4138	23.8275	23.7512	21.6804	23.1299	24.5049	24.5049	1
9	23.0928	25.9168	24.5442	25.2412	24.3875	25.1605	23.7512	23.8275	25.2412	0
10	25.9168	23.8275	24.5442	25.9584	25.2412	26.6548	24.5049	25.1605	26.6548	1

图 6.2　用于分析蝴蝶模型文件输出的电子表格的前几行

A ~ I 列由 NetLogo 程序的文件输出语句生成。A ~ H 列表示蝴蝶移动之前八个相邻嵌块的海拔，I 列表示蝴蝶访问的嵌块的高度。J 列包含一个公式，如果蝴蝶所在嵌块海拔在其邻域中最高，则生成 1，否则生成 0（该公式显示在单元格 J2 中）。这样，J 列的均值表示移动到最高相邻嵌块海拔的概率，可以与 $q+(1-q)/8$ 的预测值相比较

编程提示：输出文件的简要介绍

9.4 节将深入描述如何创建和使用输出文件。下面是一些本章使用的快速示例代码。首先，在 setup 例程中，这些行将创建一个输出文件，并覆盖之前的文件，然后“打开”它，以便它可以写入：

```
if file-exists? "TestOutput.csv"
  [file-delete "TestOutput.csv"]
file-open "TestOutput.csv"
```

当写入完成后，需要“关闭”文件。可在模型的 1000 个时间步完成时的代码中执行：在 go 例程中，将 stop 语句改为

```
if ticks >= 1000
  [
    file-close
    stop
  ]
```

现在，可以在 setup 例程执行之后，模型的 1000 个时间步完成之前，随时写入文件。

6.3.10 子模型的独立重现

对于任何模型，验证软件的唯一高度可靠的方法是对模型进行至少两次独立编程，然后测试这些独立编程是否生成完全相同的结果。然而，在 NetLogo 中简单地对模型编程两次并非一个好方法，因为两个 NetLogo 程序中很可能会出现相同的逻辑错误，尤其是两个程序都由同一个人编写。而且，利用 NetLogo 之外的其他平台重新编程的成本也很高：如果您还需用其他语言重新编程您的模型，为什么还要学习 NetLogo 呢？对于 ABM 用户来说，一种折中的方法是单独地测试 ABM 的各关键子模型，即运用熟悉的平台软件（电子表格、R 语言或 MatLab）编写的代码。尽管重新编程整个模型极其困难，但分别重新编程其子模型通常很容易。

要测试各子模型，需要向 NetLogo 代码中添加语句，将子模型的输入和结果写入文件。然后，将该文件导入电子表格或其他平台，并在电子表格中重新编写子模型。将电子表格代码生成的结果与 NetLogo 代码生成的结果进行比较，寻找差异，并找出导致差异的原因。确保您在多样的条件下测试过非常多的案例：这种测试方法最大的优点之一是，您可以在完整模型中可能出现的各种条件（参数值、输入数据等）下，轻松地测试您的模型。错误通常只在有限的条件下发生。

为了演示子模型的独立重现，再次运用第 4 章末的蝴蝶模型，并测试其运动子模型。运动方法非常简单，我们当然不希望出现任何错误，但它提供了一个有用的示例。

较上一节而言，我们需要更多的输出去重新实现运动行为的目标，而不仅仅是统计上的测试，这就需要精确地复制和检查各时间步，每个对象所做出的任何一个决定，可通过比较一个随机数和参数 q 得到。所以为了测试它，需要知道海龟所采用的随机数。输出语句如下：

```
  ; The butterfly move procedure, which is in turtle context

to move

    ; First, write some test output:
    ; elevation of all neighbors
    ask neighbors [ file-type (word elevation ",") ]

  ; Decide whether to move uphill with probability q
      ; Now, save the random number in a local variable
      ; so we can write it out
      let rand-num random-float 1.0

      ifelse rand-num < q
      [ uphill elevation ] ; Move deterministically uphill
      [ move-to one-of neighbors ] ; Otherwise randomly
```

```
    ; Now write out the random number and q,
    ; then the elevation moved to,
    ; using "print" to get a carriage return.
    file-print (word rand-num "," q "," elevation)

end ; of move procedure
```

现在，可以在包含移动算法的电子表格中测试输出。如果随机数小于 q，则蝴蝶移动到海拔最高的相邻嵌块。我们可以使用输出文件编写一个电子表格来实现这个决策，并将其结果与 NetLogo 代码的结果进行比较（图 6.3）。可能还有一些行比大多数行短，可以按照 6.3.9 节末尾的讨论来处理。

	A	B	C	D	E	F	G	H	I	J	K	L	M	N
1	Neighbor elevation (cols A-H)								Random number	q	Elevation moved to	Should move uphill?	Did move uphill?	Did not move uphill when should?
2	291.191	297.784	289.844	293.990	283.251	284.565	280.771	276.625	0.321	0.4	297.784	1	1	0
3	189.197	181.978	184.700	183.481	180.906	187.274	188.125	190.700	0.111	0.4	190.700	1	1	0
4	266.003	274.559	287.813	281.188	272.632	283.703	270.449	279.258	0.064	0.4	287.813	1	1	0
5	145.428	140.864	158.354	147.375	156.813	153.789	163.227	150.301	0.634	0.4	156.813	0	0	0
6	317.362	311.024	329.820	317.287	314.349	323.556	323.625	326.882	0.883	0.4	317.362	0	0	0
7	105.931	101.367	84.497	88.733	93.297	99.548	90.748	97.131	0.991	0.4	97.131	0	0	0
8	317.479	318.869	304.353	319.826	310.947	306.701	313.294	305.743	0.944	0.4	317.479	0	0	0
9	295.782	305.272	307.767	301.173	292.053	294.547	302.375	289.156	0.347	0.4	307.767	1	1	0
10	234.287	223.646	220.361	221.890	231.002	228.836	227.342	216.701	0.109	0.4	234.287	1	1	0

	A	B	C	D	E	F	G	H	I	J	K	L	M	N
99995	399.176	399.546	399.904	399.534	399.453	399.823	399.580	399.858	0.306	0.4	399.939	1		1
99996	399.517	399.853	399.008	399.482	399.413	399.378	399.922	399.887	0.969	0.4	399.887			
99997	399.176	398.784	398.379	399.904	399.546	398.749	399.534	399.939	0.196	0.4	399.939	1	1	
99998	399.598	399.875	399.517	399.875	399.517	399.239	399.794	399.598	0.629	0.4	399.794			
99999	399.112	399.887	399.482	399.482	399.887	399.517	399.517	399.853	0.158	0.4	399.922	1		1
100000	399.546	399.939	399.349	399.858	399.072	399.580	399.823	399.430	0.776	0.4	399.072			
100001	399.303	398.933	399.858	398.381	398.346	399.823	399.453	397.976	0.830	0.4	399.453			
100002														
100003													Sum:	10862

图 6.3 蝴蝶模型中是否沿坡向上决策的重现

A ~ K 列是在文本中呈现的 NetLogo 代码生成的输出。L 列重新实现决策：随机数小于 q 时返回 1，蝴蝶移向海拔最高的相邻嵌块。M 列给出了事实上蝴蝶是否真的移动到最高相邻嵌块。如果 L 列与 M 列不同，则 N 列返回 1：即 L 列为 1，但蝴蝶并未移动到最高相邻嵌块。请记住：①空间边缘处的蝴蝶，其相邻嵌块数量少于 8 个，电子表格将需要修改；②当 L 列为 0 时，M 列有时也为 1，这是因为最高嵌块也可以通过随机移动来选择。N 列中所有值在单元格 N100003 处求和。求和值不为零，则 L 列和 M 列存在差异。表中的 10 万只蝴蝶中有 10 862 只蝴蝶的移动不正确

在对电子表格进行编程以重新实现是否沿坡向上运动的决策（图 6.3 中的 L 列）之后，我们可以添加 M 列和 N 列来识别 NetLogo 结果和电子表格结果之间的差异。如果存在明显错误，N 列中的函数将返回 1，蝴蝶应该访问海拔最高的相邻嵌块，但是事实并非如此。现在，我们可以通过查看电子表格底部，并将 N 列中的所有值求和，来检查蝴蝶的所有移动是否有错误，如果没有错误，则总和应该为零。

让我们吃惊的是，简单测试结果表明，这个非常简单的程序有一个大问题！在图 6.3 的例子中，应该移向海拔最高的相邻嵌块的蝴蝶中，有 10 862 只蝴蝶最终并未落在海拔最高的相邻嵌块上。通过检查错误发生的第 99995 行和第 99999 行，发现蝴蝶最终所在的嵌块海拔比其 8 个相邻嵌块中的任何一个都高，事实上蝴蝶正处于这简单场景的最高点。根据该现象，回到 NetLogo 词典中仔细重读原语 uphill 的文档，其中包含内容“如果相邻嵌块

的值均低于当前嵌块的值，那么海龟就会原地不动。”这种沿坡向上运动的定义与模型阐述（3.4 节）相冲突，模型中定义蝴蝶不能待在原地不动。当蝴蝶接近山顶时，这种差异可能导致模型结果的重大变化。

这个测试表明，我们犯了在 6.2 节中讨论过的错误之一：误解 NetLogo 原语，而不是语句，所以将程序中的

```
[uphill elevation]
```

更改为

```
[uphill elevation][move-to max-one-of neighbors [elevation]]
```

事实如此，作者确实犯了这个错误，并且通过重新实现电子表格才发现。这也是我们坚持尽早、经常和全面地测试程序的原因之一。

6.4 测试文档

我们需要从软件专业人员那里学到的另一个习惯是记录我们所进行的测试。通常，除了模型编程需要完成的最重要的测试和调试外，没有任何理由要求将所有的测试和调试都记录下来。但是，一旦代码准备用于科学研究，就必须进行并记录一组结论性的最终测试。

您可能认为已经发现程序中的所有错误了，为什么还要记录是怎么做的呢？原因有两个。第一个原因是，您可以通过向它的“消费者”展示您已经对其进行了充分测试，以此来给您的工作增加可信度。许多研究领域对模拟的运用仍然很初级，并且审查和使用基于模型的研究的人通常不需要软件验证文档。这意味着没有这样的文档，您的工作也可以被接受。不过，当您提供测试软件的文档时，它总会让您看起来很有经验和专业。实际上，这是文档之所以重要的一个原因：模拟常常被批判是不科学的，就是因为有太多的模型未经测试。如果想让工作被认可，就需要提供证据来证明模型实际上已经过良好的测试。[“TRACE”格式由 Schmolke 等（2010）和 Grimm 等（2014）等提出，用于记录模型评估和验证的文件，主要包括软件测试文档。]

记录软件测试的第二个原因是供自己使用。任何重要的模型都会被多次使用和修改，这意味着随着编程的推进，一些测试将需要重复或更新。少量的测试文档可以使重复软件测试更加容易。

幸运的是，详细记录软件测试相当容易。文档应描述①使用的测试类型；②“最终”模型的综合测试方法和结果（通常是 6.3.9 节和 6.3.10 节所述的统计分析和独立实现）。

描述所使用的测试类型很简单，如列表所示：

- 谁审查代码，在代码开发的哪个阶段；
- 目视观察和研究了哪些模式；
- 模型中经过统计测试和独立实现的部分；
- 发现的错误类型及其纠正方法，这对后续编程非常有用。

最终独立实现测试的详细方法与结果可通过保存，以及向包含测试的电子表格（或其他计算机文件）添加注释等方式进行记录。

最后，软件测试通常需要向程序中添加相当多的临时代码：打印语句、输出到文件、测试例程等。部分记录文档的过程是将这些临时代码留在程序中，告知读者您已使用它们进行了代码测试，以及进行更改时便于重新测试代码。当您不用这些测试语句时，只需注释掉它们即可。

6.5 案例与练习：文化传播模型

现在您有机会对一个真正的 NetLogo 程序进行软件测试。我们描述模型，提供实现模型的软件，但软件包含几个错误。接下来，您可以应用本章提供的方法尽可能查找、修正错误并记录该过程，以生成可以使用的无错误程序版本。

6.5.1 模型描述

我们运用的 NetLogo 程序是一个社会科学模型，由基于个体的建模的先驱 Robert Axelrod 编写（Axelrod，1997）。通过本书的网站可获取 NetLogo 文件。模型在信息标签页上有详细描述。这里我们只介绍模型状态变量和尺度的 ODD 描述，以及过程概述。

1. 目的和模式

Axelrod（1997）指出，该模型的目的是“展示出人们（或群体）受周围人影响的几个简单假设的后果。”这些假设是关于人们如何相互学习文化，文化如何传播，以及社会群体的文化如何相互影响的。特别是，该模型中的社会群体共享区域文化，且文化越相似，共享越多。这个模型是抽象的，并非用来解释在特定真实系统中观察到的任何具体模式，而是一般模式，即使互动让人群变得更加相似，但文化的差异一直在持续。

2. 实体、状态变量和尺度

该模型中的实体是“可以看作同质村庄”的主体，村庄由网格上的位置（嵌块）表示，每个位置包括五个文化特征的状态变量，分别赋值为一个 0～9 之间的整数。每个位置的文化通过五个特征变量值的组合来定义，即五位字符串连接在一起，如 93209。

包含所有位置的格网范围由 10×10 个嵌块定义，空间不回绕。位置间的距离没有说明，也不清楚格网代表的是否是地理空间。时间仅由“步”（滴答）的数量（调度执行的次数）表示；各时间步不表示特定的时间段。模型一直运行到系统稳定，即连续执行 1000 个时间步其位置状态变量都保持不变。执行 8 万多个时间步，这种稳定态才结束。

3. 过程概述和调度

模型仅包含各时间步执行的两个活动。

■ 文化互动：该活动由一个随机选择的位置（嵌块）执行。选择位于该位置东、西、南、北的 4 个相邻嵌块，计算出其与 4 个相邻嵌块的文化相似程度，然后通过采用 5 个文化特征变量之一作为邻域值来随机决定是否与之“互动”。

■ 输出：更新一些用于衡量个体所在嵌块与其相邻嵌块相似程度，以及整个模型的同质性程度的指标。

该模型并不像我们目前看到的那样简单。文化传播模型包括几个编程概念，尽管在蘑菇搜寻模型和蝴蝶模型中均未使用过，但可通过 NetLogo 教程来熟悉。通过对 NetLogo 词典和用户指南的学习，您应该可以理解这些新概念，相关内容将在本书的第Ⅱ部分进行详细的介绍。这个程序中的新事物包括使用

■ 原语 myself；请查看 NetLogo 词典来理解该报告器以及其与 self 的区别。简而言之，当一个主体（主体 A）要求其他主体执行某些代码时，可用 myself 来指代主体 A。例如，如果你想让海龟“隐身于”该嵌块上的其他海龟中，就可以通过将该海龟的颜色赋给其他海龟，代码如下：ask turtles-here [set color [color] of myself]。

■ 原语 neighbors4，其 neighbors 的另外一种形式。

■ 逻辑表达式！=，用于检查两个变量是否相同。

■ 创建和连接字符串变量以创建输出。

■ 原语 and，用于创建一个复合的布尔表达式，只有在多个条件都为真时才为真。

■ 包含一个主体的局部变量，使用使代码更易于理解的名称（如 the-neighbor）命名局部变量。注意，语句 let the-neighbor one-of neighbors4 创建的局部变量 the-neighbor，是从四个相邻嵌块中选择出的一个嵌块的新名称。对 the-neighbor 的任何更改只会影响所有主体中的这一个主体。

■ 可以从主体监视器执行的测试例程（参阅该例程的注释）。

■ 直方图显示。界面标签页上的开关按钮用于控制布尔全局变量。这时，通过开关按钮，打开和关闭一组测试输出文件。

6.5.2 软件测试

本书网站上提供的软件版本有几处错误，当您在软件上尝试测试方法时应该就会发现。有些错误显而易见，有些则完全不是。在本章的练习中，您主要是查找、修复错误并记录测试过程。建议您遵循下面列出的步骤，发现错误时进行修复。在每一步，记录您所作所学的内容。对于有经验的程序员来说，这些 bug 很容易找到，但对于学习者来说，可能需要一段时间。不必担心，只要稍加练习，软件测试就会变得容易得多，这正是本练习的目的。高效的程序员也写不出完美代码——没有人能够做到——但他们拥有发现错误的高效启发式和系统性方法。

■ 检查代码。仔细阅读信息标签页的模型描述并将代码与之进行比较。查看模型描述与代码，以及界面标签页上所设置变量之间的任何差异。通过这种方式，您应能找出几处（即使不是全部）错误。

■ 运行模型并在世界视图中观察。如果模型未正确实现您的预期，查找异常模式，并思考其原因。

■ 使用 6.3.6 节给出的测试例程，对文化相似性计算进行现场测试。

■ 使用可选文件输出去测试关键例程。在合理数量的时间步下运行模型之后，将这

些文件导入电子表格（或其他软件）中，测试 NetLogo 代码是否正常。

如果文化传播模式的测试和修复过于简单，本章末的练习给出了一个更具挑战性的模式。

6.6 小结与结论

并非所有的编程错误都对模型的最终使用有重要影响；在蝴蝶模型中发现的错误可能对我们从该模型中得出的任何一般结论几乎没有影响。但一定要清楚，编程错误可能不会影响模型的结论，这并不意味着软件验证不重要，在找到并修复错误之前，我们无法知道错误是否严重。我们也不希望因为该软件尚未经过充分的测试，结果无法复制，人们就普遍认为 ABM 不科学。因此，当进行科学建模时，高度重视软件可靠性和可重复性，而不仅仅是玩一玩 NetLogo。

为避免漏检错误及可能导致的项目延迟、成本和信誉损失等，最重要的策略是保持积极的态度。与其不切实际地希望您的程序没有出错，不如从一开始就假定错误不可避免，找到它们是一种乐趣。边写代码边测试。如果发现文化传播模型的调试既痛苦又困难，那么就要想一想，如果在整个开发过程中，而非只在开发结束后，进行测试会容易得多。想出新方法来测试代码，开发您的创造力。挑战您自己和您的同事，找出最微妙的隐藏错误。众所周知，优秀的程序员会大谈他们刚刚发现并解决的刁钻漏洞。

NetLogo 提供便于查找和修复错误的工具，如语法检查器、图形界面、运行时错误检查，但令人惊讶的是，未经彻底测试，即使是最简单的 NetLogo 程序也可能会有错误。一旦程序运行并输出，就进入了编程的第二阶段，搜索并修复几乎确定存在的错误。与第一阶段起草代码相比，第二阶段事实上也需要具备同样多的灵感，而且可能会更有趣。软件测试包括对模型行为的预测，想出检验这些预测的方法，统计分析其输出，经常做一些富有想象力的探索工作来解释预测和输出之间的差异。要做的事情简单总结如下：生成大量输出数据，仔细查看，并调出任何看起来有点出乎意料的结果。

统计和独立重现测试（6.3.9 节和 6.3.10 节）很有必要，因为它们可以测试成千上万次运行结果——错误通常只在某些（通常或罕见的）条件下发生。然而，这些方法有其局限性。对模型输出结果的统计与分析结果可能出人意料，这不仅是因为代码会出错，还可能由于某些特定结果发生的概率很难被准确预测。因 NetLogo 原语使用的算法和随机数不易访问，整个过程有时很难完全重现。不过，我们可以编写一个测试程序仔细研究或通过查看 NetLogo 源代码来准确理解原语的功能。

以下是一些应该养成的习惯：

■ 尽早发现错误。将测试变为软件开发的一个常用环节。

■ 测试规划。确保有时间进行测试，并随着模型的推进，有时间开展重复测试。

■ 编写清晰易懂的代码，便于他人审查。当成果发表而您因此崭露头角时，您可以很自信地与所有想要使用它的人分享该模型。

■ 保存并记录测试。随着代码的扩充，您将需要重复这些测试，并需向读者和客户“证明”您的软件可靠。

从现在开始，您在本课程中所做的所有编程工作都应该附有您如何测试代码的文档，以证实模型可如您所愿，完整实现。

软件测试需要花费时间和精力。不过，本章用于发现错误的方法可以避免在错误代码上浪费时间和精力，在分析和理解模型时也很重要。从一开始就养成良好的软件测试习惯，也会提高您从模型中学习和解决设计问题的能力。

6.7 练　习

(1) 阅读维基百科中关于“软件测试”(software testing) 的部分。这篇文章很好地概述了软件测试问题和方法，强化和扩展了本章的主题，同时还反复强调测试是计算机科学和编程的重要组成部分这一概念。另外，请到您的图书馆中查阅关于软件测试的书籍（至少要浏览目录，看看有多少）。

(2) 运用 NetLogo 的一个模型库，熟悉模型基础的输出技术：使用主体监视器查看嵌块和海龟，使用标签以及 show（或 write）来查看变量值。添加一个“step”按钮，以便您可以一次执行一个时间步。

(3) 6.3.7 节给出了一个示例测试程序。它所测试的记忆算法是否指引海龟精确地重返路径？如果不是，为什么？您能修正算法，使其产生精确的重返路径吗？（提示：运用原语 face，第一次海龟朝向哪里？接下来，海龟朝向哪里？）

(4) 在 6.3.9 节概述的蝴蝶登顶模型中，首先修复在 6.3.10 节发现的错误，然后对文件输出进行统计分析。对于不同的 q 值，预测蝴蝶移动到最高相邻嵌块的概率，然后通过分析文件输出来验证预测。您的预测可以再现吗？如何支持您的结论？如果您从未上过统计学课，请请教已上过统计学课的人。解释出现的所有差异以及该如何处理这些差异。

(5) 对 6.3.10 节所述的蝴蝶模型进行独立重现测试。

(6) 6.3.10 节发现的错误是否影响第 5 章蝴蝶的分析结果？

(7) 使用 6.5.2 节描述的方法，验证本书网站上给出的文化传播模型的代码，您在代码中发现了多少处错误？

(8) 另一个更具挑战性的代码测试练习来自本书网站。从网站可以下载 Harvester 模型的 ODD 描述和未经测试的软件，请使用 6.5.2 节的方法测试软件。该练习包括许多在构建真实模型时可能遇到的问题，如模型描述和软件中发现的问题。

第Ⅱ部分
设计 ABM 模型的概念框架

7 第Ⅱ部分的引言

7.1 第Ⅱ部分的目标

第Ⅰ部分提供了建模和 NetLogo 的速成课程：我们快速地介绍了许多建模和 NetLogo 的基本原理和方法，但很少涉及软件实践及对它们的透彻理解。该部分旨在强化已学知识，引入更多的 NetLogo 实践；同时，还会运用大篇幅详细解释 NetLogo 如何设计，以及这样设计的原因，以便对如何编程有更深入的理解。如果您此时有困惑和不知所措，请耐心坚持。精通 NetLogo 仍然是我们的主要目标。

该部分的第二个主要目标：学习基于主体的建模（ABM）——一种具体又独特的科学研究方法，通过设计、描述和思考（ABM）的概念框架来实现此目标。

什么是 ABM 的概念框架？为什么需要用到它？建模的各种通用方法都有一组基本思想、理论、符号和约定，它们给出了一种思考和设计模型的方式。在许多科学领域，微分方程通常是建模最重要的概念框架。统计建模中有几个概念框架（如参数化、贝叶斯），每个框架都有自己的理论和方法。ABM 的概念框架仅仅是一系列概念，通过这些概念可以捕捉 ABM 最重要的特征，特别是与其他类型模型的不同之处。正如应用到生态学的概念，Grimm 和 Railsback（2005）在第 5 章对这些概念进行了广泛讨论，并在“概念设计清单”中进行了总结。作为 ODD 模型描述协议的一部分，本书 3.3 节介绍了这些概念，表 3.1 给出了各概念的关键问题清单。

每次构建 ABM 时，都需要思考如何在模型中表达这些概念？第一，可以确保您全面考虑所有重要的模型设计问题，并明确如何处理每个问题。否则，模型设计的重要部分可能是突发奇想或仅因便于编程而确定的，这样您的模型将显得仓促和不科学。第二，便于向他人描述模型。当建模者使用 ODD 协议和这些设计概念来描述 ABM 时，其他人更容易理解模型的最重要的特征。并非所有概念对于每个 ABM 都重要，不过，对每个概念进行思考，可以帮助您说服自己和他人。所有重要的模型设计决策都是明确而谨慎地做出的。（正因如此，当您查看其他人的 ABM 时，设计概念也非常有用。）

第Ⅱ部分的大多数章节都分别围绕不同设计概念展开，介绍该概念以及与之相关的编程技巧。不过，表 3.1 的设计概念小结与该部分的组织结构之间存在一些差异。在此，我们跳过部分“基本原理”概念，因其更侧重于具体的科学领域，以及很少与软件直接关联。第 11 章讨论了两个紧密相关的概念，即“适应性行为”和“目标”，而忽略那些相当复杂又不常用的“学习”概念。第 14 章的“调度”虽不是 ODD 的设计概念之一（在 ODD 的早期版本中曾经是，但现在成为“过程概述和调度”组成要素的一部分），但是一个非常重要的建模和编程主题。该部分的各章节也不完全与 ODD 中设计概念出现的顺序相同。在表 3.1 中，概念按照从最重要到最具体详细的顺序排列。而在接下来各章中，这些概念的顺序则主要是为了有效呈现相关编程技巧。

在每章中，我们总结其概念，描述其在模型中的一些典型的使用方法，并讨论在 NetLogo 中如何对这些方法进行编程。随后，采用示例模型，让您在体验其概念的同时，增强和培养 NetLogo 实践技能。通过插入注释和提示来协助学习新的编程技巧，尽量不重复用户手册，而是指出 NetLogo 对科研用户特别重要的部分。另外，还介绍了一些与 NetLogo 无关，但用于模型运行后结果分析的软件和建模技巧。

在每章中，将理解 ABM 概念与学习 NetLogo 这两个目标融合，似乎会带来困惑与挫折，实际上，这两个目标并行且互补，因为 NetLogo 程序的许多部分都是专门为实现这些 ABM 概念而构建的。

该部分在很大程度上相当于 ABM 的“引擎室”：关注引擎，即模型及其软件。但是，必须清楚，所有这些的目的不是模型本身，而是我们可以用它做什么——回答科学问题，解决实际问题！修补引擎有趣又重要，但真正的乐趣在于本书的第Ⅲ和第Ⅳ部分，通过这两部分学习如何使用模型来了解真实世界。所以，如果您发现自己对该部分的内容兴致不高——或已对 NetLogo 编程乐此不疲，这是很常见的——请展望第Ⅲ和第Ⅳ部分，提醒自己，只有停止构建和编程模型，开始分析它们并将其与现实世界中观察到的模式进行比较，ABM 才有可能产生令人兴奋发现。

7.2 第Ⅱ部分的概述

表 7.1 给出了该部分的内容概述。它简要地描述了每一章的概念性主题（对应于表 3.1 的“关键问题”）、一般建模主题以及所述的 NetLogo 和软件主题。

表 7.1 第Ⅱ部分的概述

章节	概念性主题	一般建模主题	NetLogo 和软件主题
8：涌现	哪些模型结果以复杂的方式从主体行为中涌现？相对而言，哪些结果是可强加和可预测的	设计和分析仿真实验	行为空间
9：观察	理解和测试一个 ABM 需要输出和显示哪些结果？如何将模型结果与观察到的模式进行比较	输出类型：动画、图、文件	从视图中获取信息，使用绘图和其他界面要素，编写输出文件
10：感知	主体会用到哪些信息，以及如何获取这些信息	主体对信息的感知程度如何影响模型结果	NetLogo 变量的范围，获取和更改其他对象的变量，生成报告器，使用链接
11：适应性行为和目标	主体需要怎样的适应性性状来应对环境和自身的变化？主体采用什么指标来衡量其需适应的目标（如适合度、效用等）	决策的优化和满足方法	识别和细分主体集合，识别主体集合的最优成员

续表

章节	概念性主题	一般建模主题	NetLogo 和软件主题
12：预测	主体在他们的适应性行为中会做出什么预测	独立测试和分析子模型，贝叶斯更新作为预测模型	在 Excel 或其他平台上绘制等值线
13：相互作用	主体如何直接或通过媒介资源间接地进行相互作用	通过共享的资源模拟全局及局部的竞争效应，模拟记忆	使用另一个主体的链接和变量进行持久相互作用建模，使用列表
14：调度	如何来表达时间？执行指令的次序如何影响结果	通过离散时间步或连续时间内的离散事件对时间进行建模，运用排序或非排序执行来表示分层或非分层系统，同步或异步更新及停止规则	go 例程控制活动执行的顺序以及主体执行活动的顺序，循环及非整数计时
15：随机性	何时应该把过程建模成随机的？什么样的随机函数适合这种过程	重复实验确定随机性的影响，常见离散和连续随机数分布	随机数原语，编写报告器，使用行为空间复制实验，防御性编程
16：集群	是否存在过渡性的组织形式：影响人口和个人的个体集合？这样的集群应该如何建模	将集群表示为主体所涌现的特征并将其作为独立类型的主体，用于表示概率的逻辑函数，用观察到的频率作为概率的行为随机模型	种类代表多种类型的主体，通过链接的嵌块或单独的一个种类来表示集群

8 涌　　现

8.1 引言与目标

ABM 最重要且最独有的特征是，从潜在过程的建模方式中涌现个体尺度与系统尺度的复杂、通常出乎意料的动态。当赋给主体适应环境变化以及其他主体行为的各种规则后，各主体及整个系统的行为则会从这些规则、主体的特征及环境中涌现出。因此，涌现是 ABM 的最基本概念。涌现相关的关键问题如下：系统及其主体的哪些动态过程将会涌现——以相对复杂和不可预测的方式逐渐显现——来自主体的哪些适应性行为及哪些环境特征？相反，其他哪些行为、哪些模型动态和结果是由模型假设强加的——以直接和可预测的方式强制产生？

这里的“不可预测”是指仅通过思考很难或不可能预测出的结果。“涌现”有时比较神秘，从理论上进行解释，就 ABM 而言，我们仅关注相反的情况，通过仿真来解释。Epstein 和 Axtell（1996）用他们著名的问题“您能培育它吗？”恰当地描述了这种解释：通过赋予主体真实的适应性行为，您的模型系统能否与真实系统看起来非常相似，并有类似的运行方式？

目前为止，尚未有一种简单的方法可区分 ABM 的某些特定结果是涌现还是强加的，但可参考下方的模型涌现结果的定性标准：

■ 它不仅是模型个体属性的总和；

■ 结果类型不同于个体尺度的属性或决策；

■ 很难轻易地从个体属性中预测出。

举个例子，我们来讨论蝴蝶模型中的涌现问题。第一步，确定所思考的具体模型结果。在蝴蝶模型中，一直关注的具体数值结果是成群蝴蝶登顶迁徙时所形成的廊道的宽度。显然，这些结果来自模型中蝴蝶做出的一个决策，即在各时间步蝴蝶向山顶移动还是随机移动。蝴蝶模型的廊道宽度结果是否满足以上 3 个涌现标准？廊道宽度不只是蝴蝶个体属性的求和，而且其属性类型不同于蝴蝶个体属性。蝴蝶个体仅包含一个属性，即其位置，而迁徙廊道宽度的属性不同于蝴蝶个体的位置属性。（在第 5 章中我们发现，当从一个简单的人造场景切换到一个真实复杂的场景时，蝴蝶廊道发生了质变，因此廊道宽度从环境和蝴蝶行为中涌现。）

但我们必须承认，一群蝴蝶的廊道宽度，从某种意义上讲，只是蝴蝶个体位置随时间变化的总和。这样，是否可以轻易地从个体属性中预测出廊道宽度？不完全是。即使没有模型，我们也可以预测出廊道宽度随参数 q 的增加而减小，其中 q 表示蝴蝶直接沿坡向上移动而不是随机移动的概率。当 q 接近零时，廊道宽度变得非常大。这样，就可以将蝴蝶模型描述为其关键结果是从沿坡向上或随机移动的个体决策与景观中涌现；因该行为非常简单，至少有一个模型结果——廊道宽度如何随 q 变化（图 5.3）——是可以预测的。蝴蝶个体的行为在很大程度上也是被强加的。仅通过 q 即可预测蝴蝶沿坡向上或随机移动的频率，而不需要将该行为从复杂子模型中涌现，如考虑山有多陡、食物和其他蝴蝶的位置等。

涌现的 ABM 结果相差很大，涌现越多，模型未必越好。最佳涌现通常处于中间水平。一方面，具有高度强加结果的模型通常都不太有趣，运用较简单的数学模型有时就可解决这些问题。另一方面，模型从过多复杂的个体行为和机制中以复杂的方式涌现出太多结果，这样的模型极其难以理解，无法解决现实问题。蝴蝶模型的某些结果在意料中，并不能说明它是一个糟糕的 ABM；就其要解决的问题而言，该模型是一个完美模型，只是这些问题并未考虑高度复杂的主体行为。

学习目标：

■ 通过查看 NetLogo 模型库中的两个模型，加深理解涌现更多而不是更少的 ABM 结果的原因。

■ 开始使用基于主体的科学中最重要技术：设计和分析仿真实验以验证假设，加深理解 ABM 的工作原理以及如何更好地再现要仿真的系统。

■ 掌握行为空间（Wilensky and Shargel，2002）的使用方法。行为空间是 NetLogo 中一个极为有用的工具，通过该工具可自动运行仿真实验并输出结果。

■ 通过将结果导入其他软件进行图形和统计分析，分析 NetLogo 模型的输出。从本章开始，书中的许多图形并非用 NetLogo 创建，而是通过其他软件绘制的模型输出。

8.2　简单涌现动态的模型

NetLogo 的生物学模型库中包括一个简单出生率（Simple Birth Rates）模型。这个模型确实非常简单，旨在模拟两个共生物种（红色海龟和蓝色海龟）出生率间的差异如何影响各种群的个体数量。这两个物种间的差异仅表现在个体在各时间步产生的后代数量不同。两个物种的死亡概率相等，并进行调整，使个体总量几乎保持恒定。（如果您研究商业，可以将它们看作两家快餐连锁店，它们以相同的速率倒闭，但开新店的频率不同。）打开此模型，阅读其信息标签页并进行探索。

让我们来集中讨论该模型可以解决的问题：一个物种“存活”的时长如何随两个物种的相对出生率而变化？如果将红色物种的出生率（全局变量 red-fertility）设定为 2.0，而将蓝色物种的出生率（全局变量 blue-fertility）设定为从 2.1 变为 5.0，那么，一直到红色物种灭绝，时间步的数量如何变化？换句话说，我们期望图 8.1 中的图形是什么形状？

该模型包括一个名为 run-experiment 的按钮和例程，用于处理该问题。运行模型直至一个物种灭绝，显示所用时间，然后开始下一次的运行。

如果稍作思考，就会对这个问题的答案形成一个相当明确的预期。当这两个物种的出生率接近时，它们应长期共存。随着出生率差异的增大，红色海龟存活的时长应迅速变短。但是，无论蓝色海龟繁殖的速度有多快，红色海龟似乎都不太可能立即灭绝（初始化模型时，红色海龟设为 500 只），即红色海龟存活的时长可能永远不会短于一个时间步。因此，我们预计图 8.1 中，红色海龟存活的时长在蓝色海龟出生率为 2.1 时最长，随着蓝色海龟出生率的提高，红色海龟存活的时长迅速变短，最后趋于平稳，保持在 1 以上。

这一想法对吗？为验证结果，我们需要做一个仿真实验。

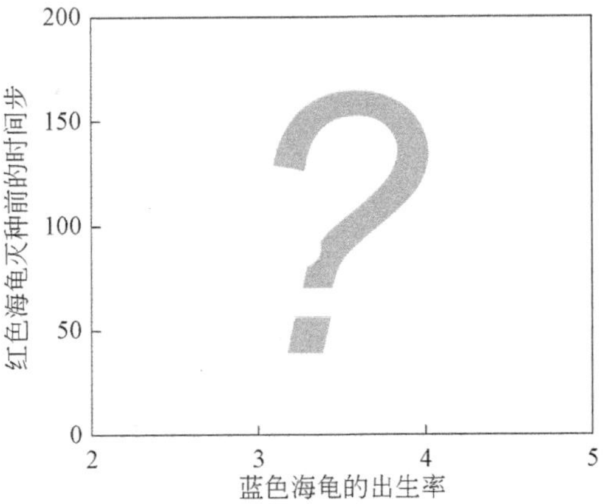

图 8.1　用简单出生率模型来解决问题，图中的图形会是什么形状？

8.3　仿真实验和行为空间

在简单出生率模型中，要查看红色海龟存活的时长如何随蓝色海龟出生率而变化，需要将 blue-fertility 的值域变大，运行该模型，并记录红色海龟数量为零时所用时间，即时间步的数量。但也会遇到一个复杂的问题，即与大多数 ABM 一样，该模型是随机的，因每个时间步死亡的海龟会随机选择（参见例程 grim-reaper），模型每次运行都会产生不同的结果。(更多可参考第 15 章的随机性。)

模型每次运行都会产生不同的结果，所以要真正理解模型，需要估算结果的平均值以及平均值的相对变化。建模人员通常采用与科学家研究高度变化的真实系统相同的方式：执行多个不同场景的重复试验（统计学家经常使用“实验组”一词，类似于这里采用的“场景”）。在仿真建模中，一个场景由一个模型及一组参数、输入和初始条件定义；如果模型没有随机要素，每次执行相同的场景时都会产生完全相同的结果。重复实验是指只有随机要素变化的模型运行，具体来说，重复通常指的是只有随机数不同的模型运行。(还有其他模型场景重复实验的方法，如随机输入数据或初始条件。)

接下来，我们使用一个仿真实验来分析蓝色海龟的出生率如何影响红色海龟的存活时长。在仿真实验中，将蓝色海龟的出生率 blue-fertility 以 0.1 为增量，从 2.1 变至 5.0，总共产生 30 个场景。此外，对每个场景运行 10 个副本。每次模型都持续执行，直到没有红色海龟为止，然后输出红色海龟存活的时间步数。将这些结果记录在一个文件中，然后将其导入电子表格或统计软件中，最后计算红色海龟存活时间的平均值和标准差，并绘制红色海龟存活时间随蓝色海龟出生率（blue-fertility）变化的图形。(以绘图和计算统计量等方式分析结果是建模的重要部分，但在 NetLogo 中无法便捷地做到这一点。如果您还不熟悉进行此类分析的软件，则需加强学习。)

这个仿真实验是一个敏感性实验的示例。在仿真实验中，将一个参数在一个很大的区间内取值，查看模型随参数变化如何响应（另见第 23 章）。此实验设计对于理解模型及其所表达的系统如何一次响应一个因素非常有用。

在第 5 章中进行的仿真实验——通过移动滑块来更改参数值，单击“setup”按钮和“go”按钮，记下结果——会花费很长时间，但运用行为空间可以轻松完成。接下来学习如何运用行为空间来进行仿真实验。关于行为空间，可参阅 NetLogo 用户手册中“features”标题下的“BehaviorSpace 指南”部分。

您可以将行为空间看作一个内置在 NetLogo 中的独立程序。通过该程序，运行仿真实验并将其结果保存在文件中供分析所用。通过填写一个简单的对话框，对其进行编程，可实现以下任何一个或所有功能：

■ 通过更改全局变量的值来创建场景；

■ 生成各场景的副本（在 NetLogo 执行中称为“重复”）；收集模型每次运行的结果并将其写入文件；

■ 使用时间步限制（例如，1000 个时间步后停止）或逻辑条件（例如，如果红色海龟数量为零时，则停止）来决定何时停止模型运行；

■ 在每次模型运行结束时，运行一些 NetLogo 命令。

在行为空间中输入的用于运行实验的信息将保存为模型 NetLogo 文件的一部分。因此，将行为空间用于简单出生率模型之前，您要做的第一件事就是保存该模型的副本并重命名。从现在起，使用模型副本（而不是模型库中的版本）进行如下操作。

▶ 从 NetLogo 的工具菜单中打开行为空间。

在行为空间对话框中，可创建新实验，编辑之前保存过的实验——复制或删除实验。此对话框的“实验”（experiment）及“实验设置”（experiment setup）是指用于定义所需要的场景、重复、输出和其他特征的一组说明。可为同一模型创建并保存许多不同的实验设置。

▶ 单击“新建”按钮，创建新的实验设置。

打开“Experiment”对话框，通过修改默认值等操作完成实验设置。填写完成后，单击底部的确定按钮保存设置（要继续对对话框进行操作，可单击行为空间对话框中的“编辑”重新打开）。

▶ 在“Experiment”对话框中应做的第一件事是为实验重命名。重命名的名称应描述实验，类似“Blue_fertility_effect_on_red_extinction”。

▶ 接下来，填写标记为“按以下方式改变变量的值”（Vary variables as follows）的代码框来指定要运行的场景。请注意，NetLogo 会自动插入由诸如滑块、开关和输入等界面要素定义的全局变量。依据行为空间文档（以及该字段正下方提供的示例），您可以通过输入以下内容来创建场景，blue-fertility 以 0.1 为增量，从 2.1 变至 5.0。

```
["blue-fertility" [2.1 0.1 5.0]]
```

▶ 在“按以下方式改变变量的值”的代码框中，最好还包括要保持不变的模型变量，固定其值，这样就不会因移动滑块而意外更改。

```
["red-fertility" 2]
["carrying-capacity" 1000]
```

▶ 将“重复次数”（Repetitions）的值设为10。

现在，可通过填写标记为“用这些报告器测算运行结果”（Measure runs using these reporters）的代码框来告诉NetLogo您想要的结果。将NetLogo语句放在代码框中，这些语句将会被执行，其结果被写入输出文件。本仿真实验想要输出红色海龟存活的时间步数。为此，可告诉行为空间，当红色海龟数量为零时，模型停止运行，并输出时间步长数。输出时间步长数的报表则运用NetLogo原语ticks来实现：

▶ 将ticks放入“用这些报告器测算运行结果”代码框，取消勾选“每一步都测算运行结果”（Measure runs at every step）复选框。（请参阅下面的编程说明，准确了解行为空间何时写入输出。）

当红色海龟灭绝时，如何告诉行为空间停止模型运行？须在“终止条件”（Stop condition）代码框中输入一个条件，该条件为真时，模型停止运行：

▶ 单击“终止条件”按钮，并将条件设置为语句red-count=0。［从程序中，您将看到red-count是一个全局变量，表示当前的红色海龟数量。您可能想知道代码中red-count的计算位置——在行为空间中并不能找到！进入界面标签页并右键单击图进行编辑，您将看到“绘图笔更新命令”（Pen update commands）计算了red-count。在界面要素中以这种方式隐藏代码会使模型难以理解和测试，建议不要这样做。］

现在无须再更改实验对话框中的其他内容，不过，请确保您已理解“Setup命令”（Setup commands）、“Go命令”（Go commands）、“最终命令”（Final commands）和“时间限制”（Time limit）这些代码框的含义。当前的实验对话框应如图8.2所示。

▶ 单击“OK”（确定），关闭对话框。关闭行为空间对话框，并保存文件。

现在，可以开始实验了。

▶ 从工具菜单再次打开行为空间，选择您保存过的experiment setup，然后单击“run”（运行）。

尝试使用电子表格和表格两种输出格式；分别生成.csv格式的文件，用于导入电子表格或其他软件中。如果您有多个处理器（在下面的第二个编程提示中讨论），还可选择要使用的计算机处理器数量。您还可以通过取消选择相关视图、图和监视器的更新以加快运行。（在NetLogo6.0.4版本之前，这些选项必须在实验运行开始后取消选择。）

编程提示：行为空间如何工作

行为空间是一个极其重要的工具。如果您不能准确理解它的工作原理，则会认为它不好用，并且可能会误解其结果。您需要理解以下细节。

每次开始运行模型时，行为空间都会按照“按以下方式改变变量的值”代码框中的指定值来更改变量值。在执行setup例程之前，行为空间将设置这些值。因此，如果setup例程中设置了本该由行为空间控制的变量，则行为空间中的给定值将被setup例程中所设置

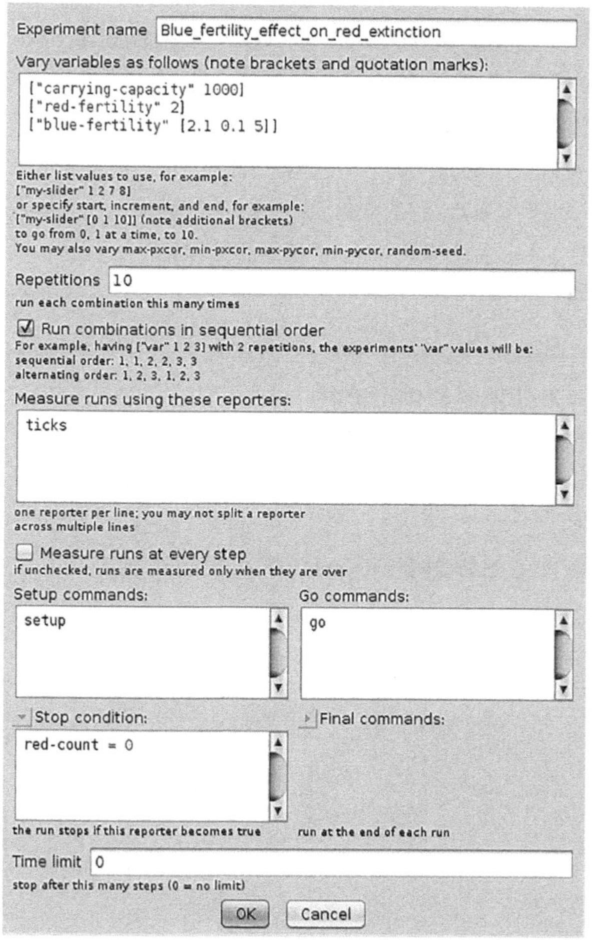

图 8.2　简单出生率模型的模拟实验设置

的值覆盖。此外，setup 例程通常从命令 clear all 开始，除了由滑块、选择器、开关或界面上的输入框所定义的全局变量外，该命令将所有变量的值设置为零。因此，只能通过这些界面要素来定义和初始化您想要运用行为空间控制的任何变量。（5.2 节的编程提示讨论了将变量移到界面标签页的问题。）

如果未勾选“每一步都测算运行结果”复选框，则仅在模型运行停止后才计算结果并将其写入输出文件。模型结束运行可通过 go 例程中的 stop 语句（如蝴蝶模型中一样），或使用行为空间的实验编辑菜单的“终止条件”代码框，或使用实验菜单的“时间限制”代码框来定义。

如果选中“每一步都测算运行结果”复选框，行为空间将在 setup 例程完成后进行第一次输出，报告模型初始化后、仿真开始前的状态。然后，每次 go 例程结束时，行为空间都会输出。若在 go 例程结束前有一个 stop 语句终止了模型的运行（如蝴蝶模型中一样），则最后时间步的结果不会被写入输出中。

如果在行为空间实验中而不是在例程中指定了终止条件或时间限制，行为空间将在每次完成一个时间步的 go 例程之后检查此条件，并将该时间步的结果写入输出中。因此，如果使用停止条件 ticks=1000，NetLogo 将一直运行 go 例程直至 ticks 达到 1000，然后将其结果写入其行为空间输出，再终止运行。

因此，要得到您预期想要的每个时间步的输出，有两种方法。一种是从 go 例程中移除 stop 语句，将其放入行为空间实验中（例如，将时间限定设置为 1000）；另一种是重新组织 go 例程，从 tick 开始，然后写一条终止模型运行的语句，表达如果超出所需数量的时间步则模型停止运行。14.2.6 节将进一步探讨该问题。

编程提示：行为空间、多处理器和输出文件

如果您的计算机有多个处理器，行为空间可以同时执行模型的多次运行。实验开始时，告诉行为空间您希望使用的处理器数量，它将在每个处理器一次运行一次模型。但这对文件输出有两个后果。

首先，行为空间输出文件将会受到影响。不同模型运行的输出行会混杂在一起，而非按预期顺序排列，如：

[run number]	blue-fertility	[step]	ticks
1	2.1	0	0
2	2.2	0	0
1	2.1	1	1
1	2.1	2	2
2	2.2	1	1

不过，只需将行为空间的输出导入到电子表格后，简单按照如上例子中的运行编号（run number）和步骤（step）对输出行进行排序即可解决该问题。

其次，您自己编写代码生成的输出文件可能会出现难以避免和重大的运行时错误。多个运行都会尝试同时打开同一文件，这是不允许的。输入文件可能会出现同样问题。唯一的解决方案是去除输出文件（通常用行为空间生成相同的输出），让每个模型运行写入不同的文件（通过使用原语 word 和 behaviorspace-run-number 将运行编号包含在文件名中），或仅在一个处理器上运行行为空间。

当行为空间完成实验的运行后，将其结果导入选择的软件中，计算 10 次重复实验中，蓝色海龟各出生率对应的红色海龟存活时长的平均值和标准差，并绘制如图 8.3 所示的图形。

此图是否像您预期的那样？虽然该模型产生的结果与我们预期一致，但我们也想知道，如果 ABM 可生成我们轻易预测到的结果，那构建模型的意义是什么？事实上，我们之所以首先选择该模型来检验，是因为它是一个 ABM 的清晰示例，其动态由其简单又一

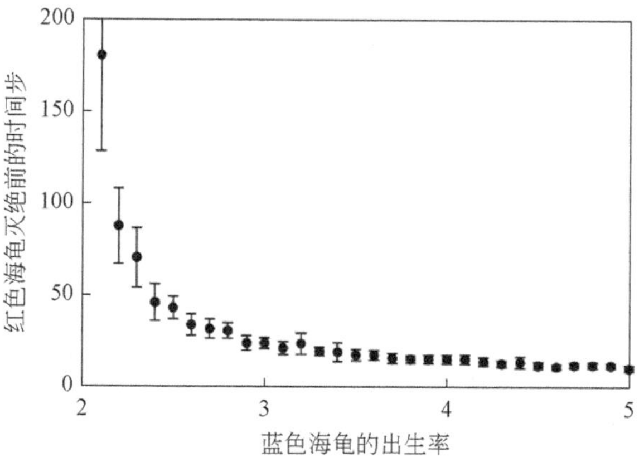

图 8. 3　简单出生率实验的示例结果

黑点表示红色海龟存活的平均时长，误差线表示 10 次重复实验结果的±1 个标准差

成不变的主体行为决定：主体不作决策，没有个体状态变量，而且其行为（繁殖、死亡）由全局参数严格指定或施加。(该模型也是非空间的，因为主体的位置对模型动态没有丝毫影响，您可以想出一种方法去确认这一点吗?）如果该模型中增加主体的生育能力要适应诸如其他海龟或食物的局部密度，或必须在固定的时间或距离内找到伴侣后才能繁殖等条件，则该模型将会出现没那么容易预测、更有趣的结果。尽管该模型很有趣，并提供了一个很好的行为空间练习，但它并不是一个需要 ABM 才能理解的好的问题实例。接下来，我们继续学习一个新的模型，不同的是，该模型是一个涌现动态的经典示例。

8. 4　复杂涌现动态的模型

NetLogo 的生物学模型库中包括 Flocking 模型。它是一个众所周知的案例［如 Reynolds (1987)］的 NetLogo 版本，研究从一些简单的主体行为中如何涌现出完全无法预测的复杂又真实的动态。鱼群和鸟群可被看作是为了相互回应，动物个体移动方式的涌现属性。鱼群或鸟群可以表现为一个浑然一体的独立存在体，但也可以分裂和重塑，其形状不断变化。(网上有许多有趣的鸟群视频，尤其是椋鸟)。

在 Flocking 模型中，个体具有一种行为，根据附近其他个体（即同伴，在等于参数 vision 的半径内的所有其他海龟）的位置和方向调整其运动方向。这些个体决策时考虑 3 个目标：朝着与同伴相同的方向移动（“对齐”)、朝向同伴移动（“聚合”)，以及与其他所有个体保持最小间隔（“分离”)。参数通过限制海龟转向的最大角度来控制对齐、聚合和分离 3 个目标的相对强度。参数 minimum-separation 用于设置海龟彼此分离的距离。

您将很快看到，Flocking 模型的结果实际上很复杂。海龟组成群体的特征不断变化，而且这些特征随着参数的改变也会变化。另外，参数似乎是相互作用的，一个参数的影响随着另一个参数值而变化。例如，当 minimum-separation 先缩小后扩大，改变 max-cohere-turn，观察会发生什么变化。为加快模型的运行速度，请使用 go 例程中的注释，使海龟向前移动一个单位，而不是进行五次短距离移动。

Flocking 模型表现出涌现动态的两个常见（尽管不通用）特征。第一个特征是，该模型最重要、最有趣的结果看起来是定性的，很难用数值来表示。不像简单出生率模型的状态可用两组数值来描述（红色海龟和蓝色海龟存活数），涌现的鸟群特征随着参数的改变而明显变化，难以量化。第二个特征是，当模型启动以及在模型运行期间更改参数值时，鸟群特征的涌现都需要一些时间。ABM 通常有一个“预热”期，其动态在此期间逐渐涌现。

现在，使用 8.1 节引入的标准来思考 Flocking 模型的结果如何涌现。该模型的结果是否不同于海龟个体属性的总和？结果的类型不同于个体属性？根据给海龟制定的规则，是否不易预测？针对这些问题，很容易立即给出肯定的答案，不过仍有一个问题，即尚未明确我们对这个模型的哪些结果感兴趣。运用简单出生率模型时，可以清晰地知道要分析的输出，即红色海龟存活时长。而 Flocking 模型却尚未明确所要分析的输出内容。

该问题提醒我们，本课程是 ABM 在科学领域的应用。Flocking 是一个有趣的模拟器，指定一些简单的主体规则，就可观察所涌现的复杂动态。但是，从事科学研究时的思路却总是与之相反，即先确定现实世界中观察到的一些复杂动态，然后试图找出用于解释这些涌现动态的系统主体的行为。事实上，类似于 Flocking 模型的一些模型已用于重要科学领域，如第 11 章中 Camazine 等（2001）及 6.2.2 节 Grimm 和 Railsback（2005）的模型。特别是，Huth 和 Wissel（1992）将 ABM 与真实鱼类的研究相结合来解决这样一个问题：“真实鱼群的涌现特征可用鱼类个体运动的哪些假设去解释？”

我们可以运用 NetLogo 中 Flocking 模型来完成简化版的 Huth 和 Wissel 仿真实验。Huth 和 Wissel（1992）首先列出了可与真实鱼群比较的模型输出，统计了诸如个体与最近其他鱼的距离以及它们在移动方向上的变化等个体属性数据。运用行为空间，从 Flocking 模型可以很轻松地获取类似统计结果。[Huth 和 Wissel（1992）的模型不能直接与 Flocking 模型进行比较；二者行为略有差异，Huth 和 Wissel（1992）的模型仅对一小群鱼进行模拟，而 Flocking 模型中通常会有几个鱼群。] 例如，可计算：

- 有同伴的海龟的数量；
- 每个海龟的平均同伴数量；
- 海龟与最近另一只海龟间的平均距离；
- 所有海龟朝向的标准偏差——这是一种虽不完美但却简单的方向变化度量。

设置行为空间，生成以上结果。简单出生率模型练习中，每次模型运行结束时，只有一个输出。现在，将模型持续运行 500 个时间步，输出各时间步的模型运行结果。目前，先不更改任何参数，采用默认参数值的“基准”情景，将此情景的模型重复运行 10 次。实验对话框如图 8.4 所示。（如还不理解“用这些报告器测算运行结果”代码框中的报告器，不用担心，您将会在第 10 章中学习到）

尝试运行此实验，可能会出现运行时错误，因为该实验运用了海龟变量 flockmates，该变量指其他附近海龟的集群。一定要记住，行为空间将在 setup 例程已经完成、模型真正开始运行之前，计算其第一个输出。此时，flockmates 变量尚未被赋值，NetLogo 并不知道它表示一个集群。该问题可以通过初始化 flockmates 变量来解决，即创建各海龟时，赋予其一个集群值。只需将语句 set flockmates no-turtles 添加到 setup 例程的 create turtles 语

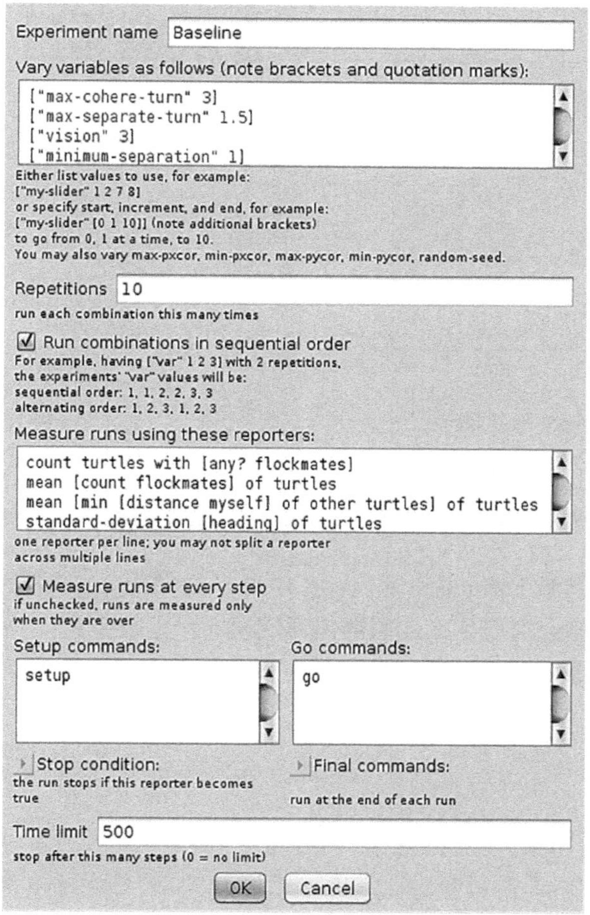

图 8.4　Flocking 模型的实验设置

句中：

```
crt population
[
  set color yellow-2 + random 7 ; random shades look
  nice set size 1.5             ; easier to see
  set flockmates no-turtles     ; New for BehaviorSpace
  setxy random-xcor random-ycor
]
```

（查找 no- turtles 有助于理解以上句块。）只需记住，忽略“告知所有海龟没有 flockmates”的第一行输出，该行输出表示第一个时间步执行前的模型状态。

现在，可绘制图形并查看结果。例如，通过实验发现，随着仿真实验推进，同伴的平均数量从少于 2 个增加到 7 个以上（图 8.5a），而朝向的标准差从 100 度以上降低到 40 度以下（图 8.5b）。请注意，这些结果反映出 Flocking 模型涌现时的模型“预热”期。同伴数量以及海龟朝向的输出在400个时间步后趋于稳定。

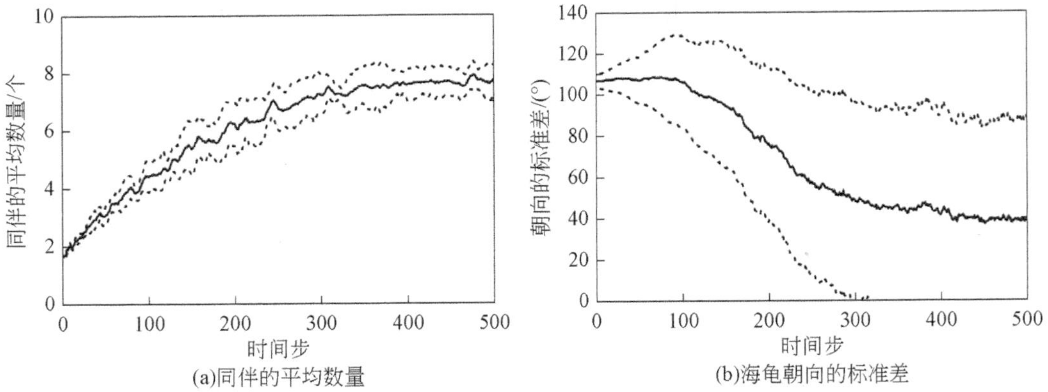

图 8.5　Flocking 实验结果

在每幅图中，实线表示平均值，虚线表示 10 次重复实验结果的±1 个标准差

现在，我们开展类似于 Huth 和 Wissel（1992）的实验。如果海龟仅根据距离最近的海龟来调整其朝向，将会出现什么样的群体涌现模式？更改少量代码，即可轻松模拟出这种“一个同伴”的情景。将 Flocking 模型保存成一个新的版本，然后改变 find-flockmates 例程代码。

将以下代码：

```
to find-flockmates ;; turtle procedure
  set flockmates other turtles in-radius vision
end
```

更改为

```
to find-flockmates ;; turtle procedure
  set flockmates other turtles in-radius vision
  set flockmates flockmates with-min [distance myself]
end
```

新语句中修改了同伴的主体集合，仅包含最近的同伴。（偶然情况下，与一个海龟距离最近的其他海龟有 2 个，这时同伴将同时包含这 2 个海龟。）

NetLogo 脑筋急转弯

在以上代码更改中，将 flockmates 设置为单个最近的其他海龟：

（1）为什么没有简单地用 flockmates min-one-of other turtles [distance myself] 替代两个单独的“set”语句？min-one-of 将选择并调用距离最近的海龟。（试一下！）

（2）为什么没有简单地使用语句 setflockmates other turtles with-min [distance my- self]？（如果您试一下，其哪些结果比较奇怪？）

答案：

（1）min-one-of 返回一个单独的主体，而不是一个主体集合。这样，则将变量 flockmates 变成一只海龟而不是一个主体集合，但此模型中的其他代码要求 flockmates 是一个主体集合。（原语 turtle-set 可用于将 min-one-of 的结果转换为一个主体集合。）

（2）该语句始终将 flockmates 设置为一个空的主体集合。首先，运用 turtles with-min [distance myself] 来调用海龟。然后，按照定义，other 将从海龟集合中移除所调用海龟，将其保留为空。但是，如果在 other turtles 周围加上括号，使 NetLogo 在从中选择最近海龟之前确定其他海龟，则此语句确实有效。您将在第 11 章中学习这些主体集合原语。

随着海龟行为的变化，观察现在的 Flocking 模型结果。为了查看这些差异是否出现在统计输出中，请重复行为空间实验。事实上，您看到的结果应该差异很大。例如，现在的海龟朝向随时间变化很小（图 8.6），而不是像“基准”版本中那样快速下降（图 8.5）。Huth 和 Wissel（1992）运用类似实验得出结论，即真实鱼类调整移动方向时，会考虑多个最邻近对象，而不仅是一个。

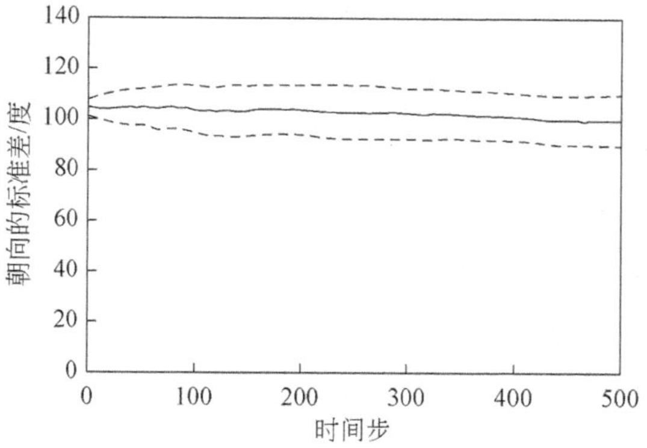

图 8.6　仅有一个同伴条件下，Flocking 模型结果中的海龟朝向标准差

这是仿真实验的第二种常见类型，即备选情景对比试验。8.3 节讨论过的敏感性实验设计将参数值在很大区间内变化，而情景对比实验则着眼于两个（或几个）明显不同情景之间的差异。（情景对比更类似于通常用在真实系统中的实验设计，即指定两种或多种实验情景，然后重复使用各情景来确定实验情景结果间的差异。）通常，不同情景下主体的行为不同。在此示例中，区别在于将 flockmates 定义为一定范围内的所有其他海龟，还是仅距离最近的其他海龟。分析情景对比实验时，通常会观察两种情景的实验结果之间的差异。

8.5　小结与结论

仿真模型（尤其是 ABM）非常有用，它可重现真实系统的复杂动态，从系统及环境的特征、行为特征以及相互作用中涌现复杂主体行为。ABM 可生成从相对可预测的结果到难以从主体行为预测的多种复杂结果。ABM 相对可预测结果受简单、严格的主体行为规则的约束。当要描述 ABM 的涌现特征时，需先定义模型的关键结果及涌现这些结果的主体行为。而且，如果可能的话，还需描述模型结果如何从主体环境中涌现。Flocking 模型和简单出生率模型的结果仅从主体行为中涌现，而蝴蝶登顶模型的结果在定性和定量上取决于主体行为和地形这一环境特征。

并非涌现的结果越多，模型越好。对于同一问题，强加动态的简单 ABM 与基于方程式的模型可能没有太大区别。不过，相较基于方程式的模型而言，简单的 ABM 仍适用于许多问题，其构建和理解更简单和直观。另一种极端情况，拥有极其复杂以至于完全无法预测的涌现结果的 ABM 很难用于科学研究。科学研究的对象是导致涌现结果的潜在过程。诸如仅展示涌现特征的 Flocking 模型在本质上并不科学，但是通过仿真实验能够理解真实系统的某些特定涌现特征时，它们可以用于科学研究。

我们在 Flocking 模型中观察到涌现动态有两个共同特征。首先，重要的涌现结果似乎更定性，而非定量，但可以用数值输出来描述结果。其次，涌现结果变得明显并保持稳定前，模型通常有一个相当长的“预热”期。

本章演示了两种非常普遍且重要的仿真实验。在简单出生率模型中，可在较大区间改变参数，并分析模型结果如何响应。此类敏感性实验可分析模型对特定参数或输入的敏感性。在 Flocking 模型中，对两个不同版本的模型作比较（备选模型情景或版本间的对比）。此类实验对于测试备选模型规则并确定在哪种规则中 ABM 可更好地再现真实世界中观察到的系统行为特别重要。

本书的第Ⅲ部分将更深入地探讨相关仿真实验问题。我们将通过学习如何使用涌现动态的定性模式，以及备选模型版本间的对比等来探讨基于主体的系统的工作原理。在第Ⅲ部分和第Ⅳ部分中，我们还将学习如何运用敏感性实验和其他方法校准模型，以匹配现实世界的观察结果，并在构建模型后了解模型及其所代表的系统。

8.6 练　　习

（1）重复 8.3 节中的简单出生率模型的实验，其中参数 carrying-capacity 取不同的值。例如，当 carrying-capacity 分别为 500 个和 1500 个海龟时，图 8.3 中蓝色海龟出生率与红色海龟存活时长之间的关系如何变化?

（2）风险分析通常用于各种系统的管理。使用行为空间对简单出生率模型进行新的实验，确定 100 个时间步内红色海龟的存活时长。此输出是 100 个时间步内对红色海龟灭绝概率（“风险”）的估计；它是如何随蓝色海龟出生率而变化的? 显然，需要不同的报告器来产生输出并停止模型运行，除此之外，该实验还有什么可以改变的?

（3）对 Flocking 模型进行敏感性实验。例如，使用 vision、max-align-turn 或其他参数的五组数值，图 8.5 中的结果如何变化?

（4）对真实椋鸟群的研究表明，椋鸟不是在有限的距离内对鸟群做出响应，而是无论距离远近，只对距其最近的 6 ~ 7 只鸟有响应（Ballerini et al.，2008）。对 Flocking 模型进行另一个情景对比实验。修改 find-flockmates 例程，当同伴为最近的 6 个海龟时，8.4 节的实验结果将如何变化?（提示：参阅原语 min-n-of。）进行测试，证实海龟始终具有 6 个同伴，且每个海龟的同伴不包括自己。

（5）许多类似于 Flocking 的模型都假定个体调整方向不是为了响应所有附近其他个体，而只是为了响应位于附近特定视野范围（图 8.7 中的弧线所示，视角为 60°）内的其他个体。例如，如果我们假设海龟只看到并响应其前方的其他海龟，而不是后面的，则将同伴设置为位于视野范围且与海龟朝向夹角在 90°以内的所有海龟。对 Flocking 模型进行此更改（使用 right 原语极其容易），观察结果随着视角的变化如何变化。这些效应只是定性的，还是可以反映在模型的统计结果中？

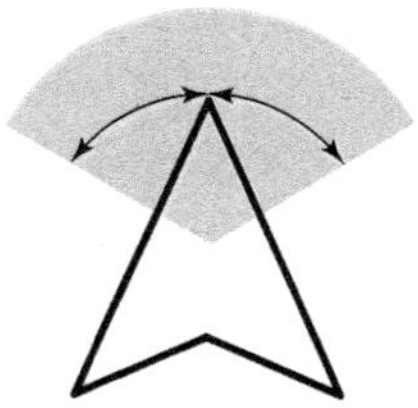

图 8.7　视角图解

本示例中，海龟可以看到正前方左右 60°范围的区域

9 观　察

9.1 引言与目标

“观察”是指在 ABM 中收集和分析进行科学研究的信息。为什么观察是设计列表中的一个概念而不仅仅是一项编程任务？研究复杂系统的科学家很久之前就知道 ABM（就像它们所表达的系统一样）会产生多种动态，从中获取的信息取决于如何去观察。因此，设计模型及其软件的一个关键部分是要确定我们需要观察哪些结果以及如何观察。

在构建、测试和使用 ABM 的整个周期中，观察可用于不同目的。在构建和开始测试模型时，始终需要查看个体在做什么以理解模型的行为并发现明显的错误。因此，在建模周期的早期阶段，能够观察模型任何部分的图形显示至关重要。图形显示在建模周期结束时也极其重要，可以用于向他人展示模型，教授给他人模型如何运行，并令其相信模型是可理解、可测试的。但是，一旦准备好真正测试和分析模型，就需要将结果写入文件，便于在其他软件中对输出结果进行绘制和分析。

获得解决问题所需的观察结果并不总是微不足道的。例如，ABM 通常用于研究故障率。故障率表示一个系统在某时间段内出故障（经济崩溃、种群灭绝）的可能性大小，出故障的平均时长是多少？观察故障率，需要指定时段，然后多次运行该时段的仿真模拟，并对出故障的频次和对应时间进行计数。观察常常也很复杂，需生成可与经验数据直接比较的模型输出。其中，这些经验数据在特定方面受限或具有偏差，如仅观察系统的一小部分或仅在特定时段进行观察等。这时，可能需要对模型观察进行编程，以重现相同的局限和偏差，甚至可编程一个“虚拟科学家”从模型中收集数据（Zurell et al.，2010），像科研人员从真实系统收集数据一样。

本章重点介绍从 NetLogo 生成和使用视图与文件输出的方法。在第Ⅰ部分中，您已学习一些基础知识，如使用视图及其主体监视器，创建线图和输出窗口，以及编写简单的文件输出。现在，您将学习如何在视图中显示更多信息，生成其他类型的可视化输出，以及生成包含统计汇总数据的输出文件。第 6 章讨论了获取测试软件输出的方法，这里将重点关注对模型本身的观察。不过，这些目标之间存在重叠，本章也将回顾和使用第 6 章介绍的观察方法。

学习目标：

■ 学会使用多种工具——颜色，海龟大小、形状、朝向等，标签，以及主体监视器——通过视图观察模型。

■ 掌握 NetLogo 的时间序列图和直方图的用法。

■ 透彻理解如何创建和使用输出文件，以及如何以 .csv 格式编写自定义输出。

■ 学会如何使用行为空间和原语 export-来编写输出文件。

■ 理解复制他人编写的代码的好处和道德规范。

■ 学习并掌握 NetLogo 原语和内置变量；假设您可以理解 NetLogo 用户手册中的 NetLogo 工具，我们常用的许多 NetLogo 工具此后不会再进行详细解释。

9.2 通过 NetLogo 视图观察模型

视图，即 NetLogo 对嵌块、海龟和链接的世界进行图形显示，是一个功能强大的观察工具。它提供许多不同的方式来显示模型的相关信息。显示信息的方式有嵌块的颜色，海龟的颜色、形状、大小和朝向及它们运动的轨迹，链接的颜色、形状和宽度，海龟、链接和嵌块的标签（甚至标签颜色），以及为单个主体打开的“监视器”。（很快就会用到 NetLogo 的“链接”。）

颜色、形状、大小、朝向、标签和标签颜色的内置变量可通过原语 set 进行更改。通过将其设置为主体变量所确定的值，来显示主体的状态或行为。在第 4 章中，通过使用原语 scale-color 设置嵌块颜色来表达其海拔差异。另一个示例是设置海龟的颜色来显示其决策方式。通过更改以下代码，可显示蝴蝶是沿坡向上还是随机移动。

```
; Decide whether to move uphill with probability q
ifelse random-float 1 < q
  [ move-to max-one-of neighbors [elevation]] ; Uphill
  [ move-to one-of neighbors ] ; Otherwise move randomly
```

更改为

```
; Decide whether to move uphill with probability q
ifelse random-float 1 < q
[
  move-to max-one-of neighbors [elevation] ; Uphill
  set color red ; set color red to indicate uphill
]
[
  move-to one-of neighbors ; Otherwise move randomly
  set color blue ; Set color blue to indicate random
]
```

再举一个例子，可以将标签设置为海拔来显示蝴蝶所在位置的海拔。只需在 move 例程末尾插入以下语句：

```
set label elevation
```

您可以使用原语 precision 来限定标签中的小数位数：

```
set label precision elevation 0
```

编程提示：视图何时更新？

默认情况下，无论模型执行到哪条语句，NetLogo 的“视图”都会以每秒多次重绘来显示模型的当前状态。[阅读编程指南中对“视图更新方式”（View updates）的讨论，熟悉界面标签页上的“视图更新方式”复选框。]“按时间步更新”（on ticks）视图（当 tick 语句由 go 例程执行时）通常是首选，因为当视图更新，建模者就会准确获知模型在调度中的位置（将在第 14 章进一步讨论）。通常建议将“视图更新方式”设置为“按时间步更新”。

如果确实需要查看时间步长之间的情况，可以①将“视图更新方式”设置为“持续更新”（continuous），并调慢界面标签页上的速度滑块（或使用原语 wait）以减慢执行速度；或者②使用原语 display 随时更新视图。

重要的是要理解视图不会自动显示其时间步内的任何结果。例如，如果海龟向前移动 10 步后左转是每个时间步执行一次的例程的一部分，您将看不到海龟向前移动的 10 步，因为直到例程结束后显示才更新。

视图的局限性之一是我们经常想要同时观察几个嵌块变量，但一次只能使用嵌块颜色显示一个变量。在蝴蝶模型中，如果不仅想看到嵌块的海拔，还想看到每个嵌块中蝴蝶的数量，该怎么办？有以下几种解决方案。

首先，可运用嵌块标签来显示其他变量。要查看每个时间步各嵌块中的蝴蝶数量，可在 go 例程中调用海龟移动的语句后添加如下命令行：

```
ask patches [set plabel count turtles-here]
```

如果尝试此解决方案，您可能会发现这个模型不尽如人意，嵌块很小，其标签覆盖了整个视图。

但我们可以只标记包含海龟的嵌块：

```
ask patches with [any? turtles-here]
[set plabel count turtles-here]
```

这种方法通常仍无法令人满意，它需要耐心阅读所有数字之后，才能发现模式。

颜色更利于我们观察模式，因此另一种方案是使用几个简单的例程，每个例程都会重置嵌块的颜色以显示不同的变量：

```
to display-patch-elevation
  ask patches
    [set pcolor scale-color green elevation 0 400]
end

to display-turtle-count
  ask patches
    [set pcolor scale-color red count turtles-here 0 10]
end
```

然后在界面标签页上创建这些例程的按钮，单击各按钮即可重绘视图以显示不同的嵌块变量。（或者将这些 ask patches 语句直接写入定义按钮对话框中的“命令”代码框内，则其不会出现在代码标签页！）

图形显示编程过程中出现的错误可能特别麻烦。我们的本能是眼见为实，这样将认为问题出在模型本身。仅因图形显示不正常就去尝试修复仅看起来错误的模型很浪费时间。因此，测试输出始终是个好办法。要抽查视图上显示的值，请右键单击所显示的主体，然后使用主体监视器。要测试绘图，请创建监视器（将在 9.3 节介绍）来显示相同的信息，并验证两个输出是否匹配。

编程提示：更新显示变量以表达主体状态

不理解主体如何在视图上更新是 NetLogo 新用户常见的困扰。您必须记住，只有在程序中更改主体的颜色和标签等，它们才会变化；但当主体的状态变化时，NetLogo 不会自动更新显示。例如，在 setup 例程中，可将语句 set label elevation 添加到海龟被创建时其执行的语句块中（仅创建 1 ~2 个海龟，尝试此操作），在创建海龟时显示其海拔，但该语句不会更新显示海龟的当前海拔，而是继续显示其初始海拔。为了连续显示当前海拔，需要在每次海龟移动时执行一次 set label elevation。

同样，如果使用嵌块颜色表达变量，每次变量更改时都必须重置这些颜色。在蝴蝶模型中，使用原语 scale-color 来表达海拔。模型中海拔保持不变，因此仅在 setup 例程中设置嵌块颜色。但是，如果使用相同的方法，通过更改过的变量（如嵌块中的海龟数量）来缩放嵌块的颜色，则必须在每个时间步重复语句 scale-color。一定要记住以这种方式更新嵌块的颜色。例如，假设通过编程让海龟消耗嵌块中包含的某些资源，并以嵌块中剩余的资源量来缩放 pcolor。当模型运行时，视图中的嵌块颜色没有变化，您认为海龟或嵌块的编程代码有问题。然而，真正的问题通常只是您忘了在每个时间步重新计算 pcolor。因此，当图形显示让您认为程序存在错误，但您又找不到错误时，请使用主体监视器来检查该错误是否与您编程的图形显示方式有关。

最好专门创建一个例程（命名为 update-outputs 之类的），将所有这些显示更新与模型代码分开。该例程在所有的主体行为结束后从 go 例程中调用。通过该例程，更新嵌块、海龟和链接的颜色及其他显示属性，避免将这些语句与模型代码混合。

9.3　其他界面显示

如您所知，NetLogo 提供其他几类显示（“界面要素”），可从界面的下拉菜单中选择并添加。要查看模型系统尺度上的属性如何随模型运行而变化，一种简单的方法是通过监视器界面要素完成。当将监视器添加到界面时，会打开一个对话框用于输入报告器表达式。随后，监视器将连续显示该表达式的更新值。例如，您可通过添加报告器的监视器（图 9.1）来查看所有蝴蝶的平均海拔。请注意小数位数的选项。监视器会每秒自动更新几次。

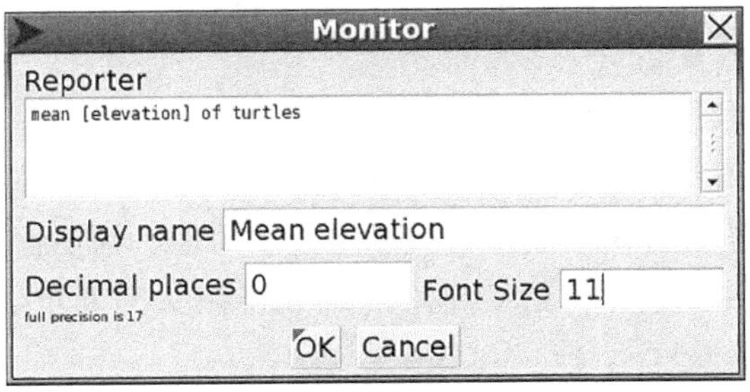

图 9.1 一个用于显示蝴蝶平均海拔的监视器界面

输出区只是一个窗口，可以在其中编写输出程序（或许保存到一个文件中；参见 9.6 节）。运用 output-开头的原语。

图通常更加有用，它们显示的信息比监视器显示的信息更多。在 5.4 节，我们在蝴蝶模型中添加了一个图。原语 plot 仅仅是在图上添加一个点，其 y 值等于变量值或报告器的值（例如，mean [elevation] of turtles）。如果每个时间步调用一次 plot，这时 x 轴表示时间步。运用原语 plotxy 可绘制自定义类型的图。

直方图是一种特别有用的图，它可显示全部主体的信息，而不仅仅是一个平均值。通过直方图，可查看主体间该绘制的变量是否相似。

通过 NetLogo 原语 histogram 和编程指南，可以轻松地添加直方图，但需要知道正确使用直方图所需的几个技巧。首先，必须删除 NetLogo 默认的绘图笔更新命令（通常是 plot count turtles）。其次，需要编辑“绘画笔”（Plot pen）的高级选项，将绘图模式（Mode）设置为“条形”，将区间（Interval）设置为每个直方条表示的 x 单位的数量。编辑绘图设置时，需要手动将“X 最大值”（Xmax）设置为用直方条所表示变量的可能的最大值。即使选择了“自动调整尺度?”（Auto scale?）选项，NetLogo 也不会显示高于 X 最大值的直方条。例如，如果对蝴蝶海拔进行直方图绘制（使用 histogram [elevation] of turtles），则需将图的 X 最大值设置为比想要在图中看到的最高海拔值还大的区间。（通常需要进行一些实验才能找到一个合适的 X 最大值，或者按照以下绘图缩放技巧设置。）如果未将 X 最大值设置得足够大，则可能会产生误导性的结果图，或因为所有条形都在区间的右边，直方图无效。

以下是其他一些绘图技巧。

■ 您可以将 plot 或 histogram 语句直接放入 go 例程中。但是，如果模型有多个绘图和文件输出（通常会如此），则最好使用单独的 update-outputs 例程，来更新所有主体执行其行为之后的所有绘图并进行显示。（NetLogo 还可以直接在界面上“图”的对话框中编写更新代码；最好将其与其他代码一起保存，易于控制并准确记忆绘图更新的时间和方式。）

■ 通常，最好在 setup 例程末尾添加一条执行此输出例程的语句。当您设置好模型，单击“go”按钮之前，图将显示其初始状态。

■ 如果使用多个绘图，请确保在每条绘图或直方图语句之前使用原语 set-current-plot，否则 NetLogo 将绘制出错，且不会有错误提示。

■ NetLogo 提供了原语，运用代码来设置绘图范围。

例如，仅在语句 histogram [elevation] of turtles 前添加 set-plot-x-range (min [elevation] of patches) (max [elevation] of patches)，即可确保蝴蝶海拔直方图显示所有的值。运用原语 precision 可将绘图范围设置为整数。

9.4 文件输出

对于 ABM 而言，文件输出至关重要。测试和分析模型早晚——通常更早——需要获得更多的信息。这些信息比从 NetLogo 视图中获取的信息更多，并且需以数字格式而非可视化格式提供。NetLogo 设计人员对此很清楚，因此 NetLogo 提供许多用于输出文件的工具。

通常，编写输出文件用于查看单个主体的变量和行为，通常用于测试和理解个体行为；或者用于所有主体的汇总统计。

编写输出包括以下四个阶段：

(1) 打开一个输出文件。计算机会识别要写入的文件，并准备写入文件。一旦 NetLogo 打开了文件，在再次关闭该文件之前，没有其他程序可以写入该文件。（如果 NetLogo 尝试打开其他程序已经打开的文件，则会出现运行时错误。）文件名必须由 NetLogo 程序或交互式窗口来指定。在交互式窗口中，用户可以选择或创建文件名。如果文件名已经存在，程序或用户还必须决定是擦除（覆盖）文件还是将新输出内容追加到文件末尾。在一个文件中，模型多次运行结果通常会混淆，因此通常在 NetLogo 中编程来擦除和覆盖现有文件。保存输出文件，只需重命名即可，这样下次模型运行时，该结果不会被覆盖。

(2) 将“列标”信息写入文件。程序将信息写在文件的顶端来标识文件的内容。通常，列标信息至少包括一个单词或短语来描述每列输出。每次模型运行时，列标信息应该只写入一次，所以通常在打开文件后立即完成此操作。为避免混淆模型输出来自哪次模型运行，聪明的程序员还会将当前日期和时间写在文件列标中。NetLogo 原语 date-and-time 可用于此设置。

(3) 将输出写入文件。当模型执行时，程序语句将选定的变量值或统计数据写入文件。通常，编程模型，在每个时间步对所有主体写入一行文件输出（该输出描述单个主体），或每个时间步写入一行汇总结果。

(4) 关闭文件。一次模型运行一旦完成，程序将关闭文件，这样文件就可在其他程序中打开。如果 NetLogo 程序打开了一个文件但未能将其关闭，那当尝试重新打开该文件时，就会出现运行时错误。退出 NetLogo 后，文件会自动关闭，但最好还是通过程序关闭文件。可在一个程序中重复打开和关闭文件，这有时很方便（例如，可确保无论何时停止程序，文件都可被关闭；或使用多个输出文件）。不过，请记住，频繁地打开和关闭文件，模型会运行非常缓慢。

使用行为空间或原语 export 可执行以上所有步骤，这也是 9.5 节和 9.6 节强调这些工具的原因。不过，通常需要自己编写文件输出代码。（15.3.2 节末尾的编程提示介绍了

NetLogo 的“扩展”。CSV 扩展部分提供了几个原语，可较轻松地编写 . csv 文件，不过本章不作使用。)

9.4.1 个体数据输出的示例代码

您可以修改以下示例代码，对模型中各海龟（或其他类型的主体）编写个体数据的输出。这些单个主体的数据输出常常用于测试模型及其软件，有时还会用于分析包含很少个体的模型结果。示例代码以 . csv 格式编写输出，易于导入电子表格。在每个时间步，为每一只海龟写入一行。在示例中，假定海龟包含状态变量 bank-balance 和 profit。

编程提示：复制代码

这里提供示例代码供您使用。从本书最开始，我们就带领您认识了 NetLogo 代码示例库，您可在其中查找可重复使用代码。在编程中，使用已发布的公共代码段是受认可并被鼓励的。

使用可靠的现有代码可节省时间并避免错误。但是，复制大量的代码段并表明其由您编写的行为是不道德的（有时是非法的）。如果您从公共资源中复制了大量的或特有的或巧妙的代码段，需要添加注释，说明该代码是复制的，并标注出处。采用这种方式，不仅是道德的，而且还表明您足够聪明，可以找到现有代码，而没有浪费时间自己编写代码。因此，请根据需要，从 NetLogo 代码示例或本书中复制代码段，不过，复制代码段时一定要讲信用，注明出处和原作者。

绝对不可以在诸如您的家庭作业等中复制整个例程或程序却没有说明代码是复制的。而且请注意，即使您是“借用”了代码，您仍然有责任确保所使用的代码能正常运行。

在 setup 例程中，打开输出文件并写入列标，代码如下：

```
; Open an output file for testing and analysis
; First, delete it instead of appending to it

if(file-exists? "IndividualBankBalanceOutput.csv")
  [
    carefully
    [file-delete "IndividualBankBalanceOutput.csv"]
    [print error-message]
  ]

file-open "IndividualBankBalanceOutput.csv"
file-type "id,"
file-type "tick,"
file-type "Size,"
```

```
file-type "BankBalance,"
file-print "CurrentProfit"
file-close
```

此代码示例的说明如下：

■ 如果出现运行时错误，该代码会删除输出文件之前的副本，使用原语 carefully 继续执行，同时发送错误消息。

■ 该代码打开文件并写入列标后，暂时关闭该文件。请参阅下面的代码，将输出写入文件。

■ 注意原语 file-type 和 file-print 之间的区别，后者在最后一条列标之后会输入一个 end-of-line 字符。因此，五个列标签都写在第一行，并用逗号分隔。

■ 如果使用的是欧版计算机，计算机中“,”为小数点，“.csv”文件中则需使用“;”代替逗号。或者，也可使用制表符分隔值，该制表符在 NetLogo 中写成“\ t”；或暂时将计算机输入法设置为美式英语状态。

■ 此示例假定第一个输出是主体的标识编号。输出文件必须以“id”开头，如果以大写字母“ID”开头，Microsoft Excel 则认为是不同的文件类型（SYLK，符号链接），文件将无法打开。

现在，可使用这样的代码块写入每个时间步各主体的状态。此代码块可放在 go 例程中，或者（最好）放在诸如 update-outputs 的一个单独的观察者上下文例程中。

```
; Write turtle states to output file
file-open "IndividualBankBalanceOutput.csv"
ask turtles
[
  file-type (word who ",")
  file-type (word ticks ",")
  file-type (word size ",")
  file-type (word bank-balance ",")
  file-print profit
]
file-close
```

注意，该文件在每个时间步都会重新打开和关闭。（file-open 打开文件，后续输出不会擦除文件，而是追加在原文件的结尾。）无论模型何时停止运行，这一操作都可以保证文件完全关闭。还要注意，使用原语 word 可在同一行的值间添加逗号。

9.4.2　汇总统计输出的示例代码

此示例代码写入所有海龟的汇总统计信息。打开文件的代码与上一个示例类似，只是不再输出海龟的标识编号。更改列标，表明当前输出的是海龟变量的统计数据，而不是各海龟的变量值。现在，输出海龟变量 bank-balance 的 3 个统计指标：最小值、平均值和最大值。如前所述，列标信息写入的代码应放在 setup 例程中。

```
; Open an output file for statistical results
; First, delete it instead of appending to it

if (file-exists? "BankBalanceStatsOutput.csv")
[
  carefully
    [file-delete "BankBalanceStatsOutput.csv"]
    [print error-message]
]

file-open "BankBalanceStatsOutput.csv"
file-type "tick,"
file-type "MeanSize,"
file-type "MinBankBalance,"
file-type "MeanBankBalance,"
file-print "MaxBankBalance"
file-close
```

然后，以下代码在每个时间步执行一次，并以一行写入此文件。此代码也应放在诸如 go 例程或 update-outputs 例程等观察者上下文中。

```
; Write summary data on turtle states to output file
file-open "BankBalanceStatsOutput.csv"
file-type (word ticks ",")
file-type(word mean [size] of turtles ",")
file-type(word min [bank-balance] of turtles ",")
file-type(word mean [bank-balance] of turtles ",")
file-print max [bank-balance] of turtles
file-close
```

9.5 作为输出编写器的行为空间

我们在第 8 章学习了使用 NetLogo 的行为空间来自动运行仿真实验。行为空间有个非常好的特点，即它可自动写入输出文件，而无须向模型中添加任何代码。例如，可将以下语句放在行为空间实验设置对话框的“用这些报告器测算运行结果”代码框中，生成行为空间输出。该输出结果与 9.4.2 节的输出文件示例代码所生成的信息相同：

```
mean [size] of turtles
min [bank-balance] of turtles
mean [bank-balance] of turtles
max [bank-balance] of turtles
```

重要的是要记住行为空间何时编写其输出，第 8 章已对此进行了解释。

行为空间产生输出的一个主要限制是它不擅长编写单个主体数据。您可通过［size］of turtles）之类的报告器生成各主体的数据输出，但其数据输出是用空格分隔的一串值，使用起来不方便。

9.6 输入的原语和菜单命令

NetLogo 中有几个原语（export- ＊），通过这些原语可将一个模型的不同部分保存到 . csv 文件。一个特别有用的原语是 export- plot（另请参阅 export- all- plots），它将图上所有点的信息写入文件。每次模型运行结束时，请尝试在命令中心使用此原语。原语 export-world 将所有主体变量和所有显示的值写入一个文件，这样您就可以对模型进行深入分析，甚至通过原语 import- world，以模型保存时的状态开始新的运行。

原语 export 在模型每次执行完成时都会生成一个输出文件，却难以在模型运行过程中创建输出。这时可通过 NetLogo 主菜单“文件/导出”选项，而不是 export- ＊原语，输出相同的信息。

9.7 小结与结论

要将模型用于科学研究，必须去收集和分析表达模型动态的各种观察信息。像 ABM 这样复杂的模型，将会输出多种结果，这就需要 NetLogo 提供多种观察工具。当前，您应完全熟悉：

■ 用户手册界面指南中的“界面标签页”部分；

■ NetLogo 词典中“Variables”专题类；

■ 用户手册编程指南的“视图更新”、“绘图”、“输出”和“文件 I / O”部分。

当构建和测试模型以及向他人展示可使用模型时，图形显示尤为重要。NetLogo 的视图和图使用起来极其容易，并可显示足够多的信息。不过，对何时以及如何更新这些显示进行编程时必须仔细，稍不留神，就会出错（特别是，当所表示的主体变量改变后，忘记更新诸如 pcolor 之类的显示变量），这样将使您完全误解模型实际运行情况。应始终使用监视器和主体监视器之类的工具验证图形显示。

要测试和分析模型中各主体的行为，必须编写代码，生成输出文件。通过 NetLogo 中用于文件输出的原语，可轻松生成自定义的输出文件，而且所生成的文件易于读入电子表格或其他分析软件。

当需要分析模型系统层面的结果时，还可轻松生成包含主体汇总统计信息的自定义的输出文件。不过，对于创建 . csv 格式的汇总输出文件，NetLogo 中的行为空间工具和原语 export 提供了非常简单的方法。

建议您将更新显示和文件输出放在各时间步结束时所执行的单独的例程中。创建一个名为 update- outputs 之类的例程，其包含语句①用于更新海龟、嵌块和链接的颜色或其他显示属性；②更新图（而不是界面标签页中隐藏更新命令）；③写入输出文件。setup 例程结束后，调用 go 例程结尾处的该例程。然后，运用界面标签页上的复选框，设置视图为每个时间步更新一次。现在，您就能确切地知道所有观测是在何时进行的：在所有主体行为执行之后，即各时间步结束时。观察代码与模型代码混在一起容易被我们忽视，建议将其放在一个单独位置。

有时，生成所需的观察结果来解决具体问题，或将结果与特定类型的数据进行比较，而不仅只是生成输出文件。有时可能需要编程，采用与真实系统观察类似的方式来观察仿真结果，或者采用类似于观察诸如故障等系统层面事件所发生的频次等来设置仿真实验。事实上，第 16 章将采用这些高级观察方法来评估动物种群的灭绝速率。

9.8 练　　习

以下练习中的蝴蝶模型为第 5 章末尾生成的版本。

（1）在蝴蝶模型中，通过从移出嵌块指向移入嵌块，显示海龟刚移动的方向。您必须更改海龟的大小或形状来查看结果。（您可以非常轻松地做到，无须了解任何几何学知识。）

（2）在蝴蝶模型中，将以下语句添加到 setup 例程末尾，让其中一只海龟在模型开始之前“四处游逛”：

```
ask one-of turtles
[
  repeat 20
  [
    set heading (heading-30 + random 60)
    fd 1
  ]
]
```

执行此操作时会看到什么结果？为什么？要查看这种“四处游逛”，您需要做什么？

（3）在蝴蝶模型中添加第 2 张图，显示蝴蝶所处的平均海拔。将所有 plot 语句放入 go 例程结尾处要调用的新例程 update-outputs 中。

（4）再向蝴蝶模型中添加一个直方图，显示所有个体的海拔分布，确保其海拔分布在设置完模型时以及每个时间步后都进行更新。

（5）如果将一个监视器添加到模型界面标签页（例如，显示 Flocking 模型的 mean [count flock-mates] of turtles 的监视器），其值何时更新？通过以下两种方式回答这个问题：①创建并使用监视器；②在 NetLogo 文档中查阅。

（6）我们在第 8 章中用到了 NetLogo 模型库中的 Flocking 模型，观察到同伴平均数量以及主体朝向变化等模型系统层面的变量，变量趋于稳定需要约 500 个时间步。假定您运行一个实验来分析参数 minimum-separation 对同伴平均数量及主体朝向标准差的影响，那该实验需要在这 500 个时间步的“预热”期之后才开始。如何设置行为空间，可确保模型在完全相同的 500 个时间步“预热”期之后开始运行。

（7）在网上查阅 Kornhauser（2009）等的文章。该文章包含多种创新性 NetLogo 视图用法，可用于可视化 ABM 中嵌块和海龟的状态。

（8）第Ⅱ部分的其余章节需要更多编程，现在是复习本书第Ⅰ部分基础编程的绝佳时机。本书网站的第 9 章提供可下载和操作的 NetLogo 复习练习题。

10　感　知

10.1　引言与目标

感知拟解决如下问题："模型主体具有哪些信息，以及如何获取信息?"主体对其环境及其他主体的响应和适应能力取决于他们所拥有的信息，因此对主体"知道什么信息"的假定将会强烈影响模型结果。许多模型仅假设主体可访问特定的其他主体或实体的变量，如 NetLogo 模型通常允许海龟使用其嵌块变量所包含的信息。然而，在一些模型中，假设感知并不完美可能会更现实和有用，如可假设主体所获取的信息中包含一定程度的错误等。还有一些模型，重要的是要表达主体如何获取信息：感知过程本身对模型要解决的问题可能很重要。感知建模的关键决策是：

（1）主体使用哪种模型实体的哪些变量?

（2）主体可以感知哪些特定主体或实体的信息?——例如，仅最近的邻居或以某种方式链接的其他主体?

（3）如何感知信息——主体只是知道，还是通过模型表达的信息获取机制感知信息。主体知道信息的方式是完全准确的、随机不确定性的，还是有一致偏差的?

本章重点介绍最常用的感知方法，即假设主体可以简单地读取其他模型实体的信息。一旦建模人员确定主体应该"知道"什么信息，主体如何访问表达这些信息的变量将成为编程需要解决的问题。该问题需要①确定哪个模型实体及哪些变量包含所感知的信息；②编写获取变量值的代码。关于①的详细探讨见下一章内容。本章研究主体如何获取其他模型实体的信息，即海龟如何获取其所在嵌块，或相邻嵌块，或其他海龟的变量值，以及嵌块如何获取海龟或其他嵌块的变量值。

本章还将介绍一个新的示例模型，该模型较前面章节所用的蝴蝶模型稍微复杂一些。在此模型中，海龟表示进行商业投资决策的商业投资者，嵌块表示投资商机，"感知"表示投资者所掌握的投资的信息。该商业投资者模型在第 11 章和第 12 章将继续使用。

本章的最终目标是介绍 NetLogo 链接，其是用于表达海龟间关系的一种主体类型。在投资者模型的第一个版本中，将链接作为通过网络感知信息的一种仿真方法。

学习目标：

■ 透彻理解变量作用域，以及 NetLogo 模型中的哪些实体可访问全局变量、嵌块变量、海龟变量、链接变量以及局部变量。

■ 知道一个主体通过原语 of 如何读取另一个主体的变量值，以及一个主体通过 ask 语句如何更改另一个主体的变量值。

■ 知道何时以及如何使用原语 let 创建局部变量。

■ 强化编写和使用报告器例程的能力。

■ 学习 NetLogo 中的链接有哪些及如何创建，在链接所生成的网络上如何识别和获取“邻居”的信息。

■ 能够将两个或多个主体集合并为一个。

10.2　变量作用域

计算机科学家所谈论的变量作用域，通常指程序中哪些实体可直接读取或更改变量值。NetLogo 采用面向对象的编程风格。该编程风格的一个基本思想是，大多数变量的作用域应该有限，即程序中仅海龟或嵌块可直接读取或更改其自身状态变量。如果其他实体想要读取海龟或嵌块的变量，则必须向海龟或嵌块“请求”变量值，或告知海龟（嵌块）更改其变量。一般而言，作用域越小的变量会越安全，这样访问变量的实体越少，变量被错误赋值的可能性越小，因类似错误产生广泛后果的可能性就越小。

NetLogo 中有几类作用域不同的变量，理解它们之间的差异非常重要。要读取超出作用域的变量，需要特定的原语，该主题将在下一节中讨论。本节和下一节可以帮助您消除当前可能存在的一些困惑。

10.2.1　全局变量

全局变量具有最广的作用域，可通过 NetLogo 程序顶端的 globals 语句定义（或在界面标签页上定义，见 5.2 节）。之所以称之为全局变量，是因为程序中的任何对象都可以读取甚至更改它们的值。如果定义了一个名为 max-num-turtles 的全局变量，则该变量可在代码的任何位置使用。通常，全局变量在 setup 例程中被赋予一个值，如下所示：

```
set max-num-turtles 100
```

然后，任何嵌块、海龟或链接（或观察者）都可以使用如下代码：

```
if count turtles > max-num-turtles
   [ask one-of turtles [die]]
```

程序中的任何对象都可以随时更改全局变量的值；一个嵌块例程可能包含如下类似的代码：

```
if count turtles-here > 10
   [set max-num-turtles (max-num-turtles-10)]
```

全局变量的风险太大，因为模型中的任何对象都可以改变其值。若多个不同对象更改同一全局变量，就会很难追踪全局变量值。为避免这些风险，通常仅在以下几种情况下使用全局变量：

■ 模型层面的参数，用于控制诸如主体的初始数量或要执行的时间步数等。

■ 主体参数，如所有海龟、嵌块或链接用到的方程系数等变量。全局变量对参数的设置很有用，其值只需设置一次（在 setup 例程，或界面标签页，或由行为空间设置），然后该参数就可被模型中的任何对象使用。不过，务必非常小心，除非确实需要修改之外，请确保模型中没有对象更改这些参数。

■ 表达条件的变量，该条件在海龟或嵌块间不变。全局“环境”条件（如天气、外部市场价格等）随时间变化，但不会在嵌块间变化，通常使用全局变量来表达。

■ 想通过界面标签页上的滑块、选择器、开关或输入框来控制的变量，这些界面要素只能控制全局变量。

■ 希望在行为空间实验中更改的变量。行为空间只能更改在界面标签页定义的全局变量。

请记住，若忘记通过界面标签页上的滑块（或选择器、开关、输入框）更改过全局变量，则模型运行很容易出错。所以，当进行严格的模型运行时，最好在代码标签页（或在行为空间设置，见 8.3 节），而不是在界面标签页定义和设置全局变量的值。

10.2.2 嵌块变量

嵌块变量包括程序员在程序顶端（如果有的话）的 patches-own 语句中定义的变量（如果有的话），以及 pcolor、pxcor 和 pycor 等内置嵌块变量。这些变量的作用域是一个单独的嵌块或嵌块上的海龟。每个嵌块包含其自身的嵌块变量值。可通过如下语句直接使用和更改：

```
if pxcor < 0 [set pcolor red]
```

海龟可直接读取其所在嵌块的变量，即它们可以像嵌块一样读取和设置嵌块变量。上述读取 pxcor 和更改 pcolor 的语句可以在嵌块或海龟上下文进行。此项功能很方便，不过也需谨慎。必须注意，若不应更改嵌块变量，则海龟不能去更改；以及定位或渲染海龟颜色时，应使用海龟变量而不是嵌块变量。（当然，因为在 NetLogo 中嵌块位置不能更改，所以无法更改嵌块的 pxcor 值和 pycor 值。）

10.2.3 海龟和链接变量

海龟和链接变量是程序顶端（如果有的话）在 turtles-own 和 links-own 语句中定义的变量，以及这两种对象的内置变量。[在第 16 章中，我们将学习种类（breeds），该变量也具有其自己的变量。] 这些变量的作用域仅限于海龟或链接的个体，即每个海龟个体都拥有其自身海龟变量值的副本，只有这样海龟才可直接读取或设置其变量。例如，定义海龟变量 age 和 wealth：

```
turtles-own [ age wealth ]
```

以上语句将海龟的 wealth 值初始化为 0 ~ 100，age 值初始化为 0 ~ 60。然后，海龟执行以下例程：

```
to age-and-retire
```

```
  if (wealth > 90 and age > 60) or
    (wealth > 50 and age > 65)
    [retire]
  set age age + 1
end
```

此例程将直接读取只能由海龟更改的 age 和 wealth 变量。因此，这是一个海龟上下文例程。该例程可通过 ask turtles [age-and-retire] 执行。不过，通过 ask patch 0 0 [age-and-retire] 让嵌块运行海龟例程在 NetLogo 中是不被允许的。原因有两个，首先，嵌块不能仅使用 set 来更改海龟变量。其次，尽管 NetLogo 假定海龟可访问其所在嵌块的变量，但并未假定嵌块"知道"其包含哪些海龟（除非通过原语 turtles-here 找出）。

10.2.4 局部变量

在代码中的任何地方，都可以临时定义和使用局部变量，其作用域非常有限。局部变量运用原语 let 创建，在创建它们的例程或方括号中包含它们的语句块运行执行后，该变量将不再起作用。该规则解释了为什么如下语句会出现语法错误——当 hatch 语句想要运用 number-of-offspring 变量时，提示未定义该变量：

```
ifelse random-float 1.0 < probability-of-twins
  [let number-of-offspring 2]
  [let number-of-offspring 1]
hatch number-of-offspring
```

而以下语句则合理：

```
let number-of-offspring 1
if random-float 1.0 < probability-of-twins
  [set number-of-offspring 2]
hatch number-of-offspring
```

在第一组语句中，let 位于方括号内，当方括号内的代码执行完成后，它所创建的局部变量 number-of-offspring 将不再起作用。而在第二组中，let 语句不在方括号内，其创建的局部变量 number-of-offspring 会一直持续到例程结束。

创建和设置 number-of-offspring 的一种简便方法是使用 NetLogo 中的 ifelse-value 原语：

```
let number-of-offspring ifelse-value
(random-float 1.0 < probability-of-twins) [2] [1]
```

请注意，使用 let 创建局部变量并赋予初始值后，就像对任何其他变量进行更改一样，必须使用 set 来更改其值。

局部变量的作用域有限，使用起来会特别安全。如果一个变量仅应用于单个例程，并且其值不需要从一个时间步保存到下一个时间步，则应将其设置为一个局部变量。在 10.3 节的最后，将会提及局部变量在主体之间传输信息时的独特作用。

10.3 使用其他对象的变量

上一节讨论了 NetLogo 可以“直接”读取变量的情况，即运用和设置变量作用域内的值。但我们经常需要读取超出其作用域的变量：一个海龟需要感知或更改其他海龟的变量值，一个嵌块需要感知并设置其包含的或相邻嵌块上的海龟变量值等。NetLogo 没有限制一个实体对另一个实体变量的使用，可通过明确说明要读取哪个实体的哪个变量来完成，应用原语 of 和 ask 可以实现。

原语 of 表示一个实体如何读取其他实体的变量值。例如，若一个嵌块需要用到其相邻嵌块的变量 elevation，则使用 [elevation] of neighbors。如果一个海龟需要用到与其链接的另一个海龟的变量 bank-balance，则使用 [bank-balance] of one-of link-neighbors。（本章稍后解释 link-neighbors。）

需要注意的是，原语 of 应用于一个主体时（如 [bank-balance] of one-of link-neighbors），它将生成一个单一的数字。of 也适用于一个主体集合（如 [elevation] of neighbors），当应用于主体集合时，它将生成一个列表。因此，可将 of 与诸如 max 和 mean 的原语组合，对列表值进行统计，生成统计信息：

```
let max-neighbor-elevation max [elevation] of neighbors
let mean-neighbor-elevation mean [elevation] of neighbors
```

（此时，阅读编程指南 lists 部分，可加深理解。）

现在，若一个主体不只是要读取另一个实体的变量值，还需要更改变量，该怎么办？若一个海龟通过 [elevation] of neighbors 已获得其相邻嵌块的海拔，您可能会认为通过以下语句，可将其相邻嵌块的海拔设置为 23：

```
set [elevation] of neighbors 23
```

可是，当使用以上语句后，您很快就会发现 NetLogo 不允许使用 of 来更改其他实体的变量值，NetLogo 要求必须其他实体自己来更改变量：

```
ask neighbors [set elevation 23]
```

原语 ask 用于确定一个主体或一个主体集（以上语句中的 neighbors），并告知其去执行方括号内的一个或多个语句。然后，方括号内的语句需位于对应主体类型（海龟、嵌块、链接、种类）的上下文来执行。

如果想要一个实体将其他实体的变量值设置为其自身的值，该怎么办？例如，一个嵌块如何将其周围嵌块的海拔设置为其自身的海拔？这时就需要用到一个非常重要的原语 myself。原语 myself 返回执行代码的当前实体。（在 NetLogo 词典中查找 myself。）该嵌块将会用到如下语句（圆括号内语句属于可选，可使语句看起来更清楚）：

```
ask neighbors [set elevation ([elevation] of myself) ]
```

若该嵌块想要凸显自己，希望其相邻嵌块的海拔只有它的一半，则可以使用如下语句：

```
ask neighbors [set elevation ([elevation] of myself / 2)]
```

然而，还有另一种方法可以做到这一点：

```
let half-my-elevation (elevation / 2)
ask neighbors [set elevation half-my-elevation]
```

在以上两组语句中，为什么没有使用 of myself 来将周围嵌块的海拔设置为 half-my-elevation？在 NetLogo 中，ask 语句中可直接使用局部变量，而不必用 [ ] of myself。Half-my-elevation 是一个临时变量，仅作用于创建它的嵌块（正在执行的嵌块），因此对于使用哪个嵌块的 half-my-elevation 并没有任何歧义。只要局部变量仍然存在，一个主体甚至可以使用 set 来更改另一个主体的局部变量值。例如，相邻嵌块将其局部变量 half-my-elevation 设置为其自身海拔，采用如下代码：

```
let half-my-elevation (elevation / 2)
ask neighbors [set half-my-elevation elevation]
```

10.4　感知的应用：商业投资者模型

下面通过一个简单的商业模型来演示感知这一概念。在人力资源组织领域，“信息获取”等术语可能比“感知”更直观，但概念相同，即构建一个 ABM 时，都需要确定主体确切拥有哪些信息，以及从哪里获取信息，然后再编程。

商业投资者模型模拟了人们如何决定要投资哪些业务？备选业务在其年利润和诸如失去所有财富等失败风险方面存在差异。商业利润分布通常为偏态分布，低利润业务很多，高利润业务仅有几笔。因此，在该模型中感知尤其重要。在 NetLogo 中，这些商业备选业务被建模为嵌块。在第一个版本中，假定投资者（模型中的海龟）仅从相邻嵌块感知金融信息；在第二个版本中，在海龟间添加链接，通过网络来模拟感知。作为练习，还将探讨感知的不同假设如何影响模型结果。（在第 11 章和第 12 章中，我们将探讨该模型的另一个重要特征，即主体作出权衡决策的能力。事实上，生物学研究人员可运用该模型来表达觅食者如何在食物摄入量和被捕风险不同的嵌块间进行抉择。）

10.4.1　ODD 描述

首先，以熟悉的 ODD 格式来描述模型。

1. 目的和模式

该模型的主要目的是探讨“感知”——主体拥有哪些信息以及它们如何获取信息——对模型涌现结果的影响。在该模型中，主体可运用感知到的信息进行适应性决策。模型以投资决策作为示例，但不特指任何真实的投资方式或业务部门。（事实上，在第 12 章结尾您将发现，像这样的模型，旨在探讨感知和其他概念的系统层面的影响，其产生的结果区别很大，具体取决于相关概念的实现方式。那么，如果这些模型结果取决于细节，那么从模型中还可以得到什么结果？本书的第Ⅲ部分通过更接近真实系统的模型来回答此问题。）

该模型可近似表达购买和经营当地业务的投资者：它假定投资者在有限的自身经验条件下熟悉他们所购买的业务。投资“环境”假定购入或转换业务没有成本（如可借到用于购买业务的资本，年利润计算中包含还款），比起低利润业务，高利润业务更稀少，且失败风险与利润无关。该模型可用于解决一些问题，如投资者的平均财富如何在投资个体间分布，以及财富在投资个体间的平均分配程度取决于投资者可感知的信息量。

该模型是一个概念框架，并不代表一个特定的真实系统，所以其有用性的评判标准也只能使用一般模式，即投资者的决策取决于获利和风险“情景”，并且决策随着投资者的财富值而变化。

2. 实体、状态变量和尺度

该模型中的实体是投资者主体（海龟）和随获利与风险变化的备选业务（嵌块）。投资者的状态变量包含他们在空间中的位置和当前的财富值（W，货币单位）。

“情景”是由业务嵌块组成的网格，各嵌块都有两个状态变量，即业务的年净利润（P，如每年的美元数等货币单位），以及业务失败导致的投资者损失其所有财富的年风险（F，每年的失败概率）。该情景范围为19×19个嵌块，边缘未回绕。

模型时间步为1年，模拟运行50年。

3. 过程概述和调度

该模型包括每时间步，按顺序执行如下活动。

投资者重新定位。投资者确定类似业务（相邻嵌块）是否可提供更好的获利与风险的权衡；如果有，他们会“重新定位”，移动到相应嵌块，将其投资转移。一位投资者一次只能占据一个嵌块。主体按照随机顺序执行此重新定位活动。

记账。投资者更新其财富值状态变量。W值等于之前的财富值加上主体当前嵌块的利润值。而且，记账活动包含业务意外失败。此事件是投资者嵌块的F的随机函数。统一随机数介于0～1，如果其数值小于F，则业务失败，此时投资者的W值设置为零。不过，投资者仍留在模型中，保持与之前相同的行为。

输出。更新视图、图和输出文件。

4. 设计列表

基本原则。该模型的基本主题是主体如何作出决策，涉及多个目标间的权衡——在本案例中表示不断增加利润和降低风险。

涌现。该模型的基本输出是随时间变化的投资者平均财富。第二输出是随时间推移，投资者所选择业务的平均利润和风险，以及失败的投资者数量。这些输出结果的涌现不仅来自投资者个体在利润与风险间如何权衡，还来自“商业环境”，即嵌块间的P和F值的范围以及为争夺情景中的嵌块而参与竞争的投资者数量。

适应性行为。投资者主体的适应性行为正在重新定位：考虑这些候选业务的收益和风险，决定转向投资哪笔相邻业务（或保持原状）。每时间步，投资者都可以重新定位到与其相邻的任何一个未被占用的嵌块，或保持其当前位置。在模型的该版本中，投资者运用简化版微观经济分析来作决策，转向目标函数最大值所在的嵌块。

目标。在经济学中，运用“效用”衡量主体所寻求的目标。投资者通过效用指标对备选业务进行分级，该效用指标表示如果购买和经营业务，某时间段结束时的预期未来财富值（T，到预期时间的年数；这里定义为5）。预期的未来财富值是嵌块投资者当前财富值以及获利和失败风险的函数，即

$$U=(W+TP)(1-F)^T$$

式中，U 为某嵌块的预期效用指标值；W 为投资者的当前财富值；P 和 F 的定义同上。如果投资顺利，则（$W+TP$）项表示估算出的某时间段结束时的投资者财富值。$(1-F)^T$项表示整个时段投资没有失败的概率；失败风险的增加会进一步降低效用。（为降低未来利润值，经济学家希望能采用一种效用指标，如包括折现率在内的现值等。在此，为确保模型简单，在模型中忽略折现。）

预测。效用指标通过时间段内 P 和 F 保持常数的显式预测来估算某时间段内的效用。因模型中嵌块的 P 和 F 是静态变量，该假设在这里是准确的。

感知。假定投资者主体准确无误地知道其自身嵌块及相邻嵌块的利润和风险。

相互作用。投资者只能通过竞争嵌块来间接相互作用；投资者无法投资（无法移入）已被另一位投资者投资的业务（嵌块）。投资者以随机顺序执行其重新定位活动，这场竞争中没有等级区分，即在竞争嵌块方面，拥有较多财富的投资者较其他投资者并没有优势。

随机性。模型的初始状态是随机的，随机设置各嵌块的 P 和 F 值以及初始投资者的位置。这样，运用随机性来模拟投资环境。在该环境中，备选业务变化复杂，风险与利润无关。P 值呈指数分布，低利润嵌块有许多，而高利润嵌块只有少数几个（该分布及其他随机数分布的更多内容见第 15 章）。运用 P 值的随机指数分布，该模型的结果高度变异，即使运用相同参数值来运行模型也是如此。每个投资者每年是否失败也是随机的，这是风险的一种简单表达。仅在罕见情况下，即多个潜在目标嵌块都具有相同的最高效用，投资者重新定位活动才会使用随机性，主体将随机选择其中一个关联嵌块并移入。

观察。视图可显示每个主体在投资情景中的位置，这样我们可观察到各投资者分别使用过多少个嵌块。通过图可显示投资者的平均利润和风险，以及随时间变化的平均财富值。不同投资者财富值的标准差也被绘出，可简单而恰当地衡量财富值在投资者间如何平均分配。

模型中没有表示学习和集群。

5. *初始化*

各嵌块的 P 值从平均值为5000 的随机指数分布中抽取。各嵌块的 F 值则是从均匀实数分布中随机抽取，均匀实数分布的最小值为 0.01，最大值为 0.1。

25 个投资者主体被初始化，并随机放入嵌块。不过，不能将投资者放置在已被另一个投资者占据的嵌块上。他们的财富状态变量（W）被初始化为零。

6. 输入数据

没有时间序列输入。

7. 子模型

投资者重新定位。投资者识别出其可以投资的所有业务，即相邻 8 个嵌块（若在空间的边缘会少一些）中未被占用的嵌块及当前嵌块。然后，投资者决定并移向这些备选业务中具有效用函数最高值的嵌块。

编程提示：感知主体集合的成员

在此模型中，投资者必须计算其相邻嵌块的效用值。投资者遍历相邻嵌块并感知各嵌块的利润和风险，同时记下哪些嵌块具有最高效用，对此进行编程似乎很普遍。实际上，这种方法在大多数编程语言中都会用到。在 NetLogo 中，运用原语 foreach 可遍历相邻嵌块列表。不过，要在 NetLogo 中实现该方法似乎并不是那么简单容易。

在 NetLogo 中，原语 max-one-of 常用来感知主体集合中的哪个成员具有某函数最高值。在商业投资者模型中，海龟可运用 max-one-of 结合一个特定的报告器来确定具有最高效用的嵌块，嵌块用这个报告器来确定海龟从嵌块中获得的效用。为了确定并随后移入效用最高的嵌块，海龟可执行如下代码：

```
; Identify the best one of the destinations
let best-patch max-one-of potential-destinations
    [utility-for myself]
; Now move there
move-to best-patch
```

在此代码中，potential-destinations 是一个主体集合，该主体集合包含尚未被投资的相邻嵌块及当前嵌块。（下面的编程提示“使用-set 合并主体集合”，将帮助您创建此主体集合。）utility-for 是我们仍需写入的报告器（见下面的编程提示“写入报告器”），在该报告器中，嵌块将计算投资者获得的效用。

编程提示：使用-set 合并主体集合

通过将其他几个主体集合中的所有主体合并在一起来创建一个新的主体集合并不罕见。在商业投资者模型中，海龟可以通过创建潜在目标嵌块集合来选择并找到最佳嵌块。这组潜在嵌块集合必须将所有空的相邻嵌块与海龟当前嵌块合并成一个主体集合。

未被占用的相邻嵌块组成的主体集合可用以下语句创建：

```
let potential-destinations neighbors with
  [not any? turtles-here]
```

现在，如何将海龟当前的嵌块添加到集合中？原语 patch-set 可以实现此操作，将您提供的任何输入生成一个新的嵌块集合。(类似地，原语 turtle-set 和 link-set 合并了海龟集合和链接集合。) 请仔细阅读 patch-set 相关文档。请注意，将多个输入合并成一个嵌块集合时，patch-set 及其输入必须放在圆括号内。要创建所需的主体集合，请将如下语句追加在上面语句之后：

```
set potential-destinations
  (patch-set potential-destinations patch-here)
```

或合并这两个语句为

```
let potential-destinations (patch-set patch-here neighbors
  with [not any? turtles-here])
```

10.4.3 节将运用 patch-set 来合并潜在目标嵌块的多个集合。

没有类似原语可实现从主体集合中移除主体，但是可运用原语 with 实现此操作。第 11 章将详细讨论原语 with。例如，要从 potential-destinations 中移除当前嵌块，语句如下：

```
let this-patch patch-here
set potential-destinations potential-destinations with
[self ! = this-patch]
```

编程提示：写入报告器

报告器与其他例程不同，报告器计算值并将其返回被称作报告器的代码中。其他编程语言则运用类似代码块的函数来表示计算出一个数值并返回结果。

为什么使用报告器，而不是仅仅将所有代码放在一个例程？将诸如对业务的投资者效用进行确定等计算放入其单独的报告器中，就是计算机科研人员所称的“模块化”：编写代码的单独模块。代码模块化有如下好处，①报告器的调用代码会更短、更简单且更易于检查；②修改报告器时，弄乱其他代码的风险更小；③避免多处多次重复编写同一代码，可从代码的任何位置调用同一报告器。在 NetLogo 中，原语 max-one-of 和 min-one-of 非常方便，但只能与报告器一起使用，这使得报告器在主体做决策时特别有用（11.2.2 节）。

报告器通常从调用它们的语句中获取输入信息。以下是一个报告器示例，计算输入的平方根。您可以使用如下语句调用报告器：

```
let side-length square-root-of area
```

其中，area 表示用于计算平方根的输入数值。报告器代码如下：

```
to-report square-root-of [a-number]
; first, some defensive programming
  if a-number < 0.0 [user-message
    "Tried to take square root of a negative number! "]
  let root a-number ^ 0.5
  report root
```

```
end
```

例程 square-root-of 以关键字 to-report 开头，因此 NetLogo 知道它是一个报告器。to-report 语句方括号内的变量（此处为 a-number）是一个局部变量，当调用报告器时，局部变量 a-number 获取输入值（此处为 area）。当报告器运行结束，report 语句将 root 值返回调用报告器的语句，该语句将值赋给变量 side-length。

在编程提示“感知主体集合的成员”中，出现如下示例语句：

```
let best-patch max-one-of potential-destinations
  [utility-for myself]
```

将报告器 utility-for 传送给输入因子 myself，即海龟正在执行的语句。因 potential-destinations 是一个嵌块组成的集合，方括号内的代码及 utility-for 报告器必须位于嵌块上下文。请记住，myself 指发出执行请求的主体——换言之，就是创建当前上下文的主体。该嵌块报告器如何计算海龟在嵌块中获取的效用？原语 of 可用于感知海龟 myself 所需的信息。

```
to-report utility-for [a-turtle]
  ; A patch-context reporter that calculates utility
  ; for turtle "a-turtle" in this patch
  ; First get the turtle's current wealth
  let turtles-wealth [wealth] of a-turtle

  ; Then calculate turtle's utility given its wealth and
  ; relevant patch variables
  let utility turtles-wealth +
    (profit *  decision-time-horizon) …
  (完成计算效用的代码)
  report utility
end
```

接下来进行实验，探讨感知的不同假设如何影响投资者模型的结果。首先，基于上述编程说明中的提示和示例，对模型进行编程。接着，生成一个输出文件，来测试计算投资者所获得的效用的编程，并在电子表格中重新计算。该输出文件包含计算变量以及每个时间步各投资者所获得的效用。

10.4.2 感知范围的影响

投资者的感知范围越大，感知到的商机越多，投资者是否越成功？可通过仿真实验来回答这个问题。该实验随投资者感知距离变化，距离通过嵌块个数来衡量。例如，当距离从 0（投资者无法移除其初始嵌块）增加到 10 个嵌块，观察会发生什么？为此，需要创建一个定义感知半径的全局变量；然后，在行为空间中不断增大感知半径参数，进行仿真实验。

使用原语 in-radius 来创建给定距离的嵌块主体集合。不过，我们仍需小心，该主体集合要包含海龟当前嵌块，排除已被其他海龟占用的嵌块。语句如下：

```
First identify potential destination patches-within
; the sensing radius. The current patch is in the sensing
; radius but excluded because it contains a turtle.

let potential-destinations patches in-radius
  sensing-radius with [not any? turtles-here]

; Now add our current patch to the potential destinations
set potential-destinations
  (patch-set potential-destinations patch-here)
```

（请注意，与 neighbors 不同，patches in-radius sensing-radius 包括海龟所在的嵌块。但是，因嵌块上总包含一个正在执行代码的海龟，海龟的当前嵌块要从 in-radius sensing-radius with [not any? turtles-here] 返回的嵌块中排除。）

现在，改变参数 sensing-radius，得到如图 10.1 所示的结果。结果表明，与根本无法重新定位相比，能够感知并转向一个及以上的嵌块最终取得的平均财富值会高得多。不过，随着感知半径的增加，额外的财富值越来越少。而且，随着感知半径从 0 增加到 2，财富值的标准差由大于均值变为远小于均值。是什么原因导致投资者的最终财富值随感知半径的增加而增加，却没有像平均财富值增加那样多？

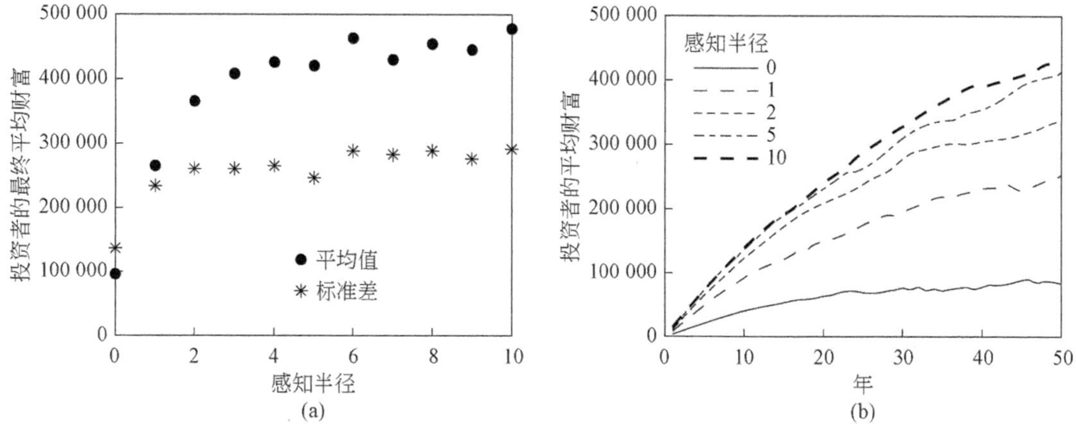

图 10.1　商业投资者模型的结果示例

（a）投资者的最终平均财富值和投资者财富值的标准差随其感知半径的变化；（b）仿真时段内，5 个感知半径条件下投资者的平均财富值随时间的变化。两张图中的数据都是各感知半径的 10 次重复结果的均值

10.4.3　通过构建网络进行感知

如果投资者能够感知到通过网络链接的商机，以及相邻嵌块的商机，会怎么样？如果

投资者有朋友，在朋友的业务邻域嵌块中寻找商机，他们会更成功吗？通过修改以上的投资者模型——使各海龟与其他海龟链接，并从中感知其他海龟所在嵌块的信息——来探索此类问题。为此，需要学会诸如 create-links-to 和 link-neighbors 等链接原语的运用。可从编程指南的链接部分入门；重要的是要理解有向链接（directed links）和无向链接（undirected links）之间以及输入链接（in-links）和输出链接（out-links）之间的差异。

假定各海龟与特定数量（如全局变量 number-of-links，其在模型中被设置为 5）、随机选择出的其他海龟链接。这些是定向链接，如果我是一个海龟，我有 5 条与其他海龟建立的链接，这样我就可以感知这 5 个海龟邻域的商机。一定要知道，我能感知到的这 5 个海龟，并不等同于与我链接，并从我这里获取信息的海龟。

如何创建链接，使各海龟都链接到 number-of-links 的其他海龟？可通过创建海龟的 setup 例程来实现，将以下代码：

```
; Create the investors
crt initial-num-investors
[
  move-to one-of patches with [not any? turtles-here]
  set wealth 0.0
]
```

修改为

```
; Create the investors
crt initial-num-investors
[
  move-to one-of patches with [not any? turtles-here]
  set wealth 0.0
  create-links-to n-of number-of-links other turtles
]
```

您的代码能准确运行吗？是因为创建的第一只海龟没有其他海龟可以链接，创建的第二只海龟只有一个其他海龟可链接吗？仔细阅读 NetLogo 词典中有关 create-turtles 的条目，就会发现以下方法有效。首先创建所有海龟；然后这些海龟都执行方括号内的命令，这样各海龟都会有其他海龟可链接。您可以进行如下操作，单击“setup”按钮，在命令中心输入语句 ask turtles [show count my-out-links]，这样就会输出各海龟与其他海龟的链接数量。

现在，最后一个问题是如何让投资者不仅从其相邻嵌块，而且从与其链接的投资者相邻嵌块中感知信息。可更改创建潜在投资嵌块的主体集合来实现。在最初的模型中，创建这种主体集合的语句如下：

```
let potential-destinations (patch-set patch-here neighbors
  with [not any? turtles-here])
; Use a temporary test output statement
show count potential-destinations
```

为了将被链接海龟的邻近嵌块也包含在内，添加如下语句：

```
; Add neighbors of linked turtles
set potential-destinations (patch-set
  (potential-destinations) ([neighbors with
    [not any? turtles-here]] of out-link-neighbors))
```

下一章我们将集中探讨以上代码的复杂部分，请确保您理解原语 out-link-neighbors，该原语可返回一个当前海龟有向链接的海龟主体集合。

现在，像之前版本所进行的从效用最高的主体集合 potential-destinations 中选择嵌块那样，投资者从链接的网络成员周围的嵌块中感知信息。这是否有助于投资者找到更好的商机？我们将这个问题留作一个练习。

10.5　小结与结论

本章对 NetLogo 的自学能力提出更多挑战。本章逐步深入地介绍了几个极其重要的技巧，诸如原语 of 和 ask 的运用、报告器的写入，以及链接的使用。如果对相关技巧还没有把握，不用担心，后续还有更多练习。

感知建模——确定主体拥有哪些信息以及如何获取这些信息——是 ABM 独特和重要的组成部分。感知编程要求模型实体读取其他实体的变量。与其他面向对象的编程语言一样，在 NetLogo 中，理解变量的作用域非常重要。全局变量可被模型中的任何主体读取和更改，而嵌块、海龟和链接变量只能由对应的实体类型进行更改。但海龟就像读取和设置海龟变量一样，可以读取和设置其嵌块变量。局部变量通过原语 let 创建，只能被创建它们的实体使用，并且仅用于创建它们的例程或一对方括号内的语句块。但是，一个模型实体可通过原语 of 轻松获取另一个实体的变量值，通过原语 ask 告知另一个实体去更改其变量值。

本章介绍了用于表达网络的链接。现实中，许多个体（尤其是人类）联系其他个体的方式复杂，无法进行空间表达，所以许多 ABM 使用网络来表达主体如何感知信息。通过链接可轻松表达不受空间关系或空间距离影响的信息流。

很自然地，感知概念将引出要讨论的下一个概念，即适应性行为。主体感知到某些信息后，如何使用它们来调整自己？第 11 章将继续使用商业投资者模型来探讨模拟适应性行为的方法。

10.6　练　　习

(1) 假定您当前处在海龟上下文，请编写 let 语句，将新的局部变量设置为

■ 海龟的当前大小（使用其内置变量 size）；

■ 海龟所在嵌块的文本标签；

■ 所有海龟的最大尺寸；

■ 除该海龟之外的所有海龟的最大尺寸；

■ 变量 my-nearest-neighbor 所确定的海龟颜色；

■ 随机选择一只海龟，从与该海龟有输出链接的海龟中选择；

■ 一个海龟集合，包含与该海龟有输入链接的所有海龟；
■ 一个海龟集合，包含与该海龟有任何类型链接的所有海龟；
■ 一个海龟集合，包含与该海龟有无定向链接的所有海龟；
■ 位于海龟所在嵌块右侧和正上方的嵌块中的海龟数量；
■ 一个列表，包含红色嵌块上所有海龟的 wealth 变量值；
■ 所有海龟的 wealth 变量值的标准差。

（2）当海龟想要识别位于感知半径内未被其他海龟占用的所有嵌块时，为什么以下代码不起作用？

```
let potential-destinations patches in-radius
  sensing-radius with [not any? other turtles-here]
```

（3）10.4.2 节中描述的仿真实验研究了投资者的成功率如何随投资者的感知半径——可感知和考虑的商机的范围——的增加而变化。请您设计并进行仿真实验，解决该章节结束时所提出的问题，即为什么随着感知半径的增加，平均财富值会增加，但财富值的标准差不会增加太多？有哪些可能的解释，如何测试它们是否重要？

（4）在 10.4.3 节开发的模型版本中，投资者可通过与其他投资者之间的链接来感知嵌块。请使用该模型版本，研究每个投资者所拥有的链接数量如何影响投资者的财富值和财富值的标准差。在仿真实验中，每个投资者拥有的链接数量从 0 变化到 15，会发生什么（或没有发生什么）？为什么？

（5）作为一个潜在的重要模型参数，空间范围通常被忽略，因为空间范围在 NetLogo 界面标签页而不是代码标签页中设置，这样更容易忽略掉该参数。对于商业投资者模型，投资空间的范围似乎具有潜在的重要性，因为①投资者相互竞争高利润嵌块，空间范围越大，竞争越小；②每个嵌块的利润来自随机指数分布，该分布偶尔会生成非常高的利润，因此选择的嵌块越多，能够获得极高利润的嵌块应该更多。修改 10.4.2 节（和练习 3）使用的模型版本，还要改变投资者空间的范围。学会如何从 setup 例程中设置世界范围。首先，查找相关原语，仔细阅读其描述，并在界面滑块中创建世界的宽度和高度参数；然后，进行行为空间实验，考察随着世界范围（正方形空间的宽度和高度）从 10 个嵌块变化到 100 个嵌块时，投资者的最终平均财富值随着感知半径如何变化？空间范围如何改变（或不改变）财富值对感知半径的响应？为什么？空间范围越大，高利润嵌块是否更多？投资者是否选择具有较高利润的嵌块？

11 适应性行为和目标

11.1 引言与目标

使用ABM的最重要原因是，能够通过它来明确地考察系统行为如何受其单个主体的适应性行为的影响——主体如何根据环境和自身的变化作出决策并更改其状态。因此，确定如何为主体决策建模通常是开发一个ABM最重要的一步。本章将通过研究两个紧密相关的概念（适应性和目标）开始考虑建模决策。概念“适应性”侧重于主体具有的行为，尤其是用来适应不断变化条件的决策。如果主体明确地作出决策去寻求某个目标，那么概念“目标”就是用于准确分析该目标是什么。

通过对一些术语进行说明，会有助于理解本章内容。我们使用了一组改编自Grimm和Railsback（2005）的术语。主体行为（Agent behavior），是指在仿真过程中主体（系统）的实际行为，即做出决策，如使用一些资源、移动、产生后代等。（有时也指系统行为，即主体系统的动态。）行为子模型（Behavior submodel），指为主体如何运行制定的规则，因此（主体和整个系统的）行为是主体在仿真过程中执行这些子模型所产生的结果。[Grimm和Railsback（2005）运用trait一词来表达行为子模型，但该词已经有很多定义。]适应性行为（Adaptive behavior），是指主体根据自身和当前环境状态做出的决策，用于改善（显式或隐式）自身状态，以实现某些目标。最后，将适应性行为理论（Theory for adaptive behavior）（第19章将讨论）定义为经测试发现可用于表达特定情境中的特定适应性行为的子模型。（理论的定义可能看起来很新颖，但大多数应用ABM的学科都已存在主体如何作出决策的理论。新颖之处在于：①在ABM中，理论必须在交互和竞争的多个主体模型中有效；②与“硬”科学一样，只有证明模型对某些特定的真实系统建模有用之后，才可接受其作为理论。）

适应性行为的目标在生态学中通常被称为“适合度”，因为我们假定生物行为的最终目标是提升其繁衍出可繁殖的后代的可能性，经济学家经常用效用一词表达人类决策的目标。如果一个行为子模型使用主体目标的显式指标（或适合度或效用），则该指标被称作目标函数（或适合度指标或效用指标）。

大多数决策被建模为识别备选对象并选择最能满足某个目标的对象的过程。但在现实中，决策通常是一种权衡，即越能满足某个目标的备选对象往往很难满足其他目标。企业可以通过作出决策来增加利润或市场份额，但这样做往往会增大损失的风险。动物可能会寻求更高的采食量，但必须考虑多吃也会增加被吃的风险。政党可能会采取行动来提升其受欢迎程度，但要以牺牲其核心价值为代价。对这些权衡决策进行建模是基于主体的建模最具挑战性、创新性以及令人兴奋的任务之一。

本章将探讨许多决策建模方法，特别是涉及权衡的情况。（关于该主题的进一步讨论，尤其是人的决策，见 24.4 节。）我们重点讨论理论方法，其假定主体通过对特定目标函数的满足程度来明确评估备选对象。与许多 ABM 中用到的简单适应性行为（如蝴蝶模型中决定是否沿坡向上移动等）相比，这些方法更复杂，并且它们为 ABM 变得有趣和有能力解决问题提供了巨大的潜力。第 10 章开发的商业投资者模型包含一个明确的基于目标的适应性行为子模型，所以本章将继续以该模型为示例。商业投资者模型特别有趣，它解释了主体在增加利润和避免风险等目标间进行适应性权衡的一种方式（第 12 章将进一步探讨）。

学习目标：

■ 理解并使用本节所介绍的术语——适应性行为。

■ 掌握提取子集或“过滤”主体集合的概念和 NetLogo 原语，识别最大化某个目标函数的主体集合成员。

■ 设计和分析仿真实验，探讨适应性行为如何影响 ABM 的结果。

■ 熟悉两种通用的权衡决策建模方法：最大化目标函数和满足程度。

11.2 NetLogo 中的识别和优化备选对象

适应性行为通常可以使用以下过程建模：①识别备选对象；②去掉不可行的备选对象；③通过各对象对目标函数的满足程度，评估可行的备选对象；④选择满足程度最高的备选对象。在 NetLogo 中，备选对象通常被建模为主体——海龟可移入的嵌块、可相互作用的其他海龟，以及海龟可追踪的链接等。第 10 章的商业投资者模型将商机表达为海龟可移入的嵌块。因此，可将该决策编程为从主体集合提取子集的过程，即识别出一个包含所有可能目标嵌块的主体集合，移除不可行的嵌块，生成可行嵌块的子集，评估可行的嵌块，并确定最优嵌块。现在，学习如何对这种行为子模型进行编程，以及通常如何从一个主体集合中识别出满足或优化某些标准的特定成员。

11.2.1 通过对 NetLogo 主体集合提取子集来识别备选对象

当备选对象被建模为主体时，NetLogo 内置的主体集合就可看作所有备选对象的集合，用于提取子集。如果海龟正在选择要移入的嵌块，则内置的主体集合嵌块将会自动成为所有可能目标的集合。如果海龟只能移入一个相邻嵌块，则原语 neighbors 返回此类备选的一个主体集合。用于识别备选主体集合的原语包括

■ nturtles、links：所有海龟、所有链接；

■ nturtles-at、turtles-on、turtles-here：位于特定嵌块上的海龟；

■ link-neighbors、in-link-neighbors、out-link-neighbors：调用海龟链接的另一端的海龟。

那么，如何从只包含感兴趣成员的这些主体集合中创建一个子集呢？（计算机科研人员可能会把这个过程称为过滤一个主体集合。）NetLogo 有几个原语可用于创建一个新的主

体集合，该新建主体集合只包含另一个主体集合中特定成员。例如，通过 other 可创建一个主体集合，该主体集合不包括执行该语句的海龟、嵌块或链接。通过空间原语 in-radius 和 in-cone 可创建一个主体集合，该主体集合仅包含指定距离或指定距离和角度内的主体。因此，当海龟执行语句 let destination-patches patches in-radius 3 时，NetLogo 将从所有嵌块开始，移除与海龟距离超出 3 个嵌块的那些嵌块，将剩余的嵌块放入一个命名为 destination-patches 的新的局部主体集合。

（请注意，创建的新主体集合不会创建新的主体，即新的主体集合是对已存在的主体进行筛选，得到的一个新的集合。一个海龟、链接或嵌块可以是多个主体集合的成员——就像您的朋友 Thomas 可以出现在可借给您车的朋友圈中，也可以出现在喜欢去酒吧的朋友圈，以及与您交换圣诞节礼物的朋友圈。）

通过报告器识别出具有所指定标准最高（或最低）值的成员，然后通过原语 with-max、max-n-of、with-min 等提取一个主体集合的子集。例如，如果想创建一个包含 50 位最富有投资者的主体集合，则可以使用如下语句

```
let fortune-50 max-n-of 50 turtles [net-worth]
```

其中，net-worth 表示 turtle 的 wealth 变量。

对主体集合提取子集最通用和最重要的原语是 with。通过原语 with 编写条件，决定哪些主体仍保留在主体集合中。一个简单示例为 let potential-destinations neighbors with [pcolor = blue]。通过从 neighbors 返回的周围嵌块的主体集合开始，创建新的局部主体集合 potential-destinations。然后，使用方括号内的条件，排除该主体集合中不满足“蓝色嵌块”条件的成员。

利用下面的语句

```
let potential-mates other turtles with [age > 20]
set potential-mates potential-mates with
  [sex ! = [sex] of myself]
set potential-mates potential-mates with [not married?]
```

创建一个名为 other turtles 的局部主体集合，包含满足年龄（age）、性别（sex）和婚姻状况（marital status）这 3 个条件的成员。（如果海龟已婚，则布尔变量 married? 为真。）以上的每条语句都会对一个主体集合提取子集，移除不满足一个或两个条件的成员。第一条语句从所有海龟开始，使用 other 移除正在调用的海龟，创建了一个名为 potential-mates 的主体集合。然后，使用 with，移除年龄不超过 20 岁的所有海龟。第二条语句和第三条语句通过使用 with 排除不满足性别和婚姻状况条件的海龟来修改 potential-mates。

通过原语 and 和 or，可以在一个提取子集的语句中合并多个条件。

以上三个语句可合并为以下语句：

```
let potential-mates other turtles with
  [age > 20 and sex ! = [sex] of myself and not married?]
```

也可使用 or 来排除满足任一相反条件的海龟，创建不符合这些条件的海龟的集合：

```
let non-mates turtles with
  [age <= 20 or sex = [sex] of myself or married?]
```

请记住，从第 10 章开始，如果想合并多个主体集合，可借助原语 patch-set、turtle-set 和 link-set 来实现。

11.2.2 通过 max-one-of 优化目标函数

在 NetLogo 中将可行备选决策模拟为海龟、嵌块或链接，我们就知道如何识别可行备选决策的子集。但是，如何确定最适合我们的目标函数的备选对象？最简便的方法通常是通过 max-one-of 报告器确定。max-one-of 报告器可识别具有其他报告器最高值的主体（请参阅 10.4.1 节的编程说明“感知主体集合的成员”）。当目标为避免诸如风险之类的负面影响时，应使用 min-one-of。

仔细阅读 NetLogo 文档，您会明白，如果报告器的最优值多于一个主体，则 max-one-of 会随机选择其中一个。也可通过原语 with-max（或 with-min）先得到一个主体集合。该主体集合包含具有报告器最高值（或最低值）的主体。然后，通过编程从报告器的多个相同最优值备选中选择一个。

NetLogo 脑筋急转弯

（1）为什么海龟语句

```
let destination-patches(patches in-radius 3)
```

不同于

```
let destination-patches
  [patches in-radius 3] of patch-here
```

（2）如果海龟想创建一个嵌块集合，包含半径 3 以内的嵌块，但要排除当前嵌块，为什么语句

```
let destination-patches other patches in-radius 3
```

不等同于以下语句？

```
let destination-patches [other patches in-radius 3] of
patch-here
```

（3）如果海龟执行以下语句

```
let nearest-neighbors turtles with-min[distance myself]
```

新变量 nearest-neighbors 表示一个主体集合，该主体集合包含正在调用的海龟，而不包括其最近的其他海龟。但以下语句

```
let nearest-neighbors other turtles
with-min [distance myself]
```

将 nearest-neighbors 设置为一个空的主体集合。不过，语句

```
let nearest-neighbors (other turtles)
with-min [distance myself]
```

将 nearest-neighbors 设置为最近的其他海龟。这些不同的语句为什么会产生不同的结果？而且，识别离我们最近的一只其他海龟的最优方法是什么？

```
let nearest-neighbor min-one-of other turtles [distance myself]
```

答案：

（1）in-radius 从调用 in-radius 语句的主体的位置开始测量半径。在第一条语句中，海龟可能不在其嵌块的中心。在第二条语句中，in-radius 由海龟所在的嵌块（patch-here）调用，因此半径是从海龟所在的嵌块的中心开始测量的。

（2）因为语句（other patches）中的 other 应用于嵌块，所以只有调用主体也是嵌块时，它才会移除调用主体。在第一条语句中，调用主体是海龟，因此无法移除海龟所在嵌块。在第二条语句中，原语 of 导致 patch-here——海龟所在嵌块——执行 other patches in-radius 3，因此现在的 other 由嵌块调用，并且该移除被排除在结果的主体集合之外。

（3）在第一条语句中，with-min 作用于海龟集合，与调用海龟距离最短的海龟是调用海龟本身。在第二条语句中，将原语 other 应用于 turtles with-min [distance myself] 所生成的主体集合，我们刚刚发现其结果就是调用海龟；当一个主体对其自身应用 other 时，结果为空。在第三条语句中，圆括号强制 NetLogo 将 with-min 应用于 other turtles 集合，因此结果是最近的其他海龟。但是，生成单个最近的其他海龟的最优方法是

```
let nearest-neighbor min-one-of other turtles [distance myself]
```

在 NetLogo 视图中使用主体监视器来测试所有这些类型的语句。启动模型，选择海龟或嵌块，打开相应的主体监视器，然后在其命令窗口键入测试语句。例如，在海龟监视器中，可输入

```
ask other patches in-radius 3 [set pcolor blue]
```

您将看到，该语句将半径 3 以内的所有嵌块变为蓝色，包括被查看的海龟所在的嵌块。然后，如果打开海龟所在嵌块的主体监视器，并输入

```
ask other patches in-radius 3 [set pcolor red]
```

您会发现被查看的嵌块不会变红。如果在海龟监视器中输入

```
show turtles with-min [distance myself]
```

您将发现被查看海龟的识别号（who）通过 show 语句输出。

11.3 商业投资者模型中的适应性行为

第 10 章介绍了商业投资者模型，您使用该模型进行编程并用于感知研究。该模型也

可作为一个适应性决策示例，该模型中的适应性决策尤为重要和清晰，投资者主体在备选商机的利润和风险之间进行了显式权衡。该模型中的“重新定位”行为是投资哪个商机的决策。显然，该决策是一种适应性行为，旨在增加投资者效用（财富值），取决于投资者的当前状态及商机。该行为子模型优化了其目标函数，即衡量未来预期财富值的指标。投资者识别出可行备选对象的集合——未被占用的相邻嵌块及当前嵌块——并选择目标函数值最高的嵌块。

作为一个商业模型，尽管过分简化，但它仍可以作为多个领域许多问题的概念性示例。在模型中，主体必须在竞争和冲突目标间做出权衡。其中，商业投资者用到的决策方法是经典微观经济和工程决策分析的简化版［如 Meredith 等（1973）］——主体定义了一个目标函数来量化几个相互冲突的目标分别如何影响主体的总体目标，然后选择最大化该目标函数的备选对象。对于投资者而言，总体目标是在预期时段可获得的财富值；利润越高，可获得的财富值越多，但因投资失败而失去全部财富的风险也将越高。这种通用方法已成为行为生态学中的决策理论［如 Mangel 和 Clark（1986）、Houston 和 McNamara（1999）］，并用于构建基于个体的生态模型［Grimm 和 Railsback（2005），见 7.5 节；Railsback 和 Harvey（2020）］，当然也适用于许多其他类型的问题。

该子模型是否可以成功模拟投资者主体良好的权衡行为？当利润或风险变化时，投资者能否合理调整？下面进行一些行为空间实验，当我们改变投资者的利润和风险的区间时，看看他们会做什么？从 10.4.1 节商业投资者模型的基本版本着手。

要进行这些实验：

▶ 首先，创建两个新参数，用界面标签页上的滑块表达。其中，一个新参数命名为 profit-multiplier，用于调整各嵌块的年利润率。在 setup 例程中，对嵌块设置 profit 状态变量，将 profit 与 profit-multiplier 相乘。同样地，第二个新参数命名为 risk-multiplier，用于调整各嵌块的年度风险状态变量。

▶ 然后，开展两个行为空间实验。第一个实验中，保持 risk-multiplier 为其基准值 1.0 不变，将 profit-multiplier 从 0.5 变化到 1.0；第二个实验中，保持 profit-multiplier 为 1.0，将 risk-multiplier 从 1.0 变化到 2.0。通过行为空间输出每个时间步投资者所占用嵌块的平均利润和平均风险，以及投资者的平均财富值。

通过以上实验，可以观察年利润减至半数、失败风险提高到基准值的两倍时，投资者的成功和对嵌块的选择会如何变化？投资者最终的财富值（对所有投资者财富取平均，如 10 次重复结果）如何响应？投资者又如何改变其在利润和风险间的权衡？

当改变利润变量的区间时，响应非常简单。随着利润区间降低 50%，投资者的最终财富值也降低约 50%（图 11.1a，从右向左看）。在此区间，投资的年均风险相同，约为 0.038，投资者认可相应的利润递减（图 11.1b）。

对递增风险的响应更加有趣。随着风险翻倍，投资者最终的平均财富值仅下降约 40%（图 11.2a）。投资者选择略低的利润，其选择的年平均风险仅增加 75%（从约 0.033 到 0.058），而可能的风险增加 100%（图 11.2b）。这些结果表明，投资者通过接纳较低利润来部分抵消所增加的风险，从而适应高风险环境。在第 12 章中，我们将更仔细地研究这些主体如何调整其投资决策来适应利润率和风险率以及他们当前的财富值。

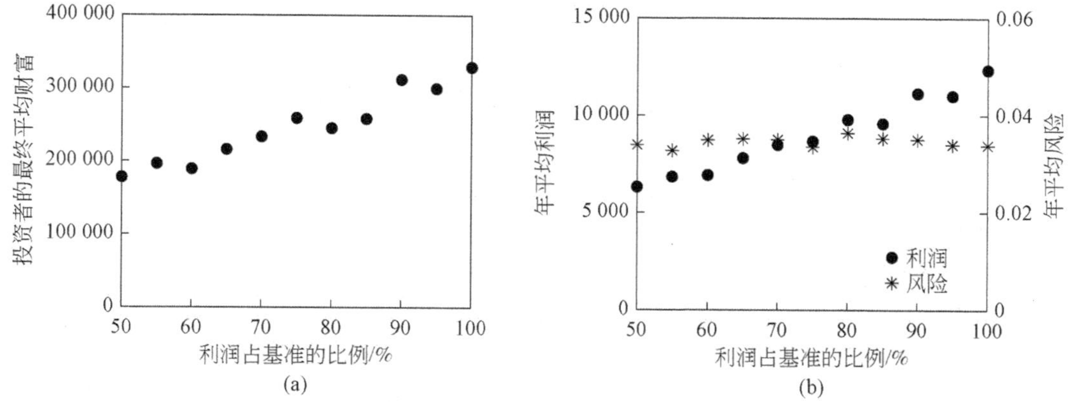

图 11.1　随业务利润区间变化的实验结果

（a）利润占基准的比例从 50% 变化到 100% 时，投资者的最终平均财富值；（b）相同情景下，投资者多年来所选择嵌块的年平均利润（左轴）和年平均风险（右轴）。圆点表示所有投资者在每种情景下 10 次重复实验结果的均值

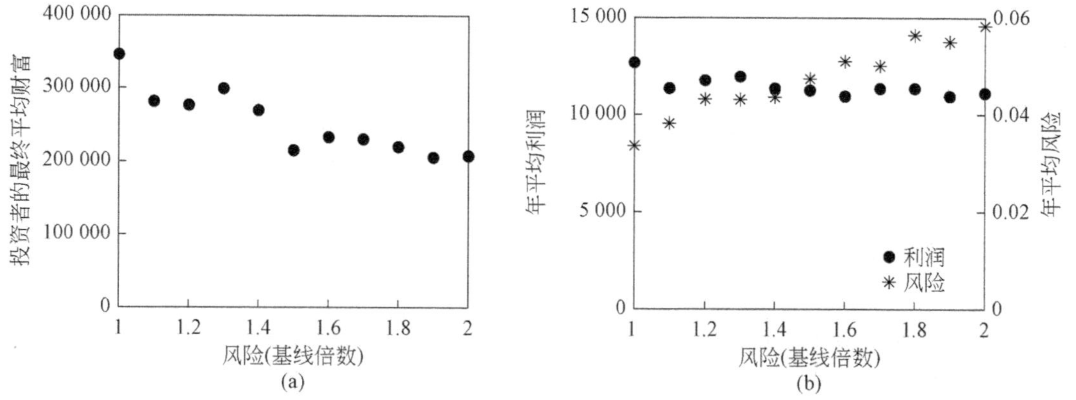

图 11.2　随投资风险区间变化的实验结果

（a）风险从基线的 1.0 倍变化到 2.0 倍时，投资者的最终平均财富值；（b）相同情景下，投资者多年来所选择嵌块的年平均利润（左轴）和年平均风险（右轴）。圆点表示所有投资者在每种情景下 10 次重复实验结果的均值

11.4　非优化适应性行为：一个满意度示例

上一节讨论了将适应决策建模为一个优化问题的方法，在该方法中，主体选择提供最大化目标函数的备选对象。但在现实中，感知和分析备选对象所有必要信息的成本高昂或根本无法实现，人们或其他主体常常做出未经优化的决策。针对这种情况的多种理论，下面讨论一个例子。

这里，所探索的行为子模型采用被称作“满意度”的决策技术，找到一个足够好的备选对象。当缺乏各备选对象对目标满足程度的相关信息时，可通过该技术寻找并选择满足目标的“足够好”的备选对象。“足够好”可简单地定义为一个满足主体目标函数的阈值，称之为“满意度阈值”。

满意度的一个常见应用是，该应用假定主体无法感知除当前选择之外的任何备选对象的信息，因此无法预测结果，但其仍必须决定是否转移到另一个备选对象。例如，在商业投资者模型中，投资者无法获得除自身之外的其他嵌块的利润和风险信息。在生态建模中，我们有时对个体决策进行建模，诸如无法感知条件并预测结果时，个体将长途迁徙到哪里。那么，主体如何做出这些决策，我们又如何对其进行建模?

当对备选对象一无所知时，决策建模的一种通用方法是假定没有很好地满足目标时，主体会更频繁地进行调整（如移动、更改投资等）；当目标得到满足时，调整频率较低。例如，模拟动物寻找食物时如何移动，生态学研究人员有时会用到调转动态和直动态。在直动态中，动物摄食量低时，移动更快，而摄食量高时，移动较慢。在调转动态中，动物摄食量低时，转向变慢，而摄食量高时，转向变快（如第 1 章和第 2 章的蘑菇搜寻模型）。该方法的简化版假定在其目标函数低于满意度阈值时，主体做出调整，如果条件最终无法满足主体目标，主体就会尝试调整。

我们可将以上方法用到商业投资者模型中。让我们从 10. 4. 1 节的模型开始，假定投资者无法感知除自身之外的任何嵌块的利润或失败风险。这样，投资者仅知道当前嵌块的预期财富值，于是，不再简单地移入预期财富值最高的嵌块。取而代之的是，假定投资者有一个满意度阈值，即预期收入的特定比例，通过年利润乘以未投资失败的年概率（其值等于 1 减去年度风险率）来定义。如果预期收入低于该阈值，投资者将放弃该嵌块。由于投资者的数量远远少于嵌块的数量，于是将年平均利润设置为至少等于 5000 的阈值看起来是合理的。

如果投资者决定转移，如何决定移入哪个嵌块? 因假定投资者没有能力感知其他嵌块的相关信息，所以可简单地假定随机选择一个新嵌块。

要实现适应性行为的这种满意度阈值方法，请对 NetLogo 文件新版本进行如下更改：

▶ 运用滑块创建一个新的全局变量 income-threshold，用于定义满意度阈值。此参数使用标准值 5000。

▶ 更改重新定位子模型，仅当海龟的当前效用小于其满意度阈值时才移动。海龟的效用定义为年利润×（1-年失败风险率）。该子模型非常简单，代码如下：

```
to reposition
  ;Move if expected wealth increase rate is below the
  ;threshold
  ;Potential destinations do NOT include current patch
  if current-utility < income-threshold
[
  let potential-destinations neighbors
    with [not any? turtles-here]
  if any? potential-destinations
    [move-to one-of potential-destinations]
  ]
end
```

▶ 修正目标函数报告器，返回效用的新定义。请注意，该报告器现在是一个海龟例程，仅用到海龟当前所在嵌块的利润变量和风险变量。报告器也可以应用在嵌块例程。因此，将此目标函数报告器的名称从 utility-for 更改为 utility-here 。

▶ 在海龟完成转移（或停留）并重新计算其财富值后，将更新海龟效用变量的语句更改为

```
set current-utility utility-here
```

使用基于满意度阈值的行为时，我们对主体及其系统的行为如何随阈值变化会感到好奇，如果认可较低的目标值为“足够好”，主体的表现会更好还是更差？而且我们好奇该满意度决策的效果怎样，满意行为与最优状态的接近程度如何？本章练习中包含这些问题。

11.5 目标函数

本章以上内容主要探讨了定义目标函数后，对主体如何决策进行建模的方法。主体追求错误目标，则无法做出正确的决策。显然，设计目标函数成为一个重大的挑战。ABM 的一大优势是具备应用更现实和复杂目标函数的潜力。经济模型通常假定企业和人员只追求收益最大化，而对于真正的企业家而言，保持行业活力、增加市场份额、维护与员工和公众的良好关系及趣味性等其他动机也很重要。许多生态模型假定生物只追求个体的生长最大化而做决策，但繁殖和避免被捕食也非常重要，生长的重要性取决于个体的当前状态（如是少年还是成年，是营养贫乏还是营养富足？）。

接下来，以商业投资者模型中的目标函数为例，探讨其相关变化，亲自感受当行为目标改变时，ABM 的结果如何变化。

首先，为使目标函数效果更加有趣，需要对 10.4.1 节所描述的模型进行一些更改。在该更改中，不再假设所有嵌块都有正收益，而假设某些嵌块具有负净利润，拥有这些嵌块的投资者，其投资亏损。投资失败还有另一种形式，如果投资的业务一年内的资金损失量超出投资者年初的财富值，该投资者就破产。可通过以下步骤实现此更改：

▶ 更改嵌块年利润的初始值为 random-exponential 参数值减去 2000。（要查看负利润的嵌块，可通过更改 pcolor 的设置，使 pcolor 在利润为负时显示为红色。）

▶ 更改例程来计算每个时间步投资者的财富值变化。当财富值出现负值时，投资失败（投资者的财富值为零）。于是，当投资者的财富值小于零时，将其设置为零。

▶ 在目标函数中，如果时段末的预期值为负，则将其设置为零，这样可避免出现负的效用值。负的效用值无法进行简单优化。

▶ 创建一个全局变量，用于对失败业务进行计数，将其初始化为零，业务因负利润或风险而随机失败，业务失败一次，增加 1，并将该变量输出到输出区或命令中心。

然后探讨备选目标函数及其对模型的影响。我们一直在用第一种备选目标函数，即考虑利润和风险情况下，最大化时段内的投资者预期财富值。第二种备选目标函数是，假设投资者忽视风险，仅以最大化其利润来进行决策，结果会怎么样？请编辑用于计算目标函

数的报告器，从目标函数中移除失败风险因子相关语句。（您可能会认为，这些粗心大意、贪婪的投资者会赚钱最多，但模拟结果会让您感到惊讶。）

第三种备选目标函数则属于另外一种极端冒险，即假设投资者没有关注财富值或利润的最大化，而是尽可能纯粹地规避投资失败风险。当前的目标函数是一定时段内在随机风险，或负利润这两种投资失败中存留的预期可能性，只需对模型进行简单的更改即可实现。请记住，这种方案中的投资者不在乎获取多少利润，而只希望在规避风险的同时将预期利润保持在零以上。因此，如果预期的未来财富值大于零，则基于利润的目标函数部分可设置为 1.0，如果小于零，则设置为 0.0。

以上 3 种目标函数，考虑了从忽视风险到只关心规避风险的一系列情况。分别将其应用于模型，我们当然希望模型结果不同。您认为哪种备选目标函数会出现最高的投资者财富值呢？哪种又会出现最低的投资者财富值？最少和最多的失败次数出现在哪种备选目标函数中？请在 11.7 节练习中找到答案。

11.6 小结与结论

本章首先着重介绍了许多 AMB 中最重要的部分，即主体的适应性行为，这也是 ABM 最引人瞩目的优势。ABM 模型有助于分析个体的适应性行为可能对系统层面产生的重要影响。若未充分表达个体的适应性行为，则通常无法描述系统的组织方式及行为方式。因此，对行为进行精准建模极其重要。适应性行为子模型非常重要，被视为 ABM 的基础理论（见第 19 章）。

然后，介绍了行为建模方法。行为建模是一个过程，包括识别备选对象，根据目标函数评估备选对象，以及选择最优或较好的备选对象等。NetLogo 包含多个原语，方便实现相关目标最大化行为，特别是当备选对象表达为 NetLogo 中的主体时，如要移入的一个嵌块、要交互的一个海龟等。该方法假定主体知道有哪些可用备选对象，而且能够感知评估目标函数所需的信息。

不过，多数情况下，主体缺乏必要信息或分析能力较弱，无法做出最优决策。但当主体无法感知备选对象的相关信息，甚至不知道有哪些备选对象时，仍可非常轻松地对决策进行建模。以上探讨的示例用到了“满意度”的概念，应用该方法可搜索到一个备选对象，该备选对象是符合要求的或足以胜任的，而不是最优的。

除了本章介绍的几种方法外，还有许多的行为建模方法。第 15 章和第 16 章将探讨随机方法，用于主体重现在真实个体中所观察到的决策模式和行为，以及其他许多基于规则子模型的 ABM，如 8.4 节实现的 Flocking 模型。Grimm 和 Railsback（2005）将这种方法称为“隐式适合度搜索”，请参见 5.4 节。您的模型的最佳方法是哪种？查阅其他领域他人的工作，几乎总需带有目的性。所以，请查阅您所在研究领域的相关文献，或者通过您自己的基础研究，找到合适的适应性行为子模型。

11.7 练　习

（1）编写 let 语句，创建一个局部变量，该局部变量包含以下主体集合。对于前 6 个，请查找方法，验证您所编写的语句可准确运行。验证方法有测试程序，在“命令中心”或“主体监视器”键入语句等。

▶ 所有绿色海龟（NetLogo 的标准绿色）；

▶ 从最暗到最明，对所有海龟渲染不同明暗度的绿色；

▶ 至少包含一只海龟的所有嵌块；

▶ 没有海龟的所有嵌块；

▶ 仅包含 2 只海龟的所有嵌块；

▶ 位于右下象限空间中的所有海龟；

▶ 在海龟上下文，半径为 3 个嵌块之内的所有海龟；

▶ 在海龟上下文，半径为 3 个嵌块之内的所有海龟［不包含调用海龟（即执行语句的海龟）］；

▶ 在海龟上下文，与调用海龟有向链接的所有海龟；

▶ 在海龟上下文，与调用海龟无向链接的所有海龟；

▶ 在海龟上下文，特定嵌块的相邻嵌块上的所有海龟，特定嵌块包含一只海龟，该海龟与调用海龟有向链接；

▶ 在嵌块上下文，位于距离嵌块中心 5 个嵌块半径之内的所有海龟；

▶ 在嵌块上下文，位于特定嵌块上的所有海龟，该特定嵌块位于距离嵌块中心 5 个嵌块半径之内。

（2）实现 11.4 节所探讨的重新定位满意度子模型。仔细检查代码。与假定投资者能感知和优化效用的原始版本中的财富值相比，该版本中的投资者平均财富值如何？

（3）运用练习 2 中开发的投资者模型版本，进行敏感性实验，看看投资者成功如何随财富值增长的阈值比例而变化。使用行为空间，计算 50 年模拟结束时，所有投资者的平均财富值。请记住，该模型的结果是随机的。当阈值从 1000 个单位变化到 50 000 个单位（嵌块平均利润的 10 倍）时，平均财富值如何变化？您可观察到投资者投资转移随时间变化的哪些模式？可从这些结果中得到投资的哪些信息？模型的哪些信息？

（4）实现 11.5 节所讨论的商业投资者模型版本和备选效用函数。在模型的不同版本，或同一版本的不同报告器中实现各效用函数并进行测试。使用行为空间，运行各版本的副本，输出投资者平均财富值和失败次数等结果，比较这些输出结果的均值及一些变异性指标（如标准差）等。应用不同的效用函数，投资者的财富值随时间变化的定性模式有哪些不同？为什么？

12 预　测

12.1 引言与目标

预测是决策的基础。即使要做一个最简单的决策时，如是选择步行、骑自行车还是开车去杂货店，我们都会无意识地去预测各种备选方式的结果。如果选择走路，需多长时间？如果骑自行车，是否可运回所需的那么多食品杂货？如果开车的话，朋友们会不会遇见我，会不会认为我懒，出行不环保？因此，要对适应性行为进行建模，通常也需对预测进行建模。在ABM中，预测尤其重要，主体行为的反馈可能将原本确定的认识变为不确定。生活在同一世界，当其他个体也在进行适应性决策时，个体如何知道将来会有哪些选择，哪个选择最好？这样，主体只能根据通常错误的预测来做出决策，随着时间的推移，不断更新预测和决策。

预测在行为建模中的应用相当普遍，Holland（1995）指出，许多模型都采用隐式预测，具有一个简单且经常被隐藏的假设。若一个ABM简单地假设其主体搜索更高层面的某种资源，则该假设包含隐式预测，即更多的资源将提升主体实现其目标的能力。相反，商业投资者模型包括显式预测，主体通过明确地计算其投资的未来预期收益来决定选择哪种投资。若认真思考哪些预测对主体行为至关重要，以及如何精准地对这些预测建模，ABM将设计得更好且易于理解。即使简单的隐式预测适用于对某些主体行为进行建模，我们也应向自己和他人明确：我们正在使用预测，已考虑过如何对其建模。

本章的概念性目标是探索适应性行为子模型中预测建模的几种方法，以及不同预测模型如何影响ABM的结果。商业投资者模型的适应性行为包含一个明确且简单的预测，本章将继续使用该模型。首先，简单地探讨更改投资期限对主体预测其决策结果的影响。然后，对主体如何进行事件发生频次的预测进行建模，即假定投资者根据自身经验更新对风险的评估，而不是简单地假设投资者知道失败风险。

本章还将学习一项与NetLogo无关的重要建模技能，即将子模型放入ABM之前，先对其进行独立测试和探索。即使我们一直在使用的、看似简单的行为子模型，也可能在完整模型上下文产生难以理解的结果。当转向更现实、更复杂的模型时，研究您的详细假设如何影响模型将更难。为解决这个问题，您要学会将ABM的关键部分（适应性行为子模型是一个特别重要的示例）作为单独的子模型来独立测试和探索，然后再将它们组合成一个完整的ABM。

以上技术要求您独自对模型的组件进行编程，类似于测试NetLogo软件（如6.3.10节）。我们将通过案例为您示范如何在电子表格中执行此操作。您也可以使用统计和数学编程软件包，如S-Plus或R、MATLab或Mathematica，甚至一个单独的NetLogo程序，只要您能对函数进行编程并绘制输入区间范围内的结果就可以。尽管我们所测试的模型相对简单，但理解和执行本章的分析也可能会给初学者带来挑战。分析表明，ABM 不像许多其他类型的建模，它不仅仅是 NetLogo 编程和查看输出，还需要更多的技巧和努力。尽管 NetLogo 的界面外观简单，但建模是一项需要努力、深入思考和毅力的科学事业。

学习目标：

■ 深入理解适应性决策建模通常需要对选择方案的预期结果进行某种预测建模，以及预测的不同假设如何影响模型结果。

■ 学会极其重要的技术——独立编程和分析关键子模型，以透彻理解子模型行为。

■ 学会绘制等值线图，显示子模型结果。

■ 接触一项技术——贝叶斯更新——用于模拟个体如何根据当前已做过的预测更新其预测。

12.2　预测的示例效果：商业投资者模型的投资期限

商业投资者模型的目标函数采用显式预测：投资者根据未来某个时间点的预期财富来评估不同的商业机会，他们通过预测每个嵌块在未来时间范围内每年的利润和失败风险将保持不变，来计算这一预期财富值。这个模型虽非常简单，但预测准确。即使其利率随时间的变化而不断变化，模型仍然有用。现实中，人们一直基于不准确的预测来做出决策，诸如这个商业投资者模型中投资者就基于不准确的预测来生成现实行为；Railsback 和 Harvey(2002)提供了这种模型的示例。

该模型中，投资期限决策的影响是什么？直觉告诉我们，短期投资者所做的决策，与长期投资者做出的决策不同；短期投资者追求更高的收益，但也经常遭遇随机的投资失败。总体上，较短或较长的投资期限下，系统预测的整体结果是什么？为什么？

要着手回答以上问题，方法显而易见，采用行为空间实验。在行为空间实验中，可通过改变投资期限，观察系统层面的结果如何响应。实验采用 11.5 节生成的模型版本。该模型版本包含带有年利润的嵌块和投资者。这些嵌块的年利润可能是负值。如果投资者的财富值低于零，或者他们遭受一次随机失败，则投资者破产。当然，现在必须将投资期限设置为由滑块控制的全局变量。50 年模拟结束后，检查 4 个输出值，即投资者平均财富、投资者所占用嵌块的平均年利润和风险（用于检查投资者的选择）以及模拟中的投资失败总次数。因为嵌块间的利润呈随机指数分布，模型结果的随机性很大，所以本实验中各投资期限的模拟将重复 10 次。运行模型得到的结果与图 12.1 类似。

这些结果似乎证实了我们的预期，当投资者根据长期预测做出决策时，他们承担的风险和遭受的失败会更少。但是，究竟是什么导致这种转变呢？投资者的权衡决策如何随投资期限而变化？又是什么导致结果中的另一个重要模式——无论选择哪种投资期限，随着模拟的推进，投资者都转向低风险业务（图 12.2）？

要回答这些问题，暂停查看完整模型的结果，此时去分析投资者使用的适用性行为子模型。通过拆解投资者用于评估备选方案的函数，可以理解个体的行为，而不会被整个模型的复杂性所困扰。

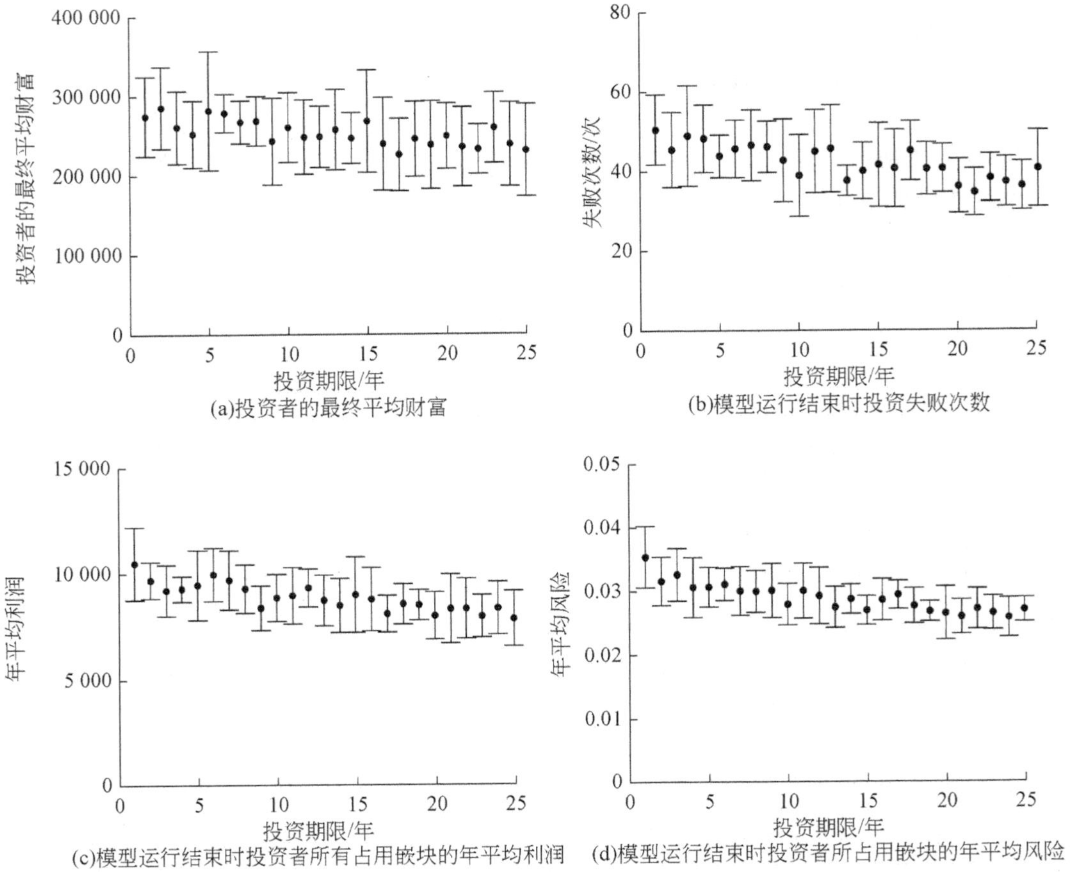

图 12.1　商业投资者模型中模拟结果对投资期限决策的敏感性

每个点都是 50 年模拟结束的结果。投资期限从 1 年逐渐变化到 25 年。符号和误差线表示各投资期限情景的 10 次重复实验结果的均值和标准差

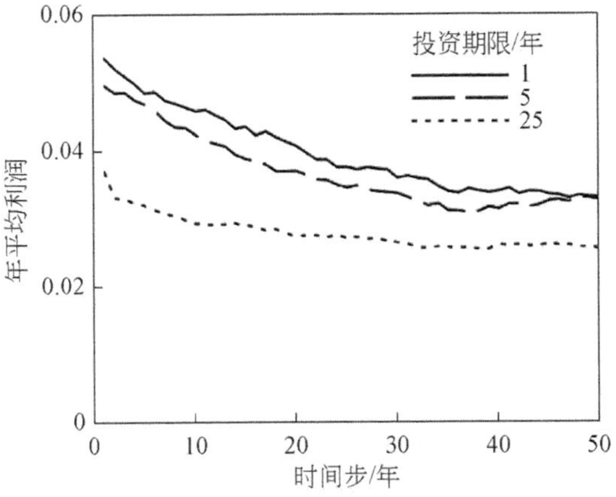

图 12.2　投资者所选择业务的年均风险随时间的变化

在 NetLogo 中，mean [annual-risk] of turtles，其中 annual-risk 是嵌块的风险变量

12.3　实现和分析子模型

这里先介绍一个有效构建和使用 ABM 的必要技巧。将 ABM 看作子模型的集合，每个子模型分别模拟一个关键过程，如一个适应性个体行为或一个环境过程。然后，单独设计、测试和分析这些子模型，再将它们放入完整的模型。独立分析子模型非常重要，便于充分理解和测试 ABM 的各个部分。如果我们一直等到完整模型组装好才去理解模型，或去发现模型中的弱点或错误，工作就会难得多，甚至无法理解。这项技术可以节省大量的时间和工作量。构建完整的 ABM 之前，看似多余的子模型的独立实现，有助于我们快速全面地设计和调试 ABM 的关键部分，这样组装和测试完整的模型就会容易得多。

分析一个单独子模型（如投资者模型中的效用函数）的方法是在软件中对其进行单独编程，绘制图形并查看主体在所有可能条件下的行为。等值线图绘制功能至关重要，它可显示两个参数同时被更改时的子模型行为。Excel 应用广泛，所以，这里我们运用它来绘制等值线。其实 Excel 的等值线绘制功能很不成熟，所以您也可使用任何您熟悉的平台，甚至可编写一个特定的 NetLogo 程序，在视图中绘制等值线图。

接下来，在 Excel 中实现最初的商业投资者模型的效用函数。通过如图 12.3 所示的等值线图，查看主体的效用值如何随投资利润和失败风险这两个嵌块变量而变化。主体的效用值定义为投资期限到期时的投资者预期财富值。此图解释了投资者的行为，即投资者总试图移入效用值更高的嵌块，或者等值线图上效用值更高的区间。

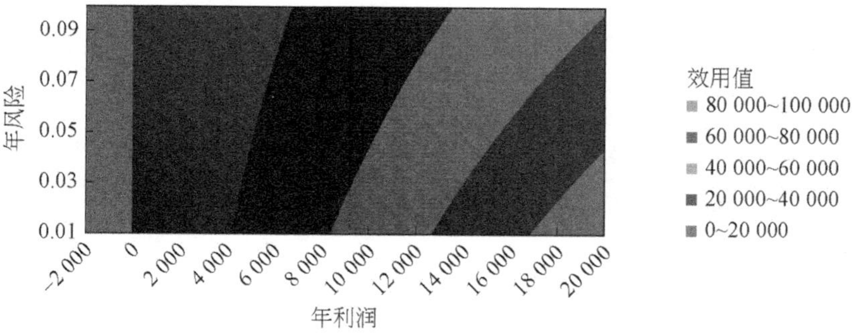

图 12.3　投资者效用等值线图（定义见 10.4.1 节的目标“设计列表”要素）

效用值计算中，投资者的当前财富值为 0，投资期限为 5 年。各条带分别表示效用值的一个区间；条带间的边界表示等效用的“轮廓线”。图中右下角的效用值最高

要绘制等值线图，需要计算利润和风险组合条件下的效用值，其计算区间包含利润和风险的整个区间。模型此版本中的利润区间为-2000 ~ 20 000，以 1000 为间隔递增，共 23 个界限值。风险区间为 0.01 ~ 0.1，以 0.01 为间隔递增，共使用 10 个界限值。要计算利润和风险这所有 230 个组合的效用值，最简单的方法是采用最基本的列的形式对数据进行组织（图 12.4）。

	A	B	C	D	E
1	Time horizon:		5		
2	Current investor wealth:		0		
3					
4	Patch annual profit	Patch annual risk	Expected wealth at end of time horizon	Expected probability of not failing over time horizon	Utility
5	-2000	0.01	=C2+(A5*C1)	=(1-B5)^C1	=MAX(0,C5*D5)
6	-2000	0.02	-10000	0.904	0
7	-2000	0.03	-10000	0.859	0
8	-2000	0.04	-10000	0.815	0
9	-2000	0.05	-10000	0.774	0
10	-2000	0.06	-10000	0.734	0
11	-2000	0.07	-10000	0.696	0
12	-2000	0.08	-10000	0.659	0
13	-2000	0.09	-10000	0.624	0
14	-2000	0.1	-10000	0.590	0
15	-1000	0.01	-5000	0.951	0
229	20000	0.05	100000	0.774	77378.09375
230	20000	0.06	100000	0.734	73390.40224
231	20000	0.07	100000	0.696	69568.83693
232	20000	0.08	100000	0.659	65908.15232
233	20000	0.09	100000	0.624	62403.21451
234	20000	0.1	100000	0.590	59049

图 12.4　效用函数的电子表格实现

A 列表示从-2000 到 20 000 的利润值，B 列中有 10 个风险值。C ~ E 列的等式如第 5 行所示。未显示第 16 ~ 228 行

在 Excel 中绘制等值线图，要求所有值必须位于一个矩阵中，采用如图 12.5 所示方式编写 utility 函数。对于更复杂的子模型，这种矩阵格式就非常麻烦，特别是要对两个以上变量的响应绘制子模型时。另一种方法是先按列进行所有计算，然后手动将结果复制为矩阵格式；学会 Excel 复杂但极其有用的数据透视表和数据透视图功能；或者使用可导入 Excel 数据的单独绘图软件。

	A	B	C	D	E	X	Y	Z
1	Time horizon:		5					
2	Current investor wealth:		0					
3								
4			-10000	-5000	0	95000	100000	Expected wealth at end of time horizon
5			-2000	-1000	0	19000	20000	Patch annual profit
6	0.951	0.01	0	0	0	90344	95099	
7	0.904	0.02	0	0	0	85872	90392	
8	0.859	0.03	0	0	0	81580	85873	
9	0.815	0.04	0	0	0	77460	81537	
10	0.774	0.05	0	0	0	73509	77378	
11	0.734	0.06	0	0	0	69721	73390	
12	0.696	0.07	0	0	0	66090	69569	
13	0.659	0.08	0	0	0	62613	65908	
14	0.624	0.09	0	0	0	59283	62403	
15	0.590	0.1	0	0	0	56097	59049	
16	Probability of not failing over time horizon	Patch annual risk						

图 12.5　Excel 中矩阵格式的效用函数

C ~ Y 列（F ~ W 列隐藏）中的嵌块年利润值从-2000 增加到 20 000；第 6 ~ 15 行中的年风险值从 0. 01 增加到 0. 1。第 4 行计算投资期限到期时的投资者财富值。A 列计算整个投资期限内免遭失败的概率。选择 B5 ~ Y15 的单元格可绘制出图 12.3 中的等值线图；单元格 B5 必须为空

或者，在其他更适合绘制等值线图的软件中进行分析，如可通过以下简单 R 语言程序统计，并生成相同的等值线：

```
# create the profit and risk variables
profit<-seq(-2000,20000,by=1000)
```

```
risk<-seq(0.01,0.1,by=0.01)

# create the array to contour
profit.risk<-expand.grid(profit=profit,risk=risk)

# function to calculate utility
calc.utility<-
  function(current.value,time.horizon,profit.risk)
  {
max(0,(current.value+(time.horizon* profit.risk["profit"]))
*  (1-profit.risk["risk"])^time.horizon)
  }

# create an array containing utility values
utility<-
  apply(profit.risk,1,calc.utility,current.value=0, time.horizon=5)

# draw the contour plot
filled.contour(profit,risk,
  matrix(utility,ncol=length(risk)),
  col=grey(0:24/24),xlab="profit",ylab="risk")
```

12.4　分析投资者效用函数

既然已在 Excel 中编写了效用函数，下面就来观察其等值线图，尝试理解投资者的行为。

在模拟开始时（或失败的瞬间），投资者财富值为零。图 12.3 表示投资期限为 5 年的效用函数。等值线当然非常有用，它可以显示效用随利润变化很大，而随风险变化很小。请记住，位于同一等值线上的利润与风险组合提供相同的效用值，这意味着，风险的巨大改变可由利润的微小变化来补偿（在利润较高时，这一点不太成立）。追求较高效用的投资者，几乎总是向右移向利润更高处，而不是向下转向风险更低处。当然，该图也有助于解释图 11.2 中所看到的结果。随着风险增加，投资者接受用投资利润只是小幅下降，来换取较低风险。还要注意，任何负利润或零利润位置处的效用值为零，因为投资者在所有负利润嵌块中都会失败，所以他们对所有负利润嵌块没有选择偏好。

不过，该图仅代表投资者零财富时的行为。当投资者积累了诸如 10 万单位的财富值时，其决策会如何变化？改变投资者财富值并重新绘制等值线图，见图 12.6。

与图 12.3 相比，图 12.6 有以下重要变化。首先，等值线向右倾斜更明显，说明现在风险对效用的影响几乎与利润的影响一样大。例如，投资者从一个年利润为 20 000，风险为 0.07 的嵌块中获取的效用，与从一个年利润仅为 9000，风险为 0.01 的嵌块中获得的效用相同。当投资者拥有更多的钱时，为什么风险更为重要？答案是，在这种情况下失败的

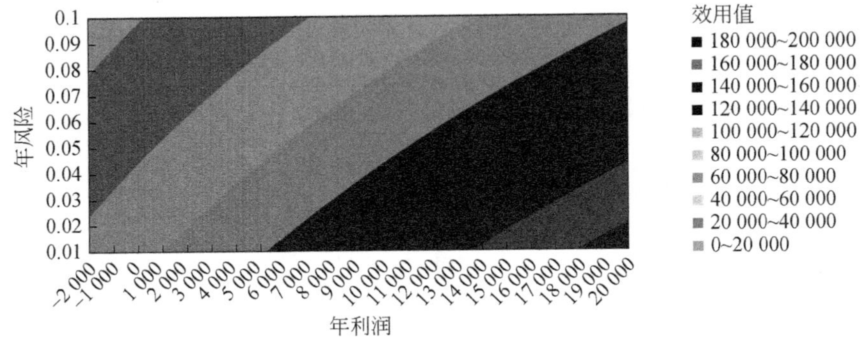

图 12.6　当前投资者财富为 100 000 个单位，投资期限为 5 年的效用函数等值线图。右下角的风险最低，利润最高，效用也最高。而左上角的效用最低

代价要高得多。请记住，失败后投资者损失全部财富值，效用函数是将失败幸免的概率乘以当前财富值与预期收入的总和。当投资者财富值为零，预期收入高达 20 000 个单位，最多可能因失败损失 20 000 个单位。但是，如果投资者的财富为 100 000 个单位，失败导致的损失将会超过 100 000 个单位。随着投资者财富值的积累，失去财富值的风险开始主导效用函数。

第二个重要变化是，零效用中不存在利润和风险的组合。从高风险、正利润的嵌块移向低风险、负利润的嵌块时，主体可得到更高的效用，为什么？因为破产失败风险消失。即使每年损失 5000 个单位，5 年的投资期限，投资者也不可能失去其全部 100 000 个单位的财富。投资者可选择接受负收益，以降低失去全部财富值的风险。投资者积累了一些财富后，就具备了承担损失以降低风险的能力，这解释了为什么投资者在模拟过程中会随着时间的推移转向低收入、低风险的嵌块（图 12.2）。

接下来，一起探讨该行为子模型如何随投资期限而变化。如果投资者预测远远超出 5 年的结果，决策将如何变化？使用 25 年而不是 5 年的投资期限，重绘等值线，结果如图 12.7 所示。可以看出，图 12.7 中等值线远比图 12.3 中等值线弯曲得多。这意味着，随着投资者从低风险转向高风险或从低利润转向高利润，利润与风险之间的权衡变化更大。低

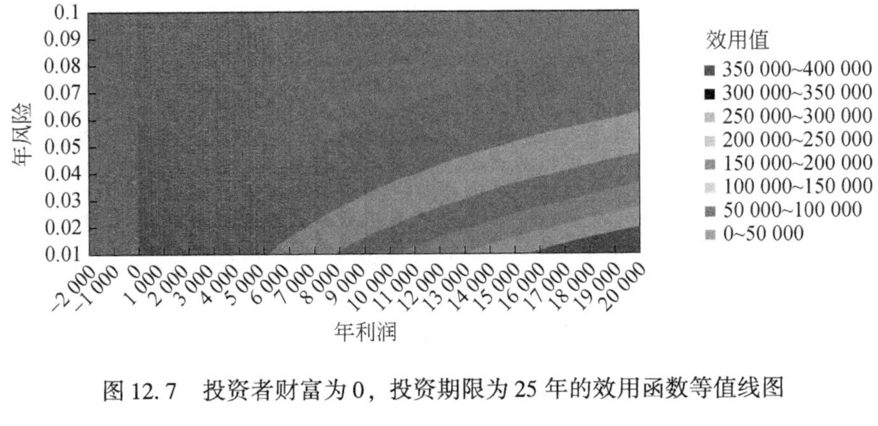

图 12.7　投资者财富为 0，投资期限为 25 年的效用函数等值线图

利润时，效用对利润敏感，而不是对风险敏感，如当利润小于1000个单位时，图12.7中的等值线是垂直的。但是，当向右移动，利润增加时，效用越来越依赖于风险，等值线会变得越来越水平。

将投资期限从5年更改为25年时，为什么风险变得更为重要？可通过一个更简单的分析来理解此问题，即绘制效用函数的风险项随投资期限的变化而变化的图，其中免遭随机失败的概率= $(1-风险)^{投资期限}$。随着投资期限变长，免遭随机失败的概率就会大大降低，这使得降低失败风险变得更加重要。

12.5 显式预测建模

概率论可用于预测建模。例如，如果知道某商业机构倒闭的年概率为0.1，通过应用一些理论和假设，如每年倒闭的概率都相同，您就可以合理预测该商业机构下一年不会倒闭，但它可能在10年内倒闭，10年内免遭倒闭的概率为0.35。更复杂的例子，如Yu等（2013）使用泊松分布来模拟，在用完部分配额情况下，渔船运营商如何预测未来时段内超出给定配额的可能性。

在投资者模型中，主体使用失败风险而非概率来预测投资期限内失败发生的可能性。模型假定投资者知道这种失败风险是什么，而现实中，投资者通常掌握信息有限，预测意外失败概率的能力也有限。如果更现实一些，要模拟投资者如何从合理可用信息中估计失败的风险，该怎么做？例如，假定投资者基于所有嵌块的平均失败率（如每年业务失败的历史统计数据）和自模拟开始以来嵌块已失败业务的频次预测嵌块的未来失败风险。

事实证明，贝叶斯统计理论可为以上问题提供一种简单的方法，而且该理论常用于决策预测建模［如Valone（2006）］。您无须理解理论，只需认可我们给出的方法和等式即可。从技术上讲，我们正运用被建模为 β 分布的二项式的共轭先验分布，具体请参见2.4.3节（Stauffer，2008）。首先，假设投资者了解所有嵌块的平均失败风险及其嵌块间的方差（我们可简单假定其掌握的信息不准确，如通过随意猜测等方式得到），风险值在0.01～0.1的区间上均匀分布，这样，平均风险 R 约为0.055，根据均匀分布方差的计算等式，其方差 V 约 $(0.1-0.01)^2/12 \approx 0.0007$。

β 分布的两个参数计算如下：

$$\alpha = (R^2 - R^3 - RV)/V$$

$$\beta = (R/V)(1 - R)^2 + (R - 1)$$

现在，如果假定投资者通过考虑截至目前已失败的次数，在每个时间步更新对嵌块风险的估计，这时就可以使用贝叶斯方法对该更新进行建模。方法非常简单，投资者可计算出各嵌块更新的年风险预测值。如果嵌块上有一次失败，则将1加到 α；如果嵌块上没有失败，则将1加到 β。然后，新的失败风险估计值（F_e）计算公式如下：

$$F_e = \alpha/(\alpha + \beta)$$

这是一个简单且数学上合理的理论，用于计算投资者如何更新对嵌块风险的估计。每时间步更新预测值，将产生什么样的行为？例如，如果一个嵌块的风险为0.09，而平均风险为 0.055，在被占用 10 年中出现过 1 次失败，则风险估计值 F_e 是多少？当失败已发生或未发生，F_e 随时间变化有多快？在第 50 个时间步模拟中，F_e 是否会收敛到一个相对准确的数值？为了回答这些问题，我们采用上一节学到的技巧，对行为子模型单独进行编程和分析，如图 12.8 所示在电子表格中对其进行编程。

	A	B	C	D	E	F
1	Max risk of patches:		0.1			
2	Min risk of patches:		0.01			
3	Mean risk of patches:		0.055			
4	Var of risk:		0.0007			
5	Actual risk of this patch:		0.08			
6						
7	Tick	Random #	Failure?	alpha	beta	Estimated risk
8	0			4.2	71.8	0.055
9	1	0.8764311	=IF(B9<C5,1,0)	=D8+C9	=IF(C9<1,E8+1,E8)	=D9/(D9+E9)
10	2	0.6104156	0	4.2	73.8	0.054
11	3	0.5549806	0	4.2	74.8	0.053
12	4	0.5125167	0	4.2	75.8	0.052
13	5	0.8787160	0	4.2	76.8	0.052
14	6	0.2022973	0	4.2	77.8	0.051
15	7	0.6505170	0	4.2	78.8	0.050
16	8	0.6587123	0	4.2	79.8	0.050
17	9	0.8104717	0	4.2	80.8	0.049
18	10	0.7471529	0	4.2	81.8	0.049
19	11	0.3729113	0	4.2	82.8	0.048
20	12	0.9768573	0	4.2	83.8	0.048
21	13	0.0062956	1	5.2	83.8	0.058
22	14	0.8918113	0	5.2	84.8	0.058
23	15	0.8882637	0	5.2	85.8	0.057
24	16	0.0663809	1	6.2	85.8	0.067
25	17	0.0578934	1	7.2	85.8	0.077
26	18	0.0899576	0	7.2	86.8	0.076
27	19	0.0943157	0	7.2	87.8	0.076
28	20	0.3989991	0	7.2	88.8	0.075
29	21	0.0655407	1	8.2	88.8	0.084
30	22	0.5555867	0	8.2	89.8	0.083
31	23	0.7185315	0	8.2	90.8	0.083
32	24	0.2513982	0	8.2	91.8	0.082
33	25	0.3322592	0	8.2	92.8	0.081

图 12.8　风险估算的贝叶斯更新方法的电子表格实现

此代码实现了投资者在收益模拟的前 25 个时间步，对一个嵌块的风险进行评估。第 0 个时间步（第 8 行）给出了风险的初始估计值；单元格 D8 和 E8 使用文中的等式计算 α 和 β 的初始值，等式中的 R 为单元格 C3，V 为单元格 C4。对于后续的时间步数，D 列和 E 列表示使用第 9 行所示的等式更新的 α 值和 β 值，F 列表示由此生成的新风险估计值。B 列表示随机数，通过与嵌块的实际风险（单元格 C5）进行比较，来确定各时间步是否失败

编程和分析这个行为子模型是本章的一个重要练习。事实证明，使用方法之前，需要先学习和熟悉！

12.6　小结与结论

ABM 中的适用性行为几乎总要进行某种形式的预测。但是，建模者通常不会考虑，甚至在自己的模型中都没有意识到预测。另外，显式预测一直是 ABM 的一个关键要素。如在 LeBaron（2001）模型中，投资者通过统计最近市价来预测未来的股价；在 Hemelrijk（1999）的优势序位模型中，主体运用过去交互的概率，预测他们是否会赢，从而决定是否开始一场战斗。即使是最简单的决策也会进行预测，所以我们的设计列表中包含预测，

并且假定主体可通过设计强大的决策子模型来进行预测。

预测建模的方法有许多。在我们的商业投资者模型中，主体只是预测投资期限，当前所感知的投资利润和风险在一个投资期限内保持不变。其他更复杂、可能更有用的技术包括统计模型（回归分析；12.5 节介绍的贝叶斯更新方法）等，用于从最近经验推断预测。随机技术（包括第 15 章讨论的概率分布）也可用于预测频率、次数或直到某个未来事件发生的时长。但是，从商业投资者模型中我们已经得知，极其简单的预测方法的行为子模型也可能产生复杂的行为。

本章介绍的子模型独立编程和分析技术至关重要。初学者，尤其是那些不熟悉 Excel 等软件的初学者，可能已发现效用子模型的分析极具挑战性，试想一下，在不理解其关键子模型的情况下，理解完整模型会更困难。每当需添加一个有一定复杂度的子模型时，您可以在电子表格或类似的平台（甚至是 NetLogo）中自己来编程，必要时对模型进行校准（见第 20 章），并探索所有可能条件下的模型行为，从而节省时间，减少挫败感。ABM 旨在理解主体和其所构成的系统之间的相互关系。要理解系统行为，理解主体行为很有必要，但还不够。

在子模型分析中，您很有可能发现并解决那些原本难以诊断和理解的问题，而且还可能更好地了解模型行为和原因。记录相关分析将大大增加客户对您的信心，他们会认为您确实理解 ABM 在做什么，您的结果及对结果的解释都有充分依据，是可靠的。我们推荐您编写软件测试文档所采用的 TRACE 格式（6.4 节）也非常适用于子模型分析。

12.7 练 习

（1）在商业投资者模型中，如果投资者第 25 年模拟结束时做出最大化其预期财富值的决定，如因为他们计划在 25 年后退休，会怎么样？投资者不必总是计算 5 年投资期限的效用，而是将退休前剩余的年数用作投资期限。首先，独自分析模型的效用函数，提出主体决策随时间变化的假设；然后，修改投资者模型来模拟这种新行为。将模拟结果与您的假设进行比较。

（2）在电子表格中编写并分析用于估计失败风险的贝叶斯更新方法（见 12.5 节）。您认为其哪些特征会导致投资者模型的重大变化？（提示：查看低风险嵌块。）若用到它，请您假设整个模型的行为将怎样变化。

（3）修改最初的商业投资者模型版本（如 10.4.1 节所述），运用贝叶斯更新方法估计风险，测试练习 2 中您所作出的“方法如何影响行为”的假设。

（4）ODD 设计列表中将预测作为一个概念的原因是鼓励建模者认识并思考模型中隐式、未被说明的预测。通常，即使行为与未来状态的联系尚不明确，因被认为可提供预期利益，某种行为也会被赋予主体。回顾第 3 章练习 1 给出的一些模型描述，查看是否包含预测。这些模型描述包含显式预测还是隐式预测？是否有可被描述为隐式预测的隐藏假设？

13 相互作用

13.1 引言与目标

局部相互作用是 ABM 要定义的主要特征之一。术语“相互作用”是指主体间如何相互交流或相互影响，如通过交换信息、争夺资源、互相帮助或打斗，或者开展业务。而且，这里的“相互作用”还表示主体如何影响环境和受其环境的影响；在许多 ABM 中，诸如资源消耗和资源开发等主体与环境的相互作用都非常重要。

与 ABM 相比，系统层面的模型必须采用相同的方程式和参数来表达相互作用对系统所有成员的影响。例如，一个种群成员间的竞争或许可能表达为一个比例，即随着成员数量的增加，所有成员将基因成功传递给后代的成功率降低的程度。在一个 ABM 中，相互作用可显式建模为主体间的相互影响及对环境的影响。因此，相互作用的影响，甚至相互作用的类型，都可能取决于主体的状态（通常包括其位置）及其环境。ABM 中的相互作用通常是局部的，各主体仅影响附近的几个其他主体及其局部环境；而模型系统层面的相互作用是全局的，系统所有成员都影响其他所有的成员。

术语“局部”和“全局”通常指地理空间中的关系，但也可以指网络等其他“空间”中的关系。因在多数重要方面与其他模型没有区别，本书不特别强调网络模型（见 10.4.3 节和 13.5 节）。NetLogo 通过原语 links 和网络扩展（将在第 15 章和第 24 章中详细讨论扩展），可以很好地支持网络模型。关于如何通过网络表达相互作用，NetLogo 模型库中包含许多示例。

相互作用可被建模为直接相互作用，主体通过交换信息或资源、相互捕杀或相互偷盗等方式直接相互影响。不过，ABM 也常常用于表达主体通过某种中介资源进行的间接相互作用。对共享资源的竞争，以及通过生产或使用化学物质或信息等来传递信号等，都属于间接相互作用。

本章的目标是回顾 ABM 中经常用到的各种相互作用以及相关的 NetLogo 编程技术。本章引入一个新模型，新模型中同时包含直接相互作用和间接相互作用，通过新模型，我们还会认识到全局相互作用下会发生什么。

学习目标：

■ 理解如何为主体对共享资源的竞争进行建模和编程。

■ 掌握如何对直接相互作用进行编程，一个主体让另一个主体执行某些行为。

■ 理解局部和全局相互作用之间的差异以及如何分别对其进行建模。

■ 学会两种技术，并对海龟间的长期相互作用进行编程，在相互作用的海龟之间创建 NetLogo 链接，或者对海龟定义一个包含与之相互作用的其他海龟的变量。

■ 理解如何将 NetLogo 列表用于对“记忆”建模。

13.2 相互作用的 NetLogo 编程

即使在已构建和探索的简单模型中，也会发生相互作用。事实上，ABM 中几乎无法避免相互作用。一种特别常见的间接相互作用是对资源的竞争。在 NetLogo 中，编写海龟间竞争嵌块上资源的程序特别容易，仅通过减少资源所在嵌块的 resource 变量值来“消耗”资源即可。如果资源可再生，则可再生可作为嵌块活动来建模。

社会科学类的 NetLogo 模型库中包含一个合作模型。该合作模型是资源竞争的一个很好的案例。此模型中，奶牛互相竞争的资源是草。草是一个嵌块变量。于是，奶牛吃草的行为可用以下例程来定义：

```
to eat-greedy ;; turtle procedure
  if grass > 0
  [
    set grass grass-1
    set energy energy + grass-energy
  ]
end
```

在以上代码中，奶牛首先检查嵌块中是否有草可吃。如果有，它们将吃掉一个单位的草量，用于补充能量。草是一个嵌块变量，奶牛会受嵌块上其他奶牛的影响。如果嵌块上有太多的其他奶牛在吃草，则该嵌块没有剩余的草。该嵌块上的草是否再生长，取决于 grow-grass 例程中奶牛消耗的草量。

（以这种方式对嵌块上的资源竞争进行建模时，重要的是要仔细考虑尺度问题，即在模型所定义的时间步内，模型嵌块定义的区域上，海龟代表的真实对象是否真正存在相互竞争？如果合作模式的时间步定义为 1 天，区域宽度为 5m，那将夸大竞争强度，因为现实中的牛群不会一整天仅待在 5m×5m 的区域吃草。）

下面编写一个主体直接相互作用的示例。海龟的行为取决于最近邻海龟的变量 happiness。每只海龟都有自己的变量 neighbors-happiness，其用于存储最近其他海龟的 happiness；该变量设置如下：

```
; First, identify the nearest other turtle
let nearest-turtle min-one-of other turtles
  [distance myself]

; Now get its happiness and store it in my variable
set neighbors-happiness [happiness] of nearest-turtle
```

以上代码中的关键原语之前都学过（如 10.3 节）。原语 of 表示提供一个主体报告器的值，该值只是主体的变量之一；原语 ask 表示一个主体如何让另一个主体执行活动；原语 myself 返回 ask 语句中发起相互作用的主体（即“调用”主体）。当主体相互竞争时，相互作用特别重要。下面引入电话营销模型来学习以上技巧。

13.3 电话营销模型

曾经偏远的 Wasellya，如今发展非常迅速，突然间所有居民都拥有了电话。随着电话的普及，自然地，电话营销机构投资者迅速涌入，这是一个良好的商机吗？有多少个电话营销机构在经营该业务，又会持续多长时间？电话营销机构的平均存续时间如何随所启动的业务数量变化？针对这些问题，以下是其简单模型的 ODD 描述；您可以实现该模型。

13.3.1 电话营销模型的 ODD 描述

1. 目的和模式

该模型的真正目的是说明几种相互作用方式，如何对它们进行建模，以及它们对系统行为的影响。尽管建模系统是虚构的，但它确实代表一种常见的 ABM 场景，系统中的主体之间争夺资源，并且结果有成败之分。在这个模型中，我们只定义了简单、通用的模式作为其有用性的标准。系统性能的两个衡量指标包括①营业中的电话营销机构的数量，其随时间的变化；②电话营销机构营业时长的中位数，该时长取决于主体的数量及其相互作用的方式。

2. 实体、状态变量和尺度

该模型有两种实体，分别是嵌块表示的潜在客户（有电话的家庭）和海龟表示的电话营销机构。该模型具有空间属性，表达一定区域，电话营销机构与区域内的潜在客户联系。电话营销机构与潜在客户之间的距离，定义为任意单位的一个嵌块大小。将“世界回绕”功能关闭，因为空间确实存在边界。

除了其位置外，潜在客户只有一个状态变量。该状态变量是一个布尔变量，表示当前时间步他们是否被电话营销机构致电过。在 NetLogo 程序中，可用嵌块的颜色表示此变量。如果尚未被致电，嵌块呈现一种颜色；如果已被致电，嵌块呈现另一种颜色。

电话营销机构包含 2 个状态变量，一个表示电话营销机构在空间中的位置（浮点数），以及员工、拨号机、电话线和其他资源的规模；另一个表示电话营销机构的银行存款余额。该银行存款余额用于机构正常运营及扩大经营。

该模型运行的时间步为一周，共模拟 200 个时间步。模型中有 40 401 个潜在客户。NetLogo 世界中的嵌块原点位于中间，最大坐标（x，y）为（100，100）。

3. 过程概述和调度

模型包括四个活动，每个时间步按以下顺序执行。

第一，所有嵌块重置其状态变量，将“本周是否被电话营销机构致电过”的状态变量重置为“no”（即将 pcolor 设置为表示“尚未被致电”的颜色）。

第二，电话营销机构使用下面详细介绍的子模型进行电话销售。电话营销机构打完电话后，下一个电话营销机构才能打通电话。电话营销机构会致电大量潜在客户。在Wasellya发展早期，电话成本随距离的增加而急剧增加，因此潜在客户都位于电话营销机构的销售半径内，其数量随电话营销机构规模的增大而增大。如果之前尚未被致电，该时间步被致电的潜在用户会从电话营销机构购买东西，随后将其“是否被致电过”的状态变量改为“yes”，更改pcolor的颜色为“已被致电过”的颜色。如果变量已经是“yes”，则潜在客户会挂断下一个电话营销机构的电话，什么也不买。这样，如果第一个致电客户的机构已完成销售，本周较晚致电同一客户的机构则一无所获，很显然，电话营销机构执行第二个活动的顺序非常重要，该问题将在第14章探讨。本章采用NetLogo默认调度，即每个时间步，电话营销机构执行活动的顺序随机变换。

第三，电话营销机构进行每周核算。核算子模型在下文的“7. 子模型”中进行了详细描述。收入取决于成功致电的次数。业务成本随成功致电次数线性增加。通过添加销售收入，并将其减去成本来更新银行存款余额状态变量。如果银行存款余额为负，电话营销机构将破产，并从模型中删除。如果银行存款余额足够高，电话营销机构就会扩大其规模。

第四，观察者更新。输出结果包括仍营业的电话营销机构的数量、规模的直方图以及销售总量。

4. 设计列表

基本原则。此模型探讨的基本概念是主体间对有限但可再生资源的竞争。

涌现。我们感兴趣的首要模型结果是随着模拟进程推进，营业的电话营销机构数量随时间变化的模式。电话营销机构的规模分布——随着时间的推移，大小公司的数量及其随时间的变化——是另一个我们想知道的有趣结果。这些结果的涌现来自初始化的电话营销机构数量，电话营销机构之间如何相互竞争，客户数量及客户对致电的响应，以及电话营销机构如何将其收入转化为扩大规模等行为。

适应性行为。电话营销机构通过决定是否扩大规模以及扩大多少来调整其成功营销行为。不过，这种行为的建模非常简单和严格，超出最低限额的所有银行存款结余都会自动用于增加其规模。潜在客户有一个简单的行为，即当被致电时，他们会根据该时间步是否已被致电来决定是否购买，没有自适应权衡决策。

预测。电话营销机构的适应性行为基于隐式预测，如果销售额高于所需的最低银行存款结余，那么规模的扩大将进一步增加收入。（请注意，这种隐式预测不同于“只要收入增加，就扩大规模”的预测，而且可能不那么明智。当收入很高却一直在下降，扩大规模明智吗?）

感知。电话营销机构会感知每个潜在客户是否在当前时间步已购买。

相互作用。相互作用有两种，电话营销机构和潜在客户之间以及电话营销机构之间的相互作用。电话营销机构通过与潜在客户沟通来进行直接相互作用，确定其是否购买，然后更改其状态用于表明其在当前时间步已购买。电话营销机构彼此之间的相互作用是由他们竞争的资源——客户——决定的。当电话营销机构的地域重叠时，一个电话营销机构的客户不再为其他电话营销机构的潜在销售提供机会。

随机性。该模型有三个随机因子。第一，模型初始化时，电话营销机构会被放置在随机位置；第二，电话营销机构从所有潜在客户中随机选择他们致电的客户（参见下面的电话营销子模型）；第三，电话营销机构致电顺序在每个时间步中都是随机的，以避免因第一个致电者的优势造成偏差。

观察。对营业的电话营销机构数量进行绘图，输出最感兴趣的结果。为了解系统的运行方式，电话营销机构规模直方图也很有用（图 13.1）。将各时间步营业的电话营销机构的数量输出到文件，以便在模拟结束时，对营业的电话营销机构的营业时长进行统计（如机构存续时长的中位数——有一半机构难以存续到该时间）。

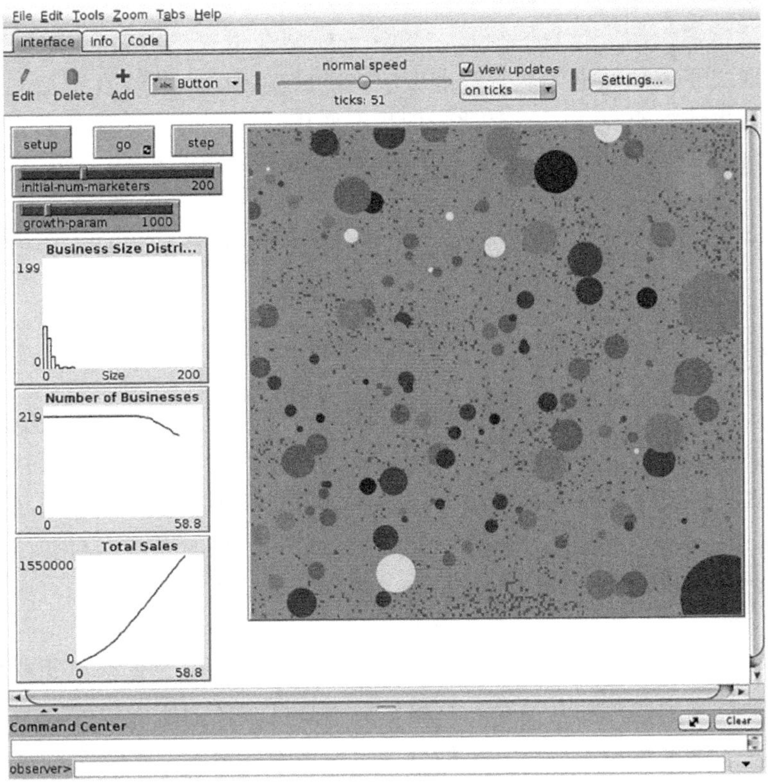

图 13.1 电话营销模型的实现

电话营销机构在视图中显示为“圆圈”；未被致电的客户（嵌块）显示为深色，致电过的客户（嵌块）为浅色。“机构规模分布”（Business Size）直方图表示不同规模下的电话营销机构数量。“机构数量”（Number of Businesses）表示营业的电话营销机构的数量。“总销售额”（Total Sales）表示当前时间步所有营销电话机构的总销售额（注：横纵坐标的区间大于真实数值）

5. 初始化

该模型初始化时使用 200 个电话营销机构，每个电话营销机构的规模为 1.0，银行余额为 0.0，且位置等概率随机分布。为便于显示，将位置随机赋予颜色并将其绘制为圆圈。

潜在客户的变量“是否在一周内被致电”初始化为“否”。

6. 输入数据

该模型不使用时间序列输入数据。

7. 子模型

电话营销。电话营销机构的潜在客户表达为位于其营销区域内的嵌块。该区域是以机构位置为圆心，半径等于其规模平方根 10 倍的一个圆形区域。每个时间步，最多可致电的次数为其规模的 100 倍。除非区域与空间边缘重叠，否则潜在客户的数量约为致电次数的 3.14 倍。如果潜在客户的数量大于最多致电次数，则在潜在客户中随机选择直到最多致电次数。相反，位于空间边缘的营销机构，如果潜在客户的数量小于最多致电次数，则将致电所有潜在客户。成功售出的数量等于同一时间步内，未被其他机构致电过的潜在客户数量。(编程提示：无须模拟每次销售致电！电话营销机构只需确定其已售出的潜在客户的一个子集，对子集计数，然后让子集内的潜在成员确认自己被致电过。)

电话营销机构核算。机构每周运行成本等于电话营销机构的规模乘以 50。(货币单位不限。) 销售收入是成功销售次数的 2 倍。银行结余通过增加销售收入并减去机构运行成本来更新。

参数 growth-param 决定了电话营销机构的增长速率。如果新的银行结余大于 growth-param 的值，则电话营销机构会将 growth-param 之外的所有资金用于增加机构规模。银行余额每超过 growth-param 参数 1 个单位，电话营销机构的规模就会增加一个 money-size-ratio 的数量，即 0.001。例如，growth-param 的值是 1000，如果新的银行结余是 1500，则电话营销员的规模将增加 0.5(即[1500-1000]×0.001)。(电话营销机构的规模从未减少。)

如果新的银行结余少于零，则电话营销机构破产，并立即从模型中退出。

13.3.2 电话营销模型分析

对这个模型编程结束后，要做的第一件事当然是生成测试输出并对其进行分析，确保您已经对子模型进行正确编程。另外，还要确保您理解该模型的一个基本关系：随着电话营销机构规模的增加，为避免破产，电话营销机构每周必须完成的销售额如何变化。

然后，就可以进行行为空间实验，查看模型如何响应影响电话营销机构之间相互作用强度的两个参数：电话营销机构的初始数量和以 1000 为基数的 growth-param。随着时间的推移，这两个参数如何影响营业的机构数量？模拟结束时仍存续的机构数是否有所不同？要回答这些问题，需要绘制类似于图 13.2 的图表。

某些结果可能非常意外。起初，您可能认为初始的电话营销机构越多，它们竞争就会越强，失败也会更早。但是，图 13.2b 显示，电话营销机构的存续时间中位数随着电话营销机构数量的增加而延长。同时，从界面中还注意到一些重要的定性模式。首先，最先发展较快的机构不会存续很长时间。其次，存续并最终处于主导地位的机构往往位于该空间的边缘。您认为为什么会出现这些模式？它们有关系吗？

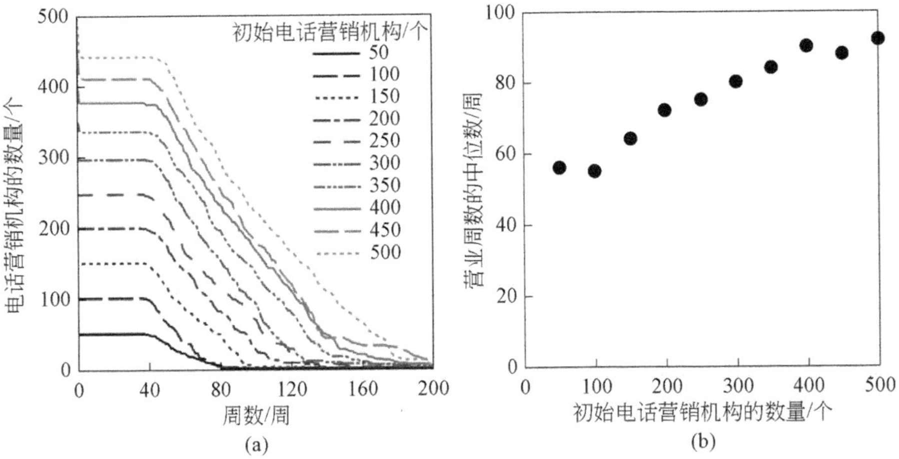

图 13.2　电话营销模型的示例结果

（a）营业的机构数量随时间的变化，机构数量初始值取 10 个不同值。（b）电话营销机构存续周数的中位数与最初的机构数量的关系

13.4　模型的深化：全局相互作用

现在，想象一下，Wasellya 的技术进步很快，电话系统很快实现了现代化，在该国任何地方拨打电话都不会成为障碍。因此，电话营销机构之间的竞争不再局限于本地，而是整个区域，即所有的机构都将所有嵌块作为潜在客户。这是从局部相互作用转为全局相互作用的典型案例。该全局相互作用建模摆脱了潜在客户在一定半径范围内的限制，可通过 NetLogo 轻松实现。这样，电话营销机构只需从所有嵌块中随机拨打电话即可。（该模型当前是非空间的，电话营销机构和客户的位置无关紧要。）

随着时间的推移，从局部相互作用到全局相互作用的切换如何影响系统的行为？将这个问题留作练习之一。

13.5　直接相互作用：电话营销模型中的合并

从前面的讨论可以看出，电话营销模型中的主体非常脆弱：随着竞争的加剧，它们很快就会倒闭，而且规模越大，似乎越容易倒闭。为避免这种脆弱性，机构间采取合并。如果一家机构有破产的风险，它可能会以换取一部分未来利润为交换条件，寻找一家更大的机构来弥补其亏损。合并是一种直接相互作用的形式，主体们将彼此视为合作伙伴，并相互进行交易。

现在，我们将合并建模为母子关系，电话营销机构可以使自己成为一个（且仅有一个）母公司的子公司，但是母公司可以拥有多个子公司。通过将以下假设添加到每周核算的子模型中，可以将非常简化的合并版本添加到电话营销模型中。

■ 如果电话营销机构的银行结余低于零，并且还没有母公司，它将通过与另一电话营销机构合并来避免倒闭，从较大规模，并且银行结余大于电话营销机构赤字（“赤字”表示结余为负，其值等于-1×银行结余）的其他所有机构中随机选择一个作为母公司。如果没有这样的潜在母公司，该电话营销机构就会破产。

■ 当找到母公司时，会有一笔相当于子公司赤字的金额从母公司的银行账户转到子公司的银行账户，因此子公司的银行结余变为零。

■ 如果电话营销机构已经与母公司合并，则其每周的净收入（销售收入减去运营成本）的一半将转移到母公司的银行结余中，而不再添加到子公司的银行结余中。即使净收入为负，这种转移也会发生，并且发生在更新银行结余和执行以下步骤之前。

■ 如果电话营销机构的银行结余低于零，并且已有一家母公司，它将通过从其母公司获取资金来避免倒闭。如果母公司的银行结余大于电话营销机构的赤字，则赤字金额将从母公司转移到子公司。如果母公司的银行结余不足以弥补赤字，则子公司将破产。

■ 电话营销机构破产时，其母公司或子公司不会破产。（母公司和子公司的关系网可能相当长，而且很复杂，所以使母公司和子公司破产的程序也会非常复杂。）

通过以下编程说明中的提示，您会发现对这一更改进行编程相对容易。

编程提示：通过变量和链接追踪关系与长期相互作用

要对持续的直接相互作用（如电话营销机构的母子关系）进行编程，各主体必须追踪与之相关的其他嵌块。在电话营销模型中，作为子公司的电话营销机构需要“记住”其母公司所属的电话营销机构，这样就可以向其汇款或从中获利。（母公司不需知道其子公司。）

在经典的面向对象编程语言中，这种持久性关系通过为主体设置一个变量来实现，该变量包含与之相互作用的主体的标识（如果该变量与多个主体相互作用，则该变量将是一份主体列表）。在电话营销模型中，创建一个名为 parent 的海龟变量，并在创建海龟时将其初始化为 nobody，从而将以上方法应用到电话营销模型中。然后，当电话营销机构需要母公司时，可通过诸如以下代码来标识

```
let turtles-to-merge-with
  other turtles with [size > [size] of myself and
  bank-balance > (-1 *  [bank-balance] of myself)]

if any? turtles-to-merge-with
[
  set parent one-of turtles-to-merge-with
  merge-with parent
]
```

其中，merge-with 是一个例程，为母子关系形成后的子公司与母公司的相互作用的代码。然后，电话营销机构使用变量 parent 表示与母公司的所有相互作用。例如，向母公司发送每周的利润份额，可通过如下类似代码完成（假设 net-profit 是一个局部变量，没必

要使用 [net profit] of myself)：

```
if parent ! = nobody
[
  ask parent
    [set bank-balance bank-balance + (0.5 *  net-profit)]
  set net-profit (net-profit *  0.5)
]
```

NetLogo 的链接为您应该熟悉的相互作用关系编程提供了另一种功能强大的方法。在这种方法中，创建从子公司到母公司的链接，而不是海龟所需的其他海龟（母公司）变量。例如，要识别母公司并与之合并，可以使用以下代码：

```
let turtles-to-merge-with
  other turtles with [size > [size] of myself and
  bank-balance > (-1 *  [bank-balance] of myself)]

if any? turtles-to-merge-with
  [
    create-link-to one-of turtles-to-merge-with
    merge-with one-of out-link-neighbors
  ]
```

这段代码创建了一个从当前子公司指向其新的母公司的链接。请注意，原语 out-link-neighbors 返回通过输出链接连接的所有相邻海龟的一个主体集合，因此必须使用 one-of 来将此主体集合（这里的主体集合永远只包含一个海龟）转换为一个海龟。现在，子公司向其母公司发送利润，通过如下代码

```
if any? my-out-links
[
  ask out-link-neighbors
    [set bank-balance bank-balance + (0.5 *  net-profit)]
  set net-profit (net-profit *  0.5)
]
```

相比以上代码中使用 parent 变量的方案，本示例使用链接可能显得有点笨拙，不过，当主体与多个其他主体进行相互作用时，使用链接会容易得多。使用链接的一个优势是在视图中可以看见它们，方便观察其数量和复杂程度。另一个优势是链接本身可以具有变量来包含有关其表达的关系的信息。例如，链接可以记录其创建的时间。

当从模型中删除其成员时，要自动撤销并清理母子关系，NetLogo 有两种特别简单的方法。当主体执行原语 die 时，任何输入或从该主体输出的链接都会自动删除。当使用一个变量来保存海龟（这里指母公司）时，如果海龟死亡，该变量会自动重置为 nobody。(在其他编程语言中，这种清理可能是一个头疼的问题!)

电话营销机构的这种合并能力是否会使系统稳定？当对更改进行编程和测试，然后重新分析模型时，您会发现如图 13.3 所示的结果，合并似乎会放慢，但并不会停止，电话营销机构的破产会持续稳定进行，直到只剩一个。

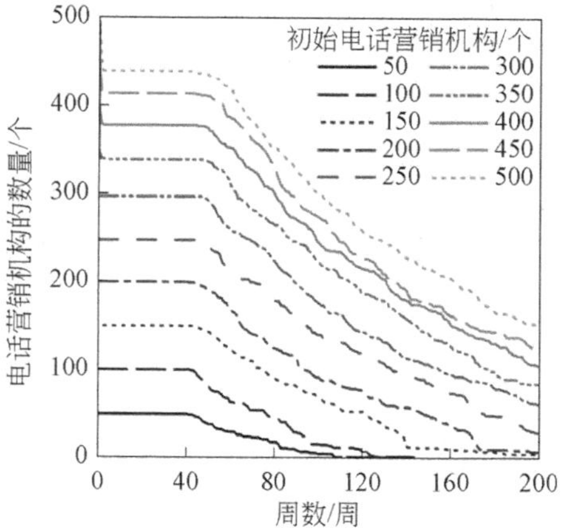

图 13.3　电话营销模型中机构合并的示例结果（与图 13.2a 进行比较）

13.6　客户的反击：记住谁打过电话

可以想象，Wasellye 居民很快就会对所有电话营销机构厌倦，并开始怀疑拥有电话是否是一件好事。如果潜在客户开始抵制，记住已呼叫过的电话，从致电多次的电话营销机构处购买——我们可将其添加到模型中吗？记忆通常是决策的要素之一。现实中，这一新过程是客户的一种简单的适应性行为，会影响到与电话营销机构的相互作用。客户通过记住电话营销机构已经打过多少次电话，来决定是否接听营销电话。

让我们从电话营销模型的第一个版本（如 13.3 节所述）开始，并进行以下更改：

▶ 嵌块有一个状态变量 tolerance，表示其可以接受来自同一电话营销机构的致电次数。初始化模型时，通过随机赋予介于 5 ~ 20 的一个随机整数，对各嵌块设置此变量，并且保持不变。

▶ 嵌块会记住所有致电次数，无论是否促成销售。当电话营销机构致电时，嵌块会检查该机构之前的致电次数（不包括当前电话）是否超过其 tolerance 变量。如果超过，则客户挂断电话，电话营销机构不会进行销售。客户还可拒绝当前时间步的任何其他电话营销机构。

列表通常是编程“记忆”（memory）的一种有效方法。当某个事件发生时，表达该事件的信息会添加到列表中。稍后，可以检查该列表以确认事件发生的时间或次数。NetLogo 包含可以这样使用的列表。重读编程指南的有关列表的部分，熟悉原语 list。

（NetLogo 的列表在两个方面与主体不同，这对于把它们作为“记忆”使用是至关重要的。首先，一个列表可包含同一主体的多个条目；海龟 13 可能是列表中的第四项和第十五项。但是，主体集合只为各成员保留一个条目；如果将海龟 13 添加到一个已包含它的集合中，则什么也不会发生；其次，通过列表，可知道并使用主体在列表中的出现顺序——列表的顺序不会改变，除非通过排序等方式对其进行专门更改。（不过，每次使用 ask 语句时，都会对主体集合进行随机排序，因此我们永远不会知道其顺序。）

要对潜在客户对被致电次数的记忆进行编程，我们首先需要为嵌块定义一个变量，用于存储嵌块的记忆列表。然后，在 setup 例程中，通过告知 NetLogo 该变量是一个列表来对其初始化。与其他类型的变量不同，列表在使用前必须被显式定义，像如下代码中一样将变量设置为一个空列表，或在变量首次赋值时使用原语 list 等。对嵌块定义两个变量，一个变量命名为 tolerance，表示潜在客户在拒绝电话营销机构之前所允许的最多致电次数；另一个变量命名为 caller-memory-list。这两个变量在 setup 例程中初始化的语句如下：

```
ask patches
[
  set pcolor green

  ; set tolerance between 5 and 20
  set tolerance 5 + random 16

  ; Initialize the list of callers
  set caller-memory-list []
]
```

第三个 set 语句只是告诉 NetLogo，caller-memory-list 是一个当前为空的列表。现在，每当电话营销机构致电一个潜在客户（一个嵌块）时，该嵌块将其添加到此列表中，来记忆致电过的电话。

在嵌块上下文中，可使用一个简单的报告器来记录电话营销机构已致电并确定是否接受新致电。该布尔值报告器将电话营销机构作为一个参数，如果嵌块拒绝了电话营销机构的任何致电，则返回“false”。该代码使用列表原语 filter 创建一个新的临时列表，该列表仅包含该特定电话营销机构的致电。（filter 是使用“匿名例程”的原语之一，在 14.2.3 节中将对此进行解释。）因此，通过原语 length 获得的临时列表的长度即为电话营销机构的致电次数。

```
to-report i-accept-call-from? [a-marketer]
  ; First see how many times the caller appears on the
  ; memory list. Do this by getting length of a temporary
  ; list that contains only this caller
  let num-calls length filter
    [a-caller -> a-caller = a-marketer] caller-memory-list

  ; write a-marketer ; Test outputs
  ; show num-calls ; Use this only with very few turtles!
```

```
  ; Then remember this call by adding it to the memory
  set caller-memory-list fput
    a-marketer caller-memory-list

  ; See if number of previous calls is equal to or below
  ; the tolerance. If so, report "true" to accept the call
  report num-calls <= tolerance ; Report true or false

end
```

编程提示：逻辑条件是一个报告器

在报告器 i-accept-call-from? 的代码中，语句 report num-calls <= tolerance 似乎缺少内容。您可能已经预料到是这样：

```
ifelse num-calls <= tolerance
[report true]
[report false]
```

但是，逻辑条件 num-calls <= tolerance 实际上是一个布尔报告器，返回的值为真或假。实际上，通过 NetLogo 词典知道，布尔报告器必须跟在原语 if 和 ifelse 之后。我们的自制报告器 i-accept-call-from? 也是布尔值，其 report 语句必须返回真或假。因此，可直接报告通过逻辑条件 num-calls <= tolerance 返回的值，而不用 ifelse 语句。

现在，电话营销机构可与其各客户（嵌块）进行相互作用，生成仍接受其销售致电的客户子集（当被要求执行 i-accept-call-from 报告器时，返回“真”），使用的语句如下：

```
set buyers buyers with [i-accept-call-from? myself]
```

以这种方式编写嵌块程序来记住电话营销机构的致电后，您可以打开嵌块的监视器来测试程序。首先，它应该将记忆列表显示为空列表，然后随着程序的执行，显示被添加到列表中的电话营销机构。

添加电话营销机构有限的致电次数 tolerance 又如何定量和定性地改变模型结果？例如，与第一版相比，较小规模的电话销售机构是否更容易破产？这些问题留作练习。

13.7 小结与结论

相互作用是 ABM 的一个标志性的、独有的特征。通过对单个主体而不是整个系统进行建模，表达各主体如何与其他主体及其环境进行相互作用，这种相互作用通常是局部的，有时是全局的。因此，可通过 ABM 研究相互作用对系统行为的一些常常很重要的影响。模型的相互作用可以是直接的，一个模型实体可以通过更改其状态来影响另一个模型实体；也可以是间接的，主体通过某些共享资源来相互影响。

在 NetLogo 中，可以使用相同的原语对多种相互作用进行编程，尤其是在感知中常会用到的原语 of 和 ask。将资源设为嵌块变量，海龟消耗减少其所在嵌块的资源变量，这样可以非常轻松地实现对共享资源竞争的编程。某些类型的相互作用会涉及关系，同一对（或一组）主体重复相互作用。NetLogo 的链接对于建立这种关系非常有用。电话营销模型提供了既有直接相互作用，又有间接相互作用的一个很好示例。在示例中，直接相互作用表现为电话营销机构更改客户状态，以及机构间彼此构建合并关系；间接相互作用表现为电话营销机构间争夺客户。

本章介绍了运用 lists 进行“记忆”建模的技术，其中 lists 包含表达过去事件的要素。本章中，事件是客户与电话营销机构之间的相互作用，但同样的技术可以用于多种情况下的“记忆”。通过 NetLogo 的原语 list 可以轻松地从一个“记忆”列表中提取某类型的事件（如与特定主体的相互作用）。

从电话营销模型中可清楚地知道，当存在相互作用，特别是竞争时，模型中执行事件的顺序可能会产生强烈的影响。先致电的电话营销机构可进行销售，后致电的电话营销机构不能进行销售，因此，如果我们更改电话营销机构拨打电话的顺序，将会得到完全不同的结果。这是一个调度问题，下一章我们将运用该模型来研究事件调度如何影响模型结果。

13.8 练　　习

（1）13.3.2 节的第一段指出，在分析电话营销模型之前，重要的是理解随着电话营销机构规模的扩增，电话营销机构存续所必需的销售数量如何变化。假定这个数量是电话营销机构在上一个时间步业务扩增时，为免遭立即破产所需的最低销售数量，请绘制 growth-param 的多个值与时间步关系的单线图。

（2）分析第一个电话营销模型（见 13.3.2 节）时，有一个反常结果，电话营销机构的存续时长中位数随着机构数量的增加而增加，而不是因为竞争更大而减少，为什么？如何证实这是否是机构扩增过快的结果？（提示：查看控制电话营销机构快速扩增的参数。）

（3）您能否开发一个更成功的电话营销适应性行为子模型——决定何时扩增以及扩增多少？首先，定义您认为“成功”的含义；然后，尝试一些方法，并描述如何进行评估。

（4）电话营销模型的第二个版本（见 13.4 节）是非空间性的：电话营销机构进行全局而不是局部相互作用，如何影响模型结果（如图 13.2 所示的结果）？

（5）运用 NetLogo 的链接表示电话营销机构之间的母子关系，实现模型的合并版本（见 13.5 节）。将测试输出到一个文件或命令中心，以验证①电话营销机构正确选择母公司，母公司的标准是具有更大规模和足够的银行存款结余；②子公司将一半的利润准确发送给母公司；③当子公司的银行存款结余为负数（赤字）时，母公司会为其弥补赤字。合并相互作用的加入将如何影响模型结果（如图 13.2 所示的结果）？

（6）实现如 13.6 节所述的客户“记忆”电话营销机构致电的模型版本。客户与电话营销机构的这种相互作用方式的变化如何影响模型结果？

（7）政府尝试通过拒绝致电列表来控制电话营销机构。一种方法是要求各电话营销机构保留一个客户清单，清单上的客户要求不要再打进电话。另一种方法是国家的“拒绝致电”清单，客户可将自己列入名单，不允许电话营销机构给名单上的任何人打电话。选择这两种方法之一，设计并实现一个版本，模型假设有一部分客户要求加入国家的“拒绝致电”清单。

（8）请您修改练习 6 中实现的模型，让客户只“记忆”接到的最后五个电话营销机构的电话。

14 调　　度

14.1 引言与目标

在前面章节中构建和使用模型时，您可能发现自己一直在思索一个问题，即模型事件发生的顺序可能会影响到您的结果，模型中如何调度活动——事件按什么顺序执行，以及我们如何使 NetLogo 按我们想要的顺序执行它们？调度是模型设计要考虑的一个重要因素。在 ODD 模型描述协议的早期版本中，调度是第Ⅱ部分其他章节讨论的设计概念之一。不过，本书将调度视为 ODD“过程概述”要素的一部分（图 3.1）：要为模型过程提供一个有意义的概述，我们必须指定活动执行的顺序。

调度是指如何模拟时间。在模拟的真实系统中，主体的活动总是连续、同时发生的。模型简化现实的一种方法是简化时间表达，不同于多个主体同时进行多个活动，模型将主体的活动表达为离散事件，以我们明确指定的特定顺序执行。您可能认为用这种方式来简化时间，是因为计算机一次只能执行一段代码，但今非昔比，现在拥有多个处理器或“线程”的计算机很常见，这些计算机可同时执行多段代码。简化时间表达最重要的原因是大大降低模型及其结果的复杂性。编写计算机程序使多个主体同时执行多个活动是可能的，但这对于理解发生了什么以及为什么发生会变得更加困难。

学习目标：

■ 掌握时间建模的基本概念：“动作”，离散时间步及其应用的假设，以及连续时间调度。

■ 确切知道原语 tick 和 ticks 的功能以及如何用于追踪时间；如何按照所需停止模型。

■ 加深理解活动执行顺序如何影响模型结果，以及如何运用执行顺序模拟系统，系统中的个体间可能存在偏差或等级。

■ 理解诸如同步更新之类的方法，用于处理现实中比模型的时间步更小（即更频繁发生）的事件。

■ 学会 repeat、loop 和 while 等重要原语。

14.2 NetLogo 中的时间建模

模型模拟中的时间表达很像空间建模。空间信息可以是离散的，划分成不同的区域，区域内特征一致。NetLogo 中的嵌块是对空间的离散表达。空间信息也可以是连续的，无论距离多小，它都可以在距离上连续变化。NetLogo 将海龟的位置表示为连续的：位于嵌块（5，10）上的海龟位置可能是（4.8325，10.4171）。同样，通过假设活动以规律的时间步（NetLogo 中的滴答）发生，将时间表达为离散的。例如，如果用日时间步来简化现实，则模型的状态一次向后跳跃一天，这样模型中的所有事件都代表从一天变化到下一天。通过指定各事件发生的确切时间，还可将时间表达为连续的，正如可将离散的嵌块与连续的空间位置结合一样，NetLogo 可通过时间步表达大多数活动，同时也包含两个时间步之间的特定时刻所发生的一些事件。

空间和时间建模的区别在于，当使用离散时间并假设事件仅在规律的时间步发生时，仍必须指定这些事件在每个时间步执行的顺序。对于大多数 ABM，确定此顺序是调度的核心问题。在探索它之前，需要先对正在调度的对象有一个明确的定义。

14.2.1　活动

3.3 节已定义了模型调度要素的活动术语：调度定义了模型以什么顺序执行哪些活动。一个活动有三个组成部分，详细定义如下：

■ 活动的主体，由哪些模型实体或主体（特定的海龟、所有嵌块、观察者等）执行活动；

■ 实体或主体要执行的代码（一个例程、一个 NetLogo 原语、ask 语句中的代码块等）；

■ 如果多个实体或主体执行代码，则这些实体或主体执行的顺序。

一个组织良好的 NetLogo 程序的 go 例程只是一系列活动，如

```
ask patches
[
  diffuse pheromone 0.3
  set pcolor scale-color blue pheromone 0 10
]
ask turtles [move]
update-output
```

这些语句中，第一个语句是一个活动，该活动指定①哪个模型实体（所有嵌块）；②要执行的代码（方括号中的两个语句，diffuse 和 set pcolor）；③顺序（我们知道，ask 每次执行都会对主体集合随机排序）。第二个活动除了由海龟执行一个名为“move”的例程外，其余与第一个活动类似。第三个活动仅影响一个模型实体，观察者，并被告知执行一个名为 update-output 的例程。

因此，要理解 NetLogo 程序中时间的表达方式，可以从查看 go 例程开始，看看包含哪些活动以及活动的顺序。go 例程本身就是一个活动：当您在界面上按下它的按钮来执行它时，您就是在告诉一个对象（观察者）执行 go 中的语句。

14.2.2　离散时间步

ABM 中常见且（通常）简单的时间建模方法是通过离散时间步建模。目前为止，我

们所有的示例模型都假定所有事件均以规律的时间步发生，一个时间步（go 例程执行一次）代表一个时间单位，如一分钟、一天或一周。时间步的使用即按照特定的时间分辨率简化模型。如果使用日时间步，通过考虑每天发生的事件来设计模型，这样则将一天中发生的所有事情浓缩为日事件。如果主体要移动，则通过仅考虑主体一天内可移动的距离来决定嵌块的大小并设计移动算法，而不需要每小时移动的细节。

尽管离散时间步是表示时间的一种常见且简单的方法，但它们确实会迫使我们做出可能产生严重后果的决策。假定模型事件在每个时间步均发生一次时，必须确定每个时间步模型活动的执行顺序。活动的执行顺序有时会强烈影响模型结果（但有时不会）。通常，大多数活动的执行顺序相当清楚：如果主体行为取决于随时间变化的环境变量，那么需要在主体行为之前调度环境更新的活动；如果想在时间步结束时输出模型状态结果，那么输出应该被最后调度。本章的后续内容将讨论执行顺序如何影响模型结果的问题以及如何解决这些问题。

在 NetLogo 中，将所有主要的模型活动都放入 go 例程中，并使用 tick 原语来追踪时间步长。执行 go 例程一次，模拟一个时间步，当 tick 执行时，内置变量 tick 增加 1。go 例程中合理安排模型活动和观察者更新的代码如下：

```
to go
  tick
  if ticks > run-duration [stop]

  ask patches [patch-update-procedure]

  file-open "TestOutputFile.csv"
  ask turtles [first-turtle-procedure]
  file-close

  ask turtles [second-turtle-procedure]

  output
end
```

每个时间步开始的第一个活动是原语 tick，用于增加内置变量 ticks 的值，并进行视图更新（如果在视图设置为“按时间步更新”）。因此，执行的第一时间步是 tick1：若在 setup 例程执行 reset-ticks 时，ticks 被重置为 0。但是请注意，当前视图将表达所显示时间步编号模型的初始状态。

第二个活动是观察者检查是否应该停止。在此示例中，当我们选择执行的时间步数（称为 run-duration 的变量）执行完毕后，模型就会停止。我们将在 14.2.6 节讨论此类停止规则。

tick 语句和停止规则出现在 go 例程的开头而不是结尾，原因有两个。第一个原因是将 tick 放在 go 例程的开头，可确保时钟计数器在随后的任何活动中使用时都是准确的——第一个时间步时计数为 1，第二个时间步时计数为 2，依此类推。第二个原因是从行为空间获得完整输出：当行为空间运行实验时，只在 go 例程结束时写入其输出。因此，如果在 go 例程结束时停止模型，将无法获得最后一个时间步的行为空间输出。按照推荐的方式，要运行 200 个时间步的模型，可将 run-duration 设置为 200，行为空间将生成 201 行输出，显示第一个时间步之前以及第 1 ~200 时间步结束时的模型状态。

有一个重要的活动没有出现在 go 例程中，而是被安排在界面标签页上。该活动是更新视图（见 9.2 节）。使用时间步时，通常最好“按时间步”更新视图，这样您就能明确视图显示的是某个时间步开始时的模型状态。界面上的速度控制器实际上也是一个调度工具：提高速度时，NetLogo 只是减小调度视图更新的频率，在等待视图更新之前模型已运行了多个时间步。

14.2.3　执行顺序、偏差和等级

为什么每次执行时，ask 都会将主体集合随机排序？原因是许多模型都类似于电话营销模型：先执行的主体比后执行的主体具有优势（或劣势）。在电话营销模型中，如果同一个电话营销机构总是优先的话，其将总能先接触到有限的客户资源，比那些总是稍后接触到客户的电话销售机构具有明显的优势。因此，简化时间——假定每个电话营销机构的周致电都会同时进行——可能会产生偏差。ask 原语通过打乱主体的执行顺序，避免出现总是先行的主体，以减少相应的偏差。

因此，ask 原语旨在避免执行顺序引起的偏差——但有时我们建模的系统也有偏差：大的个体似乎有优先权，获得资源的机会更多。这些偏差通常会产生“正反馈”，这也是复杂的系统会变得更复杂的原因之一。在商业领域，公司越大，拥有的营销、研究或为其他公司设定必须遵循的标准的能力越强。在生态学中，个体的体型越大，其可以捍卫和统治的栖息地越好，或获得的配偶越多。为了在模型中表达类似的等级，以特定的顺序执行某些活动可能会有帮助：在某种程度上占主导的主体可优先执行某些活动。

NetLogo 提供了一种方法，该方法有些复杂（但文档完整，请参阅编程指南中的列表部分），要求按某个主体变量的顺序来对主体集合执行活动。例如，在电话营销模型中，规模较大的机构比规模较小的机构更具有优势，如拥有更快的拨号机和更具说服力的营销员等，通过假定根据其 size 变量从大到小的顺序来确定致电顺序，从而表达相应的等级。对此变化进行编程，将如下代码：

```
ask turtles [do-sales]
```

替换为

```
foreach sort-on [size] turtles
[
a-turtle -> ask a-turtle [do-sales]
]
```

这里使用了 sort-on 和 foreach 两个重要的原语。sort-on 通过对另一个列表或主体集合（此处的主体集合为海龟）按照方括号中的变量或报告器进行排序，来创建一个新列表。

foreach 对列表中的每项分别执行一次方括号内的代码块。与 ask 不同，foreach 不会对列表进行随机排序。方括号内的代码是 NetLogo 所谓的匿名例程（Anonymous procedure），是一段可作为变量处理的代码（理解此处极具有挑战性，建议阅读编程指南中有关"Anonymous procedures"的部分）。这里的匿名例程是 foreach 的一个输入，告知 foreach 每个被排序的海龟应该做什么。语句 a-turtle->表示匿名例程将每个海龟作为一个输入，并通过名为 a-turtle 的临时变量来引用。因为 foreach 语句位于观察者上下文，所以必须使用 ask a-turtle [ ] 来告知海龟要执行的活动。因此，此代码遍历已排序的列表，并使列表中的每个海龟执行其 do-sales 的活动。

编程提示：Ask-concurrent

NetLogo 提供另一种调度活动的方法，旨在避免因主体执行顺序而产生的偏差，即原语 ask-concurrent。

ask 一次只能让一个主体执行其方括号内的代码，ask-concurrent 则启动所有主体，轮流执行活动的一小部分。例如，在电话营销模型的 go 例程中，将

```
ask turtles [do-sales]
```

替换为

```
ask-concurrent turtles [do-sales]
```

这样，所有的电话营销机构轮流，一次一个，逐渐完成其 do-sales 例程。这似乎正是我们所想要的：所有的电话营销机构都同时进行营销。

不过，如果以这种方式使用 ask-concurrent，您可能会发现代码运行结果非常奇怪，确切地说该结果在数学上是不可能的。各时间步的总销售额被定义为与电话营销机构发生购买行为的客户（表达为嵌块）数量。代码运行结果显示各时间步的总销售额远远超过模型中的嵌块数量！为什么？在当前时间步，如果电话营销机构看到一个未被其他机构致电过的嵌块，就会将其视为一笔销售。记录销售后，该机构将告诉嵌块，嵌块会显示为已被致电过。但是，使用 ask-concurrent，所有机构都会同时执行此操作，因此会有多个机构同时查看同一嵌块。当第一个机构告诉嵌块它已被致电过之前，其他几个机构也可能在调用同一嵌块，也将其视为一笔销售。类似情形发生的程度取决于两个语句间的代码量，其中一个语句是电话营销机构感知到嵌块未被致电过，将是一笔销售，另一个语句是告知嵌块挂断其他更多致电。这两个事件之间的语句越多，其他电话营销机构就有更多时间感知同一嵌块。

运用 ask-concurrent 时出现的问题在于我们无法控制，甚至不知道事件发生的确切顺序，这种失控使模型难以理解，容易受到不可预见和未检测到错误的影响，不过这是衡量调度重要性的一个极端示例。NetLogo 词典也不鼓励使用 ask-concurrent。这也是为什么不能在多台电脑"并行化"处理多个 ABM 的原因。计算机并行化处理指在不同处理器上执行代码的不同部分或不同的主体。

14.2.4 同步更新与异步更新

在电话营销模型中，电话营销机构执行其营销活动的顺序会影响模型结果，这是因为每当电话营销机构做完一笔营销时，其客户就不再接受其他机构的致电营销，这是异步更新的一个示例，只要一个主体影响到环境，环境就会被更新，这样下一个要执行的主体将会经历新的环境。除了像 ask 那样随机化各时间步的执行顺序之外，免受执行顺序影响的另一种方法是使用同步更新，当所有主体都已执行完受环境决定的活动后，立即更新环境。

显然，在电话营销模型中，同步更新将存在一个问题。模型中，资源表示未被致电的客户，模型主体争夺这些客户资源非常激烈，而且这些客户资源很快就会大量减少。当所有电话营销机构都执行完其致电，才更新已被致电过的客户将从根本上消除模型中的竞争。然而，当主体受环境变量影响，但不改变或消耗环境变量，或者主体消耗资源所需的时间比时间步更长时，同步更新可能会很有用。

同步更新至少可以通过两种方式实现。①执行一个活动，所有主体都感知环境，并相应地更新其状态变量；然后，执行下一个活动，主体根据其行为的结果更新环境。计算机科学类的 NetLogo 模型库中，元胞自动机目录下的“Life”模型是这种方法的一个示例。②使用两个变量来表达要更新的环境资源，一个变量表示旧状态，主体将其用作行为的基础；另一个表示新状态，由主体更新。时间步结束时，旧状态被新状态取代。Jovani 和 Grimm（2008）的同步繁殖模型（见第 5 章练习 11 和第 23 章练习 3）运用这种方法。

14.2.5 连续时间中的离散事件：捕鼠器示例

仿真模型中，时间步并非调度事件的唯一方法。另一种方法是连续时间（或离散事件）模拟，将特有事件建模为事件发生特定时刻所执行的单独活动。在模型中，假定各时间步并非反复执行同一活动，活动是由模型本身创建和调度的（即在特定时刻执行）。事件执行可以在时段的任何时刻，而不只在整数时间步。例如，可以编程电话营销模型，每当电话营销机构致电一个客户时，如果能够做成一笔销售，则在接下来的 10 分钟之后该客户会接到下一个电话；如果客户挂断电话，则在接下来的 0.5 分钟该客户会接到下一个电话。大多数主体在多数时间步都不执行任何活动，对于这类模型，连续时间模拟远比 NetLogo 标准的基于时间步调度要高效和自然得多。

NetLogo 虽未广泛支持，但可以使用连续时间模拟。本章只使用了 NetLogo 内置原语，有一个扩展提供了功能强大的工具来进行这类模拟，详见 Railsback 等（2017）。原语 tick-advance 可替代时间步，用于将时钟计数器向前移动小数个时间步，或多个时间步，而不是精确地移动 1 个时间步。请参阅编程指南的“Tick Counter”部分和模型库中的 GasLab 模型。例如，请检查捕鼠器模型简单版本的以下 NetLogo 代码。该模型解释了诸如核裂变等连锁反应。您可在互联网上搜索裂变原理的捕鼠器模型视频。各嵌块都代表一个装有弹簧的捕鼠器，捕鼠器上放有两个小球。如果有一个球落在嵌块上，它将触发捕鼠器，将捕鼠器上的两个球抛向空中。这两个球将落在可能已触发或尚未触发的其他嵌块上。球在空中停留的时间随着球穿行的距离而增加。这里，假定这两个球随机落在5个嵌块半径内的另一个嵌块上，球的穿行时间随机，穿行一个嵌块宽度平均用时0.1个时间步，每个时间步代表1秒。

```
patches-own [trigger-time] ; The non-integer time at which
                           ; trap triggers

to setup
  ca
  ask patches
  [
    set pcolor yellow ; Yellow means trap has not triggered
    set trigger-time -1 ; Initialize trigger time to
                        ; before model starts
  ]
  reset-ticks
end

to pop
  show trigger-time ; Test output- trigger times should
                    ; always increase
set pcolor red ; Show the snap
wait 0.05 ; So we can see things happen on the View
set pcolor black ; Black means the trap has triggered

; Send 2 balls in air, determine where and when they land
ask n-of 2 patches in-radius 5
[
  if trigger-time < 0; Patch only triggers if it
                     ; has not already
[
; Set the time when the ball will land on and trigger trap
set trigger-time ticks +
  (random-float 0.2 *  distance myself)
]
  ]
end

to start
  ; Set off one trap to start the action
  ask one-of patches [pop]
```

```
; Now keep stepping time forward to next time a trap is
; triggered, as long as there are any balls in the air
while [any? patches with [trigger-time > ticks] ]
[
; Find the triggered trap that has next trigger time
let next-patch-to-trigger min-one-of patches with
[trigger-time > ticks] [trigger-time]
let time-til-next-trigger
[trigger-time] of next-patch-to-trigger-ticks
; Move time forward to when next trap triggers and trigger it tick-advance time-
  til-next-trigger
ask next-patch-to-trigger [pop]

plotxy ticks count patches with [trigger-time > ticks]
] ; while
end
```

编程提示：使用 repeat、loop 和 while 重复执行代码

在一个例程中，要重复一组语句（被程序员称为“循环”），NetLogo 提供三个原语，即 repeat、loop 和 while。

repeat 只是简单地将方括号内的语句重复特定的次数。语句的重复次数可以是一个常数，如 repeat 10 [ask turtles fd 1] 中的 10；或是一个表达式，如 repeat count customers [ask one-of customers [buy-something]] 中的 count customers，原语 repeat 通过估算 count customers 来确定方括号中语句的重复次数。

loop 类似于 repeat，只是 loop 开始前不需要指定语句的重复次数，而是在 loop 中必须包括一个 stop 或 report 语句来停止重复（除非您自己想理解 NetLogo 菜单上的“工具/暂停”是如何停止一个无限循环的）。

while 在捕鼠器代码中用到，也是重复方括号内的一组语句，无须事先指定语句要重复的次数，而是一直重复直至布尔变量变为假为止。如 while [any? turtles with [pxcolor = blue]] [ask turtles [fd 1]]，该语句告诉海龟要向前移动一个单位，重复进行，直到蓝色嵌块上不再有海龟为止。重新评估第一组方括号内的布尔表达式，确定每次重复第二组方括号内的代码后是否再次移动。此示例中，最后一只海龟离开蓝色嵌块时，海龟不会停止向前移动。相反，所有海龟都会向前移动，然后通过 while 检查是否有海龟位于蓝色嵌块，并决定是否再次执行 ask turtles 活动。

（在大多数编程语言中，诸如此类的循环语句非常重要，在课程开始时就进行了介绍。在 NetLogo 中，我们主要处理主体集合，对主体集合成员的循环操作则被隐藏在原语 ask 内部。）

在代码标签页中输入捕鼠器代码后，只需在界面上放置“setup”按钮、“start”按钮，以及图（图 14.1）。请注意，此处的 start 例程与常用到的 go 例程完全不同。首先，只执行一次，而不是通过持续执行按钮重复执行。一旦启动模型，该模型将创建并调度其自己的活动。当一个嵌块触发另一个嵌块时，该嵌块将告诉被触发嵌块何时执行触发捕鼠器的 pop 例程。start 例程中的 while 循环只是将时钟计数器向前移到需要“pop”下一个嵌块的时刻。如果没有更多要执行的嵌块，while 循环就停止，而不需要告知 NetLogo 要停止的时间步。

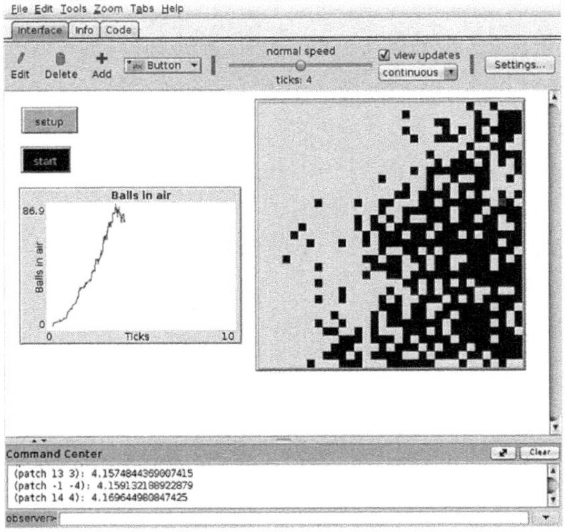

图 14.1 捕鼠器模型

嵌块代表捕鼠器，已被触发的变成黑色。命令中心显示触发各捕鼠器的触发时刻（小数时间步）。在模型本次的运行中，被触发的第一个捕鼠器位于右下角附近

可将界面上的“视图更新方式”(view updates)设置为“连续更新”（continuous),查看每个捕鼠出发器。或者，可以将更新设置为“按时间步更新”(on ticks)，查看模拟中每秒内的触发次数。每次时间步数达到下一个整数，视图更新。观察这两种更新视图的方式，能够阐明连续时间模拟的核心用途：它可以体现模型中活动的数量和发生频率如何随时间变化（这是模型内部动态发展的结果），并能记录此类事件发生的确切顺序。如果使用时间步模型，要准确表达捕鼠器的触发时间和顺序将需要极小的时间步。数学领域的 NetLogo 模型库包含一个捕鼠器模型，该模型无法表达系统的这种细节特征，忽略了球穿行时间的变化，并假定每个球在空中停留了恰好一个时间步。

14.2.6 时间范围：停止规则

时间建模还包括指定要模拟的时间范围，这意味着需要一个“停止规则”告诉 NetLogo 模型何时结束模拟。大多数示例模型只简单指定了要执行的时间步数。不过，也可以使用其他条件来停止模型运行，告诉模型一直运行到某些特定条件发生为止。例如，以下代码

```
if ticks > run-duration [stop]
```

可被替换为

```
tick
if not any? turtles with [color = blue] [stop]
```

当空中再没有球，不再有等待执行 pop 例程的嵌块时，捕鼠器模型停止运行。当使用诸如此类的条件来停止模型运行时，实现条件所需的时间步数可能就是模型的一个重要结果。

14.3 小结与结论

本章的重点是，思考如何表达时间，以及模型中活动的执行顺序。在 NetLogo 中，运用离散时间步非常容易，而且这种方法通常也是最好的。运用这种方法时，重要的是要理解时间步的内涵，也就是模型只能表达从一个时间步跳跃到下一时间步时所发生的事件，而且假定事件在每个时间步同时发生（在一个时间步突然发生）；事实上，作为计算机所执行的活动，这些“并发”事件实际被调度的顺序会对结果产生重大影响。

在设计一个特定时间步模型时，通常需要考虑几个调度问题。第一，其主要活动是什么——各时间步，模型中的实体（环境、主体、观察者）都有哪些行为？第二，这些主要活动应按什么顺序执行？通常，模型在各时间步都从更新环境开始，然后主体执行其行为，最后生成输出。第三，对于由多个实体（所有嵌块、所有海龟等）执行的活动，实体按什么顺序执行其行为？如果主体间不相互作用，执行顺序可能无关紧要；但如果它们存在相互作用，则可运用不同的调度来表达非等级系统（如通过使用 ask 打乱主体执行一个行为的顺序）或等级系统（主体按特定顺序执行行为）。第四，模拟何时停止？我们通常需要明确制定一个停止规则，如确定执行的时间步数或模型停止运行的条件（如所有海龟都死亡，或富有，或自我实现）。在一个组织良好的 NetLogo 模型中，以上所有问题的答案都可以在 go 例程中找到。

当主体执行活动的顺序对模型结果有强烈的负面影响时，本章提供了一些有用的调整方法。一种方法是使用同步更新，所有主体行为都建立在同时感知信息基础上。另一种方法是将调度活动拆分为顺序不同的小活动。

除时间步模拟外，还有连续时间模拟。当活动无法有效地近似为按规律时间步发生，并且事件发生的确切顺序特别重要时，连续时间模拟可能更合适。使用这种调度方法，模型本身可决定在什么时刻执行什么活动，这些时刻可能是连续的，而不是离散的。与其他一些基于主体的建模平台相比，NetLogo 虽无法提供连续时间建模的大量工具，但前文的捕鼠器模型解释了使用原语 tick-advance 时间建模的方法。

14.4 练　习

（1）在电话营销模型的基本版本（见 13.3 节）中，通过 ask，各时间步电话营销机构致电的顺序随机，但也可对其进行排序，按照电话营销机构规模从最大到最小的顺序执行。如果所有电话营销机构都拥有相同的设备和专业技能，以上哪种情况看起来更真实？如果电话营销机构的规模越大，拥有的设备越好，联系客户也几乎总是更早，以上哪种情况看起来更真实？当电话营销机构按排序顺序执行时，其结果与图 13.2 中的结果有哪些定性和定量差异？

（2）13.5 节介绍电话营销机构合并模型，但对合并是通过异步更新，还是通过同步更新的描述模棱两可。其中，异步更新指各电话营销机构一旦完成每周的核算，就决定是否合并；而同步更新指当所有电话营销机构完成每周核算后再进行合并。尝试这两种方法，它们对结果有什么影响？

（3）修改电话营销机构模型的基本版本，运用 ask-concurrent，而不是 ask 执行电话营销机构的致电活动，这对结果有很大影响吗？

（4）对 14.2.5 节所述的捕鼠器模型编程。解释为什么要使用随机数来确定每个球在空中的停留时间（即球落到嵌块的触发时间）——原因不仅仅是表达各球在飞行中的不可预测性。添加一个图，准确显示未触发的捕鼠器数量随时间的变化。最后，设计并进行实验，量化模型结果诸如峰值活动（大多数球在空中）时刻，最后一个捕鼠器被触发的时刻，以及被触发捕鼠器占所有捕鼠器的比例等。当更改球的最大飞行距离（标准值是 5）或每个捕鼠器所捕获球的数量（如从 1 到 5 而不仅仅是 2）时，这些结果如何变化？

（5）在 14.2.5 节所述捕鼠器模型的 pop 例程中，运用 if pcolor = yellow，而不是 if trigger-time < 0？来确定是否已触发捕鼠器时，为什么会出错？这个错误是否有可轻易观察到的影响？它对模型结果有显著影响吗？

（6）您能对捕鼠器模型编程，在视图中显示哪个嵌块触发了其他哪些嵌块，也就是各球的穿行路线吗？

（7）比较 NetLogo 模型库中的捕鼠器模型与练习（4）构建的模型。修改您的模型的尺度、参数和初始条件，使其与 NetLogo 模型库中的捕鼠器模型尽可能相似。将“世界”设置为相同的大小，将球在空中飞行的最大距离设置为相同的值，设置球在空中穿行的等式，确保平均穿行时间等于 NetLogo 模型库中的捕鼠器模型一个时间步的穿行时间；同时，通过触发中心捕鼠器来启动模型。这两个模型阐述的主要区别是什么？这两个模型的结果有哪些定性（如空中球的最多数量）和定量（活动峰值和终止的时刻等）差异？

（8）13.3 节电话营销模型的调度——一个电话营销机构致电所有潜在客户之后，下一电话营销机构才开始致电——似乎不现实，现实中，电话营销机构会同时打电话。您能设计出另一种不同的方法来调度电话营销机构致电，使其更接近同时致电吗？解释在 NetLogo 中如何实现更改，而不需要实际编写和测试代码。请您预测，这种更改会产生哪些实际的和不切实际的影响？

15 随 机 性

15.1 引言与目标

在建模中，“随机性”(Stochastic) 用于描述至少部分基于随机数或随机事件的过程。每次执行模型时，因随机数或随机事件各不相同，随机过程会产出不同的结果。与随机性相对的是“确定性”(Deterministic)，其用来描述没有随机性的建模过程，这类过程每次执行时都会产生完全相同的结果。有人认为 ABM，甚至一般的仿真模型，都具有高度随机性。这其实是一种误解：它意味着 ABM 中所有重要的动态都由随机数产生。事实上，许多 ABM 中的随机过程并不多，它们最有趣、最复杂的结果来自在多变环境下执行确定性行为的独特个体。

我们之前已经用过随机过程：许多示例模型都使用 NetLogo 给出的随机数（也称为“伪随机数”；15.3 节）。在这里，我们将引入更多在仿真模拟中使用随机过程的标准技术。总的来说，将模型中的一些可变性来源表示为随机过程（即一系列随机数）时，要做以下三件事：

■ 为随机数选择一个合适的统计分布；

■ 选择分布参数，或建立模型以模拟参数在模拟过程中的变化；

■ 构建模型后，重复运行来理解其结果中有多少变化是由其随机过程引起的。

本章使用了一些基本的概率和统计概念，模型初学者可能还不熟悉。这些概念对于仿真建模非常重要，需要努力去理解，至少需达到本章的入门级水平。与本书Ⅰ～Ⅲ部分涵盖的其他几乎所有主题不同，传统建模文献对随机性的论述非常广泛。

学习目标：

■ 理解建模者为何以及如何使用随机数，如何确定随机性对模型结果的影响。

■ 认识随机数分布，以及连续分布和离散分布之间的差异。

■ 了解均匀分布、正态分布、伯努利分布和泊松分布的性质，以及如何从这些分布中提取随机数。

■ 理解如何使用随机生成器种子来控制 NetLogo 产生的随机数。

■ 学会将主体行为建模为随机事件（数据参数化生成随机数分布）的常用技术。

■ 练习“防御性编程”来捕捉和纠正运行时错误。

■ 您必须为数值方法（如随机数分布）编写自己的代码时，要意识到文献中有许多“示例”可供使用。

15.2 ABM 中的随机性

15.2.1 随机性的使用

为什么随机数和随机过程在仿真建模中的应用如此广泛和重要？对这个问题，最普遍的回答是我们通常想要表达变化，因为它存在于现实中并且可能有重要的影响，但我们不想表达解释这种变化发生的所有细节。简化是建模最基本的特征，而简化随时间或空间变化的变量或过程的方法之一就是假设它们是随机的。然后，就不必对这些变量或过程变化的成因进行建模，只需绘制随机数来使其改变即可。

随机性最常见的用途之一是为变量分配初始值，尤其是在初始化模型时。例如，在一个经济模型中，家庭可能被视为主体，每个家庭都有一个表示净资产的变量。当模型开始时，需要给各家庭分配一个唯一但现实的净资产值。假定有数据表明真实家庭的净资产值符合正态分布，该正态分布的平均值为 223 000 美元，标准差为 83 400 美元，则可通过从具有以上均值和标准差的正态分布中随机提取一个净资产值，分别赋给各个家庭，来初始化模型。现在我们已经生成了一个现实的净资产值分布，而无须分析为什么家庭之间的净资产会以这种方式变化。

随机性的第二种常见用途是模拟那些我们不想过于详细表达但会产生不同结果的过程。为了以产生真实结果的方式对某些过程进行建模，可运用真实事件发生率或频率的数据对随机过程进行参数化。想象一下，要构建一个依赖降雨的模型（如农作物或牲畜生产、森林火灾或旅游业模型），与其去模拟极为复杂的天气情况，不如简单地研究一些气象数据。通过研究区域的气象数据，可以知道过去 10 年中每个月降雨天数的比例是多少。然后，可把观测到的降雨频率（Frequency）视为模型中任何一天降雨的概率（Probability）。这样，在每个模拟日期中，都可以得到一个介于 0～1 的随机数。如果随机数小于降雨概率，模型将模拟降雨。在随机过程中，将观察到的频率视为概率也可以用于主体行为建模。一个人类学模型可以模拟史前家庭搬家的频率。如果从考古学数据中得到真实家庭搬家的频率，则可将此频率用作模型中家庭在任何特定时间步搬家的概率。

以上两个随机过程模型的例子非常简单，并且忽略了可能很重要的偶然性（Contingencies），即概率如何依赖其他变量。例如，您可能认为，即使是史前人类，也必须足够聪明，才能不只在随机时间内搬家，而是在有充分理由的情况下更频繁地搬家。通常，最好从尽可能简单的模型开始，但显然，有时我们也需要添加这些偶然性。在许多地方，某一天下雨的概率在很大程度上取决于前一天是否下雨，借助一些统计方法，可通过捕捉这种依赖性，来估计每天下雨的概率。（对农作物生产模型而言，雨天是否相连可能并不重要，但对旅游模型而言则可能很重要！）同样，有多种方法可以使主体行为的随机模型更加复杂。Grimm 等（2003）用到了一个概率模型来模拟土拨鼠何时从其领地扩散出去，该模型运用实地观测数据来估计土拨鼠随着年龄增长而扩散的概率如何变化。逻辑回归等统计方法可用于模拟某事件的概率如何随一个或多个变量而变化。第 16 章构建的模型用到了其中的一些方法。不过，我们必须意识到，通过概率分布来表达一种行为，至少在一定程度上强加了其结果。因此，行为模型通常将表达适应性决策的偶然性（如以 if-then 规则的形式）与随机性结合起来。

15.2.2 通过重复实验分析随机性

当使用随机性表达模型中的变量或过程和行为时，会产生一个问题，即模型结果的随机程度如何？如果 ABM 非常简单，并且只有一个主要的、以随机方式建模的环境变量，那么其结果是完全随机的吗？或者，如果 ABM 使用了许多随机过程，其参数和输入的影响被所有的随机性覆盖，模型是否总会产生几乎相同的结果？当改变模型的输入或参数时，结果中有多少变化源于随机性？这些问题都是促使我们采用重复实验方法的原因，该方法在第 8 章介绍模拟实验概念时已经提及。在模拟实验中使用重复实验时，只需多次运行模型，唯一改变的是随机数（图 8.3）。

理解重复实验能表达模型的哪些信息，以及不能表达模型的哪些信息至关重要，重复实验的结果仅描述了模型中随机性的影响，除此之外别无其他。重复实验并不能告诉我们模型中存在多少不确定性，因为不确定性不仅源于随机过程，还源于自参数值、输入和假设的不确定性。因此，不应该使用重复实验描述模型可靠性或模型与观测值的拟合程度。除非我们愿意假设模型中的随机过程代表了未在模型中体现的真实系统中所有的可变性来源，否则不应将重复实验的变化与所建模的真实系统中的变化进行比较。并且请记住，必须谨慎使用依赖重复次数的统计检验（如 t 检验），因为重复次数是任意的：如果运行足够多的重复实验，那么与模型和真实系统数据中的所有不确定性源相比，一个科学上无意义的微小变化也可能具有“统计显著性”。

但是，重复实验对于模型不同版本间的相互比较而言是恰当的，也是必不可少的。当更改参数值、方程、假设或输入数据，并想了解这些更改对模型的影响时，必须多次运行模型，以区分这些更改的影响与模型的随机性。“分析”类似重复实验的最佳方法通常是简单地选择合理的重复实验次数（如对于一个简单的模型选择 10 次），并绘制如图 8.3 所示的图表。

15.3 NetLogo 中的伪随机数的生成

15.3.1 术语

现在，让我们来详细了解如何在 NetLogo 中对随机变量和随机过程进行编程。您已对随机过程有一些基本了解，并已使用过原语 random 和 random-float 来完成一些操作，如从特定范围内抽取随机数。下面，先定义一些术语。为充分理解相关术语，请阅读 NetLogo 编程指南中有关“随机数”的部分。

首先，建模者经常谈论伪随机数以及随机数。伪随机数是指在计算机程序中用到的随机数。这些数字由数学算法生成，并非真正随机。本书和 NetLogo 文档一样，使用更简单的术语“随机数”（Random Number），尽管我们实际上使用的是伪随机数。

生成随机数的计算机程序被称为随机数生成器（Random Number Generator）。NetLogo 中的随机数生成器采用经过严格测试的复杂算法，以确保生成的结果非常接近真正的随机过程。但是，我们可以通过设置生成器的“种子”(Seed) 来重现完全相同的伪随机数序列。设置生成器的种子是一项重要技术，它可以消除作为模型运行中变化来源的随机数。从现在起，假定您已经从编程指南中理解了随机数种子和 NetLogo 中控制它们的原语。

我们不直接使用 NetLogo 的随机数生成器，而是使用被称为随机分布（random distributions）的原语。该原语可能令人困惑，因为在统计学中，随机变量的分布是描述随机变量不同值出现可能性的数学函数。例如，均匀分布意味着最小值和最大值之间的所有值出现的可能性相等；对于服从正态分布的变量，越接近平均值，出现的可能性越大。不过，在 NetLogo 和其他模拟平台中，一个随机数分布是一个原语或例程，用于生成具有已知统计特性的随机数。如果重复执行 NetLogo 中的原语 random-normal 100 20，将生成一组浮点数，这些浮点数呈正态分布，均值接近 100，标准差接近 20。（在命令中心，输入 repeat 100 [show random-normal 100 20]。）

15.3.2 重要的随机数分布

选择合适的随机数分布是模型设计的关键环节。如果您出于任何非最简单的目的而使用随机数，您都应该熟悉常规分布背后的基本概率理论，以便理解其假设条件并做到恰当使用。相关信息可从统计和概率论的教科书以及诸如维基百科等在线资源中获得。这里，我们仅简要介绍最可能用到的分布。

建模者通常使用（NetLogo 也包括）两种不同类型的分布：连续分布和离散分布。连续分布生成的随机数是数学意义上的实数，它们包括分数，并且可以是某个范围内的任何值。离散分布生成的结果只能是确定的离散值，如真、假或整数。

1. 连续分布

均匀的实数分布（NetLogo 的原语 random-float）仅给出指定最小值和最大值之间的随机浮点数，并且该范围内的所有值出现的可能性相等。尤为重要的是最小值为 0.0、最大值为 1.0 的均匀分布；事实上，当建模者谈论“随机数”时，他们通常指的是这种分布。这样的“随机数”可用于模拟由其发生概率的参数表示的事件是否发生（下面将进一步讨论）。例如，如果假设每个时间步内海龟的死亡概率（介于 0 ~ 1）由一个名为 mortality-prob 的全局变量控制，则可通过让海龟在每个时间步执行以下命令来模拟各海龟是否死亡：

```
if random-float 1.0 < mortality-prob [die]
```

正态分布（原语 random-normal）会生成一系列随机浮点数，这些数可生成我们熟悉的钟形曲线，约 68% 的数落在均值的±1 个标准差范围内，约 95% 的数落在均值的±2 个标准差的范围内。要使用此分布，必须指定均值和标准差。如果想为每个嵌块的 food-level 变量赋一个不同的值，且通过实际数据表明，真正嵌块的食物水平似乎符合均值为 5.0、标准差为 1.5 的正态分布，则可以使用

```
ask patches [set food-level random-normal 5.0 1.5]
```

虽然正态分布生成的值更可能接近其均值，但重要的是要理解其他两个特征：①与均匀分布不同，正态分布生成的值域没有限制；②当从正态分布中提取许多值时，很可能生成一些与均值相差甚远，对于模型而言毫无意义的值。在上面的示例中，food-level 负值没有意义，并且会导致模型中出现数学错误或异常行为。根据正态分布理论得到 food-level 负值的可能性为 0.000 429，该值看起来很小。尽管这个概率意味着 2330 次中有 1 次会发生，但如果模型有 2500（即 50×50）个嵌块，那么抽取到至少一个负值的可能性就很大。

那么，如何处理随机正态值偶尔不合理的可能性？答案是软件专业人员一直使用的一种技术，即防御性编程。防御性编程是指编写不断查找问题的程序，当出现问题时，软件将纠正它或者通知您问题并停止运行。编写 NetLogo 程序以检查来自 random-normal 的无意义值，并对其进行一些处理。例如，可通过修改以上语句来指定其最小值，如 0.5：

```
ask patches [set food-level random-normal 5.0 1.5
    if food-level < 0.5 [set food-level 0.5]
]
```

或者，如果得到一个负值，可让程序简单地再提取另一个随机数。while 循环对此很有用；在 while 循环内提取随机数，如果该随机数不是正数，则该循环将重复提取随机数，代码如下：

```
ask patches
[
  let my-rand -1.0
  while [my-rand <= 0.0]
  [
    set my-rand random-normal 5 1.5
    ; show my-rand ; Test output
  ]
  set food-level my-rand
]
```

但一定要意识到，如果使用这些技巧，则会更改模型中实际使用的值的分布。您保留和使用的值的平均值将不同于在 random-normal 语句中指定的平均值。（避免负值的另一种方法是使用对数正态随机数分布而不是正态分布；请参见练习 7。）

NetLogo 还包括生成指数分布（Exponential Distributions）和伽马分布（Gamma Distributions）的原语。正如 10.4 节中所看到的，指数分布通常用于生成偏态分布的结果：许多小值和少数高值，随着值的增加，其被提取的概率降低。现实世界中的许多变量（如不同财富水平的人数）可用这个分布来近似。指数分布不会生成零或负值。伽马分布在建

模中也很常用，但因其更复杂，这里不作讨论。

2. 离散分布

离散随机数分布很重要，因为 ABM 本质上是离散的整型模型。其建模的许多过程都使用真-假选择（海龟是否执行某种行为？它是否死亡?），以及整型变量［执行某种行为（死亡、移动等）的主体数量，海龟可感知的嵌块数量，以及通过繁殖产生的新的海龟数量等］。

本章中，在未了解离散分布时，我们已经使用过它。如果将事件为真的概率作为参数提供，伯努利分布（Bernoulli Distribution）对给定事件的一次试验返回真值或假值。上面我们使用了均匀实数分布来模拟海龟死亡的时间：

```
if random-float 1.0 < mortality-prob [die]
```

这个死亡率模型实际上是一个离散的过程：海龟要么活着（mortality = false），要么死亡（mortality = true），而死亡的概率就是参数 mortality-prob。因此，以上过程的另一种编程方法是使用伯努利分布：

```
if random-bernoulli mortality-prob [die]
```

报告器 random-bernoulli 会随机返回真值或假值，返回真的概率等于其参数（此处为 mortality-prob）。

但是，上述 NetLogo 语句的问题是 NetLogo 没有原语 random-bernoulli。但您可以通过编写自己的函数轻松解决这个问题：

```
to-report random-bernoulli [probability-true]
  ; First, do some defensive programming to make
; sure "probability-true" has a sensible value
  if (probability-true < 0.0 or probability-true > 1.0)
[
   user-message (word
   "Warning in random-bernoulli: probability-true equals" probability-true)
]
report random-float 1.0 < probability-true
end
```

此示例还包括一些防御性编程。伯努利分布的参数是一个概率值，根据定义，概率必须介于 0.0 ~ 1.0。通过测试参数 probability-true 是否在此范围内，可检测导致该参数异常的代码或逻辑错误。

NetLogo 的确有两个用于整数分布的原语。原语 random 是一个均匀整数分布，它会产生在指定范围内均匀分布的整数。这个原语假设范围的一端始终为 0，因此如果想要海龟产生后代的数量在 2 ~ 6 之间均匀随机，则让海龟执行以下代码

```
hatch 2 + random 5
```

泊松分布（Poisson Distribution）对某个事件在指定区间（通常是时间或空间的区间）

内发生的次数进行建模，事件的平均发生率（单位时间或空间的平均事件数）已知且事件彼此独立（一个事件的发生不取决于前一个事件发生的时间）。NetLogo 的原语 random-poisson 采用的参数等于事件发生的平均速率（单位时间或空间的平均事件数）乘以区间长度（被建模的时间或空间的单位数量）。（NetLogo 字典对此参数的解释并不充分。）例如，如果知道嵌块以每个时间步长 0.4 次的平均速度产生新的海龟，那么可以让嵌块执行以下语句来模拟每个时间步嵌块产生海龟的数量：

```
sprout random-poisson 0.4
```

当每个嵌块在每个时间步产生海龟的平均数为 0.4 时，代码 random-poisson 0.4 可生成每个时间步产生新事件的整数数量。因此，一个嵌块在大多数时间步上产生 0 个海龟，在不到 40% 的时间步中只产生 1 个海龟，很少会产生 2 个或更多海龟。（请记住，使用泊松分布假设萌发事件独立于时间和嵌块，这意味着从一个萌发事件到下一个萌发事件之间不需要恢复时间，事件发生的可能性不会随着距离上一次事件发生时间的增加而增加，并且嵌块中事件发生的可能性也不会因为相邻嵌块中出现萌发事件而受到影响。即使这些假设不完全正确，该分布仍然有用。

相反，如果想模拟所有嵌块能产生多少海龟，仍然可以使用 random-poisson。现在，每个嵌块在每个时间步产生海龟的平均发生率仍为 0.4，但我们将各嵌块视为空间上的一个区间。现在的泊松分布参数是平均萌发率（0.4）乘以要建模的区间数（即 count patches）。这样，可将每个时间步所有嵌块产生的海龟总数建模为

```
let number-sprouts random-poisson (0.4 *  count patches)
```

还有一个整数分布您应该熟悉，即使 NetLogo 没有它的原语，即二项分布（Binomial Distribution），其用于模拟某个事件发生的次数，这个事件有 n 次发生机会，且每次机会中该事件发生的概率为 P。另一种理解这个分布的方法是：如果执行 n 次伯努利分布，将出现多少个“真”值？

二项分布的一个应用示例是，当 1 个嵌块产生 1 个或多个海龟的概率用变量 sprout-probability 表示，二项分布可用于模拟一个时间步有多少个嵌块会产生 1 个海龟。如果 NetLogo 有二项分布，则将采用两个参数：任何试验中“真”的概率和试验次数。然后，可将此过程编程为

```
let number-patches-that-sprout
  random-binomial sprout-probability count patches
```

有时不清楚应该使用泊松分布还是二项分布。这两种分布的主要区别在于，二项分布适用于存在大量“真”“假”试验的问题，并且“真”事件的数量不能超过试验的次数。当每个区间内的事件数可能大于 1 时，则运用泊松分布对某个事件在某一空间或时间区间内发生的次数进行建模。

编程提示：数值方法和 NetLogo 扩展——不要做重复性的工作！

假设您发现自己处于一种不太可能的情况：您的模型确实需要负的二项随机数分布（像正态分布一样，但都是整数），但是 NetLogo 中又没有这样的原语。目前为止，相信您已成为一名自信的程序员，并且认为只要知道算法，您就可以编写自己的程序。

幸运的是，计算机科学家已经编写出各种便于使用的参考书，告诉我们如何准确地编程许多数值函数，如随机数分布。在图书馆中搜索带有如下标题的书籍，包括“数字方法”“计算方法”等术语以及您正在寻找的方法类型，如“随机数生成”。您会找到各种函数的编程算法和示例代码：统计学、几何学（点 x、y 位于某个多边形内吗？这不是一个简单的问题，但有非常巧妙的方法！）、化学反应等。

但是，在寻找现有方法之前，请仔细查看所需功能是否已在 NetLogo 中实现。非常慷慨和才华横溢的程序员已经编写了 NetLogo 例程集来执行各种操作，如导入地理信息系统中的空间数据，将信息存储在数组和散列（查找）表而不仅仅是列表中，以及对网络进行建模并“分析”您的程序——显示其中哪些部分占用了最多的计算机时间等。这些附加功能被称为扩展。NetLogo 文档中有完整的“扩展”部分，NetLogo 网站上列出了其他扩展部分（另请参见 24.5 节）。您还可以搜索 NetLogo 的模型库及其示例代码部分，甚至可以在互联网上搜索您所需要的 NetLogo 代码。（事实上，有一个随机数扩展提供了负的二项分布，24.5 节中讨论的 R 扩展也可以生成随机分布。）

所以，如果您需要一种 NetLogo 并未提供的功能，请不要放弃，也不要从头开始！先查看是否已有扩展或其他代码可以实现您想要的功能。如果没有，只需使用已发布的算法进行编程，这样您的代码将更有可能是正确高效的，并且完成得更快。

15.3.3 随机数生成器种子

通过阅读 NetLogo 的随机数文档，您可以使用原语 random-seed 控制模型中的随机数。如果您的语句

```
random-seed -260409600
```

放置在 setup 例程的顶部，随机数生成器将生成完全相同的随机数序列，这样模型将一直生成完全相同的结果（除非更改模型的其他部分）。（为了成功建模，种子是一个幸运数字这一点很重要。上面语句中的随机数种子是一个作者妻子出生日期的 Unix 日期代码。）但是将种子更改为其他任何整数将生成不同的随机数。运行模拟实验时，请注意，行为空间不会覆盖程序中的任何 random-seed 语句。如果您的模型使用了此处所示的 random-seed，并告知行为空间生成 10 个重复实验，则所有 10 个重复实验的结果将是相同的。如果要生成重复实验，请删除 random-seed 此类的语句。

如果希望模型的一部分是随机的，但在模型运行（包括行为空间的重复实验）间保持一致性，而模型的其余部分在每次运行时都会随机变化，该怎么办？例如，我们希望将嵌

块变量 resource-level 初始化为来自均值为 100、标准差为 20 的正态分布的随机值，还希望 resource-level 的初始值在每次模型运行时都完全相同（且只有它们相同）。这样，我们将会看到模型结果有多少变化是由随机性而不是 resource-level 的初始化引起的。为此，可以在 setup 例程中使用如下语句：

```
to setup
  with-local-randomness
  [
    random-seed 131313
    ask patches [set resource-level random-normal 100 20]
  ]
  ...
end
```

或者：

```
to setup
  random-seed 131313
  ask patches [set resource-level random-normal 100 20]
  random-seed new-seed
  ...
end
```

关于以上这些语句如何工作，您可以通过阅读 NetLogo 词典中原语 with-local-randomness、random-seed 和 new-seed 的相关条目来理解。

15.4 随机过程示例：行为的经验模型

15.2.1 节已讨论过使用观测数据和随机过程对诸如主体行为等过程进行建模。现在来看一个示例，该示例通过对第 10 章中首次构建出的商业投资者模型进行修改而来。模型中的主体作出了一个重要的适应性决策，即决定每个时间步是否切换到其他可用的投资方案（嵌块）。这些投资备选方案可能提供更高或更低的利润，也可能具有更高或更低的风险。在该模型的基准版本（如 10.4 节所述）中，主体通过选择最大化目标函数的备选方案做出决策，该目标函数代表时间范围结束时的预期投资者财富。

现在，想象一下，不用这种理论方法对投资者行为进行建模，而是从真实投资者那里获得做出类似决策的数据。如何将这些数据用于一个经验子模型，从而将观测到的决策模式强加给模型？具体来说，假设从真实投资者的 12 480 个独立决策（一个看似庞大的数据集）中得到观察数据，如表 15.1 所示。（这些观察数据实际上来自 10.4 节商业投资者模型 10 次运行的结果。）

表 15.1　观察到的投资者决策的频率

投资者的选择	可用次数/次	选择次数/次	选择频率/%
转向高收益、低风险的投资	202	162	80
转向高收益、高风险的投资	4 820	224	4.6
转向低收益、低风险的投资	8 340	263	3.2
转向低收益、高风险的投资	12 174	0	0
不改变投资	12 500	11 831	95

这些观察数据提供了投资者选择四种不同备选方案的频率信息。例如，在投资者有202次机会选择高利润、低风险的新投资时，他们选择了162笔这样的投资，所以他们选择这种备选方案（当可以投资时）的频率为80%。

为了在决策的随机模型中使用这些数据，可假设观测到的频率等于主体在备选方案可用时，选择四个备选方案的概率。这样，假设至少有一项利润较高、风险较低的投资可以进行投资时，投资者有80%的概率转向这样的投资，有4.6%的概率转向利润较高、风险较高的投资，以此类推。（使用类似的 if-then 逻辑和随机决策有时被称为基于规则的建模。）

尽管12 500个观测结果看起来像一个庞大的数据集，但您可能已经意识到，数据中仍然有许多问题没有呈现出来。例如，当投资者有不止一种备选方案可以选择时，他们会怎么做？——如果可选择更高利润和更高风险，或者更低利润和更低风险，那么他们选择其中一种的概率有多高？因没有与这个问题相关的数据，这里只能为模型建立一个没有依据的假设。同时，我们也不了解投资风险和回报的大小如何影响投资转换的可能性：我们强烈怀疑，如果利润的增幅较大（或者如果风险的增幅较小），投资者将更有可能转向风险更高的投资，但频率数据无法证明或量化这种关系。

在商业投资者模型中实现此随机决策子模型的语句如下：

```
; First identify potential neighbor destination patches
let potential-destinations neighbors with
  [not any? turtles-here]

; Identify any alternative patches with higher profit and
; lower risk
set HiProfit-LowRisk-alts potential-destinations with
  [(annual-profit > [annual-profit] of myself) and
  (annual-risk < [annual-risk] of myself)]

; Decide whether to move to one, using global
; probability parameter
if any? HiProfit-LowRisk-alts
  [
    if random-bernoulli P-move-to-higher-profit-lower-risk
```

```
    [
      ; Now move there
      move-to one-of HiProfit-LowRisk-alts
      stop ; Turtles can only move once per tick!
    ]
  ]
; Repeat for higher profit and higher risk, etc.
```

（针对不同的情况，您将需要四个类似代码块：是否有更高利润与更高风险以及更低利润和更低风险的备选方案）

现在，您可能认为通过该模型应该能完美地再现观察到的真实投资者的行为。但事实真的如此吗？对这个随机模型的分析留作练习。

15.5 小结与结论

ABM 不一定是随机的：完全确定性的模型（仅使用方程、逻辑等，没有随机性）也可涌现非常有趣和复杂的结果。然而，很多时候，我们希望模型能对具有重要影响的变化进行表达，却又不希望对变化的原因进行过多解释。随机过程就是用于表达这种变化的方式。

在设计模型的随机要素时，需要选择一个适当的随机数分布。为了选择一个分布，首先要确定是否需要将随机数设置为浮点数、整数或布尔值。然后需要回答如下问题：是否希望这些数字均匀地分布在离散区间内，或者希望这些数字是正态分布的，其中一些值比其他值出现的可能性更大，而且可能值的值域区间非常广泛？另外，我们需要的是正值吗？然后，查看可用分布背后的理论假设，以选择最合适的分布。人们最熟悉的连续分布，尤其是正态分布，在 ABM 中并不是最有用的，因为建模的过程通常最好用整数或布尔值来表达，而不是实数；或者可用值的范围有限——大小或年龄的负值往往没有意义，而正态分布很可能出现负值。

有时，即使一个分布没有完全满足理论假设，它也可能有用。例如，泊松分布通常可以用于提供随机整数，即使它在事件之间的独立性假设是不现实的。当您不能完全确定一个分布会产生什么数字时，请花 10 分钟编写一个测试代码（在 NetLogo 或电子表格中）进行探索。

一旦选择了一个合适的分布，就需要为其分配参数。每个分布都有自己的参数类型：均匀分布需要产生值域范围的最小值和最大值，正态分布需要均值和标准差，等等。这些参数通常被视为常数，需要从数据中进行估计：将真实系统中观测到的事件频率假定为模型中事件发生的概率，或者将某些变量实际观测值的平均值和标准差用作模型中正态分布的参数。

但是，对统计分布的参数进行建模是非常常见和有用的——参数随 ABM 中发生的情况的函数而变化。例如，主体某种行为的发生概率随其状态变量（如大小、年龄或位置）而变化。逻辑回归是从数据中确定事件概率与一个或几个变量相关关系的一种技术。

有时，我们希望通过在每次模型运行时保持随机数不变，来避免模型中的一些或所有随机性。我们可以通过设置随机数种子来实现这点。通过原语 with- local- randomness、NetLogo，甚至可在模型的不同部分打开和关闭随机性。

本章介绍了防御性编程技术：在代码中设置检查，以查看变量是否有不可能或不现实的值。该技术非常关键，可避免模型在我们未察觉的情况下生成异常结果。防御性编程在处理随机过程时尤其合适，特别是在使用如正态分布这样偶尔会产生“异常值”的分布时。NetLogo 中没有内置这些可能有用的随机数分布。

有一些分布（如伯努利分布、二项分布和对数正态分布）的编程相当简单。但是，您应该意识到，对于其他分布和许多其他数值方法，可以在计算机科学文献中轻松获得有效的、经过测试的算法。无论何时，只要您需要的方法看起来很有可能是以前编写过的，您就应该查找一下 NetLogo 扩展或“数值方法”，而不必自己设计。

15.6 练　　习

（1）编写一个简单的 NetLogo 例程，从 random- float 100 分布中提取 1000 个值，将其写入文件。分析结果，查看结果的变化，观察多少数值在 0 ~ 10 之间，10 ~ 20 之间，等等。这个分布的平均值和标准差与理论值相差多少？（这种分布的标准差等式是什么？）重复几次实验，查看其结果的变化。

（2）重复练习 1，但这次从 random- poisson 0. 8 中随机抽取整数。这个分布模拟的是，当海龟在 10 个时间步内繁殖的平均速率是 8 次时，每个时间步海龟繁殖的后代数量。此分布产生 0、1、2 等值的次数是多少？平均值和标准差与理论值相差多少？

（3）原始商业投资者模型（如 10. 4 节所述）的结果看起来非常随机。关注投资者时间跨度对投资者最终平均财富的影响，如图 12. 1 左上方所示，确定这种随机变化中有多少仅由初始化模型的随机性造成。每次初始化模型时，使用 NetLogo 的原语 random seed，在 setup 例程中生成完全相同的嵌块和海龟状态。由于每次使用相同的初始条件，模型结果的标准差减少了多少？

（4）编写一个 NetLogo 程序，计算其从 15. 3. 2 节“1. 连续分布”所讨论的正态分布（平均值 = 5；标准差 = 1. 5）中提取值，直到获得负值的次数。当运行该程序约 10 次时，会得到什么答案？（提示：该程序可能只需要四个语句，其中三个语句是 to go、reset- ticks 和 end，第三条语句运用了原语 while。）

（5）编写一个随机二项分布作为 NetLogo 报告器。它有两个参数：每次试验中“真”事件的概率和试验次数；它将报告“真”事件的数量。（提示：首先输入 15. 3. 2 节“2. 离散分布”中的报告器 random- bernoulli。）使用随机二项分布重复练习 2 中的实验，而不是 random- poisson。结果有何不同？为什么？当参数为 0. 08 而不是 0. 8 时，比较二项分布和泊松分布结果的差异。

（6）在 NetLogo 的简单出生率模型中，可以用泊松分布或二项分布来替代 grim- reaper 例程吗？为什么？grim- reaper 例程如下：

```
to grim-reaper
```

```
  let num-turtles count turtles
  if num-turtles < carrying-capacity [stop]
  let death-rate
    (num-turtles - carrying-capacity) / num-turtles
  show death-rate
  ask n-of (random-binomial death-rate count turtles)
    turtles [die]
  ; OR ??
  ask n-of (random-poisson (death-rate *  num-turtles) )
    turtles [die]
end
```

（7）在许多建模应用中，对数正态分布优于正态分布，因为对数正态分布可以模拟相对较小的分布，同时只产生正值，并且其是偏态分布的，因此 0 和均值之间的值比高于均值的值更常见。编写一个 NetLogo 报告器，提供对数正态分布。可通过创建一个正态分布，返回所建模变量的对数值来实现。其关键是计算正态分布的平均值和标准差。如果 X 代表对数正态分布的变量，而 μ 和 σ 是 X 的均值和标准差，则可以将 X 的对数正态分布编程为 exp（random-normal M S），其中，$M=\ln(\mu)-(\beta/2)$，$S=\beta$，$\beta=\ln[1+(\sigma^2/\mu^2)]$。编写一个测试例程，用以调用 random-lognormal 报告器 1000 次，并将结果写入列表，然后将列表进行直方图绘制，查看结果如何分布。

（8）编写 15.4 节所述的商业投资者模型的随机版本。使用表 15.1 中的频率作为投资者选择每种可用决策备选方案的概率。确保投资者在每个时间步最多移动一次。生成一个输出文件，显示海龟移动到所有投资回报率和风险组合的频率，并验证这些频率是否与随机决策子模型的参数化备选方案频率一致？与该模型的原始版本相比，投资者的表现如何？哪些模式不同？为什么？

16 集 群

16.1 引言与目标

基于主体的模型通过对单个主体进行建模来表达一个系统。但令人惊讶的是，许多系统包含介于主体与系统的中间尺度的组织。许多类型的主体将自己组织成所谓的集群，即强烈影响主体和整个系统的主体的组成集合。本章介绍如何对这样中间尺度的组织进行建模。

如果需要在模型中包含集群，该如何做呢？一种方法是将集群表达为主体的一种完全涌现出的特征：主体具有允许或鼓励主体与其他主体组织起来的行为，仅当主体将自己组织为团体时，集群才存在，但集群没有自己的任何行为或变量。另外，也可将集群表达为ABM中一个独立、明确的实体类型，并具有其自己的行为：建模者指定集群的行为方式以及主体如何与集群相互作用。如果想将集群建模为一种单独的主体类型，在NetLogo中如何对其编程？目前为止，已关注到的模型只有两种实体：嵌块和海龟（偶尔还有链接）。幸运的是，NetLogo提供了种类（Breed）：一种为多种类型海龟或链接建模的方法。通过种类可以做很多事情，包括将集群建模为明确的实体等。

学习目标：

■ 学习什么是集群以及对集群建模的几种方法。

■ 熟练使用NetLogo中的种类表达各种海龟。

■ 使用NetLogo的链接表达不同种类的海龟之间的关系，这是对集群编程的一种方法。

■ 通过编程和分析一个新的示例——成群生活的非洲野狗模型，来获得随机建模的经验。

■ 熟悉逻辑斯谛函数（Logistics Function），这些函数特别适用于表达在0～1之间非线性变化的概率和函数。

16.2 什么是集群？

个体之间的合作——通常在小群体中，以便将合作者与非合作者区分开——具有重要的优势，因此各种系统都包括合作个体的组织也就不足为奇。在生物学中，不同类型的细胞形成器官和其他结构来执行整个生物体赖以生存的功能。在许多动物和人类社会中，家庭和社会群体对个体的行为、生存和繁衍都非常重要。经济系统包含许多网络和组织，个体和企业通过这些网络和组织进行合作。像这样的集群很重要，因为加入集群是主体为实现其目标所进行的重要的适应性行为，并且集群会强烈影响整个系统的运作方式。

前面已经查看过几种包含可视为集群的结构的模型。在第 8 章 NetLogo 的 Flocking 模型中，集群是从个体行为中涌现出来的。这些集群并没有真正影响该模型的个体，因为模型仅仅模拟了群体的涌现。但是，在许多真正的鸟类和鱼类物种以及这些物种的详细的 ABM 中，鸟群或鱼群的行为被认为会严重影响个体，特别是在降低其遭受捕食者攻击的风险和提升其成功迁徙的能力后（Partridge，1982；McQuinn，1997；Huse et al.，2002）。在第 13 章构建的电话营销模型中，电话营销员进行“合并”形成集群，集群中的主体共享财务资源，其从业时间有可能会更长。

在 Flocking 模型和电话营销模型中，集群完全从主体的行为中产生。模型中没有关于集群或合并后的企业如何行为的规则或子模型，只有单个主体的子模型。

一种更常见的方法是将集群作为另一种类型的主体显式地添加到模型中。集群主体通常具有自己的状态变量（尤其是集群中的个体的列表）和子模型（通常包括从集群中添加和移除个体的规则）。个体通常具有一个表达其属于哪个集群的状态变量，子模型表示集群如何影响个体。这种显式的集群建模的方法通常会降低复杂性：因为我们可以忽略在现实中产生集群行为的所有个体尺度的细节。我们可以将集群及其子模型看作其个体的简化模型。

16.3　NetLogo 中的集群建模

当我们需要运用集群自己的状态变量和子模型对其进行显式建模时，在 NetLogo 中如何操作呢？就这个问题而言，当我们需要的主体类型不仅仅包含嵌块、海龟和链接时，该怎么做呢？有以下几种方案。

16.3.1　通过嵌块或链接表达集群

如果模型中的单个主体被表达为海龟，则有时将海龟的集群表达为嵌块也是有意义的。当一个集群是占据同一空间的个体群时，就可以用该方法。例如，一群动物或人，如果他们以家庭或社会团体为单位生活，每个团体占据一个领地（或企业、城镇），则可以使用这些嵌块来表达相应群体。嵌块变量可以描述集群的特征（如成员数量，可能按照年龄或性别划分等），通过原语 turtles-here 可给出一个海龟成员的集合。嵌块的子模型可能包含集群行为的规则，如添加和删除个体等。（第 19 章将会介绍运用嵌块来表达社会群体的一个模型。）

NetLogo 中的链接似乎可以很自然地用于建模集群，因为我们可以将集群视为以某种方式相互关联的一组个体。不过，NetLogo 中没有内置的方法可将变量或规则赋给已链接的海龟网络，而只能赋给海龟或链接本身。因此，链接很难表达具有自我行为的集群。

16.3.2　使用种类（Breed）对多种类型的主体建模

NetLogo 提供了种类功能，可用于对不同种类的海龟或链接建模。这里仅讨论海龟种类；链接种类和它非常相似。种类相当于面向对象编程语言中的子类：它们允许您创建几种具有不同特征的海龟，同时仍具有一些共同的变量和子模型。如何定义和使用种类，参见《NetLogo 编程指南》。使用要点如下：

■ 要使用除海龟以外的其他种类，则必须在程序的顶部定义它们。

■ 海龟有一个内置的状态变量 breed。如果使用 create-turtles（或 hatch 或 sprout）创建海龟，则 NetLogo 将其 breed 变量设置为“海龟”。使用 create-<breeds>可以创建指定种类的海龟：create-wolves 会创建一个 breed 值为“wolves”的海龟。

■ 只需使用 set breed 即可更改海龟的种类。

■ 每个种类都有其自己独特的状态变量，通过<breeds>-own 语句定义。

■ 每个种类仍然具有 NetLogo 为所有海龟提供的内置变量（xcor、ycor、color 等）。

■ turtles-own 语句仍被用于定义所有种类使用的变量。

■ 如果您已经定义了“狼”（wlove）和“羊”（sheep）的种类，则可使用 ask wolves [ ] 或 ask sheep [ ] 来只让狼或羊单独执行某些操作。但是 ask turtles [ ] 仍会导致所有种类的海龟都执行命令。同样，您可以使用 mean [age] of sheep and mean [age] of turtles 来仅计算羊和所有海龟的平均年龄。

■ 一些主体集合的原语有种类版本。例如，sheep-here 报告一个嵌块上的羊组成的集合，turtles-here 则报告嵌块上的所有海龟。

■ 种类没有其自己的 NetLogo 上下文（见 2.2 节）；所有种类都被视为在海龟上下文中。因此，如果您有羊和狼两个种类，狼可以尝试运行您为羊编写的程序。但是，如果狼想尝试使用仅为羊定义的变量（如 sheep-own wool-thickness），则 NetLogo 将出现一个运行时错误。

不同种类可能有很大的差别（如吃草的绵羊和吃羊的狼），但也可能只是同一主体的稍有不同的版本。例如，在第 13 章的电话营销模型中，快速增长的电话营销主体往往从业时间不长。调查这一观察结果是否属实的一种方法是创建两种类型的电话营销员［“增长型”（growers）和“节约型”（savers）］，它们仅在控制扩张速度的参数上有所不同，将两者都纳入同一模拟中。同样，可通过让一个有合并行为的种类与一个没有合并行为的种类进行竞争，分析商业投资者模型中合并的影响。

这里重点介绍使用种类对集群建模。可将个体表达为一个种类，而将集群表达为具有完全不同的变量和子模型的一个单独的种类。为了有效地对集群建模，必须跟踪每个集群包含哪些个体，以及每个个体属于哪个集群。困难之处在于保持这些变量的最新状态。每当一个个体离开或加入某个集群，或被创建时，我们都需要将其从其集群的成员集合中去除或添加。并且，每当一个个体加入或离开一个集群时，都需要更新其所属集群的个体变量。(我们将在 16.4.2 节介绍实现这一点的方法。) 忘记建立或更新这些集群成员的关系是一个常见又很难发现的错误。

16.4 示例：野狗集群模型

集群最清晰的示例是组成家庭或社会群体的动物种群。为获取食物和其他资源，这些动物通常在其集群内部合作。集群内部的交配和繁殖受到严格控制：一个群体的优势（alpha）雄性和雌性进行交配，但抑制其他成员的繁殖行为。因此，集群的特征对其成员的适合度（生存、成长和繁殖的潜力）有强烈的影响。同样，个体的行为和命运对其集群也具有强烈的影响：群体的优势配偶的繁殖产出取决于其他成员是决定留下还是在其他地方寻求更好的机会，个体的离开或死亡决定了群体的规模和结构（如青年和老年成员的数量）。

示例采用非洲野狗（*Lycaon pictus*）模型。非洲野狗在南非的许多自然保护区中处于濒危状态并受到精心管理。[此示例大致基于 Gusset 等（2009）的管理模型，但区别也很明显。] 非洲野狗通常成群结队地生活在一起，其中包括一只优势雄性和雌性，这是唯一一对可以进行繁殖的个体。幼犬成年后，会决定是否留在其出生的群体中，是寄希望于父母去世后成为优势体，还是选择“分散”，即离开领地，期待形成自己的新的集群。分散的个体通常与一个或多个同性别的兄弟姐妹一起离开，直到遇到来自不同群体的异性成员，他们可能会一起组成一个新的群体。

Gusset 等（2009）的模型是一个评估管理策略的工具，用于降低南非 Hluhluwe-iMfolozi 公园特定保护区内狗群的灭绝风险。这里考虑了两种假设的管理措施（对于该园区而言不一定现实）。一是提高保护区的“承载力”，即资源所能支持的野狗的最多数量。通过扩大保护区的规模或减少来自其他捕食者（如狮子）对猎物的竞争来提高承载力。然而，扩大保护区的规模可能会降低分散群体相互发现并形成新群体的能力。二是尝试降低分散个体的死亡率（通常很高）。

多年来，我们已经收集了关于野狗的详细观察资料，因此我们有大量的经验信息可以使用。这些观测包括：

■ 随着狗群总数量增加，狗群产生幼犬的频率降低。这种关系似乎反映了狗群之间对公园资源的竞争。如果有更多的资源可用，可以合理地预测到这种关系会发生变化——狗的数量越多，繁殖会越频繁。

■ 亚优势成年个体（定义为两岁或以上，且不是优势雄性和雌性）经常会作为分散者离开其群体。每年，当某个性别的成年犬是该性别中唯一的亚优势个体时，它们有 50% 的时间会离开群体。当两个或更多同性的亚优势成年犬在一个群体时，他们总是作为同性别的分散者群体一起离开。

■ 当来自不同群体的 2 个异性分散者群体相遇时，他们通常有 64% 的时间会合并形成一个新的群体。

■ 年死亡率随着狗的年龄而变化，分散者群体内狗的死亡率远高于集群内狗的死亡率。

以上信息告诉我们如何构建模型。首先，显然需要对个体犬进行建模，因为许多过程依赖个体的年龄、性别和社会地位等变量。其次，很明显重要的不仅仅是单一类型的集体，而是两种类型的集体：群体和分散者群体。因此，我们需要构建三个种类：狗、群体和分散者群体。

从这些信息中还可以清晰地看出，随机子模型非常有用。狗的个体及其所形成的集群的行为都很复杂，但是可以将野外观察到的频率和速率作为随机子模型的概率参数。繁殖、分散决策和死亡率都可以被建模为随机事件，其概率等于观测频率。

最后，以上信息和我们假设的两个野狗管理措施有助于阐明模型的目的。这些管理措施可能会改变保护区的承载力，从而改变狗群总数与每年每个集群繁殖概率之间的关系。扩大保护区的规模可能会降低分散者群体彼此相遇的概率。其他管理措施可能会降低分散者在形成新群体之前死亡的概率。

16.4.1 模型描述

这里我们给出了简化的非洲野狗模型的描述。由于上面已经广泛讨论了系统和模型，这里仅给出 ODD 描述的概述和初始化部分，并添加了对其进行编程的细节。（完成 ODD 描述，见练习 2。）

1. 目的和模式

该模型的目的是评估野狗种群的持续性如何依赖于①保护区的承载力；②分散者发现彼此的能力；③分散者的死亡风险。“持续性”的度量标准为种群灭绝前的平均年数（经过多次重复性模拟），以及种群存活至少 100 年的模拟所占比例。为了评估原始模型在此目的上的实用性，Gusset 等（2009）定义了南非 Hluhluwe-iMfolozi 公园实际野狗种群中观察到的五种模式。与此模型版本相关的模式有集群大小（年均值和标准差）、性别比、幼崽所占比例以及未能组建新群体的分散者群体所占比例。

将该模型作为 NetLogo 练习，旨在演示如何使用种类来表达集群及随机建模技术。

2. 实体、状态变量和尺度

该模型包括三种主体：狗、狗群和分散者群体。狗的状态变量包括年龄、性别、所属集群或所属分散者群体（用于跟踪哪些狗属于哪个集群），以及社地位态。狗的社会地位可以是①幼犬，其年龄小于 1 岁；②一岁犬，年龄在 1～2 岁；③亚优势犬，年龄为 2 岁或以上，但不是优势体；④优势犬，集群中同性的主导个体；⑤分散者，目前属于分散者群体而不是狗群。

狗的集群没有状态变量，只有属于该集群的狗的列表（或 NetLogo 中的一个主体集合）。分散者群有一个性别的状态变量（所有成员都同性别）和一个由成员狗组成的主体集合。

时间步长为一年。该模型是非空间的，不表达集群和狗的位置。但是，其参数反映了一个自然保护区的规模和资源量。

3. 过程概述和调度

在每个时间步长，执行一次以下动作，动作的执行顺序如下。

（1）更新年龄和社会状态。

■ 所有狗的年龄都会增长。根据新的年龄，更新其社会地位变量。

■ 每个集群都更新其优势雄性和雌性。如果在某性别中没有优势体，则从该性别的从属犬中随机选择一只（如果存在的话），并将其社会地位变量设置为“alpha”。

（2）繁殖——集群根据以下规则决定它们能生产多少幼犬。

■ 如果一个集群中没有优势雌性或雄性，则不会产生幼犬；否则，一个集群中繁殖幼犬的概率取决于当前时间步整个种群中狗的总数 N（N 不包括当前时间步中已产生的幼犬。）一个集群的繁殖概率 P 被建模为 N 的逻辑函数，该逻辑函数的参数取决于保护区的承载力（狗的最大可持续数量）。当 N 为承载力的一半时，P 的值为 0.5；当 N 等于承载力时，P 的值为 0.1，承载能力为 60 只狗。（参见下面的编程提示“参数化和逻辑函数编程”。）

■ 如果集群繁殖，幼犬的数量从平均出生率（每年每群的幼犬数）为 7.9 的泊松分布中计算。每只幼犬的性别随机分配，雄性概率为 0.55。幼犬的年龄设置为 0。

（3）分散——亚优势犬离开其集群，以期建立新的集群。这些分散者形成分散者群体，由来自同一个犬群的同一性别的一个或多个亚优势犬组成。每个集群生成分散者群体所遵循的规则如下：

■ 如果一个集群内没有亚优势犬，则不会有分散者群体被创建。

■ 如果一个集群内只包含一个同性别的亚优势犬，则形成包含一个成员的分散者群体的概率为 0.5。

■ 如果一个集群内有两个或两个以上同性别的亚优势犬，它们总会形成一个分散者群体。

■ 加入分散者群体的成员不再属于最初的集群，其社会地位变量设置为 disperser。

（4）狗的死亡率——由于分散者的死亡率很高，需要在组建新的集群之前就考虑死亡率。每只狗是否死亡，可通过以下对应的死亡概率随机确定：分散者的死亡概率为 0.44，一岁犬死亡概率为 0.25，亚优势犬和优势体犬死亡概率为 0.20，幼犬死亡概率为 0.12。

（5）集群的死亡率——如果任何集群或分散者群体没有成员，则将其从模型中删除。如果集群中仅包含幼犬，幼犬死亡时，集群也将被移除。

（6）组建新的集群——分散者群体可能会遇到其他分散者群体。如果它们遇到来自不同集群的异性分散者群体，这些群体可能会也可能不会合并组建一个新的集群。该过程通过让各分散者群体执行以下步骤来建模。每个时间步，分散者群体执行此动作的顺序都会随机调整。

■ 确定分散者群体与另一个分散者群体的相遇次数（变量 num-groups-met）。变量 num-groups-met 被建模为泊松过程，其相遇率（每年遇见另一群体的平均次数）等于其他分散者群体的数量乘以用于控制群间相遇频率的参数。此相遇率参数可能是 0.0 或更高（可以大于 1），但在这里被设定为 1.0。重复以下步骤，直至达到 num-groups-met 定义的次数或分散者群体选择加入另一群体为止。

■ 随机选择另一群体。可能会多次选择到同一个群体。

■ 如果另一群体是同性，或来自同一集群，则不执行任何操作。

■ 如果另一群体是异性，且来自不同集群，则这两个群体组建新的集群的概率为 0.64。如果他们不合并，不执行任何操作。如果两个群体合并，则立即组建一个新的集群，这两群体中的所有成员都将成为新集群中的成员。优势雄性和雌性随机选择；所有其他成员的社会状态为“亚优势犬”。这两个分散者群体不再与其余群体合并。

4. 初始化

该模型初始化为10个集群，没有分散者群体。各初始集群中的狗的数量来自均值为5的泊松分布（尽管在此应用中泊松分布的假设并不满足，但它仍然很方便）。每只狗的性别均以相同概率随机设定。个体年龄来自0~6之间的均匀整数分布。社会地位根据年龄设置。每个集群中的优势雄性和雌性从其亚优势犬中随机选择；如果某性别的亚优势犬不存在，则集群中没有该性别的优势体。

编程提示：参数化和逻辑函数编程

随着其输入的线性增加，逻辑函数的生成范围从0.0到1.0（或从1.0到0.0）以“S”形变化。逻辑函数对建模某事件的概率如何依赖一个或多个变量特别有用，因为①其值始终在0.0~1.0的概率范围内；②其能够再现概率如何在一个条件范围内非常低，在另一个条件范围内非常高，并且在这两个范围之间急剧变化。例如，图16.1说明了狗群繁殖的概率如何依赖集群中狗的数量。集群中狗的数量在一定的低值范围时，繁殖概率很高：当狗的数量低于20只时，资源的竞争不重要，繁殖概率接近1.0。当狗的数量较高时，繁殖概率接近0。对繁殖来说，一旦竞争程度过大，数量再增加多少也不重要了。在一个中间数量范围内（20~60只），随着繁殖概率从高到低急剧降低，很难确定繁殖概率会怎么变化。逻辑回归可用于通过观察X轴变量不同值下事件发生和未发生频率来估计逻辑函数的参数。

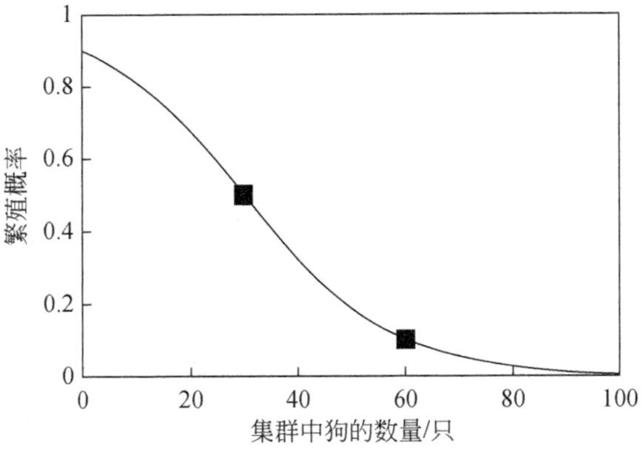

图16.1　逻辑函数示例

将狗群繁殖概率与狗的数量相关联

以下是定义和编程逻辑函数的方法。首先，确定逻辑曲线上的两点。在图16.1中，正方形标记表示两点：数量（X_1）为30时的概率（P_1）为0.5，数量（X_2）为60时的概率（P_2）为0.1。（P_1比P_2高或低并不重要。）接下来，计算四个中间变量：

$$D = \ln[P_1/(1 - P_1)]$$

$$C = \ln[P_2/(1 - P_2)]$$

$$B = (D - C)/(X_1 - X_2)$$
$$A = D - (B \times X_1)$$

运用以下公式，计算任意 X 值对应的 P 值：

$$P = Z/(1 + Z)$$

其中

$$Z = \exp[A + (B \times X)]$$

中间变量 $A \sim D$ 只需计算一次（只要逻辑函数的形状不变），因此变量 A 和 B 可以是全局变量，并在 setup 例程中进行计算。

逻辑函数的参数可以使用逻辑回归从数据中估算，也可以简单地进行猜测，以提供 X 值范围内的合理概率。在任何情况下，在模型中使用逻辑函数（如在电子表格中）之前，都应对其进行编程和绘制，确保参数生成的结果合理。

16.4.2 模型实现

在 NetLogo 中对以上模型进行编程存在一些新的挑战。首先是定义种类及其状态变量。

```
breed [dogs dog]
breed [packs pack]
breed [disperser-groups disperser-group]
dogs-own
[
  age
  sex
  status
]

disperser-groups-own
[
  sex
  natal-pack-ID
]
```

其次是将个体与它们所属的集群联系起来。一只狗如何知道它属于哪个集群或分散者群体，以及集群和分散者群体如何知道其包含哪些个体？传统方法（在本书的第一版中用过）是对每只只设置当前所属集群或分散群体的状态变量，对每个集群定义一个状态变量用于表达其所包含所有个体的一个集合。这种方法需要仔细编程和测试，以确保这些状态变量在事件发生时始终能正确更新。NetLogo 的链接提供了一种更简单且更安全的方法来建立这些关联。在每只狗与其集群（或分散者群体）间创建“无向链接”，通过原语 link-neighbors 可将狗群和分散者群体指向其成员个体。每当链接两端的任一海龟死亡时，链接自动删除，所以只要记得在狗被创建或加入一个集群或分散者群体时添加一个链接，个体就可以始终使用 link-neighbors 来识别其所属群体，集群也可以识别其成员。所以，尽管 ODD 模型描述中谈到个体只有一个状态变量来表示其所属的集群，而集群有属于其包含的个体的列表，但我们将这些变量编程为 link-neighbors 报告器中的主体或主体集合。

现在，您应该重新阅读《NetLogo 编程指南》中有关链接的部分以及与无向链接相关的原语词典条目。确保理解有向链接和无向链接的差异，不能在同一模型中同时使用这两种链接。

有一种关联是无法使用链接的：如果两个分散者群体来自同一集群，则无法合并生成一个新的集群，所以分散者群体必须以某种方式“记住”自己来自哪个集群。可尝试给每个分散者群体设置一个指向产生它的集群的链接，但如果该集群在分散者群体合并之前消失，链接也随之消失。这里，使用分散者群体的变量 natal-pack-ID 来保存其成员出生的集群的编号 who。（请思考为什么我们不直接将这个变量赋值给集群本身？答案与不使用链接的原因非常相似。）

现在可继续像往常一样定义全局变量。然后，在编写 setup 例程时，如何创建初始集群及所包含的个体？一个方法是创建每个集群，并在创建时让每个集群创建其成员以及其与成员间的链接：

```
create-packs initial-num-packs
[
  ; set a location and shape just for display
  setxy random-xcor random-ycor
  set shape "house"
  ; create the pack'  s dogs
  let num-dogs random-poisson initial-mean-pack-size
  hatch-dogs num-dogs
  [
    ; first, set display variables
    set heading random 360
    fd 1

    ; now assign dog state variables
    ifelse random-bernoulli 0.5
      [set sex "male"]
      [set sex "female"]

    set age random 7
    set-my-status ; a dog procedure that sets
                  ; social status from age
    ; create a link between the dog and its pack
    create-link-with myself
```

```
  ] ; end of hatch-dogs

  ; show count link-neighbors ; Test output - off for now

  ; now select the alpha dogs
  update-pack-alphas ; a pack procedure to give the
                     ; pack 2 alphas
] ; end of create-packs
```

现在，我们已创建了初始集群，每个集群都创建了个体。每个个体与其集群间有一个无向链接，通过无向链接可以跟踪个体分别属于哪个集群。在上述提供的详细模型描述中，go 例程的组织相当清晰。在以下 go 例程示例中，一些操作（更新个体的年龄和社会地位；分散者群体的死亡率）已被正确编程，因为它们非常简单。另外，该 go 例程示例还包括一些防御性编程，用于发现个体与其集群链接中的错误。

```
to go

  tick
  if ticks > years-to-simulate [stop]

  ; First, age and status updates
  ask dogs
  [
    set age age + 1
    set-my-status
  ]
  ask packs [update-pack-alphas]

  ; Second, reproduction
  ask packs [reproduce]

  ; Third, dispersal
  ask packs [disperse]

  ; Fourth, mortality
  ask dogs [do-mortality]

  ; Fifth, mortality of collectives
  ask packs [do-pack-mortality]
  ask disperser-groups [if not any? link-neighbors [die]]

  ; Sixth, pack formation
  ask disperser-groups [do-pack-formation]
```

```
  ; Now some defensive programming
  ; All dogs should be linked to a pack or disperser group,
  ; and all collectives should be linked to dogs.
  ask turtles with [not any? link-neighbors]
  [
    error (word "There is a " breed
      " with no links; who number: " who)
  ]
  ask turtles with
    [any? link-neighbors with [breed = [breed] of myself]]
  [
    error (word breed " " who
      " is linked to another" breed)
  ]

  ; Finally, produce output update-output
end
```

现在我们再看另一个关于集群如何形成的例子：代码描述了亚优势成年犬如何决定是否离开其初始的集群，以及它们离开后如何形成一个分散者群体。请注意，这种分散决策是作为集群的子模型来建模的，而不是作为个体的模型。还要注意的是，尽管 disperse 例程必须对单个或多个雄性或雌性分散者进行四次单独检查，但它们都可使用相同的通用例程 create-disperser-group-from 来形成新的分散者群体。此例程以分散个体所组成的集合作为参数（如 my-subordinates with [sex = “female”]）。

```
to disperse ; a pack procedure

  ; First, identify the subordinates and stop if none
  let my-subordinates link-neighbors with
    [status = "subordinate"]
  if not any? my-subordinates [stop]

  ; Now check females
  if count my-subordinates with [sex = "female"] = 1
  [
    if random-bernoulli 0.5
    [
    create-disperser-group-from
      my-subordinates with [sex = "female"]
    ]
  ]
```

```
  if count my-subordinates with [sex = "female"] > 1 [
    create-disperser-group-from
      my-subordinates with [sex = "female"]
  ]

  ; And check males
  if count my-subordinates with [sex = "male"] = 1
  [
  if random-bernoulli 0.5
  [
    create-disperser-group-from
      my-subordinates with [sex = "male"]
    ]
  ]

  if count my-subordinates with [sex = "male"] > 1
  [
    create-disperser-group-from
      my-subordinates with [sex = "male"]
  ]
end ; to disperse

to create-disperser-group-from [some-dogs]
  ; a pack procedure
  ; "some-dogs" is an agentset of the dispersers

  ; First, create a disperser group and put the dogs in it
  hatch-disperser-groups 1
  [

    ; Set disperser group variables
    ; Here, "myself" is the pack creating the group
    set natal-pack-ID [who] of myself
    set sex [sex] of one-of some-dogs

    ; Display the group
    set shape "car"
    set heading random 360
    fd 2

    ; Now the disperser group
    sets the variables of the
```

```
      ; dispersing dogs ask some-dogs
      [
        ; first, un-link to the pack
        ask my-links [die]

        ; then create a link with disperser group
        ; "myself" is now the disperser group
        create-link-with myself
        set status "disperser"
        set color green

        ; and display them on a radius
        ; from the disperser group
        move-to myself
        set heading [heading] of myself
        fd 1 + random-float 2
      ] ; end of ask some-dogs
    ] ; end of hatch-disperser-groups

end ; to create-disperser-group-from
```

通过以上示例和提示，您应该能够编程（和测试!）出完整的野狗模型。

16.4.3 示例分析：分散者群体相遇率的影响

既然已对野狗模型进行了编程，下面来介绍如何将其用于解决管理决策问题。一些管理野狗种群保护区的潜在行动可能会影响分散者群体相遇并形成新的集群的概率。例如，一些保护区设有围栏以防止野狗离开。增加或拆除围栏可能会增加或减少分散者群体的相遇率。相遇率对狗的总数量的持续性究竟有多重要?

在模型中，相遇率被表达为一个参数（如被称为 disperser-meeting-rate），该参数表示每年任意两个群体相遇的平均次数。为调查分散者群体相遇的容易程度的重要性，下面进行一个敏感性实验，该实验将在很大范围内改变 disperser-meeting-rate 的值。

我们应该查看模型的哪些输出? 请记住，该模型的目的是研究管理行动如何影响狗群的持续性，而模拟种群持续性的一个衡量标准是它在一定年数内灭绝的频率。接下来，分析在 100 年的模拟中狗群灭绝的频率：进行 500 次重复模拟，输出 100 年后狗灭绝的次数。(考虑到灭绝时间可变性大，我们比以前的实验进行了更多的重复。)

您应该能够轻松地为这一分析设置一个行为空间。在实验中，disperser-meeting-rate 的值在一定区间范围内（如 0.0 ~ 2.0 等）变化。如果将行为空间的报告器设置为用 count dogs 测算运行结果，那么每次运行结束时的输出结果将告诉您狗是否已经灭绝。通过该实验，可生成一个类似于图 16.2 的图。

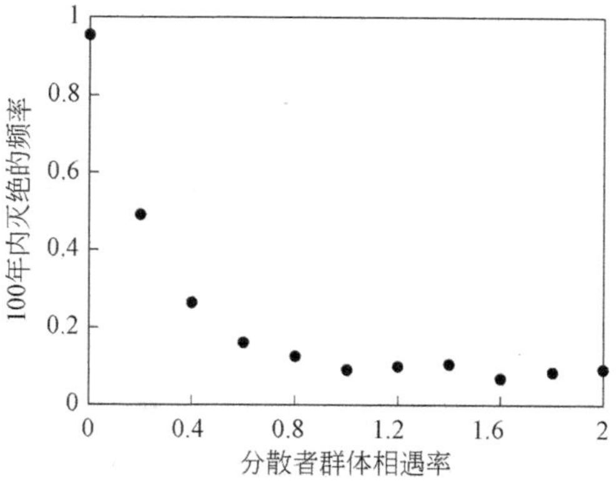

图 16.2　野狗模型中的灭绝频率对分散者群体相遇率的响应

该分析表明，将分散者群体相遇率提高到基线值（1.0）以上并不会对种群的持续性产生很大的促进作用：随着分散者群体相遇率（即 disperser-meeting-rate）从 1.0 增加到 2.0，灭绝频率变化不大。然而，降低分散者群体的相遇率会产生更大的负面影响：随着 disperser-meeting-rate 从 1.0 降低到 0.0，灭绝频率将急剧增大。这一分析可以向管理者表明，应采取行动避免分散者群体成员的相遇变得更难，同时也不应假设提高分散者群体的相遇率会大大降低种群灭绝的可能性。

16.5　小结与结论

在许多基于主体的系统中，集群（由个体所组成的群体，强烈影响个体命运和行为及系统动态）很重要。集群建模的一种方法是将其作为个体的一种涌现行为，即以形成集群的方式对个体进行建模，严格来讲，集群是模型的产物。NetLogo 的 Flocking 模型是这种方法的一个示例。就像 Flocking 模型一样，当模型目的是解释集群如何形成时，将集群建模为个体的涌现行为尤其有用。但是，如果集群本身具有重要的行为，这种方法就很可能过于复杂。

对于集群具有重要甚至适度复杂行为的系统，通常有必要将集群明确地建模为一种具有其自身状态变量和子模型的单独种类的实体。在 NetLogo 中，对集群显式建模的一种方法是将集群的属性和子模型赋值给嵌块。当集群各自占据某个景观的一部分，或者在非空间模型中嵌块只能代表集群时，这种方法就非常有效。在其他模型中，NetLogo 的种类功能对于表达集群特别有用，通过种类可创建多种海龟，其中部分可以是集群。而且，NetLogo 的链接是表达个体与其集群关系的一个简单、相对可靠的方式。

集群在 ABM 中通常是必不可少的，但是使用它们除了编程之外还有其他成本。由于集群是组织的另一个尺度，需要建模和分析集体的属性和行为与个体的属性和行为如何相互影响，以及系统如何影响集体和个体。如何获知 ABM 是否充分捕捉到多尺度的动态变化？如何获知个体和集群的行为子模型是否包含正确的过程，并产生正确类型的动态？这些都是建模周期下一阶段的问题。届时我们将采用我们编写的模型的第一个版本，通过分析和修改模型，了解模型并最终了解我们正在建模的系统。

16.6 练　　习

（1）在电子表格（或其他软件）中对逻辑斯谛函数进行编程，重现图 16.1 中的图形。同时，生成 $P_2=0.9$（而非 0.1）、$X_1=20$（而非 40）时的图形。

（2）为野狗模型编写完整的 ODD 描述，16.4.1 节的信息是否足够？

（3）编写野狗模型并测试您的程序。如何测试这种随机模型？

（4）使用您编写的野狗模型，分析以下结果：①在 100 年模拟期内灭绝的比例（图 16.2）；②种群灭绝的中位时间（如果灭绝通常需要 100 年以上的时间时，则可能需要更长的模拟期）。这些结果如何随分散者群体的相遇率参数而变化？如何随承载力而变化？如何随分散者的年死亡率而变化？以上哪些变量对种群的持续性至关重要？

（5）有些种类的狗中存在“流浪者”（transients）。这是一种个体类型，它们不再属于集群或分散者群体，但可加入某个群体中取代死去的优势体（Pitt，2003）。将“流浪者”添加为野狗模型中的另一个“种类”，规则如下：

第一，如果分散者群体在其第一年内，未能与其他群体合并形成新的集群，则该分散者群体的所有成员将成为“流浪者”。

第二，从它们成为“流浪者”的第一年开始时，它们会寻找缺少同性优势体的集群（如果可以的话，集群会用亚优势个体代替他们失去的优势体）。每个“流浪者”有 0.5 的概率找到并加入这样的集群。“流浪者”按随机顺序执行此搜索。

第三，如果“流浪者”未能找到要加入的集群，它仍然是一个“流浪者”。

第四，“流浪者”的年死亡率为 0.5。“流浪者”如何改变模型结果？

（6）野狗模型将优势体的更换作为集群的一个子模型来处理。相反，尝试设计一种方法，将这种行为建模为单个个体子模型：每只狗都必须确定它是否成为优势体。您需要（或想要）添加哪些附加的假设、变量和过程？可用文字表述您的想法。

（7）既然您已积累了丰富的 NetLogo 编程经验和技能，请通过第 6 章的练习 8 来提升您的代码测试技能。

第Ⅲ部分
面向模式的建模

17 第Ⅲ部分的引言

17.1 迈向结构现实模型

目前为止，我们已经介绍了基于主体的建模、NetLogo 和用于设计 ABM 的重要概念，第Ⅲ部分将侧重更具有战略意义的层面。第Ⅱ部分集中在基于主体的建模这艘“研究船”(Research Vessel，RV）的“引擎室”中，学习如何通过设计、实现和测试来设置 ABM 的“引擎”并保持其运行。现在，在第Ⅲ部分，我们离开“引擎室”，前往“驾驶台”，确保“船只”顺利运行：学习基于主体的真实复杂系统如何工作。

从第 1 章开始，我们将模型作为简化和有意义的表示来回答研究问题和解决问题。“简化表示”意味着仅使用有限且最好是少量的变量来表示真实系统。原因显而易见：变量越多，模型越复杂，构建、测试、理解和交流模型所需的时间和资源就会越多。因此，一般的模型，尤其是 ABM，应尽可能简单，并使用最简洁的表示来捕捉真实系统的关键特性和行为。我们称此类模型是“结构上现实的”：它们包括真实系统内部组织的关键结构要素，但就包含我们所知道的系统一切内容的意义而言，它们当然又并不“真实”。所谓“内部组织”是指真实系统中产生系统特征和行为的结构和过程。在第 1 章中，我们还学习了通过将模型所解决的问题或难题作为过滤器，来保持模型的简单性。仅当我们或与我们合作的专家认为真实系统的各方面（实体、状态变量和属性、过程、时空分辨率和范围）对于解决特定问题绝对必要时，才将其包括在模型中。

ABM 的问题在于，模型要解决的问题或难题通常不足以作为确定模型中必要包含的内容的过滤器：问题本身并不能提供足够的信息，来确保模型是“结构上现实的”，并真正捕捉到系统内部组织的本质。第Ⅲ部分为该问题提供了解决方案：面向模式的建模(Pattern-Oriented Modeling，POM)。POM 将真实系统中观察到的模式作为我们需要的额外信息，以使 ABM 结构上更真实，从而更具普遍性、实用性、科学性及准确性。

可以用生态学中的一个历史例子来说明 POM 的基本概念。为了解释北方地区小型哺乳动物丰度的强周期模式（旅鼠种群的激增和骤减就是一个著名的例子），现已开发出许多种群模型。所有这些模型都可以“解决”它们被设计出来要解决的问题：它们能够产生种群的周期性变化。然而，这些模型对导致种群周期的关键机制分别作出了不同的假设(Czárán 1998)。因此，有些模型甚至大多数模型很可能并非“结构上现实的”，而是对导致种群周期性变化的机制作出了错误的判断。它们由于错误的原因重现了周期模式!

周期模式，作为这些模型要解决的一般研究问题或难题，就像是一个过滤器（解释像这样的强模式是一个非常常见的研究问题）。过滤器将事物分开，如模型是否能够重现循环模式。很显然，“周期模式”过滤器不足以识别这些种群的内部组织：它们太简单以至于无法使模型产生周期。我们显然需要更多的过滤器来更好地排除不现实的机制。

POM 的基本思想是使用多模式来设计和分析模型（Grimm et al., 1996, 2005; Grimm and Berger, 2003; Wiegand et al., 2003; Grimm and Railsback, 2005, 第 3 章; Grimm and Railsback, 2012）。每个模式都作为可能解释的过滤器，这样，在使用了 3～5 个模式之后，更有可能实现结构上的真实性。一个不现实的模型可能会通过一个过滤器，但很可能无法通过第二个和第三个。因此，POM 使用真实系统中观察到的多个模式对模型进行多标准评估，这些模式通常在不同的尺度上，既涉及个体层面也涉及系统层面。

“但这有什么新奇之处？”Platt（1964, p. 347）引入“强推理”术语一词时提出了这个问题。“这是科学的方法，而且一直如此，为什么要给它一个特别的名字？原因是我们许多人都几乎忘记了它”。同样，POM 是科学家们一直在做的事情：通过寻找可以重现模式（由现象产生）的模型来寻找对现象的解释。但是，在基于主体的建模的所有复杂性中，我们很容易偏离科学的总体规划。

POM 的基本思想并不新鲜，但它是所有科学的基础。它是使用多种模式作为系统内部组织的指标。通过尝试同时重现这些模式，来解码其内部组织。使用 POM 进行基于主体的建模包括使用模式来设计模型的结构（第 18 章），开发和测试主体行为的理论（第 19 章），以及寻找合适的参数值（第 20 章）。

17.2 单模式和多模式，强模式和弱模式

“模式”到底是什么？模式是指超出随机变化的任何事物。我们可以将模式看作规则、信号，或者就像经济学中有时所说的“程式化的事实”。“程序化的事实是对广泛但不一定普遍的经验观察的概括，它们描述了需要解释的现象的基本特征。”（Kaldor, 1961; Heine et al., 2007, p. 583）。

例如，一个受激原子发出的光不是白色的，这意味着它不包括可见光谱的所有波长，而仅包含少数的特征波长。不同元素的原子可以通过其光谱区分。因此，光谱超出了随机变化的范围：它们“需要解释”，因为它们间接反映了原子的结构。作为科学家，我们的工作是观察特征模式并对其进行“解码”，以理解系统的运行方式。对于原子光谱，此过程导致了量子理论的产生。但是，对于大多数系统而言，单一模式不足以解码内部组织，而需要多个模式或过滤器。想象一下，您需要到机场接一个您不认识的人。只有一种“模式”，比如说知道他是男性，不足以识别出那个正确的人，因为“男性”这个模式只过滤掉一半的人。不过，如果您还知道这个人年龄在 30 岁左右，而且穿一件绿色的 T 恤，拎着一个蓝色的手提箱，您很可能马上就能认出他。

用于识别机场乘客的这组模式，有几点值得注意：

■ 模式数量小——只有四个；

■ 这些模式很简单或“弱”，每个模式仅用几个词就能概括，并且没有强烈的描述性；

■ 模式是定性的，而不是定量的；

■ 模式与性别、年龄、衣服和行李等不同事物有关；

■ 这些模式特别适用于识别机场人员的问题——模式很有用，因为它们可以在远处被检测到，但如果您面对的是另一个问题（比如决定是否应该让他娶你的妹妹），您肯定会用不同的特征来描述同一个人。

我们的观点是，少量的、弱的、定性但多样的模式可以和一个非常强的模式（如一个的照片）一样，能够针对建模问题表征一个系统，且通常更容易获得。

“表征系统建模问题的模式”是什么意思？从对系统的理解来看，这些模式是由驱动建模问题中系统行为的相同机制和过程引起的。换个思考方式，如果模型没有重现这些模式，您就不应该相信该模型能解决您的问题。例如，第 18 章讨论了一个欧洲山毛榉森林模型，该模型再现了真实森林的一种关键模式（发育阶段的水平镶嵌），但该模型因没有重现相关专家认为必不可少的模式（垂直结构），而没有得到相关专家的信任。

如何为您正在建模的问题确定一组能够表征系统的多样化模式呢？类似于大部分建模工作，这项任务需要判断力、对系统的了解，以及反复试错。一些模型提出的是明显需要解释的显著或“强”的模式。例如，一些半干旱生态系统的植被具有明显的带状分布（图 17.1）。更常见的是，系统表现出较弱的模式，如某些状态变量保持在有限范围内，或者系统以其特有的方式响应各种变化。在一项旨在说明 POM（并解决实际土地利用管理问题）的研究中，Railsback 和 Johnson（2011）开发了一个 ABM 模型，用以模拟咖啡农场的鸟类如何觅食以及提供哪些虫害控制。在这个模型中，鸟类个体需要在包括咖啡树在内的几种栖息地中决定在哪里觅食，并决定是吃无害虫的食物还是寄生在咖啡树上的害虫。九个观察到的模式，大多是弱的和定性的（图 17.2），为模型中需要哪些变量和过程以及如何模拟鸟类行为提供了明确的指导。一些模式还可用于估计参数值（Railsback and Johnson，2014）。

图 17.1　模型再现的带状植被模式（Thiery et al.，1995）：灌木或树木条带（灰色和黑色）与没有此类植被的地带（白色）交替出现

这种模式在半干旱景观中观察到，其中水流沿相同方向（图中是自上而下）流动。

（该图由 Uta Berger 使用 NetLogo 重现，通过主菜单中的文件/导出/导出视图生成。）

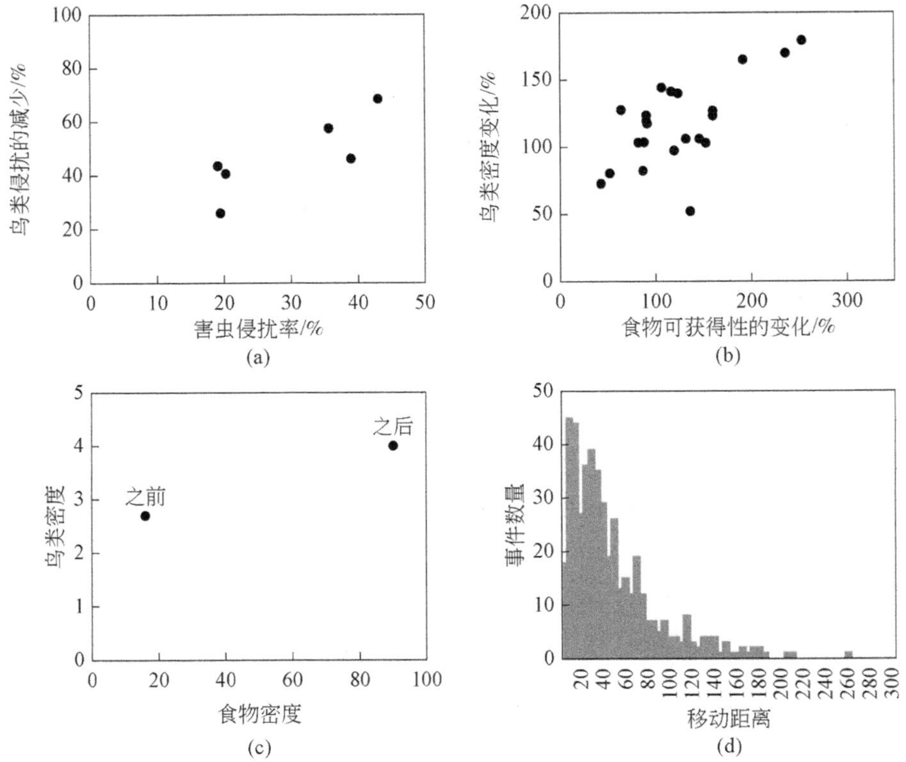

图 17.2　在咖啡农场观察到的模式图解，Railsback 和 Johnson（2011）设计用于鸟类觅食和害虫防治的 ABM

模式如下：(a) 害虫侵扰率越高，鸟类对害虫侵扰的抑制效果（受昆虫侵扰的咖啡浆果占比的下降幅度）就越显著；(b) 在特定位置的一个季节中，鸟类密度的变化与非害虫食物的可获得性呈正相关；(c) 虫害突然暴发导致非害虫食物密度增加后，鸟类的密度迅速增加；(d) 鸟类在 1 小时内移动距离的分布遵循对数正态分布，有许多短-中距离的移动，很少有（但不是没有）长距离的移动

在某种程度上，检测和确定什么构成了有用的模式是主观的。就某个观察结果是否属于特征模式，系统专家可能会持有不同观点。因此，与模型设计基础上的任何假设一样，模式的选择具有实验性：进行初步判断，实现和分析模型，然后看看结果怎样。虽然初步理解可能包括盲点、偏见和不一致之处，但是通过建模周期的推进，我们将专注于有意义且有效的模式。判断所选模式是否正确的指标是：能否找到能够稳健重现这些模式的机制（第 23 章），并且我们的模型做出了可用于验证的次要预测（第 18 章）。

匹配模式：定性还是定量？

POM 包括测试模型能否重现特定模式的步骤，因此我们需要定义模式匹配的标准。我们是否需要用数字定义模式并指定一些统计测试来验证模型结果是否与它们匹配？至少在建模的最后阶段，重要的是不要过于刻板地追求定量。否则，在理解任何东西之前，很容易陷入统计推断的“泥潭”中。

我们建议遵循 Platt（1964）的建议：“科学中的许多（也许大部分）重大问题，都是定性而非定量的，即使在物理和化学中也是如此。当且仅当与证明相关时，等式和测量才有用；但证明或反证是第一位的，事实上，当它不需要任何定量测量就能绝对令人信服时，证明或者反证才是最有力的。”

例如，Watson 和 Crick 最先使用定性标准建立了他们的 DNA 结构的模型，后来他们才转向量化（Watson，1968）。因此，确实需要严格的定量模式（第 20 章），但这是在使用定性分析排除了不适当的子模型之后。通常，证明是首要的，量化是次要的。

17.3 第Ⅲ部分概述

在第 18 章中，我们将解释如何通过设计一个模型结构来使建模具有面向模式的特性，这种结构允许（但不是强加的）模型重现真实系统中观察到的一系列模式。在第 19 章，我们将“放大”视角，学习如何为主体的关键行为找到最合适的子模型，该过程被称作理论发展。我们通过“假设”（尝试）不同的行为子模型并“证伪”（拒绝）那些未能使 ABM 再现观察到的模式的子模型，来确定对主体行为有用的理论。

对于在现实世界中用于决策支持的模型，通常需要更进一步地校准模型，以定量地匹配观察和数据。ABM 通常包括一些参数，这些参数的良好值无法直接从数据或文献中确定。我们必须对这些参数进行“猜测估计”，这对于定性预测、理论发展和对真实系统的深入了解可能已经足够。但是，对于定量建模，估计参数的不确定性往往过高。在这种情况下，可再次采用将模式作为过滤器的方法（Wiegand et al.，2004）。第 20 章将讨论校准和使用模式缩小参数值范围的方法。

第Ⅲ部分所涉及的主题是模型开发和建模周期的关键步骤。一般来说，对于 ABM 和复杂模型而言，这些步骤并不容易，也不简单直观。需要仔细考虑，以便说服他人来相信我们的模型是结构上现实且经过良好校准的。因此，这些步骤的记录非常重要，也是 TRACE 文档文件的一个关键要素，其目的是提供令人信服的证据，证明模型经过深思熟虑的设计、正确的实现、全面的测试、充分的理解，可适当地用于其预期目的（Schmolke et al.，2010；Augusiak et al.，2014；Grimm et al.，2014）。第Ⅱ部分侧重模型及其计算机实现的具体部分。第Ⅲ部分更具战略意义，涉及全部的 ABM 问题。因此，练习将更加全面，更像是工作项目，这就意味着您正在学习“驾驶”和“导航”“基于主体的建模”这艘“研究船”去探索未知领域。从战略性的角度研究整个模型可能会非常复杂，有时一开始就会产生挫折，但这也令人兴奋——毕竟，您已经实现了基于主体的建模的真正目的：了解真正的基于主体的复杂系统是如何工作的。

18 模型结构的模式

18.1 引言与目标

设计模型时，第一个非常重要的决策是选择能代表系统的实体集及其状态变量和属性。要建模的任何系统都包含无穷尽的事物，以及代表它们的无穷多个变量。但是，模型通常只包含种类很少的实体，且每种实体仅用几个变量（大小、位置等）来描述。一旦选择出实体和状态变量，就需要知道模型需要包含哪些过程，即那些使状态变量发生变化的重要过程。

在确定所包含的实体和变量时，必须以模型的目的为指导。然而，模型目的可能会给出过于狭窄的观点，导致模型结构过于简单，无法进行完整深入的测试。例如，如果要预测人口的增长，最简单的模型可以是一个指数增长方程，其中人口规模是其唯一的状态变量，还包括一个拟合历史人口数据的参数。但是该模型是否足以表达未来 20 年或 100 年的人口变化呢？该模型在结构上是否真实？

过少的实体和状态变量会导致模型的不确定性：由于它们过于简单，模型无法给出足够多种类的结果来进行充分测试。它们对机构和机制的表达太弱（DeAngelis and Mooij, 2003）。如何使模型更丰富，但又不过于丰富和复杂呢？例如，我们可能非常了解不同地区的人口年龄结构（每个年龄有多少人）。与仅关注总体人口规模的模型相比，一个能够再现总人口规模和区域年龄结构历史模式的模型更有可能包含人口统计学的关键过程。

本章介绍了面向模式建模的第一个任务：使用观测到的模式来设计模型结构，模型结构包含足够多的信息，从而使模型足够真实且具有可测试性，但又不会过于复杂。本章描述了任务中的各个步骤，然后运用一个真实的森林建模项目来解释说明。我们还提供另一来自企业管理领域的案例，其中观测到的模式不是用于设计模型，而是用于评估几个现有模型的结构。

本章及第Ⅲ部分其余章节的目标是理解 POM 的总体策略。不过，POM 并非一个能迅速带来奇迹般见解的简单方法，而是一种利用 ABM 从事科学研究的策略。它需要对被建模的系统进行系统研究和了解，这应该会使建模过程更加高效和有趣。

学习目标：

■ 理解运用 POM 设计模型结构的四个步骤，以及本章介绍的这个过程的示例。

■ 根据对系统和模型要解决的问题的了解，以及观测到的与问题相关的系统过程的模式，来构建 ABM 的结构。

18.2 POM 中设计模型结构的步骤

再次强调，POM 用于模型结构的目标是确定模型中需要哪些实体（主体及其他的东西），以及这些实体需要哪些状态变量，才能为模型的可测试性和实用性提供足够的真实性和复杂性，同时避免不必要的复杂性。该过程的简要指南包括如下步骤。

（1）首先，制定模型（使用 ODD 协议编写其描述），将模型目的作为设计模型结构的唯一过滤器。考虑到您当前对系统的了解或概念性模型，实体、状态变量和过程似乎是解决您所建模的问题的最小必要条件，在这一阶段，制定的方案看起来过于简单，以至于没什么用。

（2）确定一组观测到的模式，您认为这些模式是您的系统相对于您所建模问题的特征，如 17.2 节所述。花一些时间阅读文献，与专家一起真正理解系统的已知情况及产生模式的相关过程，特别是如果您还不太了解该系统的话。将自己限制在一组可管理的模式中，通常为 2 ~6 个，最常见的为 3 ~4 个。一些模式通常紧密联系，而不是彼此独立的。尝试找到多种模式，如对几种不同变化类型的响应。模型开始的选择是实验性的，因为我们无法预先知道哪些模式包含了设计模型所需的信息。尝试根据模式在描述系统和问题时的重要性对模式进行排序。在 ODD 模型描述的第一个要素（“目的和模式”）中记录这些模式。

（3）定义模式匹配标准。如何确定模型是否重现每个模式？从定性标准开始，如视觉模式匹配和统计汇总输出中的趋势，尽管在 POM 的后续步骤中可能需要定量标准。模式匹配的更多讨论见第 19 章和第 20 章；目前，唯一需要考虑的是了解将使用哪些输出内容来评估模型是否再现了特征模式。

（4）现在，回顾您制定模型的方案草稿，确定模型中还需要哪些额外的内容来使模型可以涌现您的特征模式。模式涌现是否需要任何新的实体或状态变量？模式是否由模型中尚未包含的过程驱动？是否需要新的变量或输出来观察模式是否被重现？无论您确定了什么（通常只有几个变量和过程），都应添加到模型制定方案中。

现在，您已经准备好进入建模周期。修改模型制定的方案草稿，包括以上步骤中确定的更改。然后，对模型进行编程并彻底测试软件，之后，就可以为 POM 的下一阶段做好准备：测试您的 ABM 及其关于个体适应性行为的理论，这是第 19 章的主题。

18.3 示例：欧洲山毛榉林建模

两个关于欧洲山毛榉林时空动态的模型描述和解释了如何使用观测到的特征模式来设计 ABM，以及模式的选择如何影响模型的结构，进而影响模型的可信度和成功性。

在最近的冰河时期之后、大规模农业出现之前，中欧大部分地区都被以山毛榉为主的森林所覆盖。这些“优势”森林由几片大而古老的树林（这些树木的冠层密闭，几乎没有下层植被［林业人员采用“冠层”（Canopy）一词来表示阻挡光线进入森林低层的高层叶片；采用“林下层”（Understory）表示树冠以下的木本植物］）、树冠顶层间的缝隙以及幼树和老树混合的嵌块组成。我们研究的模型旨在帮助理解产生这种镶嵌模式的机制，并最终确定森林保护区需要多大、多古老才能与“原始森林”（Urwald）相似。

18.3.1　BEFORE 模型的前后对比

第一个模型（Wissel，1992）是一个简单的基于网格的模型。该模型设计侧重再现天然山毛榉林中观测到的单一模式：上述阶段中的斑块的镶嵌。这些斑块类型被认为是在生长周期中逐一接替的：当老树因暴风雨或衰老而死亡时，封闭的冠层（完全被树枝和树叶遮挡）打开，较年轻的树木在其中生长，直到树冠再次封闭，这时大部分小树因得不到足够的阳光而死亡。

为了重现这种单一模式，模型仅需要包含带有状态变量的网格单元（NetLogo 中的嵌块），并且这些网格单元的状态变量仅包含其所处的发展阶段以及该阶段持续的时间。树木生长缓慢，因此时间步为 10 年。该模型的主要过程是每个网格单元通过生长阶段的循环进行演变。该循环假定网格单元从早期的定居物种（如桦树）发展到后来的定居物种混合，然后是年轻山毛榉树占主导的阶段，最后是年老山毛榉树主导的阶段。在循环的最后阶段，一个网格单元只包含一个大山毛榉树，直到该树死亡。该模型的第二个过程是网格单元对其相邻网格单元的影响，山毛榉树的树皮若长时间暴露在阳光下会死亡，因此当一个网格单元从大山毛榉树的状态转变为冠层开放状态（大树死亡），其北侧网格单元（以及程度较轻的东侧和西侧的网格单元）内的树更可能很快死亡。

这个模型的评价褒贬不一。它定性地重现了观测到的镶嵌模式（图 18.1），因此关注这种镶嵌模式的景观生态学家对此非常满意（Turner，1993）。然而，森林科学家并不相信该模型产生这些模式的原因是正确的。他们对模型的几个假设提出了质疑，他们尤其认为生长阶段并非自然完成，而是涌现于主要发生在垂直维度的过程，这些过程会产生重要的垂直模式。他们认为，垂直方向上对光的竞争是最重要的构造过程：如果森林冠层关闭，那么到达林下层的阳光太少，就会导致较小树木的高死亡率。另外，如果大树死亡，下层树木就会接收到阳光，从而得以生长，甚至可能长到树冠层。

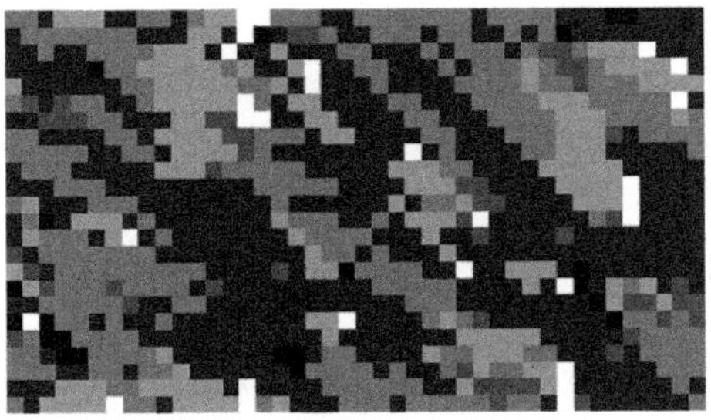

图 18.1　Wissel（1992）的山毛榉林模型视图，来自 Jan Thiele 对 NetLogo 的重新实现

阴影表示网格单元为空的时间：网格单元在变空的第一个时间步为白色；当网格单元上的树木达到最大年龄时，网格单元为黑色；此后，该网格单元上的山毛榉树将衰老而死

换句话说，这些森林科学家看到了另外一组模式：不同发育阶段的垂直特征。“后期”阶段几乎只有冠层树木，少有林下层。当大树死亡时，其所在斑块会经历只有幼苗——较高的幼树——长成高大树木的周期环。此外，森林科学家认为他们知道大多数大树死亡的原因：暴风雨期间，大树通常会被大风吹倒。Neuert 等（2001）和 Rademacher 等（2004）通过添加状态变量来表达网格单元的垂直特性以及被认为是引起垂直特性改变的过程，开发了第二个模型，命名为 BEFORE。这样，BEFORE 的设计使森林各阶段的典型垂直模式从底层过程涌现，进而使成长阶段的大尺度空间镶嵌模式能够从垂直模式中涌现。较初始模型而言，如果所有这些模式都以合理的现实方式涌现，那么森林科学家将更相信 BEFORE 模型是一个结构上现实、有用的模型。

制定此模型结构需要数月的时间。需要阅读相关文献，并与山毛榉林专家讨论其结构。建模者对于加入垂直维度感到不满，因为这会使模型变得相当复杂且难以实现（在 NetLogo 出现之前的黑暗期）。但是，经验证据和专家意见使建模者相信，要了解山毛榉林的内部组织，必须在模型中加入垂直结构和机制。[早期基于个体的森林模型，如 Botkin 等（1972）及其后继者的模型，虽然表示了对光的垂直竞争，但侧重于物种组成，通常忽略了水平相互作用。]

18.3.2 BEFORE 模型的结构

为了解释从特征模式推导出的模型结构，以下给出了 BEFORE 模型 ODD 描述的“实体、状态变量和尺度”，并简要总结了模型过程。完整的 ODD 描述见本书网站。

BEFORE 有两种实体：垂直分隔的网格单元和大山毛榉树个体。只有经过“幼苗”阶段（见下面的解释）的树木才会被作为个体进行跟踪。较原始模型而言，BEFORE 模型更简化的一个方面是：它忽略了山毛榉以外的其他树种。因为原始森林中没有其他物种生长，所以它们对要建模的问题并不重要。

在水平方向上，网格单元的面积为 14.29m^2（相当于一个非常大的山毛榉树所覆盖的面积）。在垂直方向上，网格单元有四个分层，每个分层代表一个山毛榉树的高度等级（图 18.2）。

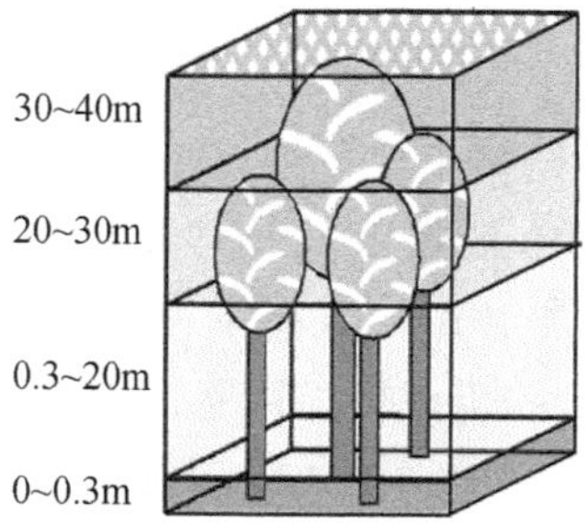

图 18.2 BEFORE 模型中一个网格单元上的四层高度分层

最高两个分层中的单株树被表达为个体，而较低的两个分层中的山毛榉幼苗和幼树仅由它们所覆盖的单元格的比例表示（引自 Rademacher，2004）

这些间隔是每个网格单元内的独立实体，每个分层代表单元格中的某些树：

■ 上部冠层：树高 30～40m（山毛榉树的最大高度）。

■ 下部冠层：树高 20～30m。

■ 幼树：树高 0.3～20m 的小树。

■ 幼苗：树高不超过 0.3m。

这四个垂直分层具有以下状态变量。

■ 上部冠层和下部冠层都包含分层内树木的清单。在每个网格单元的各分层内可以出现 0～8 棵树。这两个分层分别都有一个状态变量，该状态变量根据分层内树木的数量和大小来计算：F4 表示上部冠层，F3 表示下部冠层。F4 和 F3 分别表示分层内树木占网格单元面积的比例，通过将各棵树占网格单元面积的比例相加来计算。（下面解释树木占用的面积。）F4 和 F3 的范围为 0%～100%，步长为 12.5%（下面给出了单棵树所占面积的定义），用于计算光线的垂直竞争。

■ 幼树层和幼苗层各有一个变量。分别为 F2（幼树）和 F1（幼苗），用于计算这些高度范围内，幼树和幼苗分别占网格单元面积的比例（0%～100%）。在这些较低的分层中，树木不以个体形式来表达，而仅通过 F2 和 F1 表达。幼树层还有一个状态变量，用于表示 F2 大于零之前的时间步的数量。

在两个冠层的分层中，每棵树都具有不同的状态变量。

■ 上部冠层：该层树木最高，垂直方向上光照不受限。它有 2 个状态变量，即年龄和树冠面积（树木占网格单元面积的比例）。树冠面积以 1/8（12.5%）的网格面积来量化。例如，一个网格单元可能包含 2 棵上部冠层树，树冠面积分别为 1/8 和 5/8，或 1 棵树冠面积为 8/8（整个网格单元）的巨型山毛榉。

■ 下部冠层：该层树木生长迅速，几乎可以到达上部冠层。但是，如果冠层被上部冠层树木填满，则下部冠层树木将无法再获得生长所需的足够光照。山毛榉耐荫，可在下部冠层存活大约 90 年，如果上部冠层出现空隙，下部冠层树木就可迅速填充。其状态变量是年龄和在此分层中存活的时间。该分层的所有树木都有相同的树冠面积，其大小等于单元面积的 1/8。

请注意，该模型结构仍然是高度简化的，如它忽略了最低分层中的树木数量，树木在其网格单元中的确切位置，以及除树冠面积和树木所在高度分层外关于树木大小的所有信息。

时间步为 15 年，空间范围是 54×54 个网格单元，约 $60hm^2$。

BEFORE 模型中的过程都发生在网格单元内以及相邻单元之间。树木的出生（“建立”）、生长和死亡都取决于对光的垂直竞争，由代表树木占网格单元面积的比例的变量 F2、F3 和 F4 决定。大树被风暴吹倒是一个随机过程。被吹倒的树木可以撞击并摧毁相邻网格单元中的树木。冠层中的空隙会影响相邻网格单元中的树木，使其在未来更易遭受风暴的影响，同时倾斜的光照会到达较低的分层，促使分层中树木的生长。（起初，森林专家认为网格单元之间这种倾斜的光照相互作用并不重要，但事实证明这是必不可少的。这一经历提醒我们，专家们可能非常了解它们的系统，但是对系统的概念模型的理解并不全面或并不准确。）

18.3.3 结构现实主义的结果：验证和独立预测

BEFORE 模型的设计使用了数量更多且形式多样的模式，与 Wissel（1992）的原始山毛榉林模型相比更复杂——尽管在概念上仍然很简单。这种额外的复杂性有意义吗？在 BEFORE 模型被实施和测试时，它成功地再现了涌现模式，包括空间上所观测到的不同生长阶段的镶嵌，网格单元中生长阶段随时间推移的循环，以及诸如最终阶段的森林比例（上部冠层树）及该比例的周期性变化等系统尺度属性。因此，该模型被成功验证。令人惊讶的是，只有一个参数必须通过校准进行评估，其他参数值都是通过专家评估确定的，不需要校准。

但是，BEFORE 模型在结构和机制上足够丰富，可以产生在模型制定、测试和校准时尚未被考虑甚至未知的新模式。我们称这种新模式为二重或独立预测。如果这些预测得到新的经验证据（来自文献、新的测量结果或新的实验）的证实，我们称该模型是“有效”的，而不仅仅是“经过验证”的。寻找和测试独立预测的过程称为验证。（但是，文献中术语“验证”和“确认”的使用并不统一；Augusiak et al.，2014）

我们对验证有一个直观的了解。请思考下面的脑力训练：

$$F(2,3)=10, F(7,2)=63, F(6,5)=66, F(8,4)=96$$

F 是一个简单的数学运算，它将两个数字（如 7 和 2）结合起来，从而得到给定的结果。什么是 F，即生成机制是什么？（我们将答案留作一个有趣的练习；当然，关键是要发现 F 的输入输出关系中的模式。请确保您记录了用于识别生成机制的多种模式。）现在，如何检验您对 F 的“理论”？检验您的理论是否可以预测尚未使用的数据，即通过独立预测！[您可以在本书网站上找到这些数据——F（9，7）]。

为什么用独立预测检验模型很重要？因为即使我们使用多个观测到的模式来验证模型，仍然存在由于我们“调整”它，其以错误的原因重现正确模式的风险，如通过校准（第 20 章），或是将本身不切实际但组合起来效果意外不错的子模型结合在一起。避免这种风险的唯一方法是寻找模型开发和验证过程中未使用的模型结构现实的证据。

例如，BEFORE 模型是在设计和校准之后才被用来分析树冠层树木年龄分布以及非常古老、非常大的冠层个体（“巨型个体”）的空间分布模式的。这些新模式最大的两个特征是，①相邻的冠层树木通常有 60 年的年龄差异；②80% 的非常大的或古老的树木在 40m 半径范围内有一个同类型的树木。事实证明，这些结果与欧洲仅存的几片天然山毛榉林的实证资料惊人的相似（Rademacher et al.，2001）。

在后续的研究中（Rademacher and Winter，2003），BEFORE 模型被进一步修改为跟踪模型中森林产生的枯木（为许多物种提供栖息地）的数量。此更改需要添加一些新的推断状态变量（如树干体积，因为枯木是以体积来测量的）和过程。（这里的推断是指树干体积是基于现有的状态变量——树高、冠层面积、年龄——通过经验关系式计算得到的。）由此得到的预测结果与观测结果非常吻合。

这些经验表明，对 BEFORE 模型制定、实施、检验和分析投入的更高复杂性和成本换回了很好的效果。Wissel 模型仅提供了对一种模式的一种可能解释，且由于模型结构性太弱，无法对这一模式进行检验。相比之下，BEFORE 模型的设计和实施花费了相当多的精力，该模型经过多重验证，从而提高了其结果的可信度，并对真实山毛榉林的内部组织提供重要见解。

18.4 示例：管理核算与共谋

从山毛榉林模型示例中得到的主要经验是，使用各种观测到的模式来设计 ABM 的结构，会产生一个结构上更真实、更易测试且更可信的模型。反过来，是否可以应用这一经验，基于现有模型被设计用于解释多少模式来评估其可信度？

Heine 等（2005）讨论了大型企业管理问题的模式：由中央管理层决定向公司不同部门投入多少资金，这一决定主要基于部门经理提供的信息，而这些经理往往会夸大其部门投资的预期收益，因为他们的薪水会随其部门为公司创造的利润的增加而增加。Groves（1973）发明了一种在部门间分配投资的机制，迫使部门经理诚实地预测利润。在这一机制中，部门经理的薪酬也受到其他经理预测利润总和的影响，这样（从数学上可以证明），所有经理都通过报告诚实的预测来实现薪酬最大化。

然而，这种获取诚实管理信息的 Groves 机制可能会因部门经理之间的共谋而遭到破坏。这种可能已经在许多实证研究和若干模型中得到检验，有些基于博弈论，有些基于模拟模型。Heine 等（2005）注意到这些模型是“临时方针”：模型的设计和评估似乎是任意的，并非结构上现实的。Heine 等因此概览了经验文献中的模式（其术语为“程式化的事实”）以评估这些现有模型。他们确定了如下一般模式或特征事实，即有利于串通的条件列表：

（1）当潜在共谋者数量（公司中的部门数量）较少时；

（2）在长时间跨度内；

（3）在简单的设置（低动态、低复杂度、高透明度等）下；

（4）当共谋的潜在利益很高时；

（5）当群体组成稳定时；

（6）当共谋者有执行其协议的有效方法时。

随后，Heine 等检查了现有规避 Groves 机制的共谋模型是否涉及了这些模式（即是否有可能重现这些模式）。如果是，则是否成功重现并解释了这些模式。两个博弈论模型中的第一个模型仅涉及模式 1，但与之相矛盾；第二个模型涉及并部分重现了模式 2 和模式 6。两个仿真模型中的第一个模型部分重现了模式 1，但与模式 6 相矛盾；第二个模型部分重现了模式 2 和模式 3，并令人信服地重现了模式 6。因此，Heine 等（2005）得出的结论是，只有第二种仿真模型在解释管理核算问题中的共谋方面具有足够的可信度。只有该模型考虑了足够多的观测模式，从而“几乎没有为任意的模型设计或可疑的参数校准留下空间”（Heine et al.，2005，“摘要”）。这个例子表明，模型结构的 POM 不仅在设计 ABM 时有用；当模型包含实体和状态变量，能够根据多种模式（或“程式化的事实”）进行测试时，模型会更具可信度与实用性，这种观点具有普遍性和强大效力。这里，它被用于评估现有模型，而非设计新模型。

这个示例还表明，POM 不仅适用于 ABM，还适用于多种类型的模型。

18.5 小结与结论

POM 的总体思想是使用多个观测到的模式作为系统内部组织指标，试图用 ABM 重现这样的模式，以解码真实系统的内部组织。经验丰富的建模者总是以这种方式使用模式——因此，Heine 等（2005）在其企业管理研究中运用了 POM，即使他们没有接触过其他领域的例子也不足为奇——不过，模式的使用通常并不明确或系统。为了促进模型设计和测试中模式的显式系统化使用，ODD 协议的新版本（3.3 节）在其第一个要素中包含了模式。

POM 的重点是从一开始就有意识地根据模式、规律或特征事实进行思考，并相应地选择模型结构。对于初学者来说，可能需要花一些时间来熟悉和理解 POM（实际上很简单）。像一名新手侦探一样，您将学会在数据和专业知识中识别模式，不仅专注于显著的强模式，还应关注弱模式，弱模式的组合对于设计和测试模型结构非常有效。POM 不是像编程或统计测试一样的技术，而是一种总体策略和态度，是一种持续的认知，即我们作为科学家的工作很大程度上就像侦探一样。而且，通过以模式为导向，我们可以避免两个极端：一个是结构和机制上过于简单的简化模型，这类模型可能出于错误的原因只能重现很少的模式；另一个是过于复杂的模型，其设计没有特征模式（以及模型的目的）的指导，从而无法确定哪些内容可以忽略，而哪些必须包含。

18.6 练　　习

（1）本章的网站部分有一个模型列表，其中观测到的模式特别重要。选择一个或多个模型，并指出在其设计中哪些模式是重要的。作者是如何寻找和记录这些模式的？描述这些模式如何影响模型的设计，并具体说明以下问题：观测到的模式发生在什么尺度上？它们如何影响模型的尺度？模型中包含哪些内容才可能涌现出模式，以及针对模型要处理的问题，模型还需要包含哪些其他内容？（这种差异有时并不清晰，因为解释观测到的模式通常是模型的目的。）识别在已发布的模型描述及其设计中，哪些重要信息是不明确的。

（2）您可能知道化学元素周期表反映了量子物理学所解释的原子结构。但是，周期表早在量子物理学出现之前就已经形成了。这怎么可能？

（3）第 1 章的练习 1 是对杂货店中的结账队列进行建模。假定您的任务是对客户在队列中花费的时间分布（如均值、标准差、最大值）如何依赖于收银台和客户的特征进行建模，您可以观察到哪些模式来协助您决定如何构建模型？

（4）在您的研究领域，尝试进行类似于 Heine 等（2005）的研究。确定一个已被多次以不同方式建模的一般或特定问题等。然后识别出一系列您认为能体现特定问题系统特征的观测模式，包括强模式和弱模式。最后，评估现有模型对模式的引用程度：这些模型是否包含测试其是否可重现这些模式所需的结构？

（5）通过识别 POM 模式，开始构建您自己的特定系统和问题的模型。确定要建模的系统和问题，以及模型的尺度、实体和状态变量是如何被问题决定或约束的。然后，确定一组观测到的模式，这些模式表征了针对您的问题的系统。您的模型需要哪些额外结构才有可能涌现这些模式？

19 理论发展

19.1 引言与目标

上一章重点介绍了模型结构。这一章将转向模型过程及其建模方法。在设计一个模型的结构和制定其调度（ODD 协议的“概述”部分）时，我们会确定需要哪些过程，而无须考虑其具体运作方式。然后，为了使建模周期继续进行，模型过程通常从一个非常简单且通常包含明显错误的表达开始。例如，通常仅假设主体随机做出决策。然而，当整个模型首次实现之后，我们需要复杂化这种假设，并给出足够真实且有用的关键过程的表达形式。该如何去做呢？

首先，我们不想以相同的详细程度考虑模型中的所有过程。ABM 通常包括许多相对次要的过程，这些过程可以简单地表达，也可以通过使用文献中的子模型来表达。模型的结果不太可能对此类子模型的细节过于敏感。但是，ABM 通常还包含一些过程，尤其是主体的行为，这看起来是最重要的。主体行为之所以特别重要，是因为它们是我们首先选择使用 ABM 的原因，而且我们也不太可能在文献中找到一种有用的表达它们的方法。因此，问题通常是，什么是最重要的主体行为，以及如何识别或构建一个优秀的子模型来表达该行为？

我们将此阶段称为模型设计的理论发展阶段，这里的理论是针对某些特定主体行为的子模型，而且该子模型已经过测试并被证明对于解释系统在特定环境下的工作方式非常有用（Grimm and Railsback，2005，第 4 章）。理论发展的目标是找到关键的主体行为的简单模型——通常是对真实行为的极大的简化——但它们又要复杂到足以产生有用的系统行为。该理论定义方式，与物理学和工程学领域的理论定义方式有许多共同之处，等式或模型在被证明对解决实际问题有用且通用之前，是不被接受为理论的。将复杂系统理论视为产生系统层面动态变化的个体特征模型的想法并不新鲜（如 Auyang，1998），而且事实上，这是对复杂物理系统（诸如高层建筑和电子电路等）进行建模的常用方法。

如何测试主体行为模型来确定哪些可以接受为理论？答案当然是通过面向模式的建模（POM）：当主体行为的模型使 ABM 能够重现我们选择用来表征系统动态的模式集时，就将其接受为理论（17.2 节）。本章将介绍 ABM 作为“虚拟实验室”的功能，您可以在其中测试和改进关键行为的子模型。在解释了理论发展的一般过程之后，我们用几个示例来说明它。本章将引入一个新的示例模型，其关键行为是生活在一个社会群体中的动物是决定是留在这个群体中，还是离开去寻找新的群体。将这个行为发展理论留作练习。

理论发展是基于主体的建模中最独特、最重要且最有学术价值的部分。如何对关键的主体行为进行建模显然是基于主体的仿真实验的基础，并且仍有许多重要的发现有待研究。当前，几乎每个 ABM 都需要新的理论来描述其新行为或环境，而该理论的发展通常与建模研究中学习的其他知识一样重要。幸运的是，我们可以借助标准和强大的科学方法，将 ABM 作为实验室，高效且令人信服地发展理论。建模的该阶段是基础科学的发现，比任何其他阶段都更重要。

学习目标：

■ 理解发展理论的一般概念，即通过提出备选假设、进行对照实验，来找出最有用的假设，然后修改假设并进行更多实验。

■ 理解基于主体的科学中的理论，包括用于解释重要系统行为的主体行为模型，以及通过对假设的子模型进行面向模式的测试来发展这一理论。

■ 在理论发展过程中积累经验。

19.2 虚拟实验室中的理论发展和强推理

我们可以将 ABM 视为“虚拟实验室”，用于测试关键行为的备选子模型。为此，将这些备选子模型插入 ABM 中，然后测试 ABM 在多大程度上能够再现真实系统中观察到的模式。通过测试和精炼子模型的循环，可能还需要结合对真实系统的研究以发现更多模式，排除（证伪）无用的子模型，并将有用的子模型作为理论来处理。

对比备选理论或假设，是科学方法的基础。1964 年，生物物理学家 John Platt 重新表述了这种方法，并称之为强推理。他想知道为什么有些科学领域的发展速度比其他领域快得多。他的答案是，进步很大程度上取决于人们如何系统地使用这种方法（Platt，1964，p. 347）。

强推理包括正式地、明确地、定期地将如下步骤应用于科学中的每个问题中：

（1）设计备选假设；

（2）设计一个关键实验（或其中的几个实验），该实验包含其他可能的结果，每个结果将尽可能排除一个或多个假设；

（3）进行实验以获得一个明确的结果；

（4）循环该过程，通过提出子假设或连续假设来精炼剩余的可能性，以此类推。

用于发展主体行为理论的方法（图 19.1）是建模周期的一个子循环，并严格按照以下 Platt 的步骤进行：

（1）确定行为的其他备选子模型（假设）；

（2）在 ABM 中实现这些备选子模型，并仔细测试软件以得到“明确的结果”；

（3）通过查看模型对特征模式的重现程度测试和对比备选子模型，排除那些无法再现模式的子模型；

（4）按需重复该循环：修改行为子模型，寻找（或从真实系统的实验中生成）能够更好地解决子模型之间差异的其他模式，并重复测试，直到找到一个能够充分重现特征模式的子模型。

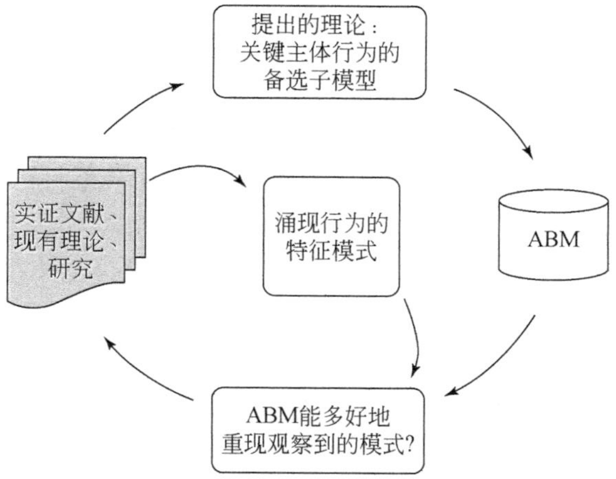

图 19.1　用于发展主体行为理论的 POM 循环

关于真实系统的现有文献，有时还有新的实证研究，可用于识别从主体行为子模型中涌现的、能够表征系统行为的模式。这些实证信息还会与现有理论一起，被用来为主体行为提出替代理论。这些替代理论在 ABM 中实现，并通过模型重现特征模式的能力来进行测试。有前景的理论可以通过发现或发展更多的经验信息来完善，这些信息提供了额外和特征模式并提出了对理论的改进建议，然后重复这一循环

我们从哪里可以得到备选理论来测试和对比？有时，关键行为的规则已由他人提出，或在模型构想时被确定。然而，如何对行为建模往往一点也不清晰，因此我们需要从实证数据和现有理论两方面着手。如果要发展 15.2.1 节和 15.4 节所探讨的统计和随机子模型，是否有足够的对真实世界的观测数据？是否有面向所建模的主体和决策类型的决策理论？理解现有的理论出发点总是很重要的，并且在某些领域，各种非常有用的理论都适用于 ABM。Grimm 和 Railsback（2005）在第 4 章和第 7 章讨论了几种行为建模的方法。

许多科学领域都有一门关注个体行为的分支学科（如认知心理学、行为生态学），包括个体如何在相互竞争的目标之间做出复杂决策的相关理论。例如，人们或企业如何在提供不同预期收益和风险的投资中进行选择，动物如何在影响成长和生存的备选策略（觅食、交配等方面）中进行选择。这个经典的个体尺度理论通常用到优化方法：如果假定一个主体知道其每个备选行为的未来收益和风险，那么它就可以从数学上计算出（使用如动态规划等技术；Mangel and Clark，1986；Houston and McNamara，1999）最大化目标的行为，如净收入或繁殖产出。优化方法已经非常成功地产生真实复杂行为，因此这种理论对 ABM 非常有吸引力。然而，因主体的未来收益和风险等条件取决于所有其他主体的行为方式，主体无法知道备选行为的未来收益和风险，甚至不知道有哪些备选行为类型可供选择，因此优化方法在 ABM 中并不适用。（建模者将这种依赖性称为反馈：主体所选择的最佳行为取决于其自身以及与其相互作用的其他主体的状态，而这些状态依赖于主体选择的行为。）不过，我们仍然可以通过假定主体对未来条件做出明确的预测，选择能大致优化基于概率的目标度量的备选方案，并随着条件的变化更新预测和决策，保持优化理论的强大和灵活性。Grimm 和 Railsback（2005，7.5.3 节）以及 Railsback 和 Harvey（2013）讨论了 ABM 中基于状态和预测的权衡决策理论，Railsback 和 Harvey（2020）也提供了

有关该理论的全面指导。事实上，我们已在商业投资者模型中使用过这种理论（11.3节）。

在尝试识别要作为理论进行测试的子模型时，重要的是记住：您的目标不是重现已知的主体表现出的所有行为！如果这样做的话，您将永远无法完成。相反，请记住，您要寻找足够真实的理论，以重现您感兴趣的模式，并确保您明确地界定了需要重现的模式。

您应该始终从空理论（Null Theories）开始，也就是说，不使用任何特定机制或假设的理论。典型的空理论是假设主体随机做出决策，以及（与之相反）假设主体总是做出完全相同的决策。为什么要从空理论开始？一个原因是，它允许您在关注行为子模型之前发展和测试 ABM 的其余部分。另一个原因是，它帮助您了解 ABM 的输出对关键行为表达方式的敏感度。您可能会发现，即使没有详细的行为，一些关键模式也会稳健涌现；然后，您将会了解到，这些行为实际上并不是解释相关模式的关键（19.3.3 节的示例很好地说明了这一点）。或者，您可能会发现一些重要的模式没有被重视，这表明理论发展练习实际上很重要。

最后，还需提醒您注意第 12 章中的一项重要技术，将子模型放入面向模式评估的 ABM 之前，要先独立探索和测试子模型。如果您在实现假设的子模型（如在电子表格中）并做到透彻理解之后，再将其插入 ABM 中，那么您的理论将会发展得更快。

19.3 ABM 理论发展的示例

如今，明确遵循 ABM 理论发展周期进行的研究已经数不胜数。仅从生态学领域举几个例子，如关于鳟鱼如何决定何时何地觅食的理论发展（Railsback et al.，1999；Railsback and Harvey，2002；Railsback et al.，2005；Grimm and Railsback，2005，概述见 4.6 节），秃鹫如何传达食物位置的理论发展（Cortés-Avizanda et al.，2014），以及红疣猴群如何寻找食物的理论发展（Bonnell et al.，2013）。但事实上，许多研究都是面向模式的理论发展，尽管研究者并没有这样描述。以下，重点介绍几个不同的示例。

19.3.1 鱼群和鸟群

如果您完成了第 8 章的练习，您就已经具有进行理论开发的经验！在 8.4 节，我们讨论了 Huth 和 Wissel（1992）用于寻找个体行为模型的一个模拟实验，该模型来解释了鱼群是如何形成的。第 8 章的练习 4 和练习 5 则要求您就动物如何形成群体来对比几个备选子模型。这项关于鱼群的研究是 ABM 理论发展最早的示例之一，并在 Camazine 等（2001）的第 11 章进行了描述（同时还描述了之前支持这一项研究的实证研究和模型）。

鱼群和鸟群模型的基本假设是，动物个体调整其运动方向和速度以匹配其邻居的运动，并在向邻居移动的同时保持最小的分隔距离以避免碰撞。然而，有一些重要的细节，特别是，个体会根据哪些邻居来调整其运动？Huth 和 Wissel（1992）提出了两种关于鱼类如何调整其运动的备选假设（潜在理论）。一种理论认为，鱼类仅对最近的另一条鱼有反应；另一种理论认为，鱼类会根据几条相邻鱼的平均方向和位置来调整自己的运动。

为了对比这些备选理论，Huth 和 Wissel 对其进行了模拟，并将结果与几种观测到的模式进行了比较。其中一种模式简单而定性：模型中的鱼看起来像一群真正的鱼吗？其他模式则相当定量，都使用了衡量真实鱼群间紧密程度和协调程度的指标：鱼与其最邻近鱼间的平均距离、鱼的方向与所有鱼的平均方向之间的平均角度，以及每条鱼到鱼群质心的均方根距离。鱼会根据几条相邻鱼的平均情况来调整运动的理论在很大的参数值范围内稳健地再现了这些模式，而跟随一个最邻近鱼的备选理论无法再现这种模式，因此被证伪。

Huth 和 Wissel（1992）的实验只考虑了群体的最基本的模式，并聚焦鱼类。然而，诸如此类的开创性研究开启了建模周期，随后的研究产生了更详细的模型、更多关于真实动物的定量数据以及更精细的理论。例如，Ballerini 等（2008）引用了这一领域的大量最新文献，利用椋鸟的大量高分辨率测量数据来支持以下理论，即这些鸟会根据其最近的6～7个邻居来调整自己的运动，而不考虑邻居的数量或距离。随后，Ballerini 等在 ABM 中实现了这一理论，并将其与鸟类会根据一定距离内的邻居来调整运动的备选理论进行了对比。用于对比这两种理论的模式关注的是：当鸟类为了躲避捕食者而急转弯时，鸟群保持完整性的能力有多强。相较于鸟类会对一定距离内的所有邻居做出反应的备选理论，鸟类总是对其6～7个邻居做出反应的理论会生成一个更真实的群体凝聚模型。因此，在鸟群对捕食者的反应很重要的情境下，对固定距离内邻居做出反应的备选理论被证明不是最佳的群体子模型。

19.3.2 双重拍卖市场中交易者的智能行为

双重拍卖市场包括作为买家或卖家两类主体（个人或公司），买家从那些要价低于买方对商品估值的卖家那里购买商品。现实中存在许多双重拍卖市场，如股票市场，它们受规则的支配，如让买家知道最优惠的价格，让卖家知道买家愿意支付的价格，从而确定交易的确切价格（仅当买方愿意支付的价格高于卖方要求的价格时，交易才会发生，因此交易价格介于这两个值之间），并在执行交易以及参与者调整价格、更改支付意愿时，更新此信息。Duffy（2006）描述了一系列实验，既使用了 ABM，也使用了真实的人，来发展关于交易者如何决定何时买入或卖出的理论。确切的理论问题是，关于交易者智能行为的哪些假设足以重现在真人操作的双重拍卖市场中观测到的模式？双重拍卖市场已经被 ABM 模拟过多次，而显而易见的理论问题是，如何详细充分地表达人们做出交易决策的复杂方式，从而使市场模型产生真实动态。什么是真实动态？大量的实证实验使用真人来代表简化的游戏式人工市场中的买家和卖家，这些简化方式与 ABM 的简化方式相同，这些实验已确定了一些模式，如人们会快速集中在一个非常有效的解决方案，即“均衡”价格，此时自愿购买的买方数量等于自愿出售的卖方数量。

Duffy（2006）所描述的第一个基于主体的理论实验正是我们在19.2节中推荐的做法：从一个极其简单的空理论开始。Gode 和 Sunder（1993）用“零智能”交易者模拟了一个市场：交易者随机（在非常广泛的范围内）决定他们愿意买入或卖出的价格。这样，交易者可能进行亏本的交易。然而，将最高出价与最低售价联系起来的市场规则仍然有效。不出所料，这种空理论导致了市场交易价格的剧烈波动。然后，Gode 和 Sunder（1993）采取了下一步行动：通过限制随机交易来排除亏本的交易，以增加最小量的智能行为。现在，结果令人惊讶：就像人类市场一样，模拟市场迅速收敛到一个有效的均衡价格。事实上，这些具有最小智能的交易者主体赚取的总利润比人类要多。

从这些实验中得出的一个结论是，市场 ABM 中的交易决策理论可能根本不需要详细阐述，因为系统的许多行为都从市场复杂的交易规则中涌现。然而，该实验的结果引起了人们极大的兴趣，随后的一系列研究［Duffy（2006）也描述过］发现了其他模式，并测试了这些模式是否可以使用最小智能的交易者行为来重现。这些研究遵循相同的程序：通过让人们操作一个简化的人工市场来建立“真实”模式，然后在 ABM 中模拟相同的交易规则。最小智能交易理论至少能再现一种其他的模式（对市场施加价格上限的影响）。不过，总的来说，基于这些实验，发现随着市场变得更加复杂和真实，人类交易者产生的结果效率更低，而最小智能主体的表现则更差。甚至 Gode 和 Sunder 的初始实验也发现了人类的一种模式（低价格波动），而 ABM 未能重现这种模式。

这些实验为面向模式理论的发展循环提供了一个极好的示例：通过实证研究建立了一些非常基本的模式，然后运用模拟实验找到足以重现模式的复杂的理论，接下来通过建立更多模式来重复该循环——通过进行可更好表征真实市场的新的实证实验——并确定要在理论增加多少“智能”以重现这些模式。正如 Duffy（2006）所说：“使用 ZI（零智能-零行为）作为基准，研究人员可以问：‘要实现特定目标，所需的主体行为的最小额外结构或限制是什么？’”

19.3.3 公共资源的开采

了解人们如何就开采公共资源作出决策，对于从如何管理自然资源（如空气质量、公共土地）到理解合作社会如何起源等问题至关重要。在这些问题中，个体或企业消耗着多人共享的资源；如果个体追求自身短期收益最大化，则公共资源很快就会耗尽。Janssen 等（2009）应用 ABM、实验室实验的结果和 POM 研究了人们如何就某一特定类型的公共资源做出决策。

与上述双重拍卖市场研究一样，Janssen 等设计了一种 ABM，在一个人工的简化环境下，对真实人群收集的数据进行测试。他们模拟了一个实验室实验。在这个实验中，受试者在计算机游戏中采集共享资源。玩家在资源网格中移动角色，采集每个网格单元上“生长”的代币；玩家实际上会根据其采集的每个代币而获得报酬。为了在采集速率和资源可用性之间产生负反馈，使总采集量对采集行为更加敏感，网格单元在被采集后重新生长出新代币的时间会随着同样被采集的邻近单元格的数量的增加而增加。多人在同一网格单元上操作，争夺可用的代币，并体验彼此决策带来的后果。每个参与者的确切移动都被记录下来。然后，Janssen 等的 ABM 模拟了这些移动，以此来量化参与者的采集行为。

Janssen 等量化了表征真人实验室实验的三种模式。这些模式是三个指标随时间变化的范围（平均值±一个标准差），这三个指标分别是①可供采集的代币数量；②参与者之间采集的不平等程度；③当参与者在网格单元上移动角色时改变方向的频率。如果 ABM 的结果落在观察范围内，则认为模式与 ABM 匹配。

Janssen 等（2009）测试了三个关于人们如何移动以采集代币的备选理论。前两个是空理论，体现了两个极端：毫无理由地作出决策，或一直使用同一个决策。第一个理论是参与者随机移动，第二个理论是参与者总是朝向最近的代币移动。第三个理论包括在人类实验中观测到的一些机制，假定参与者往往移向较近的代币，避免接近距离其他参与者更近的代币，并倾向继续沿当前方向移动。这三种移动倾向的相对强度和确切影响由七个参数控制，因此在测试第三个理论时，Janssen 等运用这些参数的 33 000 个组合来运行其模型。

在他们的理论发展实验中，Janssen 等发现两个空理论都没有重现第一个和第三个观测到的模式。第三个理论在大多数参数组合下重现了第二个模式，而在少数参数组合下重现了其他两个模式。从整个理论发展周期的第一轮开始，Janssen 等得出结论，他们的第二个模式——采集不平等，似乎是系统内置的，因为它甚至可由空理论产生。他们还得出结论，从引起第三个理论重现所有三个模式的参数组合来看，参与者在其附近采集代币，并朝着恒定方向移动似乎是人类行为中特别重要的部分。

19.4 练习示例：留下还是离开?

现在来做一个练习，您可以通过它来尝试自己进行理论发展。下面描述了一个问题以及解决该问题的一个简单 ABM，提供了除主体关键行为子模型以外的所有细节信息，还提供了您发展和测试该行为理论所需的模式。

19.4.1 社会群体与留下或离开的适应性行为

许多动物都生活在繁殖受到抑制的社会群体中。我们在第 16 章中建模的野狗就是一个示例，其他例子还包括狼群、大猩猩和高山土拨鼠等，它们都生活在有“优势”个体的集群或家庭群体中。优势个体繁殖并阻止地位较低的个体繁殖，因此，如果我们将适合度定义为繁殖，那么个体获得“适合度”的唯一途径就是成为优势体。然而，所有个体都可以享受集体生活的好处，如更高效的觅食和更好的躲避捕食者的能力。（您可能在人类群体中观察到类似的等级结构，优势个体会抑制地位较低个体的“适合度”。）这种社会组织在许多物种中都有进化，因此它似乎是特定环境条件下的一种普遍进化反应。

在这种社会组织中，亚优势体面临一个重要的适应性决策：是留在群体中，还是离开去寻找另一个群体或空的领地，在那里它们可以成为优势体并繁殖。如果亚优势体留下来，它将享受该群体的好处，但只有活到当前优势体去世（或因变弱而被取代）后才可能繁殖。当地位更高（年长或更大）的亚优势体很可能成为下一个优势体时，即使比当前的优势体长寿也是不够的。如果亚优势体离开，它就有可能迅速成为优势体。但在形成或找到一个新的群体，或者未能成功返回其原有群体之前，它将独自面对新环境中更高的死亡风险。ABM 非常适合模拟生活在社会群体中的动物种群，因为它们的动态在很大程度上依赖于其从属个体的这种适应性行为。

19.4.2 林戴胜示例：观察到的行为和模式

作为一个示例系统，让我们考虑一下非洲东部和南部一种常见的群居鸟类——绿喙（以前是红喙）林戴胜的种群。在一项长期实地研究中，du Plessis（1992）观察了其繁殖率和死亡率、群体规模和行为。du Plessis 发现，每个群体都占据着自己的空间领地，并对雄性和雌性都有严格的等级制度。仅优势夫妇可以繁殖。亚优势体的等级似乎主要由年龄决定：如果一个优势体死亡，则其性别中最年长的亚优势体将取而代之。但是，亚优势成年林戴胜（一岁或以上）有时会进行所谓的“侦察远征”：它们离开自己的领地，探索周围地区。通常，它们会回到自己的领地；但如果发现一个领地缺少同性别的优势体，它们会留下并成为优势体。在侦察远征期间被捕食者猎杀的风险远高于在领地内。

Neuert 等（1995）运用这些观察结果建立了一个 ABM，现在我们对其进行高度简化和修改。我们需要理论解释的关键行为是亚优势体决定何时进行侦察远征。下面将使用简化的 ABM 作为虚拟实验室来测试备选理论，将其放入模型，然后观察其重现几个关键模式的效果如何。

我们也提供了三个模式，侦察远征理论应该能使 ABM 重现这些模式。[这些模式并非直接来自 du Plessis（1992）的观测。] 第一个模式是图 19.2 中解释的特征群体规模分布。第二个模式很简单，即在整个模拟过程中，进行侦察的成年鸟的平均年龄低于所有亚优势鸟的平均年龄。第三个模式是，在 12 月繁殖前后以及繁殖期间，每月的远征次数最少。

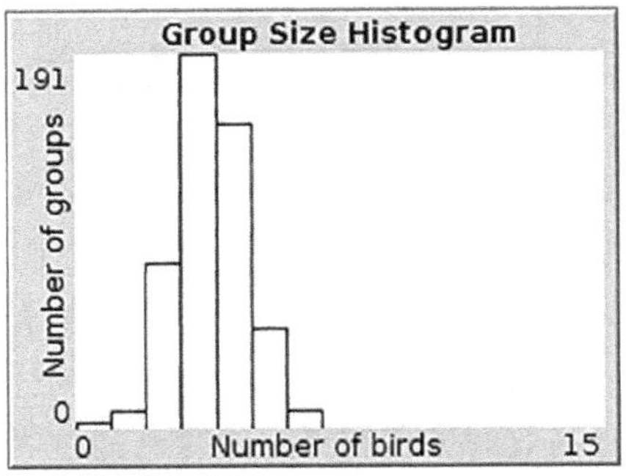

图 19.2　林戴胜群体规模分布的 Netlogo 直方图

直方图显示每个鸟群中的鸟数量（x 轴）对应的社会群体数量（y 轴）。该分布包括一个 22 年模拟中第 3 年至第 22 年每年第 12 个月末的结果。仅统计成年鸟（年龄>12 个月）。没有成年鸟的群体数量非常少（第一栏），通常为零；只有 1 只成年鸟的群体数量较少（第二栏）；有 2 ~4 只成年鸟的群体数量最多；当成年鸟的数量增加到 4 只以上时，群体数量迅速减少；图中没有成年鸟超过 6 只的群体

19.4.3 林戴胜模型的描述

以下是对林戴胜种群简化 ABM 的 ODD 描述，除了关于其关键适应性行为（侦察远征）的子模型设计，这将留给您作为本章末尾的练习 2 来完成。

1. 目的和模式

该模型的目的是解释说明群居林戴胜的种群动态，以及其社会群体的动态如何依赖个体何时离开其群体的决策。该模型为发展有关林戴胜侦察远征行为的理论提供了一个实验室。19.4.2 节描述的模式被用作确定模型有用性的标准。

2. 实体、状态变量和尺度

模型实体包括领地和鸟类。一块领地既代表一个集合体，即一个鸟类的社会群体，也代表该群体所占据的空间（尽管领土也可以是空的）。领地以一维的 25 个 NetLogo 的嵌块组成的行来表示，选择“回绕”表示该行的两端被认为是相邻的。领地唯一的状态变量是嵌块在行中的位置坐标以及各嵌块中的鸟类列表。鸟类的状态变量包括性别、年龄（以月为单位）以及是否为优势体。时间步为一个月。模拟运行 22 年，忽略最初两个“预热”年的结果。

3. 过程概述和调度

在每个时间步分别以给定的顺序执行以下动作一次。鸟类和领地执行动作的顺序始终随机，其状态变量在每个动作后立即更新。

（1）更新日期和鸟的年龄。当前的年份和月份增加一个月，所有鸟类的年龄都增加一个月。

（2）领地填补空缺的优势体位置。如果一个领地缺少一个优势体，则其同性别亚优势体（年龄大于 12 个月）中年龄最大的将成为新的优势体。若有多个年龄相同的亚优势体，则随机选择一个。

（3）鸟类进行侦察远征。亚优势成年个体决定是否寻找空缺优势体的新领地。这种决策是利益的适应性行为；一个简单的空子模型在决策随机的情况下，有 10% 的概率远征。进行侦察远征的鸟类会在它们能看到的两个方向（沿领地行的左侧或右侧）之间随机选择（具有相等的概率）。侦察鸟可沿其所选择方向探索多达 5 个领地。在这 5 个领地中，该鸟会占据距离其起始领地最近，且没有同性别优势体的领地。如果没有这样的领地存在，侦察鸟则停留在其起始领地。所有侦察鸟（包括发现并占据新领地的鸟）都将遭受捕食者猎杀，这是一个存活概率为 0.8 的随机事件。

（4）优势雌性繁殖。在每年的 12 月，领地内有雄性优势体的雌性个体会产生两个后代。后代的年龄设定为零个月，性别则以相同概率随机选择。

（5）鸟类存在死亡率。所有鸟类都会随机死亡，每月的存活概率为 0.98。

（6）生成输出。

4. 设计概念

设计概念的讨论有助于您为侦察行为设计备选理论。

基本原则。该模型探讨了“留下还是离开”的问题：亚优势体何时应该离开一个提供安全、群体成功但限制个体成功机会的群体？在生态学中，假设真实个体在这类决策中所表现出的行为是经过进化的，因为这些行为能带来“适合度”（即成功繁殖）。ABM 使用的子模型可以明确考虑适合度（如在动物的预期寿命内，选择提供最高预期繁殖概率的行为），也可以采用简单的规则或“启发式”行为，这种规则或行为并不总能提高适合度，但多数情况下是有效的。

涌现。我们对理论测试的结果感兴趣的部分是 19. 4. 2 节末尾描述的三个模式：一个成功的理论将使模型重现这些模式。所有的模式都从侦察子模型涌现。群体规模分布模式也可能强烈依赖于其他模型过程，如繁殖率和存活率。

适应。林戴胜做出的唯一适应性决策是是否进行侦察远征。您可以考虑此决策的几个备选子模型，这些子模型在如何明确表达个体获得优势状态以进行繁殖的目标方面有所不同。您应该从空子模型开始，其中的决策是随机的或始终相同的。您可以考虑一个间接的目标寻求子模型，如一个简单的经验法则（如“年龄>X 时进行侦察”），或一个直接的目标寻求子模型，明确表达影响个体实现目标机会的因素（下文讨论）。

目标。亚优势体有一个明确的目标：成为优势体使自己能够繁殖。在此模型中，我们也知道哪些过程会影响实现该目标的可能性。如果个体留在其领地内，只有所有同性别的年长鸟类都死亡后，它才能继任优势体的位置。如果个体进行侦察远征，它必须找到一个空缺优势体的新领地，而且必须在侦察远征带来的捕食风险中生存下来才能成功。

学习。决策子模型可能随着个体经验而改变。例如，鸟类可以在不成功的侦察远征中获得经验教训，并用于随后的决策中。（如果您尝试学习，我们建议您先从不需要学习的简单子模型入手。）

预测。决策的目标是成为优势体，但何时才能成功呢？如果您设计了一个决策子模型，用于比较离开和留下来成为优势体的相对概率，则该子模型必须指定一个适用该概率的时间跨度。评估这些概率需要对时间跨度内的某种情况进行预测。

感知。假设鸟类对其他领地一无所知，只有通过侦察远征才能感知到另一个领地是否有空缺的优势体的位置。然而，假设一只鸟可以感知其所在群体中其他鸟的年龄和地位是合理的。

集群。社会群体是集群，其状态影响着鸟类个体，个体的行为决定着集群的状态。由于模型的“领地”实际代表社会群体及其空间，因此模型将社会群体的行为（如提升优势度）视为领地行为。

观察。除了观察个体行为的视觉显示外，模型软件必须产生输出，以便您测试它再现 19. 4. 2 节确定的三个特征模式的程度。因此，它必须输出如图 19. 2 所示的群体规模分布、进行侦察远征和不进行侦察远征的亚优势体的平均年龄（整个模拟期的所有月份），以及按月进行的侦察远征的总次数。为了减少初始条件对模拟实验结果的影响，用于模型分析的观察结果中排除前两个模拟年份的数据。

5. 初始化

模拟从 1 月开始。每个领地上最初都有两只雄鸟和两只雌鸟，年龄从 1 ~ 24 个月的均匀分布中随机选择。各性别中最年长者成为优势体。

6. 输入数据

模型不使用任何外部输入。

7. 子模型

子模型在“3. 过程、概述和调度”中有详细描述。

19.5 小结与结论

当进入 ABM 的理论发展阶段时，您会有成为一名真正的科学家的感觉。您拥有了能正常运行并经过测试的实验装置——模型，但其中针对某些关键主体行为的子模型还十分简单。现在，您已经做好准备，开始假设、测试、证伪的归纳过程，以及在理想情况下“证明”系统动态如何从主体行为涌现的理论。即使您所做的只是展示关于主体如何决策的常规假设能否产生真实的行为，您也做出了重要的科学贡献。

在理论发展循环中，可将备选理论插入 ABM，并查看模型再现观察到的模式的程度。该理论发展循环要求您定义标准来确定模型何时“匹配”模式。重要的是，不要过早地过度量化匹配模式。最好先对模型进行定性评估的一个原因是模式总是基于不完整和不确定的数据，并且它们本身可能也不是很定量。更重要的是，将重点放在定量匹配一些详细的、特定环境下的模式与 POM 的中心主题背道而驰。POM 的中心主题是，当我们同时观察多种通用模式时，最能确定驱动系统的基本机制。

定性模式匹配的另一个优点是，您可以在通过校准（我们将在第 20 章中探讨的主题）找到模型参数的良好值之前使用它。在校准前发展和测试理论的能力非常重要，因为校准的结果很大程度上取决于模型中使用的理论。“虚拟实验室”的理念是营造“受控”条件，这意味着在对比不同理论时，不更改模型其他参数的值。因此，即使您尚未校准整个模型，也要尽可能减少其他子模型的不确定性，这一点很重要。例如，在 Neuert 等（1995）开发的完整林戴胜模型中，参数值已根据长期的实地研究得到了较好的确定。如果作为潜在理论测试的一个性状参数存在很大的不确定性，那么 Janssen 等（2009）选择的方法可能是一个好办法：使用子模型参数值的多种组合运行 ABM，观察有多少组合可再现模式。您应该对那些在广泛参数值范围内都能稳健再现模式的子模型更有信心。并且，在将行为子模型放入 ABM 之前，您需要充分利用在 12.3 节中学到的技巧，分别对其进行测试、校准和探索。

最后，一定要清楚，POM 总体而言，特别是其中面向模式的理论发展，并不是我们的发明，而只是科学应该且长期以来一直在采用的方式。理论发展与“强推理”相对应，并被许多基于主体的建模者所使用。但通常情况下，该过程并没有作为理论科学进行记录和交流，因此其他科学家无法了解所开发的理论是否通用、可靠和可重复利用。因此，POM 的重点是系统地、明确地使用多种模式；对比关键行为的备选理论，至少需要将 ABM 所选择的理论与空模型进行比较；并将这一过程作为一项对研究类似系统和问题的人可能有用的重要一般性发现进行交流。

19.6 练 习

（1）选择一些描述 ABM 的出版物，并回顾作者是如何将关键适应性行为开发用作子模型的“理论”的。您可以从我们在第 3 章提供的在线资料列表中，或其他您感兴趣的出版物中选择。识别出最重要的适应性行为，并尽可能确定其子模型被设计或选择的方式。有哪些证据表明子模型是有用的——它们充分表达了对所建模的系统和问题似乎很重要的机制吗？是否尝试过使用备选子模型，或证明所选理论比空模型更有效？（请注意：答案通常是否定的，我们希望在您开始发表自己的作品后，这种情况就会改变！）

（2）对于简化的林戴胜模型，为亚优势体的“留下或离开”决策开发理论——是否在每个时间步上进行侦察远征。根据 19.4.3 节的描述对模型进行编程，然后彻底测试您的程序。（如果您非常忙或懒于编程，可通过本书网站上的链接下载代码实现程序。）请注意，可下载的程序不包括用于更改参数值的滑块或输入项。请不要执着于此，应专注于侦察决策的建模。

使用 19.4 节提供的信息和提示假设几个备选理论，包括几个假设鸟类行为非适应性（如随机或始终以相同的方式）的空模型。将它们放入完整模型之前，先进行独立测试和探索更精细的理论，观察它们在鸟类可能遇到的各种情况下的行为，以及它们的行为如何依赖参数值或详细的假设。您能否识别出一个或多个能够重现 19.4.2 节所述的模式的理论？您的理论的概念基础是什么？

20　参数化和校准

20.1　引言与目标

在 ABM 中，参数是用于表达过程的方程和算法中的常数。在描述蝴蝶登顶行为和虚拟廊道的第一个模型中，参数 q 表示蝴蝶在给定时间步内，沿坡向上移动的概率（3.4 节）。其他早期示例包括 NetLogo 中的简单出生率模型（8.3 节），以及商业投资者模型中用于初始化嵌块利润和失败风险的最小值和最大值（10.4.1 节）。

参数化一词用于表达建模者为模型参数选值的过程。之前，我们一直没有集中讨论过参数化，主要是因为本书中截至目前用过的模型很少有对真实系统的真实表达，因此我们无法评价哪些属于优质参数。不过，现在在面向模式的建模中，很明显我们已经关注到模型与真实系统的联系，因此我们必须考虑参数化。

参数化很重要，这是因为定量结果很重要。基于主体的建模的最终任务是理解复杂系统的组织和动态。这意味着要理解我们认为重要的不同过程的相对重要性，因此我们必须将其包含在 ABM 中。更改参数值可更改不同过程的相对重要性，从而更改模型的组织和动态。我们必须使用真实系统的经验信息，将参数值“锚定”到现实中，这样我们才能获知哪些过程是真正最重要的，哪些动态是最可信的。

校准是一种特殊的参数化，通过查看引起模型重现的真实系统中所观察到模式的参数值，找到一些特别重要的参数的良好值。ABM 校准是 POM 的一部分，因为我们需要根据真实系统中观察到的模式来校准模型。然而，现在的模式通常是定量的，而不是定性的，并且更多地描述了整个系统，而不是其主体和系统局部。建模者通常使用诸如“根据数据校准模型”或“将模型拟合至数据”（校准其参数以使模型结果与观察到的数据匹配）等描述，这些描述在本章中同样有效。

校准与理论发展都包括更改或调整模型，直到它足够匹配一组观察到的模式，那为什么我们将校准作为面向模式建模中的一部分，并与理论发展分开？主要区别在于，理论开发关注模型的特定部分——主体行为子模型。我们经常根据定性模式对理论进行测试，因此无须担心模型重现真实系统观察结果的精确程度。校准是在确定行为理论并组装完整模型之后进行的。另一种思考本章和 POM 其余部分之间差异的方式是，第 18 章和第 19 章是关于运用模式找到好的模型设计和主体子模型来减少模型的“结构不确定性”；而本章是关于通过找到好的参数值来减少“参数的不确定性”。现在，我们主要关注完整模型的定量结果，并将其与特定真实系统中的数据进行比较。有时，行为子模型或其他子模型本身需要“校准”。我们会简要考虑这种情况。另外，您可以假设我们指的是对一个完整模型的校准。

模型校准有三个目的。第一个目的是，强制模型尽可能地与经验观测相匹配。当调整模型参数以便更好地匹配真实系统中的某些观测时，我们假设调整后的参数在模拟任何条件时都会产生更准确的结果（尽管我们讨论了需要谨慎对待的一些潜在的例外情况）。当建模者谈到“校准模型”时，他们通常指的是使模型符合观察结果，通过这样做使模型变得更加准确和可信。

第二个目的是估计我们无法直接评估的参数值。[本章使用“评估”（evaluate）的字面含义：确定某个值。] 如果不知道某个参数的合适值，可通过调整该值直到模型与某些观察结果最为匹配，来“逆向”估算该值。这就是建模者在谈到“校准参数”时所指的内容。在某些领域，这种校准甚至被称为“逆向建模”。

第三个目的是测试模型的结构现实性：我们能否在合理的范围内对其进行校准以匹配观测值？或者，是模型出了什么问题导致它无法强制模拟值与观测值紧密匹配？（在这种情况下，即使模型只能很好地匹配部分而不是所有的观察结果，我们也可能认为该模型仍是一个有用的简化模型。）第三个目的涉及模型的稳健性问题，这是第 23 章的重点。

学习目标：

■ 理解校准的几个目标，以及 ABM 的参数化和校准与传统模型的校准的差异。

■ 理解一些基本的校准概念和策略，如识别良好的校准变量，选择特定标准以衡量模型的校准效果。

■ 通过进行多次校准练习来积累经验。

20.2 ABM 的参数化是不同的

几十年来，在许多领域，许多人一直认为建模是一个过程，即选择一个或几个带有多个参数的简单方程，然后通过将模型校准到实证数据来设置相关参数的值。对于他们来说，参数化相当于校准，而且更多的参数往往意味着更多的不确定性，因为同样有限的实证数据必须用于估计更多的参数值。

与这种将简单模型拟合到数据的传统方法相比，ABM 的校准则大不相同。在传统方法中，模型包含的机制或过程非常少，导致系统的大部分信息都包含在已校准的参数值中。每个参数都是一个极其简单的子模型，因为它们代表了一个实际上可能相当复杂的过程，如生态模型中的出生率和存活率以及金融模型中的利率或市场价格。相比之下，ABM 运用了更多的实体、状态变量和子模型，因此包含了更多与系统有关的信息。而且，每个子模型都可以单独进行参数化和测试（20.3 节）。因此，尽管 ABM 通常比简单模型有更多的方程和参数，但它们对校准的依赖性较低。ABM 的校准通常只是对其参数的一小部分进行“微调”。

事实证明，许多相当复杂的 ABM 在几乎没有或完全没有对整个模型进行校准的情况下，已被证明是有用且有趣的 [在生态学中，如 Pitt 等（2003）、Rademacher 等（2004）、Railsback 等（2005）和 Goss-Custard 等（2006）]。不过，考虑到 20.1 节所述的三个目的，校准仍然是 ABM 开发和分析中的一个重要步骤，特别是当模型的目的是解决特定真实系统的特定问题时。

20.3 子模型参数化

ABM 可靠且可信的主要策略之一是独立和全面地开发、参数化和测试每个子模型(12.3 节)。如果有人说您的 ABM 有太多参数，无法可靠地进行校准，那么您需要在考虑校准整个模型之前展示您是如何评估这些参数的。本节将讨论尽可能多的参数的选值策略，特别是在子模型中，而无须依靠校准来对其进行逆向评估。

尽管 20.2 节提到参数化子模型通常类似于传统模型的参数化，但事实上，参数化子模型的一种途径是选择一个已发布的过程模型作为您某个过程的子模型。该已发布的过程子模型已被他人描述、校准和分析过。(如果您使用已发布的模型，必须确保它适用于您的 ABM，尤其是时间尺度和空间尺度。)

不过，您通常必须创建自己的子模型并评估其参数。恰当的参数值可能来自文献、您自己的数据，甚至基于有根据的猜测。实现可靠参数化最重要的技巧之一就是设计模型，使模型的参数代表至少原则上可以通过经验来测量的实际数量或比值。否则，除了通过猜测和校准来评估参数外，您将别无选择，而且很难证明您采用的值是“真实的”。

实现可靠参数化的第二个重要技巧是，表明子模型采用您的参数值后，在可能发生的所有情况下都产生合理的结果。这是子模型开发的一部分。

有时，有必要使用更类似于经典模型拟合和校准的方法对子模型进行校准，而不是对整个 ABM 进行校准。如果您需要校准子模型，最好咨询熟悉模型拟合的建模者。当然，对于我们鼓励您尽早进行分析（第 21 章）的模型第一个简单版本，或者仅用于探索可能的解释而设计的理论模型，使用“猜测”的参数值就足够。如何做好猜测工作？首先，定义参数值的上下界，超出该范围时，方程或子模型将无意义。然后，考虑要建模的过程运行的时间尺度是快速还是缓慢，影响是强烈还是中等，是经常还是偶尔发生，以及变化很大还是很小等。这样做可以帮助您为参数定义一个合理的范围，您可以从中选择中值或尝试几个不同的值。接下来，在将子模型放入模型之前，分析子模型并确保您的猜测值是“有效”的。

在继续校准整个 ABM 之前，您应当尽可能为每个子模型的参数设定一个值。如果存在不止一两个子模型，这一点尤其重要。然后，在校准过程中，您可以确定其中哪些参数需要重新评估。

20.4 校准概念和策略

接下来我们讨论对一个完整 ABM 进行校准，以改善和记录其准确性，并评估其最不确定的参数。校准的基本思想是多次执行模型，每次参数都使用不同的值，然后分析结果，查看哪些参数值可使模型最好地重现真实系统中观察到的一些模式。在建模常见的各科学领域，都有大量关于模型校准和模型拟合的重要文献，这些文献探讨了模型结果与观测数据集拟合程度的数学度量（或者在给定数据集下，几种备选模型中哪种最有可能是正确的）、计算“最佳”参数值，以及估计校准模型中的不确定性等主题。例如，生态学方面的重要书籍（对任何人都有用）包括 Burnham 和 Anderson（2002）、Haefner（2005）和 Hilborn 和 Mangel（1997）。这些文献与比 ABM 更简单的模型最为相关，但是其中的一些基本概念对 ABM 非常重要。

一个重要的概念是，我们在校准模型时所观察到的模式和数据中只包含有限的信息，因此当我们使用相同的信息来校准更多参数时，对每个参数值的估计往往都会变得不那么确定。另一个相关概念是过度拟合：通过微调许多参数，我们可以使模型非常接近地匹配一些模式，而实际上却使模型总体的准确性降低。用于校准模型的数据集总有自己的误差和不确定性，并总是表达一组独特的条件。因此，如果我们过于努力地使模型重现一个数据集，我们很可能会选择那些在其他条件下表现不佳的参数值。

处理这些概念有很多已知的方法。首先，我们需要理解，校准更多而不是更少的参数是有成本的。如果决定调整三个而不是两个参数，可能会更好地拟合校准数据，但同时我们需要意识到，这样做也在降低参数估计的确定性，并增加过度拟合的可能性。其次，如果可能的话，我们需要使用诸如通过二次预测进行验证（18.3.4 节）和稳健性分析（第 23 章）等技术从总体上来评估校准后的模型对系统的表达程度。

以下是一些有效进行校准的技术，以以下六个步骤的顺序呈现。（这些步骤假定您已经尽可能多地对子模型进行了参数化。）

20.4.1 确定几个好的校准参数

首先，是通过校准来确定要评估的极少量参数。这些参数应该是特别不确定和重要的，并且每个校准参数对模型有相对独立的影响。

是什么使参数特别不确定？“不确定”的一种定义是，无法准确地知道其正确的值，只知道它可能落在某个广泛的范围内。但是，参数也可能因为用来表示实际中可变且复杂的事物而变得不确定，而我们不希望模型中存在这种可变性和复杂性，因为这样的参数没有单一的正确值，甚至可能无法测量（例如，银行高管购买抵押贷款支持证券的倾向与其有多少处于大学适龄子女之间的线性系数）。

其次，如何知道哪些参数对模型特别重要？这个问题只能通过敏感性分析才能得到令人信服的答案，第 23 章将对其进行研究。在进行敏感性分析后，重新考虑模型校准通常需要谨慎。但是，在系统地检查参数的相对重要性的敏感性分析之前，我们通常已经有一个很好的判断，知道哪些参数会对模型结果有很大影响。您可以始终进行简单的初步敏感性实验，改变特别不确定的参数，以观察它们如何影响结果。一个高度不确定但对结果影响很小的参数不应用于校准。

最后，您应该避免使用两个或多个具有相似效果的校准参数。例如，假定一个商业模型有两个不确定的参数，一个参数表示因破产而失败的概率，另一个参数表示企业自愿关闭的概率（如企业所有者退休）。如果根据企业数量这一数据来校准模型，可能很难区分这两个参数的影响：它们的许多组合都可以使模型同样有效地重现数据。（但是您可以在假设一个参数是另一个参数的固定比例的情况下，校准其中的一个参数，如假设自愿关闭的概率始终是破产概率的 30% 的情况下，校准破产概率。）

20.4.2 选择分类校准还是最佳拟合校准

校准模型通常有两种方法，分类校准和最佳拟合校准。在我们所谓的分类校准中，您可以在您定义的某个类别或范围内搜索产生模型结果的参数值，这个类别或范围被认为与数据接近到可接受的程度。例如，您可以根据校准标准（20.4.4 节）确定，如果主体的平均数量为 120 ~ 150，主体的平均大小为 210 ~ 240，则模型已被充分校准。然后您可以使用许多不同的参数值组合运行模型，查看哪些参数组合产生的结果落在可接受范围内。在最佳拟合校准中，您寻找的是一组参数值，这些参数值可使模型最好地匹配某些精确的标准，这本质上是一个优化过程。在这种情况下，您将尝试找到使模型结果尽可能接近的参数值，如主体的平均数量为 135，主体的平均大小为 225。

哪种方法是最好的？最佳拟合校准的优点是产生一组简单的已校准的参数值，而不是一整套可接受的值。这样，即使所生成的模型与数据间的拟合不是很令人满意，也总能找到一组“最佳”参数值。为此，要进行最佳拟合校准，必须确定“最佳”参数值优化模型拟合的一个度量指标：您无法同时优化多个标准，因为您不试图找到最佳的参数值，分类校准需要的对模型结果的解释更少。如果校准数据本身是不确定的，分类校准就会更有意义。但是，如果没有任何参数组合能产生可接受范围内的结果，分类校准也可能无法解决问题，即无法告诉你未来模型运行时应该使用哪些参数值。

20.4.3 确定是否使用及如何使用时间序列校准

ABM 模拟一个系统如何随时间的推移而变化，而我们经常会收集到随着时间变化的数据。因此，校准模型随时间变化重现模式的能力似乎也在情理之中。如果模型的目的包括表达结果如何随时间变化（例如，系统从某种扰动中恢复需要多长时间？随着时间的推移，系统如何受到其环境变化的影响？），那么通常使用时间序列校准。但某些 ABM（如 19.4.3 节的林戴胜模型）旨在解释长期平均状况，因此模型中会有意不包含引起真实系统随时间变化的所有过程，也不使用任何输入数据表达主体环境随时间的变化。在这种情况下，时间序列校准可能没有用或没有必要。

当我们有一个时间序列的观察数据，但选择不校准模型重现能力随时间的变化时，我们可以通过模型重现时间序列统计特征（如主体的平均数量）的能力来校准模型。我们通常还希望校准一些随时间变化的指标，诸如时间序列数据中的标准差：我们的模型是否产生了与观察到的模式相同程度的平均值变化？

当我们选择使用时间序列校准时，遇到的问题是如何量化模型结果和观测值随时间变化的拟合度。当然，我们希望模型结果随时间变化的平均值和标准差与观察到的时间序列中的平均值和标准差接近。但这些指标并不能反映随时间变化的趋势。以下是一些用于衡量时间序列模型拟合度的相对简单的指标。

■ 最大误差：在时间序列的所有时间内，模型结果和观察结果之间的最大绝对差值。最好的校准会产生最小的最大误差。

■ 均方误差：在时间序列的所有时间内，模型结果与观察结果差值平方的平均值。对差值进行平方处理，可确保负误差不会抵消正误差，并且更强调大误差而不是小误差。

■ 时间序列中，位于可接受范围内的模型结果的数量。建模者必须确定围绕观察值的哪个范围被视为足够接近，从而认为校准成功。

图 20.1 解释说明了这些测量指标。假定此图显示的是一个模型的结果，该模型运用 2000～2007 年观察到的每年年末存活或活跃的主体数量进行校准。图中显示了这些数据以及使用三组参数集运行的模型结果。假设模型结果与每年观测数据的误差在 100 个主体范围内，则可认为该模型足够准确（经过良好校准）。您能从图中看出哪个参数集最好吗？在某些年份（如 2001 年、2003 年），没有一个参数集产生的结果接近数据。在最初的几年中，参数集 *B* 似乎运行良好，但是在最后的几年中，参数集 *A* 似乎是最好的。表 20.1 对上述模型拟合的测量指标结果进行了评估。这些测量指标结果显示，尽管参数集 *C* 的平均值距离数据最远，但它在五个指标中的三个上产生的结果最符合观察结果。有一个测量指标对于所有参数集的模型结果没有差异，即模型结果在观察数据校准范围（±100 个主体）内的年数。

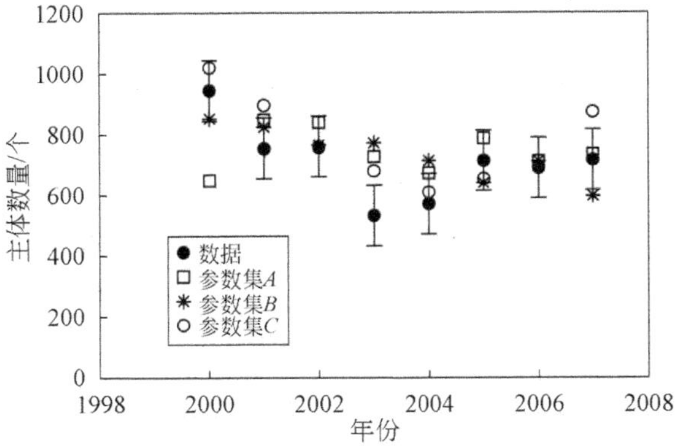

图 20.1　时间序列校准示例

黑点表示 2000～2007 年，每年收集到的观察数据（主体数量），误差线表示校准可接受的范围±100。其他符号分别代表三组不同参数值的模型结果。2000～2003 年，数据呈下降趋势，然后逐渐上升到 2007 年。参数集 *A* 产生的结果在 8 年中没有明显趋势；参数集 *B* 总体呈下降趋势；参数集 *C* 的最小值在 2004 年

表 20.1　图 20.1 中示例结果的校准数据模型拟合度指标

模型拟合测度	参数集		
	A	*B*	*C*
平均差	36	24 *	62
标准差差异	53	38	17 *
最大误差	296	240	158 *
均方误差	19 712	13 976	9 699 *
结果在 100 个数据单位内的年数	5	5	5

* 最小值表示模型与数据的最佳拟合

20.4.4 确定校准标准

此步骤是确认和定义用于校准模型的定量模式。它听起来很简单，但实际上通常是校准中最具挑战性的部分。我们要做的是确定一些通过校准模型来重现的关键模式，并用足够的定量精度定义这些模式以及我们将与之进行比较的模型结果，这样就可以从数学上判断模式是否满足，或者模型结果与模式有多接近。这一步骤经常会出现意料不到的问题。

首先，我们通常需要根据模型最终应用中使用的不同类型结果中的模式来校准 ABM。该模型将用于解释主体的数量、大小和位置吗？如果是这样，那么最好根据所有这些结果中的模式来校准模型。

其次，我们需要确保观察到的模式和用于校准的模型结果实际上代表相同的系统特性。一些重要的考虑因素如下：

■ 观察结果需来自与模型有相同基本机制的系统，并在与模型所表达的条件类似的条件下收集。

■ 观察结果和模型结果尽可能准确地测量同一时间的同一事物。如果观察结果是系统内每年 11 月主体的数量，则应将它们与代表 11 月的模型结果进行比较，即使模型每月或每天都产生输出也是如此。

■ 观察结果应在与模型的时间步和格网大小相匹配的时空分辨率下进行。例如，以小时或日为单位观察到的模式可能无法与以月或年为时间步运行的 ABM 结果进行比较。

■ 使用变化的度量指标作为校准标准，必须格外小心。变化的种类和原因很多，将一种变化与另一种变化进行比较是不合理的。例如，如果您想根据实地研究提供的主体数量的标准差进行校准，请确保您知道该标准差代表的是重复实验之间的变化，还是一次实验随时间的变化，还是用于主体计数方法中的不确定性。

再次，我们需要了解模式的可靠性和准确性。所有的观察结果都有误差和不确定性，我们通常必须使用误差可能为 10%、20% 或 50% 的已知数据来校准模型。使用不确定的数据是可以的，且通常是不可避免的：当校准模式更加不确定时，我们不必太担心去精确匹配它们，并且我们还会意识到已校准过的参数值的不确定性更低。但我们至少需要知道观察结果的准确性或确定性如何，这样我们才能知道它们真正包含了多少信息。

最后，我们必须指定如何将观察到的模式与模型结果进行比较，以确定哪些模型运行可产生足够的或“最佳”的校准结果。一些将模型结果与观察结果进行定量比较的方法见上述的 20.4.2 节和 20.4.3 节。特别值得关注的是如何依次校准几种不同类型的模型结果：如果我们要校准一个模型以重现主体的数量、规模和财富，我们在能很好地重现数量和财富但规模不佳的参数集，以及能很好地重现规模和财富但主体数量不佳的参数集之间如何作出决定？我们是否将每种模型结果都视为同等重要（即使很可能并没有参数组合能同时满足这三个标准），还是对它们进行优先排序？

在定义校准标准的最后一步，应该有一个特定的算法来量化一组模型结果对所选观察结果的重现程度。该算法应准确详细地说明模型结果（例如，“在每个模拟年的 11 月 15 日评估主体平均数量，但前五年除外”）将与哪些观察结果进行校准。该算法还应该详细说明如何进行比较，然后将其用于评估模型运行与观察结果的匹配程度。

与所有建模一样，校准通常是一个反复的循环。如果没有找到使模型符合校准标准的参数值（或者广泛的参数值范围满足标准），那么我们可能会返回去修改标准。该决策将在 20.4.6 节讨论。

20.4.5 设计和进行仿真实验

既然已经仔细定义了校准标准，现在只需要运行模型并找出最符合它们的参数值。刚开始就尝试参数值并试探性地搜索良好的参数值很有诱惑力，但这种方法效率低，而且很可能会错过好的参数组合。相反，我们需要设计和进行一项模拟实验，就像我们已经做过的其他实验一样。该实验运用所有参数可行范围内的值进行组合，并多次执行模型。该实验结果将会显示哪些范围内的参数值会产生符合校准标准的结果。

建立模拟实验的第一步是为非校准参数和输入数据（如果有）选择代表校准模式观察到的条件（相同时段、环境等）的值。

然后，我们需要确定各参数可行的值的范围，并确定要使用该范围内的多少个数值。（建模者将其称为定义参数空间：如果将每个校准参数视为空间中的一个维度的话，我们正在定义此参数空间的面积或体积，以在其中查找校准值。）接下来，如果我们使用 NetLogo 的行为空间建立实验就非常容易。例如，在“实验”对话框字段（8.3 节）中，输入要更改的变量：

```
["failure-risk" [0.0 0.01 0.2]]
["monthly-sales-std-deviation" [0 50 500]]
```

它将在参数空间中的 231 个“点”上自动运行您的模型，其中，failure-risk 在 0.0 ~ 0.2 的可行范围，monthly-sales-std-deviation 在 0 ~ 500 的范围内。（通常最好包含限制可行性范围的值；销售的风险和标准差不能为负，而且几乎可以肯定是大于零的，但我们并不知道它们有多接近于零，也不知道它们的值接近零时模型表现如何。）如果您的模型运行一次需要很长时间，以至于运行 231 次是不可行的，那么您可以从较少的参数组合开始，然后在最有可能的区域进行第二次实验，以“放大”该区域。

设计校准实验时，最后一个要考虑的因素是如何处理结果中的变异性。如果模型具有高度随机性，其结果中的随机变化会使校准更具挑战性。例如，如果您要校准模型，使模拟中存活的主体平均数量为 103，而模型每次运行的结果都相差 5、10 或 20，您会怎么做？在校准实验中，对每个参数组合进行几次重复实验，然后对其输出取平均值以获得更精确的结果，这似乎很正常。然而，真正将模型校准到高于其随机性所保证的精度是不可能的。我们建议运行更多的参数组合，并通过绘制模型结果与参数值的关系图来分析，而不是估计大量重复的平均模型结果。使用回归（或者仅通过眼睛观测）来识别落入所需范围内的结果的参数值。

20.4.6 设计与生成实验结果

理想情况下，校准的最后一步是分析校准实验中所有模型运行的结果，确定符合校准标准的参数值，选择校准参数的最终值，并记录校准模型与标准的拟合程度。如果您的ABM符合一个或多个参数值组合的所有校准标准，那么事实上，您可以完成这一步，继续进行第Ⅳ部分所述的各种分析。

不过，从校准实验可以知道，没有参数值的组合可以使模型满足所有的标准。通常，一组参数值将重现大多数标准，而其余标准仅在不同的参数值下才可满足，或根本无法满足。如果不能同时满足所有校准标准，该怎么办？

首先，您应该再次非常努力地从您的子模型、软件、输入数据到校准实验的分析中查找错误。如果您尝试了但还是没有发现错误，则很可能是您的模型过于简单，或简化得不够恰当，以至于无法重现您选择的作为校准标准的观测模式。这时，您可以考虑回到理论发展阶段，看看是否可以改进主体行为的子模型，您还可以考虑添加之前遗漏的过程或行为。不过，请记住，增加模型的复杂性是有代价的，特别是您尚不清楚需要进行哪些更改时。

优秀的建模者通常会保持简单的模型，而不是仅仅为了重现所有校准标准就增加模型的复杂性。请记住过度拟合的问题：过于努力地使模型重现一组有限的观测值可能会有风险。您可以修改校准标准，使其不那么严格。如果您选择不修改模型以使其更符合校准标准，只需简单地记录您的校准结果、在“最佳”参数值下模型不符合某些标准的程度，以及您不修改模型的决定。然后，当您使用模型来解决问题时，请记住哪些结果是校准实验表明不太确定的。

20.5 示例：林戴胜模型的校准

19.4.3 节的林戴胜模型参数很少，但即使 du Plessis（1992）进行了大量的实地研究来支持原始模型，其中的一些参数还是特别难以评估。在本示例中，我们将采用现场研究中可获得的几种校准标准来校准模型，估计模型中两个参数的值。（这里的“数据”实际上是虚构的。）

这里我们使用 19.4.3 节描述的模型，并添加一个简单的子模型用于表达亚优势成年个体每月如何决定是否进行侦察远征：

■ 如果领地内没有同性的其他年长亚优势成年个体，则不去侦察远征；

■ 否则，通过随机伯努利试验决定是否进行侦察远征，侦察远征的概率等于参数 scout-prob。

在这个练习中，我们假定此简单子模型已在理论发展周期中进行了测试，并发现当 scout-prob 的值为 0.3 左右时，该子模型可重现林戴胜种群的特征模式。（此版本在本书网站的第 20 章。）

现在，按照 20.4.1 ~ 20.4.6 节所述的步骤进行操作。

（1）确定校准参数。因为模型中的 2 个参数都特别不确定，且预计会对结果产生重大影响，所以我们假定这 2 个参数都利于校准。第一个参数是 survival-prob，即所有鸟类的月存活概率；第二个参数是 scout-prob。从理论发展周期得知（这里仍为假定），scout-prob 的值可能在 0.3 左右。但因侦察远征事件在现场很难发现，所以我们未能确切估计。

（2）选择分类校准还是最佳拟合校准。我们将寻找在可接受的校准标准范围内产生结果的值，而不是寻找“最佳”参数值集。因为用于校准的数据有点不确定，这里选择分类校准。

（3）决定是否使用时间序列校准。林戴胜模型代表了一个“准静止”系统，没有随时间变化的输入或过程；只有随机事件可引起种群随时间的变化。因此，尝试校准其随时间的变化似乎没有必要，也不太可能成功。我们不会使用时间序列校准，而是根据时间内的平均数据对其进行校准。

（4）确定校准标准。这里将使用三种模式作为校准标准，将其看作来自实地研究的观察结果。“平均丰度”标准是指林戴胜（包括亚优势成年个体）的长期平均数，介于 115 ~ 135 只。“变化”标准是指每年鸟类数量的年标准差，为 10 ~ 15 只。“空缺”标准是指缺少 1 ~ 2 个优势体的领地的平均比例，在 15% ~ 30%。假定所有标准均来自每年 11 月（第 11 个月）实地研究（繁殖前）所收集的数据。之后，通过将这些模式与其模型结果进行比较来校准模型，以确定林戴胜数量的平均值和标准差，以及缺少优势体的领地数量（仅在 11 月份），并排除模拟前两个“预热”年的结果（19.4.3 节）。

（5）设计并进行仿真实验。现在我们设置行为空间来运行实验，该实验模拟了许多校准参数的组合，并产生与校准标准相对应的输出。创建参数组合非常简单：只需在行为空间的“按以下方式改变变量的值”代码框中输入如下语句：

```
["scout-prob" [0 0.05 0.5]]
["survival-prob" [0.95 0.005 1.0]]
```

现在，行为空间将创建并运行 121 个模拟，其中 scout-prob 和 survival-prob 在其可行值的范围内以所有组合形式变化（如果 survival-prob 小于 0.95，种群迅速消亡）。

为获得与校准标准相当的输出，需要在行为空间对话框中编写报告器，以生成可用于分析并与校准标准进行比较的输出。标准中包括年平均数和标准差，所以必须输出每个时间步的模型结果。在每个时间步的模型结果中，除输出林戴胜的数量之外，还需要输出缺少一个或两个优势体的领地数量。而且，因为我们需要排除前两年，并且只检查第 11 个月，所以我们还需要输出年份和月份。我们可以使用如图 20.2 所示的报告器获得以上输出。

（6）分析结果。行为空间生成类似于表 20.2 的输出（使用其“表格”格式）。现在，将文件导入电子表格或统计软件进行分析。（Excel 的数据透视表和数据透视图工具非常适合此处进行的分析。）我们只需将最右边一列的值除以领地总数量（25 个），就可计算出缺少优势体的领地所占的比例。然后，我们需要筛选结果，并且只分析第 3 ~ 22 年的第 11 个月（两个预热年份后的 20 年）的结果。（数据透视表的“筛选”功能使此操作变得很容易。）当在电子表格中进行分析时，我们发现没有任何 scout-prob 和 survival-prob 的组合能同时满足所有三个标准，这是否意味着该模型是失败的？

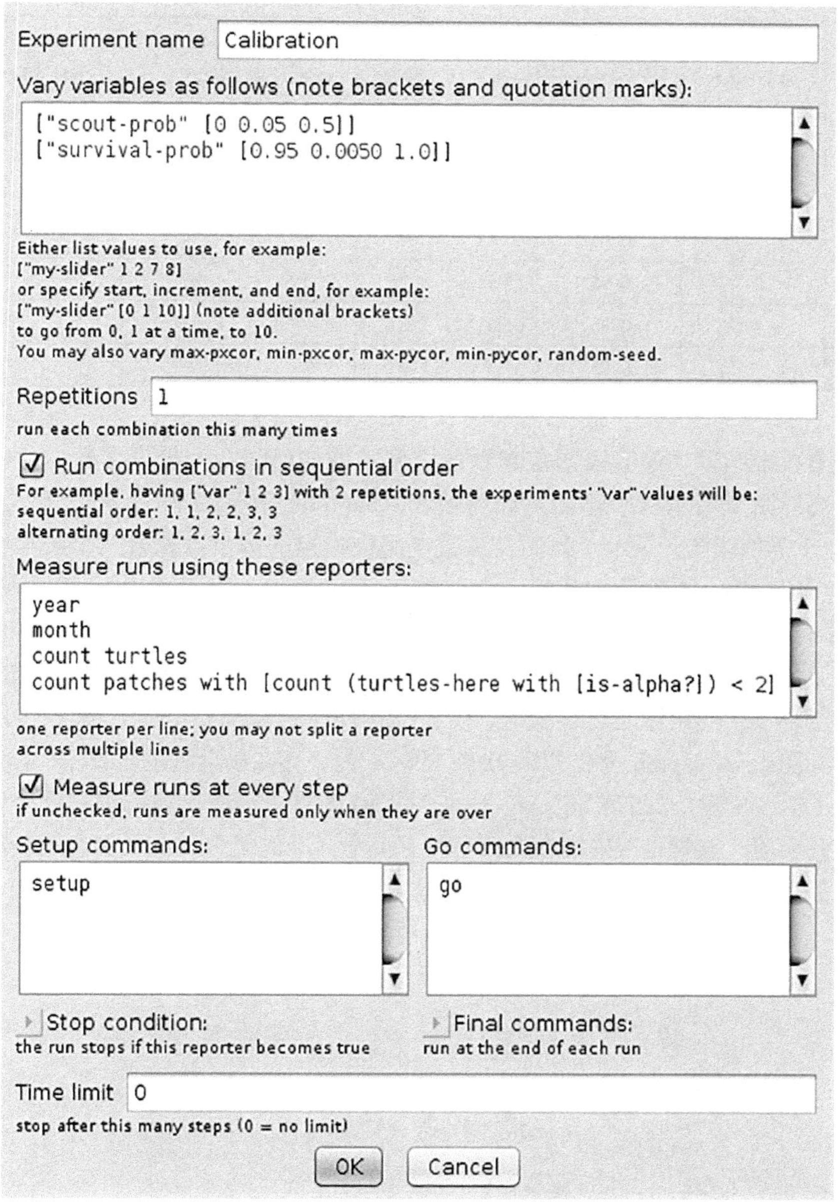

图 20.2　用于校准林戴胜模型的行为空间实验

表 20.2　林戴胜模型校准的行为空间输出示例

[run number]	scout-prob	survival-prob	[step]	year	month	count turtles	count patches with [count (turtles-here with [is-alpha?]) < 2]
1	0	0.95	0	1	0	100	0
1	0	0.95	1	1	1	88	5

续表

[run number]	scout-prob	survival-prob	[step]	year	month	count turtles	count patches with [count (turtles-here with [is-alpha?]) < 2]
1	0	0.95	2	1	2	83	7
1	0	0.95	3	1	3	78	6
1	0	0.95	4	1	4	74	6
1	0	0.95	5	1	5	67	8
1	0	0.95	6	1	6	63	10
1	0	0.95	7	1	7	60	10

仔细查看校准结果。等值线图是查看各模型结果如何随两个校准参数变化的一种好方法。绘制等高线图来展示三个输出量如何随着 scout-prob 和 survival-prob 变化会很有帮助。图 20.3 类似于等值线图，展示了我们在参数空间中模拟的每个点符合三个校准标准中的哪些。从图中可以看出，丰度标准几乎完全依赖于 survival-prob，几乎总是且只有当 survival-prob 为 0.98 时，它才符合该条件；但是，仅当 survival-prob 为 0.975（且 scout-prob 介于 0.25 ~ 0.4）时才符合空缺标准；当 survival-prob≤0.96 时，以及在符合丰度和空缺标准附近的一些参数组合下，变化标准始终满足。模型结果现在看起来并不那么糟糕，在 scout-prob 为 0.25 ~ 0.4 且 survival-prob 为 0.975 ~ 0.98 的区域内，存在接近满足所有三个标准的参数组合，如在 scout-prob 为 0.225 和 survival-prob 为 0.9775 处。因此，您可以在这个区域进行第二个行为空间实验，查看是否确实存在符合所有三个标准的组合。该示例说明校准通常不会立即成功，但是（正如 20.4.6 节所讨论的）这并不意味着您应该惊慌失措！

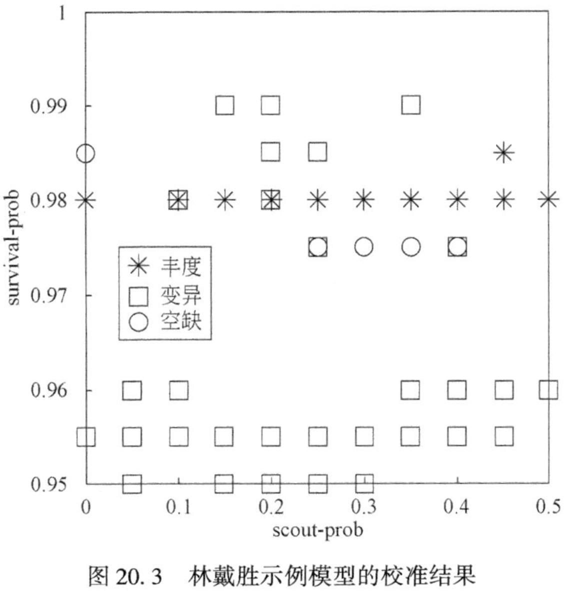

图 20.3　林戴胜示例模型的校准结果

该图表示参数空间：行为空间实验对网格中每个交叉点的参数组合运行一次模型。

符号出现的网格位置，表示该参数组合使模型满足校准标准之一

20.6 小结与结论

本章介绍了与建模任务相关的一些基础知识，这些任务是许多建模的基础。关于参数化、校准和模型拟合等问题有大量的文献，还有许多复杂的方法甚至软件工具。（事实上，至少有两种软件工具用于校准 NetLogo 模型；24.5 节会提到。）对 ABM 最常见的批判之一是，它们可以被校准以表达任何事情。如果您知道用户可以通过调整其参数来产生他们想要的结果，那么为什么还要相信模型呢？这种评判部分是源于对 ABM 与传统简单模型在参数化方面的差异缺乏了解。简单的基于方程的模型只有很少的参数，且只能通过将模型校准到观察数据来评估。而 ABM 通常具有子模型，各子模型均可使用多种信息来独立进行参数化。因此，在进入校准阶段之前，应为 ABM 的大多数参数设定值。

在校准 ABM 时仍存有严重的问题，我们需要熟悉校准、模型拟合、模型选择的相关文献以及模型要解决的主要问题。其中之一是过度拟合问题，这正是对强制模型产生特定结果的关注：调整的参数越多，模型就可以更精确地重现一些模式，但这会降低模型在其他问题方面的准确性。第二个重要问题是，如果用相同的有限数据集校准更多参数，那么每个参数的值就会更不确定。如何处理这些问题，以及如何说服批判者相信我们的建模过程没有偏向于产生我们一开始就想要的结果？

首先，我们需要直接评估尽可能多的参数，而不是通过校准来逆向评估。如果必须做出有根据的猜测，通常应该这样做。避免模棱两可或无法测量的参数有助于直接评估参数；对于一个设计良好的 ABM，其参数都有明确的含义（如某个产业的单位生产成本、某种动物繁殖的后代数量），这样就可对其进行独立评估。我们应该仅校准极少数对模型结果有强烈影响的极其不确定的参数。

其次，如果我们最初的校准尝试“失败”了，在决定怎么做时，我们需要意识到精确性和通用性之间的权衡。由于我们经常针对不同类型输出中的几种不同模式来校准 ABM，因此通常会发现很少或没有参数组合使模型满足所有校准标准。或者我们常常怀疑校准数据受到我们选择不纳入模型的过程的强烈影响，因为我们认为这些过程对模型的目的不重要。当出现这些情况时，必须决定是否修改模型，比如添加或修改适应性行为，还是尝试校准更多的参数，即使这样做会使参数值不那么确定且可能过度拟合。或者，我们可能只能接受这一现实：无法像期望的那样精确地校准模型。为此，我们可能会放宽甚至忽略某些校准标准，而这正是保持模型简洁所付出的代价。

再次，与建模周期的所有重要部分一样，校准也需要以 TRACE 文档格式（1.5 节）进行详细的文档记录。除非您写下并存档您如何确定要校准的参数、具体的校准标准、校准实验设计和结果，以及如何进行分析，否则您将无法向批判者证实您的校准是无偏见的。记录校准的另一个重要原因是，在迭代建模周期时（例如，通过添加新的子模型、将模型应用于新系统或用它来处理新问题），您很可能会重复校准，这样一开始就记录会节省后续的时间。

最后，要证明您的 ABM 已被无偏校准并产生有用的一般性结果，最有说服力的方法是在校准后对其进行全面分析。您能表明该模型不会过度拟合某种特定模式么？您能否证明结果是从模型的机制和行为中稳健地产生的，而不是仅仅依赖于 1 ~ 2 个参数的值？事实上，这些正是第Ⅳ部分探讨的问题。既然您已经学会了如何制定、编程和校准模型，是时候学习如何从模型中进行学习了！

20.7 练　　习

（1）20.5 节展示了一个用于校准林戴胜模型的仿真实验，但没有找到符合所有三个校准标准的参数组合。通过对参数空间中最有希望的区域进行更多的模拟，您能否找出符合所有标准的组合？无论是否可以，哪组看起来更像是参数 survival- prob 和 scout- prob 的“最佳”组合？

（2）您还可以进行哪些尝试来改进林戴胜模型的校准使其达到 20.5 节提供的标准？考虑 20.4 节给出的指导，并考虑对校准过程甚至模型本身所作的更改。尝试一下您的想法，看看它们是否可以使模型更一致地符合校准标准。

（3）可再生资源（鱼类、树木、单纯的投资者等）的丰度和收获量通常通过将简单模型拟合时间序列数据来建模。一个众所周知的模型为

$$N_t = N_{t-1} + r N_{t-1}[1 - (N_{t-1}/K)] - H_{t-1}$$

式中，N_t为时间为 t 时的资源单元数量；N_{t-1} 为 前一时间步的资源单元数量；K 为一个常数，表示长时间没有收获的“平衡”状态下，所存在的资源单元数量；r 为单位资源增长率（各时间步长，每个现存单位生产出的资源单元数量）；H_{t-1} 为前一时间步中收获的资源单元数量。当知道各时间步的收获量 H 时，要对 N 的时间序列进行建模，需要 r、K 和 N_0（模型开始之前的时间步长内现存资源单元的数量）的值。根据表 20.3 中对 H 和 N 的时间序列观测数据，以及表 20.4 中三个不同的参数值集，计算模型结果，然后评估表 20.1 中的 5 个模型拟合度指标。哪个参数集看起来最能再现数据？您还能找到更好的参数值吗？（真正的资源管理者也会进行这样的分析，但会使用更复杂的测量指标来评估模型与时间序列数据的拟合度。）

表 20.3　练习 3 中的观测数据

时间步（t）	收获（H）	观察到的资源丰度（N）
1	1141	2240
2	1080	2410
3	956	2460
4	917	2630
5	825	2360
6	949	2590
7	771	2460
8	734	2690
9	628	2580
10	551	3060

续表

时间步 (t)	收获 (H)	观察到的资源丰度 (N)
11	735	2600
12	763	2460
13	802	2460
14	852	2350
15	957	2640

表 20.4 练习 3 的备选参数集

参数	参数集的值		
	1	2	3
R	1.95	1.5	2.2
K	3050	3320	2950
N_0	2250	2400	2200

(4) 8.4 节探讨了 NetLogo 的 Flocking 模型以及 Huth 和 Wissel（1992；Grimm and Railsback，2005，6.2.2 节中也有描述）的鱼群研究。您能否校准 Flocking 模型以匹配 Huth 和 Wissel（1992）用来测试其模型的在真实鱼群中观察到的三种模式？第一种模式是，平均最邻近距离（所有鱼类与最近的其他鱼类之间距离的平均值）是鱼的长度的 1 ~ 2 倍；运用 1.5 个嵌块表达的海龟大小作为鱼的长度。第二种模式是，鱼群的偏态（所有鱼的朝向与所有鱼的平均朝向之间夹角的平均值）为 10° ~20°。第三种模式是，鱼形成一个单一鱼群，如果任何一对鱼之间的最大距离小于 15 个嵌块，则可以将其量化为真。像 Huth 和 Wissel 一样，使用 8 个个体，并使其彼此靠近（如在世界中心 1/5 的范围内）。先预热模型，如在测量结果前先让模型运行 1000 个时间步。您可以校准界面上滑块中出现的所有参数（除了 population，它保持为 8），并且这些参数可以在滑块定义的范围内变化。通过校准结果，可以得知有关模型的哪些信息？（重要提示：Flocking 模型中已经包含了用于计算一个海龟集平均朝向的代码。）

(5) 第 2 章中用来介绍 NetLogo 的蘑菇搜寻模型具有三个用于控制搜寻行为的参数，分别是搜寻者最近一次找到目标后切换回广域搜寻而不是局部搜寻的时间步的数量，以及搜寻者在广域和局部搜寻模式下切换的角度范围。（在第 2 章中，我们简单地将这些参数“硬连接”到代码中。）找到这些参数的值，使一个搜寻者找到 50 个蘑菇所需的时长最短。

第Ⅳ部分

模 型 分 析

21 第Ⅳ部分的引言

21.1 第Ⅳ部分的目标

目前为止，您肯定已经了解到，测试和分析是基于主体的建模（以及一般的建模）的重要组成部分。测试即检查一个模型或某个子模型是否被正确实现。在本书中，我们一直在测试模型及其软件。例如，在第6章中测试了蝴蝶登顶行为的NetLogo程序是否真正达到预期效果（答案是否定的）。分析模型则不同，其主要用于理解模型或子模型的作用。例如，在第12章中，使用等值线图来理解商业投资者模型的一个重要子模型的行为。理解并非由ABM自己产生，仅建立一个模型也并不能解决问题。相反，我们需要努力理解模型系统在特定的环境下以特定的方式运行的原因。建模的最终目标是将我们对模型系统的理解转向对实际系统的理解。例如，如果我们找到一个天然山毛榉林结构的现实表示（18.3节），并能够解释空间模式如何及为什么在模型中涌现，我们就可以慎重地将这种解释转移到真实的山毛榉林中。或者如果我们了解如何在模型中控制流行病，我们就可以为现实疾病管理提供有效建议。当然，为了实现这种转换，我们必须分析并理解模型。

目前为止，您应该已经了解到，分析贯穿整个建模周期：我们分析模型及其子模型的早期版本，以改进其方案和设计；我们进行面向模式的分析，来发展主体行为的理论并校准模型。建模和模型分析是分不开的；我们需要一直分析并理解模型的作用。然而，在第Ⅳ部分，我们将做三件新的事情：①从分析“动态”（仍在开发和改进中）模型转向分析“完整”模型；②确定分析ABM的有效方法，并将其发展为一个战略框架（第22章）；③介绍几种常用的模型分析方法（第23章）。

我们所说的“完整”模型是什么？原则上讲，模型永远没有终结，因为总有机会去修改模型的结构、简化一个部分、对另一个部分进行更详细的描述，等等。事实上，建模者永远无法停止对模型设计的修改。在某些时候，我们需要“冻结”设计（Starfield et al., 1990），接受模型的当前版本，并尝试理解其行为和工作方式。

什么时候应该“冻结”设计？在建模项目中的早期阶段冻结设计显然没有意义，因为模型早期的版本过于简化。不过，一旦我们感觉已经找到所有关键过程的合理表达，并确保模型的行为与真实系统相似，我们就应该暂时冻结模型的设计，开始进行模型分析。不妨给该模型版本一个编号（“Forest Products Market Model 1.0”），因为当我们更好地理解了第一版之后，很可能想要对该版本进行更改。如果您对模型进行了全面的设计和分析，那么在开始使用模型作为论文、出版物或管理决策的基础之前，通常不需要2~3个以上的版本。事实上，人们通常会发现模型的第一个版本已经非常有吸引力，以至于没有必要迭代更多版本。

目前为止，您已了解到思考和编程出一个看起来吸引人的模型非常容易，在 1～2 天内即可完成，但要让这项工作成为科学，关键在于 2 项都包含模型分析的任务。首先，我们需要在模型系统和现实世界之间建立联系；这个模型并不一定要代表任何具体的真实系统，但它至少应该受到现实中观察到的模式的启发。我们在第 22 章探讨的隔离模型就是一个很好的例子，它虽然高度抽象，但受到了观察到的模式的启发。运用模式将模型与现实世界相联系的任务在第Ⅲ部分有所介绍。其次，我们需要彻底分析模型以理解其运作机制，或许还能据此对其进行改进，通常是通过简化模型或添加必不可少但缺失的要素来实现。

这两项任务都非常具有挑战性且耗时较长，因此通常很难在课堂和课程中进行演示。虽然构建一个模型可能仅需要几天时间，但对其进行全面分析可能需要数月，对于更复杂的模型，甚至需要几年！少数幸运儿天生就是模型分析家——科学界的“夏洛克 · 福尔摩斯”——他们凭直觉就知道该如何去做；而其他人则需要努力学习如何分析 ABM：通过实践、测试各种启发式方法，学习在什么情况下什么方法有效等。以结构化的方式记录建模周期的关键步骤对于模型的有用性至关重要（Schmolke et al.，2010；Grimm et al.，2014），而且并非总是轻而易举的。第 22 章和第 23 章汇总了众多建模者的经验；但您还是需要自己进行尝试。当您阅读科学出版物时，您也应该养成一种习惯，即特别关注如何分析模型。毕竟，这是您努力工作最终得到回报的冲刺阶段。

21.2 第Ⅳ部分的概述

在第 22 章“分析和理解 ABM”中，我们描述了分析 ABM 的一般策略。这些策略中有很多是专门针对 ABM 的，借助了 ABM 的结构丰富性和现实性。在第 22 章中，最重要的是，为了理解 ABM，我们需要在假设的驱动条件下进行受控模拟实验（Peck，2004）。就像实验室或野外的实验者一样，我们会提出“如果……会怎么样”的问题，但与他们不同的是，我们可以随心所欲地操纵实验世界。例如，在现实世界中，您将如何测试主体间的局部相互作用是否是解释某种现象的必要条件？在 ABM 中，这很容易：只要让所有主体感知相同的全局（而不是局部）信息，然后观察会发生什么！同样，较真实实验而言，我们可以在 ABM 中模拟更长的时间跨度和更大的空间范围，并进行更多的重复实验。问题在于，这种轻松操控模型世界的便利性，也让我们很容易迷失在无数的备选假设和场景中。因此，第 22 章给出了保持重点的重要方法，我们还简要讨论了统计方法在模型分析中的应用。

在第 23 章“敏感性、不确定性和稳健性分析”中，我们转向更具体和传统的模型分析方法。在敏感性和不确定性分析中，我们探讨了模型结果以及从模型中得出的结论如何依赖于参数值。在稳健性分析中，我们探讨了模型结果对参数的剧烈变化，甚至对模型结构的变化有多稳健。这种分析有助于我们理解和交流生成特定模式和系统行为的真正关键的因素。这些技术被广泛应用于仿真模型，有时被视为模型分析的必要部分。现在，已经有或多或少自动化的方法来分析 NetLogo 模型的敏感性和不确定性（24.5 节），但重要的是通过人为分析来真正理解它们。

我们的最后一章（第 24 章）为您从本书走向职业生涯（甚至是基于主体的建模领域）提供了建议和指导。我们提到了大量的技术和工具，用于应对随着建模目标的增加而可能出现的挑战。更重要的是，我们建议的一些活动和项目，可以让您在从学生成长为基于主体建模从业者的过程中，始终保持并增强动力。

22 分析和理解 ABM

22.1 引言与目标

想象一下，您刚刚安装了一个处理数字照片的新软件。与大多数人一样，您可能不会一开始就阅读用户手册，而是直接使用程序。然而，这款新软件可能会用到您不熟悉的术语和原理。您会怎么做？你会尝试使用它!! 您会逐一尝试每个命令或工具，看看您的照片如何变化。一旦您了解了基本工具的工作原理，就会开始组合使用它们。您会根据当前的初步理解来进行尝试："现在，要改变前景对象的颜色饱和度，可能首先使用工具 A，然后工具 B，同时将工具 C 设置为……"。有时，您的初步理解或假设是正确的，有时则不然，这说明您还没有完全理解不同的工具是如何工作和相互作用的。

实际上，您所做的是通过实验来尝试理解软件。拉丁语动词 experiri 的意思就是：尝试！而且您会本能地进行"受控"实验：一次只改变一个因素，并检查它如何影响"结果"，即您的照片。通过这样做，建立因果关系：了解每个因素如何影响结果。

一旦构建了一个新的 ABM，即使是一个初步版本，它也会变成了我们想要理解的另一个软件。模型在什么条件下产生什么结果？当参数、输入数据或初始条件发生变化时，结果如何变化？最重要的是，为什么模型会产生这样的结果？模型试图告诉我们它是如何工作的，以及真实系统是如何工作的？一旦我们有了一个可用的模型，这些就是我们想要回答的问题，所以我们会对其进行实验。

为了使实验成为科学，实验需要具有可重复性：通过像实证科学家描述实验室或实地研究中使用的材料和方法那样，完整地描述模型；通过精确记录我们使用的所有参数值、输入数据和初始条件，记录和分析实验结果。这对您来说应该很熟悉，因为我们在整个课程中一直在使用受控模拟实验来设计、测试和校准模型。(事实上，现在是回顾 19.2 节关于"强推理"的讨论的好时机。) 受控模拟实验也是分析和理解模型功能的关键。然而，"受控"并不意味着存在一个用于分析模型的简单协议。相反，如何分析模型仍取决于模型、模型解决的问题和系统、我们的经验以及我们了解和偏好的解决问题的启发式方法。用于解决问题的启发式方法或经验法则的特点是，它们通常很有用，但并不总是如此，我们只需尝试一下。使用启发式方法并不意味着建模是不科学的：启发式方法是任何创造性研究的基础。

学习目标：

■ 理解分析完整 ABM 的宗旨和目标，包括完成的模型以及您计划进一步开发的模型的初始版本。

■ 学习并尝试使用十种启发式方法（常常用到的技术或技巧）分析 ABM。

■ 熟悉统计分析在理解 ABM 中的常见用途。

22.2 示例分析：隔离模型

22.2.1 模型描述

NetLogo 模型库社会科学部分的隔离（Segregation）模型受到了诺贝尔经济学奖得主托马斯·谢林（Thomas Schelling）的一个简单模型的启发（Schelling，1971，2006）。以下是对 NetLogo 版本 6 中提供的隔离模型的 ODD 描述。

1. 目的和模式

该模型解决了城市中家庭的隔离问题：为什么不同群体（如种族、民族、宗教）的成员往往居住在不同的社区？该模型探讨了隔离模式与个体对不同邻居的容忍度之间的关系。城市中普遍存在邻里隔离现象，但由该模型产生的个体容忍度和邻里隔离之间的关系应被视为一种假设，而非一个观察到的模式；因为容忍度难以定义和衡量，并且该模型并不试图代表任何特定的位置或情况。

2. 实体、状态变量和尺度

模型实体包括代表家庭的海龟和代表房屋的嵌块。家庭的特征包括家庭的位置（他们所占据的嵌块）和颜色，颜色代表家庭所属的群体（蓝色或者红色，NetLogo 6.0.4 中，红色被橙色取代）。家庭还有一个状态变量“happy?”，这是一个布尔变量，如果家庭拥有的不同群体的邻居数量超出其容忍范围，将变量设置为“假”。网格单元构成了一个 51×51 的正方形区域，其间没有道路或其他空间，且该空间是环形的。时间步的长度还未指定，但其表示一个家庭决定是否搬家的时间。模型运行的时间步数量是一个涌现结果：该模型运行直到所有家庭都满意（happy？为真）并停止搬家。

3. 过程概述和调度

每个时间步按顺序执行一次以下操作：

■ 如果所有家庭都满意（happy？为真），则模型停止。

■ 不满意的家庭（happy？为假）执行子模型“move”。在每个时间步，这些家庭执行的顺序是随机的。

■ 所有家庭都更新他们的变量 happy？（见子模型“update”）。

■ 更新系统级结果的输出。

4. 设计概念

隔离模型的基本原则是，探究强烈的个体行为是否对产生引人注目的系统模式至关重要。强烈的隔离现在是否意味着家庭高度不容忍，或者这种强模式是否部分地从系统结构中涌现？模型的主要结果是隔离模式——特别是整个系统的隔离程度。这些结果源于家庭通过搬家对异类邻居做出的反应。家庭的适应性行为是决定是否搬家：当其目标——社区中异类邻居的比例低于其容忍阈值——不被满足时，他们就会搬家。这种行为不涉及学习或预测，但需要隐式地预测搬家可能会找到一个满足其目标的社区。家庭可以感知周围 8 个嵌块上家庭的颜色。随机性有两种用途：一是初始化模型，使其从非隔离状态开始；二是确定家庭搬家时要移入的新位置，因为该模型无须模拟搬家的细节。观察结果包括可视化显示每个网格单元上的家庭的颜色和每个家庭是否满意，以及两个数值结果：相同颜色邻居的平均占比（对所有家庭而言）和不满意家庭的占比。

5. 初始化

家庭是根据用户选择的嵌块比例（默认为 95%），从 2601 个嵌块中随机选择并创建的。这些家庭被随机分配一种颜色，分配红色和蓝色的概率相等。初始化所有家庭后，计算各家庭的变量 happy?。

6. 输入数据

模型没有用到外部模型或数据文件的输入。

7. 子模型

子模型“move”由不满意的家庭个体来执行。这些家庭会从 0° ~ 360°的均匀连续分布中随机选择一个方向，然后向前移动一个距离，该距离从 0 ~ 10 个网格单元宽度的均匀连续分布中随机抽取。如果在这个新的网格单元中已有一个家庭，那么该家庭将以一个新的随机方向和距离再次移动。如果新的网格单元为空，则该家庭会搬到其中心。

子模型“update”由所有家庭执行，以确定他们是否容忍其邻居。家庭的容忍度由参数%-similar-wanted 决定，该参数的范围为 0% ~100%，适用于所有家庭。一个家庭的邻居是其周围八个嵌块上的所有家庭。除非与家庭相同颜色的邻居数量大于等于%-similar-wanted 除以 100 再乘以邻居总数的结果，否则将变量 happy? 设为假。

22.2.2 分析

现在我们进行实验来理解模型的行为。

▶ 启动 NetLogo，打开隔离模型。将家庭密度的滑块从 95% 更改为 80%。

▶ 单击“setup”按钮和“go”按钮。

▶ 当家庭密度设置为 80%、%-similar-wanted 设置为 30% 时，通常大约需要 14 个时间步才能使所有家庭满意。邻里之间的平均相似度约为 73%——也就是说，海龟平均有 73% 的邻居是其同类。视图中显示红色和蓝色家庭形成相对较小且混合的集群，中间夹杂着更小的空的嵌块集群。

因此，在当前设置下，该模型证明了 Schelling（1971）想要表达的观点：即使对不同邻居不容忍度相对较小，也可能在没有其他任何机制的情况下形成隔离社区。

我们理解第一次实验的结果吗？为什么 30% 的低不容忍度会导致 70% 或更高的平均

相似度，我们对此并不完全清楚。那么，如果我们选择%-similar-wanted 的极值，模型输出将如何变化？

【启发式方法：尝试参数的极值。当参数被设置为其范围的极值时，模型结果通常更易于预测和理解。】

▶ 将%-similar-wanted 设置为一个较小的值（5%）和一个较大的值（90%）。在单击“go”按钮之前，尝试预测这些实验的结果！

如果不容忍度很低，大多数家庭在最初的随机分布中是满意的，并且只需几个时间步就能使所有家庭都满意。邻里之间的平均相似度接近 50%，这看起来可能高得出奇。不过，想一想，只有两种颜色表达家庭，即使家庭随机分布，平均相似度也应该接近 50%。这已经是一个重要的认识：不管%-similar-wanted 有多低，最终的平均相似度至少是 50%。

如果不容忍度很高，几乎所有的家庭一开始都不满意，则搬家不会停止，邻里间的平均相似度从 50% 开始不会有太大变化。第一个结果很容易理解，而第二个结果就不是那么容易理解了：为什么邻里之间的平均相似度没有简单地随着%-similar-wanted 的增加而增加？现在，我们只能假设存在一个%-similar-wanted 的临界值，超过这个临界值，搬家的家庭就很难找到一个满足其容忍度的社区。下面让我们来测试这个假设。

【启发式方法：寻找模型行为的“临界点”。如果一个模型在一个参数的不同极值处表现出不同的行为特征，那么就改变该参数以尝试找到一个“临界点”：行为突然改变的参数范围。】

这个启发式方法极其重要，有助于我们理解不同的控制机制：在临界参数值以下，过程 A 可能占主导地位并控制系统的行为；但超过这个临界点，控制权就被过程 B 接管。识别控制机制并理解它们是如何出现的，可以很大程度上揭示模型的工作原理。

为了将这种启发式方法应用于实践，我们通常会编写一些定量输出，然后进行敏感性实验（图 5.3、图 8.3、图 10.1、图 11.1 和图 11.2）。不过，隔离模型非常简单，只需在更改%-similar-wanted 的值时，观察视图就足够。

▶ 将%-similar-wanted 设置为 90%；依次单击“setup”按钮和“go”按钮。随后，使用滑块逐渐减小这个参数值，要慢一些，因为系统响应可能需要一些时间。

砰！当%-similar-wanted 达到 75% 时，模型行为非常突然地发生了变化并出现隔离现象。

▶ 单击“setup”按钮和“go”按钮，令%-similar-wanted =75%，再次运行。

请注意，对于这个参数设置，系统需要运行相当长的时间（通常超过 200 个时间步）才能使所有家庭满意。与%-similar-wanted=30% 相比的另一个区别是，同颜色家庭的集群要大得多。而家庭最终分布的一个显著特点是，不同颜色的区域被条状的空的嵌块隔开。为什么会这样？

当我们试图理解这些模式如何涌现时，应始终确保尽可能全面和创造性地观察模型实体的状态变量（第 9 章的主题）。关于模型，我们需要理解一件事情：它是如何随时间的推移达到当前状态的。如果我们不从多个视角可视化当前状态，该如何做到这一点？

【启发式方法：尝试模型实体不同的可视化表达。为了更好地理解 ABM，我们通常会观察不同的可视化输出来检测模式并建立因果关系。】

为揭示隐藏的结构和相关性，Kornhauser 等（2009）列出了许多改变 NetLogo 模型视图的有用的方法。以隔离模型为例，如果能够区分满意家庭和不满意家庭，我们就能更好地理解满意家庭集群形成或消失的原因和位置。幸运的是，在隔离模型中，NetLogo 开发人员提供了相关功能。如果您选择了“square-x”可视化选项：满意的家庭用一个空的方块显示，而不满意的家庭在其方块中有一个“×”的符号。

▶ 重复上述实验，从%-similar-wanted = 90% 开始，随着模型的运行，慢慢减小%-similar-wanted 的值。

在高不容忍度（90%）情景中，我们从未看到任何满意家庭的集群。随着%-similar-wanted 的降低，越来越多的蓝色或红色满意家庭的小集群出现，但并未持续存在。在非常明显的转折点（75%），集群开始持续存在，并缓慢增大，其边界处出现许多动态变化。但是，模拟运行得太快，我们仍然无法真正理解发生了什么。

【启发式方法：逐个时间步地运行模型。逐个时间步地进行模拟是至关重要的，因为这样我们可以查看模型的当前状态，预测接下来会发生什么，并验证我们的预测是否正确。】

▶ 编辑“go once”按钮，可以看到它调用了 go 例程，但关闭了持续执行选项。

现在，通过使用“go once”按钮在关键参数值%-similar-wanted = 75% 处逐个时间步进行模拟，我们可以看到满意家庭的集群趋于增长。这时我们逐渐明白，在这样的集群内部不可能有任何动态变化：每个家庭都很满意，所以没有家庭搬家，而且集群不会长时间包含任何孤立的空嵌块。为什么？（这个问题留给您来回答。）

我们看到，驱动机制正在集群的边界上进行，因此我们意识到，一个家庭搬家的决定不仅影响其自身的满意情况，也会影响其新老邻居的满意情况。家庭的搬迁有时会使其他满意家庭变为不满意家庭。

那么，蓝色和红色集群之间的界限是如何出现的？下面的启发式方法会给您一些帮助。

【启发式方法：在模型输出中寻找明显或奇怪的模式。模式是发现复杂系统的重要机制和内部结构的关键。】

▶ 将%-similar-wanted 设置为 75%，多次运行模型。

蓝色和红色的家庭集群非常清晰，但模式还不够清晰，无法显示出任何特别的东西。因此，让我们使用以下启发式方法。

【启发式方法：在参数空间的一个有趣点上，保持控制参数不变，改变其他参数。在第 20 章中，参数空间被定义为模型参数所有可能值的集合，这个空间中的一个点对应一组特定的参数值。】

通过这种启发式方法我们能够探索我们的控制参数（或其表示的过程）是如何受模型中其他过程的影响的。试着去理解一个模型，包括理解相互控制间的相互作用。

▶ 将%-similar-wanted 设置为 75%，以较少的家庭数量（如家庭密度为 70%）运行模型，然后再以更多的家庭数量（如家庭密度为 90%）运行模型。

现在您可以看到，如果家庭数量增加，空的嵌块就会变少，而且这种模式会变得越来越清晰和显著（图 22.1）。

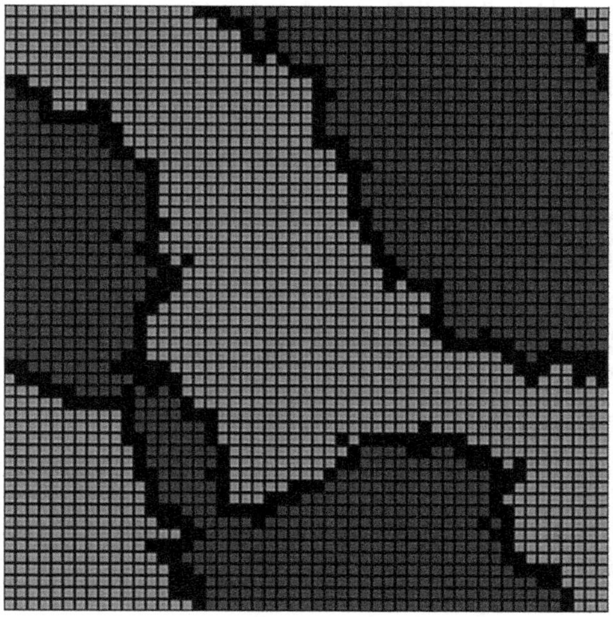

图 22.1　%-similar-wanted 为 75%、家庭密度为 90% 时的隔离模型结果示例

同样引人注目的是，系统现在通常只将每种颜色家庭分成一个集群（请记住，边界是环形的）。这是为什么？当您看到这种模式涌现时，请注意，那些边界极其弯曲的小集群通常会消失，除非它们偶然地发展出更长且或多或少是直线的边界部分。这提出了一个假设：平直边界生成的空间结构，使附近的家庭对颜色相反的单一邻居的影响不那么敏感；总会有足够多的同类家庭，将不同类型家庭的比例保持在不容忍度的阈值之下。

这个假设听起来很合理，但该如何验证呢？一种方法是详细地测量（并可视化）集群边界处的家庭所能感知的邻居的相似度；如果在一个更小的系统中（如 5×5 的嵌块中）设置特定的配置，这将更容易实现。通常，这也是检验假设的唯一且最好的方法。不过，在这种情况下，也可以考虑用物理学家的方法来验证：从假设中做出预测并进行检验。如果平直边界会生成稳定结果的假设是正确的，那么当不容忍度变小时，平直边界的重要性就会降低，因为弯曲边界也可用于表达单个不同邻居的影响。因此，我们可以预测，当我们慢慢降低%-similar-wanted 的参数值时，集群的数量应该会增加，规模会减小，并且会有更多的弯曲边界。

► 将家庭密度保持在 90%，研究%-similar-wanted 小于 75% 时的隔离模式。

我们的预测被证实是正确的！

然而，我们还是没有解释%-similar-wanted 为 75%（或下降到约 58%）时，空嵌块仅出现在红蓝集群边界的原因。这个问题留给您来解释。

目前为止，我们可以得出什么结论？通过运用模型库提供的默认参数值运行模型，我们得到了模型被设计用来解决的问题的结果：隔离程度远远超过了个体的不容忍度。但其结果本身并没有指出驱动隔离的机制。只有通过分析极端的参数值（如极端的不宽容度，但这个模型根本没有考虑到这一点）才能识别和理解模型的关键机制：不容忍度与局部空间配置间的相互作用。而且，我们还意外发现一个拐点。在该拐点处，引起显著隔离模式的相同机制（不满意家庭的移动）会突然使隔离消失。

不可否认，隔离模型非常简单，也不难理解。不过，我们还是应用了一些对分析任何模型都有用的启发式方法。值得注意的是，Schelling 的隔离模型——具有讽刺意味的是，该模型只是口头阐述，Schelling 本人从未实现过（Schelling，2006）——仍极具影响力。当然，因为真实的城市和家庭要比模型复杂得多，所以 Schelling 的隔离模型已进行过无数次修改，这些模型研究了更大的社区、社会网络、空间障碍、房价以及可变的不容忍度等因素。

因此，隔离模型是一个示范性的简单概念模型，揭示了一种重要且稳健的机制，并且是进一步开展重要且更详细的研究的起点。这个示例鼓励您努力寻找尽可能简单的模型，但同时仍能产生您想要理解和说明的系统尺度的行为和模式。

22.3 用于理解 ABM 的其他启发式方法

上一部分介绍了几种重要的用于分析模型的启发式方法，并演示了这些启发式方法如何协助我们逐渐理解模式是如何产生的。现在，我们可以以同样的方式引入更多的启发式方法，但这并非必需的，因为我们在整本书中已经使用了这些启发式方法！（启发式方法对于第 23 章中的稳健性分析非常重要。）因此，下面仅列出了额外的启发式方法，而不详细说明其用法。

【启发式方法：运用多种指标来评估模拟实验。ABM 结构丰富，即使是最简单的 ABM 也可能包含许多处于不同状态的主体和空间单元。在分析模型时，不可能考虑所有这些信息。因此，我们需要找到“衡量指标”（通常是汇总的统计结果或观察结果），用一个数值来捕捉模型系统的某一重要属性。指标对应实证研究者在真实系统中测量（或希望测量）的东西。例如，在种群模型中，一个明显的指标是种群规模，即所有主体的总数量（或重量、财富等）。这样，我们可以分析模型产生的种群规模的时间序列。但是，即使是时间序列也可能包含太多的详细信息，因此我们经常查看更概略的指标，如一段时间内的平均值和值域。在本书中，我们为了分析不同目的的模型，已经使用了许多指标（表 22.1）。】

通常，找到有用的指标是建模过程中一项重要但又不容易完成的任务。这就是“观察”被包含在 ODD 协议“设计概念”部分的原因。通常，我们会尝试几种不同指标或观察结果，观察它们有多敏感以及在多大程度上可协助我们理解模型。在大多数情况下，一种指标是不够的，我们需要从不同的角度来看待这个模型。

表 22.1　本书用到的模型分析指标

模型	指标	章；位置
蝴蝶登顶模型	廊道宽度	5；图 5.2，图 5.3
	蝴蝶的最终聚集程度	5；练习 5 和练习 6
文化传播模型	站点与邻域站点的平均相似度	6；6.5.1 节，练习 7

续表

模型	指标	章；位置
简单出生率模型	种群灭绝时间	8；图 8.3
Flocking 模型	有同伴的海龟数量 每只海龟的平均同伴数量 海龟和其最近邻之间的平均距离 朝向的标准差	8；图 8.5、图 8.6
商业投资者模型	投资者的年平均利润和风险 投资者的平均财富 投资者的最终平均财富 失败次数	10；图 10.1 11；图 11.1、图 11.2
电话营销模型	电话营销机构的数量 营业周数的中位数 企业规模分布 总销售额	13；图 13.2、图 13.3
捕鼠器模型	在空中的球数	14；图 14.1
野狗种群模型	种群 100 年内灭绝的频率	16；图 16.2
林戴胜模型	林戴胜种群的大小分布 鸟的平均数量 鸟类数量的年标准差 空置领土的比例	19；图 19.2 20；图 20.3
隔离模型	静止之前的时间步 均质区域的大小和形状	22；22.2.2 节

在模型分析中，经常使用的指标类型如下。

■ ODD 要素“目的和模式”中定义的模式，这些模式按定义是模型分析中用到的关键指标。不过，这些指标往往不足以充分理解模型。

■ 结果统计分布的标准度量，包括状态变量在主体间的分布和系统级结果随时间的分布。常用的度量包括均值和中位数、标准差或方差、最小值和最大值，以及它们是否符合理论形状（正态、指数、幂次等），如果符合，则常用度量还包括分布系数。

■ 时间序列特征：正负趋势或负趋势、自相关性，或系统达到特定状态（或没有更多的主体或变成静止状态，或隔离模型中的搬家行为停止）所需的时间。

■ 空间分布和模式的度量，如空间自相关、分形维数和点模式的度量（Wiegand and Moloney，2014）。

■ 衡量主体间差异的指标，如某个状态变量在主体间的分布是单峰还是多峰（如财富在主体间呈正态分布，还是存在明显的贫富群体?），以及不同类型的主体是否随时间或空间而隔离。

■ 稳定性属性（Grimm and Wissel，1997）：它可以洞察系统的内部机制，对管理问题很重要。指标可以评估稳定性，如扰动后的系统恢复到某个“正常”状态的速度、由两个或更多状态变量跨越的“吸引域”的大小（在这个域之外，系统会失去重要特征，如隔离模型中的空间分离)，以及什么样的缓冲机制抑制了系统的动态变化。

【启发式方法：分析模型的简化版本。一旦选择第一种指标，就要进入分析模型的最重要的方法：简化！因为影响模型行为的因素太多，ABM（和其他模型）可能难以理解。通常，降低这种复杂性并理解什么机制导致什么结果更加可行会相对容易一些。】

通常用于简化 ABM 以进行分析的方法有很多：

■ 保持环境和输入数据恒定；

■ 保持空间均匀（所有嵌块相同，且不随时间的变化而变化)；降低随机性，如对所有主体进行相同的初始化，或用其分布的平均值替换随机抽取（如将 set size 2 + random-float 10 替换为 set size 6)；

■ 通过使用更少的海龟和嵌块来减小系统的规模；

■ 关闭模型调度中的一些指令（只需在 go 例程注释它们)；

■ 手动创建简化的初始配置和状态，以便于检查某个机制是否如您假设的那样运行。

进行这些类型的简化时，模型版本将不再是您想要理解的系统的良好表达形式。可以说，您创建了不现实但更容易理解的简化的世界。Grimm［1999；另见 Schulze 等(2017)］发现，许多 ABM 开发人员并没有系统地简化他们的模型以进行分析，这可能是由于心理障碍：如果您花了很多时间开发出一个似乎可以很好地表达真实系统的模型，您是否应该将这个模型变得极其不真实呢？答案是肯定的！建模包含的解构与构建一样多！第 23 章中，我们甚至将这种系统的解构命名为稳健性分析，因为它非常重要，决定了我们和整个科学界可以从基于主体的建模中学到多少知识。

【启发式方法：自下而上地分析。对于任何需要基于主体的建模的系统，如果不先理解其各个部分的行为（主体及其行为)，就很难理解其整体。所以，在我们转向完整模型之前，先测试和理解这些行为很重要。这也是为什么我们强调在将子模型放入 ABM（12.3 节）之前，要独立分析子模型并系统地开发主体行为理论（第 19 章)。为了理解完整模型，可能还需要更多这种类型的低级分析，特别是当出现意外的动态时。】

【启发式方法：探索不现实的场景。这种启发式的想法是模拟现实中永远不会发生的场景。为什么要这样做？因为要查看某个过程或结构对整个模型行为的影响，一种简单又直接的方法就是删除它。】

以 Rammig 和 Fahse（2009）用过的森林模型为例。该模型用于探索风暴吹倒许多树木后，山地森林的恢复情况。该模型基于网格，并包含了相邻网格单元之间的相互作用。这些局部相互作用有多重要？一个更简单的、只有全局相互作用的非空间模型就足够了吗？为了验证这一点，Rammig 和 Fahse 模拟了一个现实中绝对不可能发生的场景：网格单元及其树木不再只与其 8 个相邻单元相互作用，而是与整个网络中随机选择的 8 个单元相互作用（图 22.2b)。每个网格单元在每个时间步都随机改变与之相互作用的单元集。

通过这种方式，他们消除了相邻单元之间的空间效应。不真实的模型导致树的数量高得不切实际，这表明原始模型的空间相互作用确实很重要。

19.3.2 节讨论的有关投资者行为如何影响双重拍卖市场的分析提供了一个有趣的对比：那些故意使用不现实的简单投资行为的模型，却产生了比较真实的系统尺度的结果。在这种情况下得出的结论是，复杂的主体行为可能根本不是产生复杂市场动态的机制；市

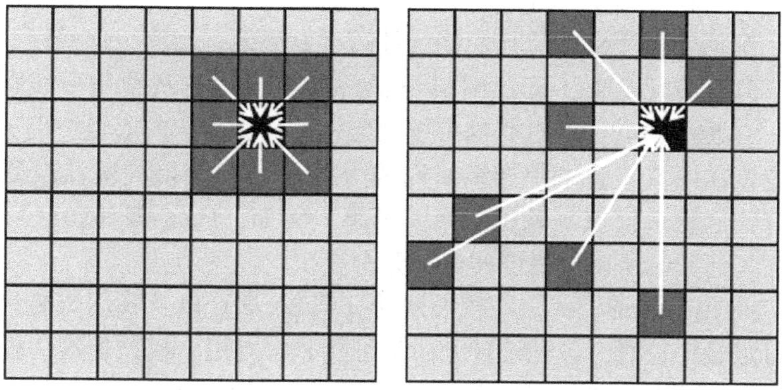

图 22.2 Rammig 和 Fahse（2009）使用一种不现实的场景来分析森林模型中局部相互作用的重要性
黑色单元格说明了所有单元格的模拟方式。在模型的正常场景中，一个单元的状态由其八个相邻单元格确定。在非现实场景中，一个单元的状态由八个随机选择的单元格确定

场规则本身可能比预期的更为重要。使用不现实场景的正确态度是扮演上帝的角色："如果有助于在模拟实验中检验假设，建模人员应该毫不犹豫地去'扮演上帝'，并不切实际地操纵个体及其环境"(Grimm and Railsback，2005，p. 309)。

22.4 数理统计对理解的作用

许多科学家一想到分析和理解，就会不由自主地想到数理统计。数理统计的目的是从一组固定且通常有限的数据集中提取理解，甚至可能推断出因果关系。相比之下，基于主体的建模可以产生我们想要的"数据"，并提供用于开发理解和推断机制的额外方法。如果模拟实验没有提供足够清晰的答案，我们还可进一步使用模型进行新的实验，直到得到清晰的结果。

因此，数理统计和模拟建模的目标及其隐含的思维模式完全不同。不过，在分析 ABM 中，数理统计仍有重要的用途：

■ 汇总统计结果。将模型输出汇总成统计数据（如平均值和标准差）是有用的，而且通常不可避免。但请记住，在模型结果中，极值或异常值通常是理解的重要线索。它们不应该像实证数据的统计分析经常出现的情况那样，被当作异常值去除。

■ 对比场景。数理统计可用于检测和量化不同模拟场景之间的差异，就像测试实验室处理方法之间的差异一样。这种分析通常需要影响结果的假设——特别是每个"处理"的重复次数和"不同"的统计定义。尽管实验室和现场实验也是如此，但在分析模型结果时，这些假设更容易改变。

■ 量化相关关系。方差分析和一般线性建模等回归方法可用于确定哪些输入对哪些模型输出有显著影响，以及各因素之间是否存在相互作用。该方法只是简单地寻找输入（包括参数值和初始条件以及时间序列输入）和输出之间的统计关系。这种方法非常有用，特别是当模型很复杂，而我们一开始又不知道在哪里可以找到因果关系时。例如，

Kramer-Schadt 等（2009）使用几种回归方法来确定模型参数，进而识别出相应的机制，这些机制成为“解释”野生动物流行病持续性的重要原因。当然，这些回归方法不能直接确定因果关系，但它们可以通过揭示不同因素的相对重要性来提供重要线索。作为试图理解 ABM 行为的“侦探”，我们应该将这种统计元模型作为分析的起点，而不是终点。元模型指出了那些应该在模拟实验中更详细研究的因素。ABM 结果的统计模型可以以许多科学家都熟知的方式从复杂模拟实验中总结其见解。例如，Horn 等（2017）使用变异分区来补充景观特征如何影响所模拟蜂群的模拟分析。

■ 比较模型输出和实证模式。在校准期间（第 20 章）以及我们想要将模型结果与观察到的模式进行定量比较时，各种统计方法都可能非常有用。模型校准、模型与数据的拟合以及模型选择方面的大量文献都是适用的。

因为许多人都可能具备强大的统计背景，也有很多与该主题相关的资源，这里我们不再深入讨论细节。事实上，在模型分析中使用统计的优点之一是，其他科学家熟悉统计语言和技术，在阅读您的结果时会感到更“得心应手”。因此，将统计视为您的模型分析工具箱的一部分，但不要过于依赖它；模拟实验和演绎推理仍然是最有效的方法。

22.5 小结与结论

为了理解 ABM 的作用及原因，我们必须再次进行研究——正如搜索编程错误与进行面向模式的建模时所做的那样。优秀的分析师会把论证和强推理、系统分析、直觉和创造力结合。显然，我们无法教会您如何进行逻辑推理、如何富有创造性以及如何有良好的直觉。您必须通过经验来培养您的直觉。因此，本章的关键信息是，一旦我们构建了一个 ABM，甚至在我们第一次“冻结”设计时，我们就需要尝试理解它的功能；控制模拟实验就是这样做的。现在试试看！

除了这里介绍的分析启发式方法之外，您还应该尝试从已发表的分析中学习。如果您读了一篇文章，该文章运用 ABM 提出了一些令人兴奋的新见解，问问您自己：他们是如何做到的？文章中提供的关键实验可以给您很好的启示，以了解作者获得这些见解使用了哪些技术和启发式方法。

我们称本章中的技术为“启发式方法”，因为它们通常很有用，但并不总是如此。哪种启发式方法有效取决于模型、您及您提出的问题。很遗憾的是，并没有关于哪种启发式方法最有效的明确排序。不过，我们将这些方法汇编成一个序列（图 22.3），您可以在其中进行尝试。

同时，我们建议您将自己的启发式方法添加到图 22.3 中。直觉很重要，但对您的直觉和启发式方法的批判性反思也同样重要。优秀的科学研究总是建立在创造力和严谨方法的基础上，创造力可能包括相当混乱、无系统的内容，而严谨方法可能刻板且乏味。在这两种态度之间切换，尝试从不同的角度看待您的模型，您将很快知道如何从 ABM 中学习！

- 自下而上的分析。
- 定义并测试几种用于评估模拟实验的“指标”。
- 尝试不同的视图（可视输出）。
- 逐步运行模型。
- 分析模型的简化版本。
- 尝试参数的极值。
- 在模型输出中寻找惊人的或奇怪的模式。
- 找到模型行为的临界点。
- 从参数空间中一个有趣的点出发，保持控制参数不变，改变其他参数。
- 探索不现实的场景。

图 22.3　模型分析的启发式方法

22.6 练　　习

（1）NetLogo 隔离模式可能会被批判为是不现实的，因为现实中的人在离开一个社区时不会随机移动；更合理的假设是，他们会（至少暂时）搬到一个能与邻里和睦相处的社区。从您在 22.2 节用过的隔离模型版本开始，通过让海龟在移动时选择一个能使他们满意的空嵌块，使其变得更现实。(思考一下您会如何安排!)

（2）重新分析练习 1 中创建的版本，看看结果和因果关系发生了什么变化。您是否需要使用不同的“指标”（如输出而不是时间步的数量，直到系统变为静态）来对模型进行有意义的评估？是否存在不同的临界点？是否出现了不同的模式？是否有不同的重要过程？

（3）隔离模型不现实的另一个原因是它缺乏社区：被诸如大型街道等明显边界包围的分区。家庭可能不在乎谁生活在这样的边界上。将边界添加到模型中；您可以轻松地做到这一点，如将第 10 行和第 10 列的嵌块都变成“街道”，让家庭无法居住。它将如何改变模型的行为？为什么？如果改变社区的规模，会发生什么？

（4）选取本书中用过的一个或多个模型（表 22.1），并以类似于 22.2 节中分析隔离模型的方式分析它。[您也可以使用 NetLogo 模型库中的一个模型。需要注意的是，选用那些主体具有适应性行为的模型会更有趣（并非所有模型都如此）]。请使用已经实现的指标，但如有必要，也可以增加新的指标。思考您如何通过改变视图来获取进一步的见解。确保您检查了图 22.3 中的启发式方法。记录您的一系列实验、结果、新假设、新实验等。

23　敏感性、不确定性和稳健性分析

23.1　引言与目标

如果有人开发了股票市场的 ABM，并声称该模型能够解释市场趋势和短期波动产生的原因，您会提出哪些问题？首先，由于您已经接受过设计概念和面向模式的建模（POM）方面的训练，您可能会问，系统尺度的变化模式是来自交易者的适应性行为，还是由模型规则强加；其次，您可能还会问，该模型是仅能重现系统尺度的单一模式，还是真实市场内观察到的交易者尺度和市场尺度及不同时间尺度上的多种模式。

但是，即使模型通过了相关测试，还有一组更重要的问题需要提出：该 ABM 能否稳健地再现观察到的模式？或者这些结果是否对模型参数和结构的变化敏感？以及模型结果的不确定性有多大——如果使用不同但又合理的参数值，是否产生相同的结果？这些问题之所以很重要，是因为我们寻求的是对观察到的现象的有力解释。在 POM 中，我们选择用来描述系统的模式（第 17 章）根据定义是通用的和稳健的，它们不依赖于特定系统或情况的特殊性。如果一个模型只有在参数值具有非常有限的范围或关键过程以某种确切方式建模时，才重现这些模式，那么该模型就不太可能充分捕捉到隐含在模式中的真正机制。

以稀树草原生态系统为例，它被定义为树木和草地长期共存的地方，树木覆盖面积不超过 20%。稀树草原广泛分布于世界各地，约占陆地面积的 10%，但其植物和动物的种类、土壤类型及（干旱到半干旱）降雨模式的差异都很大。在如此多的条件下分布的稀树草原，一定会有一些通用的、基本的机制用于形成被称作稀疏草原的生态系统。任何非稳健地重现类似稀树草原特征的模型——比如只在有限的参数值范围——都不可能对稀树草原出现的原因做出很好的解释。有关稀树草原形成的一个理论是，树木和草共存是因为它们的根长不同，因此它们可以从不同的“生态位”中获取有限的资源——水。Jeltsch 等（1996）在 ABM 中实现了这一理论，并发现该模型确实可以实现树和草的长期共存，但仅限于非常有限的参数范围。因此，他们不再将这一理论作为稀树草原生态系统的一个可行的解释。

测试和记录模型输出对参数值变化的敏感性非常重要，原因有两个。首先，就像稀树草原的例子一样，这种分析可以显示该模型在多大程度上稳健地表达了现实世界的现象。其次，它有助于我们理解模型过程的相对重要性。对某个参数的高敏感性表明，与该参数相关联的过程相比于其他过程更多地控制着模型输出，从而控制系统行为。对参数的高度敏感性不一定是坏事；相反，敏感性是一种有助于我们理解模型的诊断工具。

敏感性分析（SA）研究模型输出对参数值变化的敏感性：如果对某个特定参数做了

一个小的更改，模型结果的变化是很大、很少还是根本没有变化？前面我们已经使用了"敏感性实验"（已在 8.3 节介绍）来探讨类似问题，但在这里，我们所指的 SA 是对所有参数进行系统分析。在某些学科（如生态学、工程学）中，SA 是常规且或多或少必需的；但在其他学科中，SA 还不常见。我们认为 SA 是基于主体的建模的重要组成部分，并强烈建议您在模型分析和发表中包含某种 SA。简单地说，局部的 SA 很容易执行，但执行更全面、更复杂的分析通常也是值得的。

不确定性分析（UA）研究参数值的不确定性如何影响模型结果的可靠性。例如，如果模型中有对应参数来表达四个不同种族群体给各政党投票的概率，我们知道模型的结果将是不确定的，因为①很难确切衡量任何群体的投票意向，而且投票意向会随时间而变化；②通常并不清楚谁属于和不属于某个特定种族群体；③人们投票的原因往往与候选人属于哪个政党无关。UA 明确识别出了参数值的这种不确定性，并提供了一种方法，让我们了解应该对哪些模型的结果具有信心。

SA 和 UA 对模型的参数进行修改，而稳健性分析（RA）则对整个模型提出挑战。稳健性分析的目标是识别模型给出的解释在何种条件下失效。这一目标很重要，因为仅仅证明模型能够重现观察结果并不能让我们学到太多东西。我们还想了解模型中的哪些结构和过程是必要的，而哪些是"表达的偶然性"［Weisberg，2012；借鉴了 Wimsatt（1981）提出的观点］：我们可能只是因为模型开发将我们带到了一条特定的道路而将其纳入其中。因此，RA 通过强制改变模型参数、结构和子模型等来系统地解构模型。

我们强烈建议您将 SA、UA 和 RA 添加到您的建模工具箱中。不同于本书中涵盖的大多数主题，关于 SA 和 UA 的文献浩如烟海，所以一旦您理解了它们的基本思想，您就可以从各处寻找最适合您模型的方法和技术。RA 还不是常规工具，其方法也不太规范，因此它需要更多的创造性。通过进行这些分析，并在您的论文、演讲和科学专著中进行交流，您可以清晰地表明您正在通过 ABM 进行科学研究，而不是——像 ABM 的批判者有时暗示的那样，将其当作电子游戏或"编造的故事"。

学习目标：

■ 理解并实践简单的单参数的 SA 方法，运用行为空间建立并运行模拟实验。

■ 理解更全面的 SA 的形式：采用创造性可视化的方式来查看模型结果如何随几个参数和"全局"SA 而变化。

■ 理解并实践标准的 UA 方法，同样使用行为空间。

■ 了解 RA 是什么，以及执行 RA 的一般步骤。

23.2 敏感性分析

现在我们来介绍敏感性分析（SA）的基本类型。要执行任何类型的 SA，都需要：

■ 模型的"完整"版本，至少要暂时"冻结"其设计（21.1 节），文档记录和测试已经完成，并已为其分配了一个版本号；

■ 一组"参考"参数集，意味着模型已经参数化（第 20 章），因此每个参数都有一个标准值；

■ 1 ~2 个关键输出或“指标”，将其用作表达模型行为的指标（22.3 节）；

■ 受控的模拟条件——初始条件、时间序列输入、时间步等——是模型使用的典型参数。

23.2.1 单参数敏感性分析

单参数敏感性分析的目标是理解模型（由您选择的指标 *C* 表示）对每个参数的敏感性。因此，我们一次更改一个参数，并检查指标 *C* 如何响应。因为单参数敏感性分析相对简单，并且通常用于确定更复杂的分析（和校准；20.4.1 节）中要使用哪些参数，所以通常对模型的所有参数都进行单参数敏感性分析。

传统上，模型的单参数敏感性分析采用局部敏感性分析方法，即每个参数都按标准（如±5%）小幅度变化；计算标准敏感性指数（如 *C* 的比例变化除以参数值的比例变化），作为模型相对于每个参数的偏导数的近似；对这些指标进行排序，识别出模型最敏感和最不敏感的参数。这种方法在许多建模书籍中都有详细的介绍，并且可以很轻松地用于 NetLogo 模型。

然而，我们的经验是，对于许多像 ABM 一样复杂的模型，这种局部敏感性分析方法存在严重局限性。首先，对参数值的非线性响应是很常见的：随着参数值的变化，参数的影响会在幅度上甚至方向上变化。局部敏感性分析无法揭示这些非线性响应。其次，除非使用许多重复模拟，否则随机性会使局部敏感性估算不准确，但如果参数的影响与随机性相比较小，我们为什么要担心呢?

这些局部敏感性分析的局限性可通过全局敏感性分析来解决。全局敏感性分析关注每个参数在大范围值域上的影响，同时仍忽略参数间相互作用。各参数的分析重复以下步骤。

（1）识别出参数值变化的范围。对于全局敏感性分析，这应该是排除不可行或极不可能值后的所有可能有效的参数值。参数范围的估计可能基于实证数据或（通常）熟悉所建模系统的人的判断。注意，对于某些参数，可行值的范围可能仍然很小。例如，一个代表公司每月营业概率的参数，其参考值为 0.989（由约 5 年内停业的平均时间生成）。显然，月概率的微小变化会随着时间的推移产生较大的影响，因此该参数可行值的范围很小。将该参数降低 5%（至 0.940），则平均停业时间不到 1 年；将其增加 5%（至 1.05）超过 1.0，则会超过营业概率的最大值（1.0）。（在这种情况下，您可以思考什么范围的营业概率会产生一个现实的平均停业时间范围。）

（2）对每个参数，进行 8.3 节的敏感性试验：在其范围内取多个值运行模型（同时保持其他参数为其标准值），确定每个值的指标值 *C*。对每个参数的多个值执行模型（与使用多个参数值的复制不同）可以揭示模型对参数响应的形状，以及与随机性相比的响应强度。（既然您现在已经有经验了，我们向您透露一个秘密：尽管我们在 8.3 节的编程提示中讨论了行为空间工作原理，但您可以使用行为空间更改全局变量参数的值，而无须将变量移动到界面。相反，在 setup 例程中：①注释掉将在行为空间中使用的变量值的初始化语句；②确保所有其他全局变量，特别是用于计算结果的变量都已初始化；③运用 clearticks clear-turtles clear-patches clear-drawing clear-all-plots clear-output，而不是 clear-globals，来替换 clear-all。在完成行为空间之后，务必小心，不要将初始化的语句注释掉。)

（3）至少通过绘制结果和目视检查来分析结果。结果也可以通过回归分析等方法来量化。为了使结果在参数之间具有可比性，在 y 轴上绘制 C 作为 x 轴上参数值的函数，参数值需缩放到 0～1。如果参数 P 在低值（P_L）和高值（P_H）之间变化，则 $P=p$ 的比例参数值为 $(p-P_L)/(P_H-P_L)$。如果 C 对参数 p 的响应相对线性，则可以通过斜率和决定系数（R^2）等回归统计量来量化模型对 p 的敏感性。但是，如果许多参数生成一个明显的非线性响应，也不要感到惊讶。

（4）汇总所有参数的敏感性并进行检查。有三种参数特别令人感兴趣。①模型极为敏感的参数，这类参数代表的过程在模型中尤为重要。对于这类参数，若其参考值的不确定性较高（由于用于估算其值的信息很少），则应将其作为校准参数（20.4.1 节）和实证研究的目标予以特别关注，以降低其不确定性。②模型几乎不响应的参数，其代表的过程相对不重要，可以考虑从模型中删除（并可能在进一步的 SA 和 UA 中其排除），除非有理由相信在其他场景中模型可能对它们更敏感。③模型反应微弱的参数。

让我们看看 16.4 节所述的野狗模型中的 SA，只检查它的四个参数（表 23.1）。在 16.4.3 节中，我们检验了该模型对一个参数的敏感性，即分散者群体的相遇率（disperser-meet-rate）。我们用到的指标（图 16.2）是灭绝频率：在 100 次模型运行中，种群在 100 年内灭绝的比例（假设该指标估计了一个真实种群在这段时间内灭绝的概率）。为了评估这个指标，我们必须对我们分析的每个参数值执行 100 次重复的模型运行，然后确定有多少次重复以 0 只狗的存活结束。除了分散者群体的相遇率外，我们还分析了对两个分散者群体相遇时合并为一个新群体的概率（disperser-merge-prob）的敏感性，以及对幼犬（mort-pup）和成年犬（mort-adults，适用于优势犬和亚优势犬）的年死亡率的敏感性。

表 23.1　野狗模型对四个示例参数的单参数敏感性分析

参数	标准值	最小值，步长，最大值*	回归统计	
			Slope	R^2
disperser-meet-rate	1.0	[0.5 0.075 2.0]	−0.10	0.35
disperser-merge-prob	0.64	[0.32 0.032 0.96]	−0.13	0.54
mort-pup	0.12	[0.096 0.0024 0.144]	0.00	0.00
mort-adults	0.2	[0.16 0.004 0.24]	0.30	0.86

*此列使用 NetLogo 的行为空间格式来定义仿真实验中的参数值

SA 的第一步是确定要检查的各个参数的值域。disperser-meet-rate 和 disperser-merge-prob 两个参数描述了实地可能难以观测和量化的分散者群体事件，因此我们假设其可行值域范围为标准值的±50%。这两个死亡率参数基于实地调查数据，毫无疑问，这些数据有一定的不确定性，但不太可能极其不准确；所以，对这些数据，我们采用标准值的±20%作为范围。

SA 的第二步是对每个参数的多个值，分别运行模型。每个参数有 21 个值，从最小值到最大值，以其范围的 1/20 递增（表 23.1 第 3 列）。对于这些参数的每个值，分别执行

100 次重复实验，并计算我们的指标，即这些重复实验中种群灭绝的比例。

SA 的第三步包括作图和线性回归分析。在分析中，参数值按上述方法进行缩放，使 x 轴上表示的各参数范围为 0.0 ~ 1.0。图形结果（图 23.1）显示了模型对参数值的几种典型响应。模型对 disperser-meet-rate 和 disperser-merge-prob 的响应似乎是非线性的：当它们的数值降低到标准值以下时（scaled parameter values < 0.5），这两个参数似乎都会导致灭绝的频率增加。但在标准值之上，这个指标几乎没有响应。该模型对 mort-pup 的敏感性很小甚至没有，而对 mort-adult 的反应强烈且一致。回归统计数据（表 23.1）反映了这些图形观察结果。图形分析的另一个重要结果是，模型的高度随机性可以掩盖参数的影响：在较窄的参数值范围内，随机噪声在模型结果中往往没有趋势，甚至会产生与较宽参数值范围内趋势相反的趋势，即使每个参数值进行了 100 次重复实验。

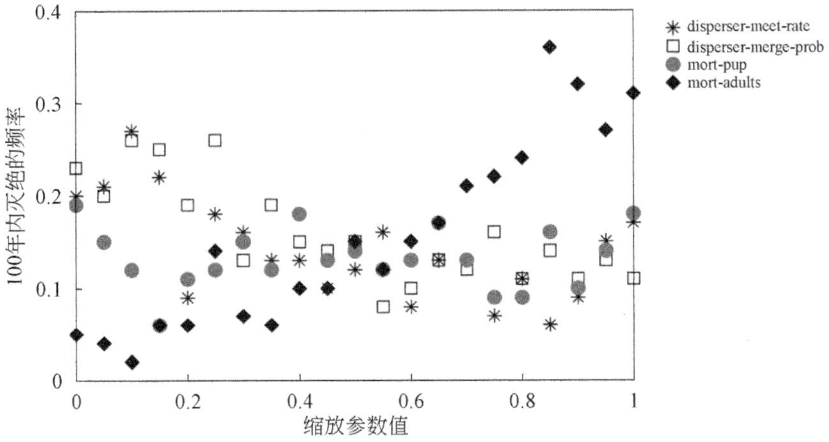

图 23.1　野狗模型敏感性分析结果

SA 的最后一步是检查结果，思考其对建模和其他研究的意义。回归统计表明，该模型对参数 mort-adults 相当敏感，对 disperser-meet-rate 和 disperser-merge-prob 比较敏感。然而，该模型对这两个分散者参数的响应是非线性的，从某种程度上会导致回归统计数据未充分表达出低参数值下的敏感性。事实上，如果只对 scaled parameter values≤0.6 进行回归，其结果对这两个参数的敏感性要高得多（斜率大约翻倍）。相比之下，mort-pup 对模型指标几乎没有影响。因此，在计划额外的实地观测或模型开发时，SA 表明我们应该关注年长狗的死亡率，以及分散者群体相遇和合并的频率是否低于当前参数值所显示的频率。

我们必须牢记单参数 SA 的主要局限性：因为我们一次只改变一个参数，所以我们无法捕捉到参数间的相互作用——模型对一个参数的敏感性如何随着其他参数的变化而变化。例如，在类似野狗模型这样的模型中，某种低存活概率的死亡会使种群不可能持续存在；因此其他过程的参数（如交配成功率）几乎没有影响。我们的 SA 只代表分析中所模拟的条件——其结果可能不适用于我们模拟的其他时间段、环境等，或重新校准模型的情况。尽管如此，单参数 SA 对模型研究具有重要价值，其研究成果值得发表，并且是对模型敏感性和稳健性的更高级分析的良好起点。

23.2.2 通过等值线图分析参数的相互作用

可以肯定地认为，在几乎任何一个 ABM 中，参数的相互作用都可能很重要。理解这些相互作用可以让我们了解相对控制过程：在哪些条件下，哪些过程主导系统的动态情况。我们如何理解模型对一个参数的敏感性依赖于一个或几个其他参数值？显然，我们需要做的不仅仅是局部单参数敏感性分析，我们需要在完整的“参数空间”中运用值的多种组合来运行模型。然后，我们需要一种方法来查看和理解输出指标 *C* 如何响应所有参数组合。实际上，我们已经在 12.3 节对一个子模型进行了这样的参数相互作用分析，但不是针对一个完整的 ABM。在那次分析中，我们在年利润和风险参数的大范围内执行了商业投资者模型中的投资者效用子模型，并使用等值线图来查看子模型的输出（效用）如何响应。例如，图 12.3 显示，这些参数间存在相互作用。当年利润在 5000 以下时，子模型对年风险几乎不敏感：随着年风险从 0.01 一直变化到 0.1，效用值几乎没有变化。但当年利润很高，特别是在 10 000 以上时，效用会随着年风险的变化而发生很大的变化。

因此，当所有其他参数保持不变时，等值线图是检查两个参数相互作用的有效方法。由于其简单性，该方法常常用于理解两个参数及其代表的过程是如何共同影响模型的。

不过，几乎所有的 ABM 都有两个以上的参数，有时甚至更多，等值线图仅显示两个参数。我们最好选择出两个看起来最重要的参数，然后针对一个或多个其他参数的几个不同值，绘制等值线图，查看 *C* 值如何随它们变化。与图 12.3 一样，图 12.6 显示了效用子模型的输出如何随年利润和年风险而变化，但另一个子模型参数——current wealth——设为 100 000 而不是 0。比较这两个图，可以看出利润和风险间的参数相互作用也取决于当前财富。同样，图 12.7 展示了这些参数相互作用如何随第四个参数（时间范围）而变化。

多面板等值线图是一种用于同时观察模型对多个参数的敏感性的方法。图 23.2 给出了一个示例，同样来自野狗模型。该模型中最受关注的两个参数是分散者群体彼此相遇的频率（此时它们通常形成一个新的群体）和这些分散者群体的死亡概率。因此，当这两个参数在大范围内变化时，对模型指标（此处为 100 年内种群灭绝的次数占 500 次模型运行的比例）进行等值线化是有意义的。不过，我们需要知道这两个参数的 SA 是否会随着其他参数的改变而改变，如未分散的成年狗的死亡率和环境承载力（狗所占据的自然保护区所能接纳的狗的数量）。我们可以通过为这两个参数的低值、参考值和高值的 9 种组合中的每一种组合分别创建等值线图来实现这一点。

如果其每个子图都很复杂的话，多面板图可能会相对复杂。它们的设计应该便于在不到一分钟的时间内理解其主要结论。（例如，与等高线相比，通常色带可以让人们更快地看到关键结果。）如果用这种方式设计图形，则可以非常简洁明了地概括出模型对多达四个参数的敏感性。如果不能设计出一组多面板图，以便快速掌握其主要结论，那么它就只会说“它很复杂”，这是没用的，因为模型分析的重点就是使结果简单到足以学习一些东西的程度。

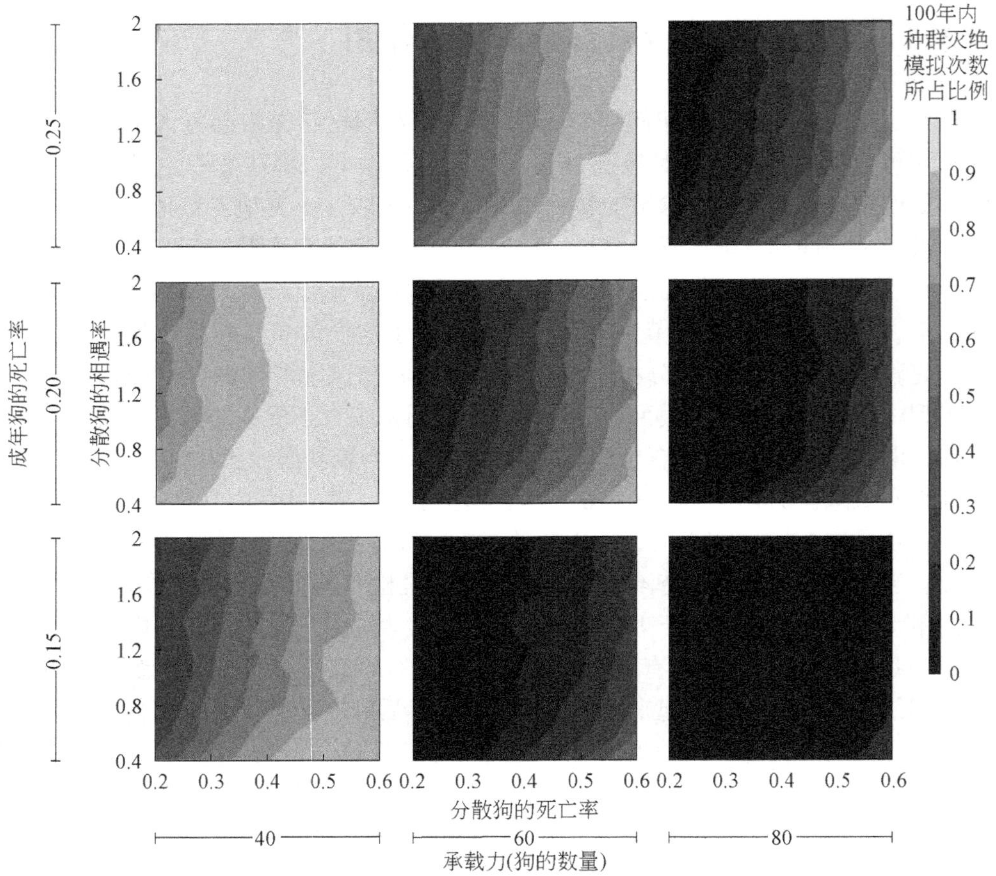

图 23.2　绘制等值线图来显示野狗模型对四个参数的敏感性

面板包括九个子图，每个子图都是等值线图，显示模型指标（在 100 年内狗群灭绝的模拟次数比例）如何随分散狗的死亡率（x 轴）和分散狗的相遇率（y 轴）变化。每行表示当栖息地承载力参数设置为 40、60 和 80 时的模型运行结果；每列表示成年狗死亡率设置为 0.15、0.2 和 0.25 时模型的运行结果

23.2.3　全局敏感性分析

看到局部敏感性分析、等值线图和多面板图形的局限性，我们可能会问，为什么不探究全局敏感性？我们可以在所有参数的全范围内改变所有参数的值，并查看几种不同的指标，以全面理解我们的模型。然而，这种“蛮力”式的模型分析往往行不通。首先，仅在每组参数组合下运行模型就可能是不可行的。例如，五个参数的每个参数仅有 10 个值，那就有 100 000 组参数组合需要执行和分析。如果需要运行多个模型或进行复杂分析来确定指标的值，则全局敏感性分析的可行性会更低。图 23.2 要求对每组参数组合运行 500 次来估计其指标值，这样四个参数的 729 组参数组合需要 364 500 次运行——对于这样简单的模型来说是可行的，但对于包含多个主体、大空间或复杂行为的模型来说则行不通。其次，即使我们可以运行所有这些模拟并评估（比如说）五个不同的指标，我们又该如何

解释结果来理解模型呢？我们几乎肯定会淹没在数字海洋中！

尽管如此，全局敏感性分析仍广泛用于仿真建模中，并且对于 ABM 也是可行和有用的。然而，除了最简单的 ABM 以外，只有按照敏感性分析文献中的形式化方法（在此不再赘述）进行全局敏感性分析才是可行且值得的。运用这些方法的好处主要有两个：①选择所有参数组合子集的方法（称为子抽样），可大大减少模型必要的运行次数；②系统方法将结果解释为有意义的分析。分析方法通常包括统计（如回归）建模，以理解 ABM 指标如何随参数值变化而变化。不过，请注意，一些传统的敏感性分析研究都是为完全确定性模型开发的，可能无法直接应用于随机 ABM。一些可能有用的方法和应用示例文献包括 Campologo 等（2007）、Kleijnen 和 Sargent（2000）、Kramer-Schadt 等（2009）和 Saltelli 等（2008a，2008b）。幸运的是，对于 NetLogo 用户来说，几乎所有通用的全局敏感性分析方法都是用统计语言 R 实现的，因此我们可以通过链接 R 和 NetLogo 的软件来使用这些方法。Thiele 等（2014）实际上提供了通过 R 对 NetLogo 模型执行敏感性分析的逐步指南。这些工具将在 24.5 节进一步讨论。对于复杂 ABM，Thiele 等（2014）建议首先使用一种称为 Morris 的筛查方法，该方法根据全局敏感性对参数进行排序，但无法量化敏感性评估。然后，对于敏感性排序最高的参数，可以应用已建立的全局敏感性分析技术，如 Sobol 方法或 eFAST。Ayllón 等（2016）给出了这种两步方法的一个示例。

23.3 不确定性分析

不确定性分析（UA）与敏感性分析相似，但二者目标不同，UA 的目标是了解参数值的不确定性和模型对参数的敏感性如何相互作用，从而导致模型结果的不确定性。如果我们知道每个参数的值都是不确定的——因为它将现实中并不简单或恒定的过程简化成一个数字，或者因为它代表了一些没有被精确测量的内容——并且每个参数对模型结果的影响不同，那么模型结果的不确定性有多大？

和敏感性分析一样，传统的 UA 也有大量的文献，在此不再重复。UA 的基本方法如下。

（1）识别出分析中要包含的参数。一般来说，最好包括众所周知的不确定参数，特别是那些模型比较敏感的参数。但是，随着分析的参数的数量增加，计算和分析的工作量会急剧增加，因此可能有必要做出妥协。只包含模型最敏感的参数是可行的。

（2）对于所包含的每个参数，定义一个描述其不确定性的值的分布。这里的“分布”是指 15.3.2 节讨论的那种：类型（连续与离散）、形状（如均匀、正态、对数正态）和参数（如最小值和最大值、平均值和标准差），从中可以提取值的随机函数。将分布看作参数的“真”值所在的范围，对于代表极难测量的过程或变量的参数，如果您尝试多次测量参数的值，可获得该值的范围。

（3）多次运行模型，每次从参数的分布中提取新的随机值。因此，每次这样的运行都会从参数空间中提取到唯一组合的值。

（4）分析所有随机参数组合产生的模型结果分布。

这种 UA 一开始看起来很像传统的全局敏感性分析（23.2.3 节），但有一个重要区别：对于 UA 来说，参数值不仅必须覆盖参数值的范围，而且还必须重现其预期的概率分布。

通常，这意味着使用分布来表示参数，如正态分布，其中靠近标准值的值比远离标准值的值更有可能出现。(事实上，参数通常被假定遵循“三角形分布”，这种分布限定了值的范围，但使数值更有可能接近平均值。)

野狗模型非常适合用于演示 UA，因为它取决于少数几个不确定的概率参数，并且它的运行速度快。我们按照上述 4 步操作这个模型进行分析。

1. 识别出要包含的参数

原始的野狗模型（16.4 节）使用四种概率来模拟不同社会地位的狗（幼犬、一岁幼崽等）的死亡率。它还使用两个概率来模拟单个亚优势体和亚优势群体是否离开其群体成为分散者。所有这些概率都是根据实地观测估计得出的。这些概率无疑是不确定的，因为观测数量有限，而且死亡率和分散概率很有可能不是常数，而是随模型中未包含的因素而变化的。因此，接下来我们将分析这六个参数的不确定性导致的模型不确定性。

2. 定义参数值的分布

有时参数值的分布可以从数据中或多或少地进行严格估计，但通常它们只是基于科学判断的简单估计。假设我们有理由确定正在研究的四个参数遵循正态分布，均值等于 16.4 节给出的值。例如，我们不会说一只分散者在一年内的死亡率是 0.44，而是说该参数的“真”值未知，其分布的平均值为 0.44、标准差为 0.025。（这意味着我们假设“真”值有 95% 的可能落在 0.44±0.05 的范围内——因为从正态分布提取的值中，大约有 95% 的值落在均值的正负两个标准差之内——且更有可能位于该范围的中间。）类似地，让我们假定单个亚优势体的分散概率服从均值为 0.5、标准差为 0.05 的正态分布；从属群体的分散概率（不是 1.0）服从均值为 0.95、标准差为 0.05 的正态分布。当然，这些参数值不能大于 1.0 或小于 0.0。

3. 从分布中提取随机参数值运行模型

现在，我们需要更改 NetLogo 程序，以便每次运行时从它们的随机分布中提取这六个参数值。您可能会认为，我们只需要在死亡率的例程中简单地将以下语句（例如）：

```
if status = "disperser"
  [ if random-bernoulli 0.44 [die] ]
if status = "yearling"
  [ if random-bernoulli 0.25 [die] ]
…
```

更改为

```
if status = "disperser"
  [ if random-bernoulli (random-normal 0.44 0.025) [die] ]
if status = "yearling"
  [ if random-bernoulli (random-normal 0.25 0.025) [die] ]
…
```

但是这种更改将会出现严重错误：我们并不希望在模型运行期间每次使用死亡率时都获得一个新的随机值。

（每次使用参数时都抽取一个新的随机参数值并不是明智之举。在上面的例子中，这样做应该对模型结果没有影响。但在其他情况下，如参数分布不对称时，每次提取新的参数值可能会产生难以预测和理解的影响。另外，表示主体环境变化的一种常见方法是，从每个时间步，或每个模拟的季节或年份中抽取一次新值代表环境的参数；见 15.2.1 节。）

这里，我们希望在模型运行开始时随机抽取一个新的参数值，并在整个运行过程中使用它。因此，我们需要为这六个参数中的每一个分别创建一个全局变量，并在 setup 例程中设置它们的值，如下所示：

```
to setup
  …
  while [disperser-mort <= 0.0 or disperser-mort > 1.0]
  [set disperser-mort random-normal 0.44 0.025]

while [yearling-mort <= 0.0 or yearling-mort > 1.0]
  [set yearling-mort random-normal 0.25 0.025]

while [pup-mort <= 0.0 or pup-mort > 1.0]
  [set pup-mort random-normal 0.12 0.025]

while [adult-mort <= 0.0 or adult-mort > 1.0]
  [set adult-mort random-normal 0.2 0.025]

while [single-dispersal-prob <= 0.0 or
    single-dispersal-prob > 1.0]
  [set single-dispersal-prob random-normal 0.5 0.05]

while [group-dispersal-prob <= 0.0]
[
  set group-dispersal-prob random-normal 0.95 0.05
  if group-dispersal-prob > 1.0
    [set group-dispersal-prob 1.0]
]
```

请注意，这些语句包括 15.3.2 节“连续分布”中讨论的防御性编程。如果第一个参数值超出可能的概率值的范围 0 ~ 1，while 循环将抽取一个新的随机参数值。最后一个参数 group-dispersal-prob（2 个或更多亚优势体分散的概率）是个例外，我们认为 1.0 是该参数一个非常可能的值，因此如果我们随机抽取到的值大于 1.0，我们就会将其设置为 1.0，而不是重新抽取新的值。

现在，野狗模型还有一个更复杂的问题，即我们感兴趣的结果并不仅仅是一次模型运行的结果，而是 500 次模型运行中种群灭绝的频率。这意味着我们需要对 500 次模型运行使用相同的随机抽取到的参数值，然后抽取新的参数值，模型再运行 500 次，以此类推。这似乎是一个大问题，不过幸好 NetLogo 中有原语 with-local-randomness 和 random-seed。解决方案非常简单，只要将以上所有设置参数值的语句放在一个 with-local-randomness 语句中，其中随机数种子由行为空间控制：

```
with-local-randomness
[
 random-seed param-rand-seed
 while [disperser-mort <= 0.0 or disperser-mort > 1.0]
   [set disperser-mort random-normal 0.44 0.025]
...
 while [group-dispersal-prob <= 0.0]
 [
   set group-dispersal-prob random-normal 0.95 0.05
   if group-dispersal-prob > 1.0
     [set group-dispersal-prob 1.0]
 ]
]
```

这里，局部随机数种子 param-rand-seed 是一个定义在界面上滑块中的全局变量。只要 param-rand-seed 不变，参数就会被赋予完全相同的值；但是每次行为空间更改 param-rand-seed 时，都会得到一组新的参数值。现在我们可以设置一个实验：设置行为空间在 1000 个值上改变 param-rand-seed（如 [“param rand seed” [1 1 1000]]），并将重复次数设置为 500，该实验会对 1000 个随机参数值组合中的每一个进行 500 次重复。如果在行为空间的输出中包括 disperser-mort 等概率参数，则我们可以证实我们的代码确实每 500 次运行就会抽取一个新值，并且这些值遵循了我们指定的分布。

4. 分析模型结果的分布

现在，我们来看看当我们在六个参数值中加入不确定性时，模型结果的值（500 次模型运行中的灭绝频率）是如何变化的（图 23.3）。

毫无疑问，您会问自己 UA 意味着什么。当从概率参数相对狭窄的不确定性范围中得到如此广泛的结果分布时，是否意味着该模型的不确定性太大，以至于我们无法从中得到任何有用的信息？显然，UA 意味着我们应该谨慎对待从模型中得出的绝对预测，比如野狗种群在 100 年内灭绝的概率只有 5% ~15% 。

另外，如果我们想要使用模型来比较备选的管理场景，UA 可能没有任何意义，因为我们只关心场景间的模拟差异，而不是绝对结果。事实上，我们通常也不会关注模型的绝对结果（部分原因是我们知道这些结果是不确定的），而是对场景间的差异更感兴趣。在野狗模型中，我们主要对改变分散者群体相遇率是否影响种群灭绝率等问题感兴趣（16.4.3 节）。如果考虑到 6 个死亡率和分散概率参数的不确定性，模型是否依然能清晰地显示出如图 16.2 所示的相遇率与灭绝频率之间的关系？我们可以从 disperser-meeting-rate 分别为 0.2、0.6、1.0、1.4 和 1.8 的五个不同场景的 UA 中找到答案。行为空间实验

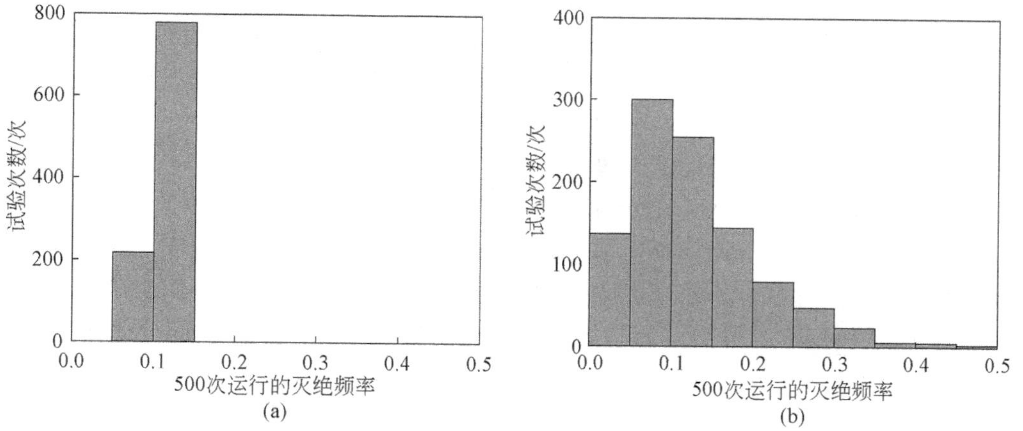

图 23.3　野狗模型的不确定性分析结果

直方图显示了 1000 次模拟实验中有多少次（y 轴）产生了 x 轴所示范围内的灭绝频率。使用标准参数值（a）时，在 1000 次模拟实验中，灭绝频率在 0.05 ~ 0.15。当运用随机分布抽取概率参数值时（b），1000 次模拟实验的结果差异很大，灭绝频率通常在 0.0 ~ 0.35

可以更改为

```
["param-rand-seed" [1 1 1000]]
["disperser-meeting-rate" 0.2 0.6 1.0 1.4 1.8]
```

那么，在 1000 组不同的概率参数值下，模型如何对 5 个 disperser-meeting-rate 场景进行排序？（对于每一组死亡率和分散概率参数值的随机组合，模型都会使用所有 5 个 disperser-meeting-rate 值进行运行。）结果表明，图 16.2 所示的关系对参数不确定性具有很强的稳健性，当 disperser-meeting-rate 的值分别为 1.0、1.4 和 1.8，结果间的差异相当小。同时我们发现，在所有 1000 个参数组合中，模型预测 disperser–meeting–rate = 0.2 时的灭绝频率最高；在 65% 的参数组合中，当 disperser–meeting–rate = 1.8 时，灭绝频率最低；在 78% 的组合中，disperser–meeting–rate = 1.0 时，灭绝频率第三高。

对于仿真模型来说，这个结果是非常典型的（但不是普遍的!）：参数的不确定性会导致绝对结果的高度不确定性，而其他重要的结果——特别是模型对各种场景的排序——受参数不确定性的影响要小得多。因此，具有重要但不确定参数值的仿真模型在进行相对预测时仍然非常有用，如预测几种备选场景中的哪一种更好或更差。我们做出（并通过 UA 测试）了一个假设，即参数不确定性引起的误差同样适用于不同的场景，因此不会影响到相对预测。

23.4　稳健性分析

在仿真分析的相关文献中，稳健性分析（RA）的概念尚未很好地建立。该概念最初由 Levins（1966）提出，Weisberg（2006，p. 731）对此进行了总结：“稳健性分析可以向我们展示‘结果是取决于模型的基本要素还是简化假设的细节’。” 对于 ABM 等计算模型而言，RA 所述的“细节”通常来自建模的路径依赖性。

路径依赖是指，模型开发各步骤中所做出的选择都会约束后续步骤中可用的选项。我们可能认为我们的模型是为解决特定问题或解释某些观察结果而精心设计的，但实际上，其设计部分来源于未经仔细考虑的早期决策。路径依赖并不意味着模型不好，而是我们不太确定其某些部分有多重要。

例如，大多数植被模型都忽略了地下过程，这可能是因为地下过程不太明显，不太好理解，且以前的模型中也很少包含地下过程。为了使这些模型符合观测结果，我们必须使地上过程在一定程度上变得不现实，以弥补缺失的地下过程。在某种程度上，这种强制性是建模的固有条件，但是当我们建模用于增进对系统机制的理解时，我们应该尽可能地限制它。因此要从模型中尽可能多地学习，我们应该努力确定其中哪些部分确实是必不可少的。

为了做到这点，我们试图“打破”模型，使其不再能很好地重现观察结果。因此，RA 指的是“通过强制改变模型参数、结构和过程的表示来系统地解构模型”（Grimm and Berger，2016，p. 162）。在文献中，这种解构还不常见，也许是因为建模工程师付出几个月或几年才完成一个满意的模型，难以接受要将其解构。但是，如果没有 RA，我们对自己模型的理解就会是有限的，我们研究领域的进展将会缓慢。

与 SA 不同，RA 不能通过形式化和自动化的方法执行。相反，RA 是一项使用启发式方法的探测性工作。这是一种假设驱动方法，就像侦探工作一样，需要积极寻找意外结果或异常行为。Grimm 和 Berger（2016）编制了 RA 的以下七个关键要素，尽管这些步骤的执行方式取决于模型和建模者的经验。

（1）经过良好测试的模型，具有充分测试过的软件并已完成 SA 和 UA。

（2）模型能够重现自然界中观察到的一个或多个模式，正如我们在第 17 ~ 20 章中讨论的那样，这表明该模型对其预期目的是有用的。

（3）模式匹配标准：模型重现模式的量化标准，同时考虑随机性和参数不确定性。

（4）强制修改模型的一个或多个要素。这些要素可能是模型结构的一部分（它使用的变量或尺度，以及随时间或空间变化的变量），或者子模型（要表达的过程，无论子模型简单还是复杂）。分析模型的所有要素并不实际，因此要关注那些最可能被批评为不现实、太简单或过于复杂的要素。

（5）设计模拟实验，以识别出修改后的模型不再重现一个或多个模式的条件。

（6）分析模拟实验结果，包括图形结果和对经验教训的口头总结。模型中的哪些要素对于重现观察到的模式是必需的，哪些不是？

（7）关于 RA 是否识别出“稳健性理论”的讨论和结论，即在您的模型中至关重要且可能在现实中同样关键的机制。

在 RA 中，有几种常用技术很有用。一种是使用不现实的场景：要确定某个过程是否像您（或其他人）认为的那样重要，只需从模型中删除它并观察结果。与之相关的另一项技术是简化环境（物理环境、人类环境、金融环境等）。要确定某种模式是否取决于环境变化，可以在空间或时间上均质化环境。或者，您可以通过添加真实变化来使环境更加复杂，查看模型是否依然良好运行。如果不是，则模型中的某些东西可能对于解释真实系统没有用处。

Jovani 和 Grimm（2008）提供了一个特别清晰的示例，展示了这些技术如何应用于海鸟栖息地同步繁殖模型。（第 5 章的练习 11 讨论了该模型，并解释了如何获取它。）这些群落由成千上万只不同时间到达的鸟类个体组成，但这些鸟都在彼此相隔极短的几天内产卵。Jovani 和 Grimm 通过一个非常简单的机制解释了这种产卵同步性，即群落中的鸟类如何相互影响：他们假设，当其近邻鸟类平静下来时，每只鸟停止争夺配偶和鸟巢并准备产卵的速率会增加。然而，他们的模型做了很多简化的假设。或许在一个更复杂、更现实的世界里，它们产生同步的机制将不再有效。在他们的 RA 中，Jovani 和 Grimm 增加了可能会使同步变得更加困难的多种现实细节：他们在群落中增加了物理障碍和空旷空间，而不是假设所有鸟类都被其他鸟类包围；在鸟类决定何时产卵安全的阈值中增加了个体差异；模拟鸟类到达群落的时间变化，并改变了鸟类的总数量。在所有这些条件下，同步繁殖模式都没有消失，因此得出结论，即假设同步驱动的机制是极其稳健的。

敏感性实验和临界点常常也很有用。我们可以通过在一个大范围内改变关键参数来了解模型的稳健性，这个范围比我们认为的现实范围更大，我们在隔离模型（22.2.2 节）的分析中进行了演示。从所有家庭都不满意的高不容忍度开始，慢慢降低不容忍度，观察何时以及如何通过隔离可以使家庭满意成为可能。该分析还使用不同大小的系统和不同数量的主体，这是在模仿真实系统并运用实证数据初始化的 ABM 中很少使用的方法。不过，如果想更好地理解模型，不现实的设置也是必不可少的。

与其他类型的模型分析一样，RA 需要时间和精力。然而，创造性的 RA 有时会在建模工作中出现差异。它可以带来其他方式难以实现的见解，并产生我们都希望看到的“Eureka!”（“我发现了!”）效应。虽然 SA 和 UA 很重要，但 SA 比较专业且单调。而 RA 很有趣，因为它是一项探索性工作，可以测试您的创造力；同时，因为 RA 是新的指标，所以您做的任何工作都可能是创新的。

23.5 小结与结论

敏感性、不确定性和稳健性分析的共同目的是提高对模型的理解，确定其结果如何产生，以及其中哪些过程是（或不是）重要的，并最终协助确定其结果的可信度。然而，这类分析在实现上却有很大差异。

SA 和 UA 在仿真建模中得到了很好的应用，而且已发表了大量关于 ABM 的此类分析。（SA 和 UA 在某些领域几乎是必需的，而其他领域发布的很多 ABM 都没有 SA 与 UA，这很是令人惊讶。）局部 SA、全局 SA 和 UA 的标准技术已经很成熟，尽管变化和改进仍在不断出现。形式化的标准方法对于全局 SA 和 UA 尤其重要，因为如果没有形式化的方法，试图理解所有参数的影响以及参数之间所有可能的相互作用都可能会非常混乱或完全难以处理。

即使采用形式化方法，SA 和 UA 也需要判断和思考。它们需要做出决策，如选择每个参数值的范围和分布，以及在解释结果时确定哪些敏感性值表明参数需要特别关注（该决策还会考虑参数的参考值是否得到有力的支持）。甚至什么是参数的问题也不总是明确的。例如，在 NetLogo 的隔离模型（22.2 节）中，主体会检查其周围的 8 个邻居，当其同色邻居的比例小于变量%-similar-wanted 时，主体会移动。显然，%-similar-wanted 是一个参数，但检查的邻居数量不也应该是一个要分析的参数吗？该示例问题的一种解决方案是将%-similar-wanted 看作 SA 和 UA 中的参数，然后查看作为 RA 的一部分所检查过的邻居数量会如何影响结果。

与 SA 相比，分析一个模型的关键结果对其详细假设的稳健性更加非正式且更有创造性。关于 RA 的文献和示例远少于 SA。这意味着您可以针对您的模型、系统及其所解决的问题，思考出特别有意义的方法。Drechsler 等（1998，2003）对管理模型（非 ABM）的分析就是一个很好的示例。这些模型（与许多 ABM 一样）旨在评估和比较管理方案。因此，作者使用这些模型根据预测的行动效益对一系列备选管理行动进行排序，然后检查这些排序在不同版本模型间的稳健性。（这些示例只改变了模型的参数值，但它们也可以改变模型的假设和子模型。）

本章的最后强调执行 SA、UA 和 RA 都可能需要大量时间。此类分析几乎是无止境的，所以必须做出权衡。在几乎所有基于模型的研究中，单参数 SA 是充分理解模型的基础。如果一个模型将被广泛使用，或应用于重要的决策，或支持特别重要的研究结论，就需要对其进行更全面的分析。通常，建模者在开发和测试模型时可以感受到模型的稳健性。然而，忽略对 SA、UA 和 RA 的潜在需求总是有风险的；明智的建模者会确保在模型开发后仍有时间和资源用于此类分析。

23.6 练　　习

（1）对您在本课程中已经编程和学习过的一个模型进行单参数 SA。模型的参数、参考值和可行值的范围是什么？（请记住，一些重要的参数可能还不是您 NetLogo 程序中的全局变量。）在分析运行中，您对每个参数分别使用了什么值？您要分析哪种指标或哪些指标的敏感性？如何计算敏感性？模型对哪些参数最敏感，对哪些参数最不敏感？如果您必须使用 20.4 节中所述的方法校准模型，哪些参数适合用于校准？

（2）图 23.2 说明了野狗模型对四个参数的响应。请对该图进行解读：用一两段话总结该图对模型使用方式和野狗管理方式的意义。请记住，野狗的管理目标是减少本地种群灭绝的可能性。您发现参数间相互作用的明确证据了吗？

（3）23.4 节提及的同步繁殖模型的编程是第 5 章的练习 11。使用您自己的代码或（如果您非常忙或疲倦）讲师提供的现有代码，对该模型进行 SA 和 RA。绘制一个等值线图，说明主要指标（产卵日期的标准差）如何随模型中的参数 NR 和 SD 变化，包括这些参数之间的相互作用。然后对 Jovani 和 Grimm（2008）提出的一些“未简化条件”进行编程，并观察它们如何改变这个等高线图。这些未简化条件包括：①在鸟类感知到的来自邻居的压力水平添加随机噪声；②在群落中添加未占用的条带；③假设鸟类在 10 天内逐渐到达群落，而不是一开始就全部出现；④减小群落的规模。从这些分析中您得出了什么结论？

（4）对同步繁殖模型进行另一个稳健性实验：检测模型对鸟类在计算新的压力水平时考虑的邻居数量的稳健性。如果鸟类只考虑其一半的邻居，或者只考虑一个邻居，模型的主要结果是否不变？如果它们总是考虑相同的邻居、每天随机选择出的邻居或只考虑压力最大的邻居，会有影响吗？

（5）在 NetLogo 模型库的“Networks”部分对 Network 模型上的病毒进行单参数 SA。该模型旨在表达计算机病毒的传播，但在结构上与许多疾病流行模型相似。把它看作一种有传染性但非致命的人类疾病传播模型。将“节点”视为可能被感染的人或家庭；将节点数量增加到 1000（必须编辑滑块）。假设这种疾病是一种能够产生免疫力的病毒，那么 gain-resistance-chance（获得抗性的概率）总是 100%。（因此，一次运行结束时，具有免疫力的节点数量等于曾受感染的节点数量。）假设所有感染的节点都会恢复，那么 recovery-chance（恢复的概率）总是 100%。将 average-node-degree（每个节点的平均链接数）设置为 15，以更好地模拟人类疾病。参数 virus-check-frequency 则可看作是节点产生免疫力之前被感染的时间；将其设置为 10 个时间步。不要对参数值进行其他更改。

对于 SA，首先，确定 1 ~ 2 个有意义的模型结果或指标。然后，使用 23.2.1 节的方法，评估这些指标对参数 average-node-degree、initial outbreak-size、virus-spread-chance 和 virus-check-frequency 的敏感性。记录您使用的所有方法。指标对这些参数中的哪一个最敏感？结果对于控制疾病暴发有何启示？您注意到 SA 有什么限制吗？

（6）对练习 5 中修改的 Network 模型上的病毒进行不确定性分析。使用 23.3 节介绍的方法分析练习 5 中的相同参数。识别出每个参数的合理分布。（怎样做才会更容易呢？）将模型用于预测如下备选干预措施的相对效益时，参数的不确定性有多重要：治疗感染患者以缩短其康复时间、让人们保持距离（例如，让儿童不上学，成年人不上班）、鼓励采取措施以降低人们接触时病毒传播的可能性（如洗手）。这些干预措施中，哪一项对控制疾病暴发最有益？

（7）练习 5 和练习 6 得出的结论对 Network 模型上病毒的细节有多稳健？识别出模型的一些假设，并对其进行修改，使其更简单或更现实，或者只是尝试用另一种方式来表达某些过程。（一些示例：您可以将过程设为恒定而非随机。许多流行病模型假设人们不仅在局部有联系，还有一些远距离的联系，比如他们旅行时会见的熟人。）修改后的模型是否依然支持关于哪些干预措施最有益的相同结论？

（8）在 23.3 节的野狗模型不确定性分析示例中，我们在 setup 例程中使用了一系列 random-normal 语句来设置不确定参数的值。为什么不简单地使用行为空间来创建一个模型运行序列，其中包含许多参数值的所有可能组合，如下所示？

```
["disperser-mort"[0.390.0250.49]]
["yearling-mort"[0.200.0250.30]]
["pup-mort"[0.070.0250.17]]
["adult-mort"[0.150.0250.25]]
["single-dispersal-prob"[0.400.05 0.60]]
["group-dispersal-prob"[0.850.05 1.0]]
```

与 23.3 节使用的方法相比，这种方法有哪些优点和缺点？

24 展　望

24.1 引言与目标

本书是一本基于主体的建模的入门教材。通过对本书的学习，您应该了解了一般建模，尤其是基于主体的建模的基本原理。您也熟悉了基于主体的建模的一个特定平台——NetLogo。如果您花时间完成了练习，并与同事、老师或论坛用户讨论了您的问题，那么您已经可以使用 ABM 进行科学研究了。

不过，“入门”意味着您已经有所了解，但还不是一个专业建模者。完成本课程的学习后，您需要自己决定是否在您的职业生涯中使用 ABM，以及如何使用。我们并不奢望所有学习过本书的人将来都能建立科学的 ABM。即使您不从事这方面的工作，您仍学会了一个重要的工具，方便您在将来使用它，并且您将清晰认识到与建模者合作的最佳时机。而且，您也可更好地去理解和评估其他科学家的基于主体的研究。学习 ABM 就像学习统计学一样：您可能不会一直用它，但学习它的原理、知道何时应该使用它，并发现其误用是有益的。

对于那些被基于主体的建模方法所吸引，并且意识到需要用它来解决感兴趣的问题的读者，我们进行了本章内容的撰写。[即使您不是生态学家，我们也为您编写了第一本书，参见 Grimm 和 Railsback（2005），其对本书介绍的概念进行了更详细的讨论，并提供了更多的示例。] 当您继续使用或教授基于主体的建模时，您很有可能会涉及最后这一章的主题。

学习目标：

■ 学习保持动力的策略，直到您开始构建自己的第一个模型，并成功实现您的第一个建模项目。

■ 简要了解几种常用的方法来解决基于主体的研究中最令人兴奋且最重要的问题：如何对主体行为进行建模。

■ 了解一些与 NetLogo 相关的软件工具，很有可能其中有些工具对您有用。

■ 学会提高 NetLogo 程序执行速度的一些方法，理解 NetLogo 是一个适于构建大型复杂模型的平台。

24.2 保持动力：重新实现

开发一个全新的模型需要投入时间和精力，对于基于主体的建模的初学者来说更是如此。因此，保持动力的最佳方法是采用现有的 ABM，对其进行重新实现，执行您自己的模拟实验，提出新的问题，修改模型，并按照第 1 章描述的建模周期进行。正如 Thiele 和 Grimm（2015）指出的那样，这样做甚至可以产生有价值的科学贡献。

在您的研究领域中，寻找您认为特别有趣的 ABM，并解决与您兴趣相关的问题。与其在 NetLogo 模型库中查找，不如搜索科学文献；模型库是一个包括有趣的模型的精彩集合，但其主要目的是演示和教学，而非科学研究。或者，如果您对模型库中的某个模型感兴趣，请尝试在文献中找到相关的模型，以确保您了解该模型及其解决问题的最新研究动态。您重新实现的模型不应该太复杂，以免重新实现过于繁琐。

在重新实现模型之前，请使用 ODD 协议重写其模型描述（除非其原始描述就是 ODD 格式，但这并不罕见）。通常，您在这个阶段就会意识到原始的模型描述是不完整或模棱两可的。如果幸运的话，您可以通过反复试验找出丢失的信息，但您可能需要联系作者。不用害怕这样做；如果有人对他们的模型感兴趣，大多数作者都会很高兴。他们至少会提供他们模型的软件（如果尚未发布），您可以尝试从中提取详细信息。然而，即使是最乐于提供帮助的作者有时也无法帮助您完成模型描述，如他们可能丢失了数据和文件，或者不记得他们使用了哪个模型版本。（确保您自己永远不会处于这种境地！）

大多数有趣的 ABM 都非常丰富，即使其开发人员进行了全面的分析，也会给您留下解决新问题或为新目的重新设计模型的空间。要做到这一点，最有用的方法是采用原始模型，并在可能的情况下对其进行简化。

当您重新实现几个模型，并投入时间去测试、理解和修改时，您将缓慢但必然地发展出基于主体的建模的技能和素养。而且，您会惊讶地发现，您可以在很短时间内就依靠技能、天赋和运气取得可发表的成果。唯一的限制因素是您的创造力和时间。[Jovani 和 Grimm（2008）以及 Herrera 和 Jovani（2010）的研究，就是两个以极为简单的模型和 NetLogo 程序为基础并在优秀期刊上发表的例子] 当然，一定要记住标注原始模型的作者。

与一个或多个朋友、同事一起工作通常是个好主意。除了团队工作的显著好处外，当我们不得不明确表述我们的假设、想法和假说，并向合作作者或导师解释时，建模工作势必会变得更加高效。

24.3　从零开始您的第一个模型

您的第一个原始模型应该解决哪种问题？首先，请记住，ABM 是用于解决某类（非常广泛的）问题的工具（第 1 章），是实现目的的一种手段。因此，在您考虑任何问题时，都应该问问自己，基于主体的建模是否真的是正确的方法。然后，找到一个既不太复杂也不太简单的问题。偶尔，科学家会有全新的想法，并从零开始，但通常都建立在前人工作的基础上。因此，确保您对所在领域的现状和感兴趣的问题有很好的了解。理想情况下，您已经重新实现了所在领域的一个或多个重要模型。

使用 ODD 协议来制定模型！然后，无论您想模拟什么，都要从简单开始——比您认为模型最终应该达到的程度简单得多！在第 22 章中，您学到了理解是建模成功的关键。从简单模型着手可系统构建认知框架，实现研究工作的阶梯式推进。当然，您可能迫不及待想看到自己心目中的“完整”模型；您可能会认为我们坚持的这些过于简单的零模型是在浪费时间。但是，请相信我们：我们见过太多的建模初学者被困在过于复杂的第一个模型版本，在浪费了数月甚至更长的时间后，才意识到它是行不通的。初学者通常非常热衷于“完成”一个“完整”的模型，以至于他们无法阻止自己对其进行更改和扩展，因此他们无法“冻结设计”、测试软件、分析简单的版本，并真正从中学习到一些东西（比如模型中真正需要什么）。

在开始实现您的模型之前，请花点时间明确并阐述模型的目的，思考您将用于设计和测试的模式，写下对模型的描述，并与同事（最好是那些对系统和您要解决的问题具有丰富经验或理论知识的专家）进行讨论。然后进行设计、公式化、实现、测试、分析和重新设计建模周期（第 1 章）迭代，只需将本书作为参考即可。

24.4　主体行为建模

本课程的大部分内容，甚至本章，都是关于 ABM 的建模过程和软件。对于初学者来说，这很有必要，但是有经验的建模者可能会认为其中大部分是繁琐的细节工作。在基于主体的建模中，真正令人兴奋的是学习如何以产生真实有用的系统行为的方式对主体行为建模，这正是它真正区别于其他方法的地方，也是有待发现的地方。这就是我们所说的理论，第 19 章就是关于如何做到这一点的。

有许多方法可以对不同类型的主体（人、人的组织、动物、植物等）的行为进行建模，而且不同的科学领域有不同的传统建模行为，无论是在 ABM 中还是在只关注个体的模型中。在前进的道路上，您的任务之一就是学习您所在领域的传统，同时也要寻找其他新颖且更好的方法。请注意，许多关于个人、组织、植物等如何做出决策的模型，在多个个体相互作用和竞争的 ABM 中并不适用：它们没有考虑 ABM 中的反馈，如这些反馈使人们无法知道未来的选择、利益和风险。调整这些模型使其在 ABM 中发挥作用，是一个很有潜力的研究领域。

人类的行为和决策是大量文献和整个研究领域的主题。在经济学中，行为经济学和行为金融学等新领域突然开始深入研究人们在 ABM 中经常表现出的决策类型。例如，“简单启发式”文献认为，人们经常在不确定的环境中通过简单的规则做出复杂的决策，这些规则通常产生良好但不是最优的结果。其他研究也已确定了影响我们决策的各种偏见。然而，传统的效用最大化理论仍然可以为各种决策和目标提供强大且灵活的决策模型。使用基于主体的方法将这种对行为的不断增长的理解与人类系统的动态联系起来，这是一个很好的机会。An（2012）和 Groeneveld 等（2017）提供了人类决策模型如何在 ABM 中使用的示例概述。

迄今为止，本书中被忽略的一种行为建模方法是“进化”方法。在这种方法中，ABM 是被用于“进化”行为的数学模型，使主体能够重现观察到的个体尺度和系统尺度的行为模式［如 Strand 等（2002）］。这些方法通常通过神经网络来对行为进行建模，神经网络运用大量参数将决策结果与主体感知到的一个或多个“输入”联系起来［见 Giske 等（2003，2013）和 Eliassen 等（2016）的研究，这些研究将情绪作为感知和决策之间的内部关联的有趣变化]。在 ABM 中，行为成功的个体能够存活并繁殖，从而将其行为“基因”传递下去。基于生物进化（基因交叉和变异）的技术最终可以产生行为模型，成功应对在 ABM 中对其提出的任何挑战［有几本关于这些技术的书，如 Mitchell（1998）］。然后就可以测试进化后的模型是否能在其他环境下产生良好的行为。

尽管我们认为基于主体的建模者需要集中精力开发和测试主体行为的理论，但我们也要提出一个重要的警告。请时刻牢记，ABM 是系统模型：主体尺度的行为模型应尽可能复杂和真实，以捕捉行为对系统的基本影响。人们很容易把注意力集中在决策建模，而忘记自己并不需要（或者甚至不想要）一个关于个体行为的完美模型。此外，同类型的主体或个体在不同的环境下可能会以完全不同的方式做出决策，如一个人或组织可能在日常商业决策上非常老练，但在面对新问题时，却依赖简单的启发式方法，甚至随机选择。我们的经验是，最成功的 ABM 可在明确限定的环境中，捕捉到最重要的主体行为的本质，但仅仅是最基本的本质。

24.5　ABM 小工具

有许多人已经做了大量的工作，使特定类型的 ABM，或 ABM 中的特定类型的过程更容易编程和使用。本书没有重点介绍这些专用工具，但您在继续学习时应该了解它们，因为您很可能需要用到其中的一些工具。建模初学者通常认为从零开始构建比学习如何使用他人的工具更容易，这个想法有些天真。我们不可能总是找到（或理解）现有的软件来做我们想做的每件事，但请记住①学习使用现有工具可能需要时间，但它几乎总是比自己构建要快；②我们这里所指的工具类型往往已被广泛使用和测试，因此不太可能出错；③越是在您不熟悉的专业领域，就越有可能有人比您更擅长做您需要做的事情。

以下是 NetLogo 用户很容易获得且经常使用的一些技术。其中许多是 NetLogo 扩展，它们是一组可以轻松安装和使用的专用原语集。请参阅《NetLogo 用户指南》的“扩展”部分。扩展部分的内容比我们在这里提及的多得多，而且它们的数量一直在增长。在编写任何您认为可能已经被编写过的程序之前，请查看 NetLogo 网站上的用户手册和“扩展”链接，看看是否已存在有用的扩展。

■ 地理信息系统（GIS）。许多 ABM 都涉及真实或逼真的场景，而建模和分析场景（包括城市）的标准工具是 GIS。NetLogo 有一个 GIS 扩展，可以很轻松地将 GIS 中开发的数据导入模型，并将 NetLogo 模型的结果导出到 GIS 中进行分析。

■ R 语言中的统计函数。NetLogo 的 R 扩展（Thiele and Grimm，2010；现与 NetLogo 一起打包）允许 NetLogo 程序直接使用流行的 R 统计语言的功能（www. r-project. org）。R 扩展可以从 NetLogo 内部访问任何 R 命令，R 的庞大的数学和统计函数库基本上可以作为 NetLogo 的原语使用。例如，您可以使用 R 的空间分析包来分析海龟的运动（如每只海龟使用的面积有多大?），或者您可以使用 R 来编写更有效的模拟实验，如通过使用拉丁超立方子采样（Latin Hypercube Subsampling）来进行参数敏感性分析，从而减少模型运行次数。

■ 其他扩展。NetLogo 扩展有许多用途，如提供更多随机数分布、将时间步与特定时间单位链接并促进时间序列输入和输出的使用、写入和读取 .csv 格式文件、使用矩阵和查找表、解决线性规划优化，以及计算常见的统计量。

■ Mathematica 的 NetLogo 的链接。Mathematica（www. wolfram. com）是一个强大的平台，用于数理统计分析、建模、数据存储和处理理以及可视化。Mathematica 的 NetLogo 链接（见 NetLogo 用户手册中的解释）允许您在 Mathematica 程序中执行 NetLogo，并将其结果返回给 Mathematica 进行分析。

■ 环境变量和过程的现有模型。许多 ABM 都需要相当复杂的信息来表达主体所处的环境条件：化学物质的浓度、光照水平、洋流、气温、降水等。几乎您能想到的环境变量都已经被相关领域的科学家和工程师多次建模，而且很可能具有高度的专业性。对于此类过程的子模型，千万不要轻易自行编写；至少要先查找并考虑现有的模型。与该领域的教授或专业人士交谈，了解您感兴趣的过程是如何建模的。您可以运行一个现有模型并将其结果导入您的 ABM 中，或者找到一个足够简单的现有模型并将其写入您的程序——这既节省了您的工作，又提高了您的可信度。

■ 自动校准和参数化。BehaviorSearch 配套的一个工具，它与 NetLogo 交互，以找到最符合目标函数的模型参数值，该目标参数可能是我们在 20. 4. 4 节定义的那种校准标准。与我们在第 20 章中描述的简单模拟实验不同，BehaviorSearch 使用复杂的算法来有效地搜索良好的参数组合。尽管建模者需要熟悉我们在第 20 章中介绍的参数化和校准的基本方法，但 BehaviorSearch 是一个非常重要的备选方法，特别是对于复杂模型而言。

24. 6　作为大型模型平台的 NetLogo

在本书的第一版中，我们曾说过大型（许多主体、大的空间）模型和复杂模型可能需要用到比 NetLogo 运行更快的语言进行编程。现在我们可以很高兴地收回这一说法，转而介绍当前版本的 NetLogo 在处理此类模型方面已经被证明是多么适合。NetLogo 开发团队将继续在运行速度和整个功能方面作出重大改进，如对关键原语采用复杂且高度优化的算法，并对大部分代码进行编译而不是解释。我们几乎不知道为什么要在不同平台上重新实现 ABM。

近年来，我们已经成功地使用 NetLogo 构建了具有大量嵌块及复杂海龟行为的模型，并执行了需要模型运行数千次的仿真实验。这一经验促使我们发表了一篇文章来说明 NetLogo 对于大型模型非常有用，并展示了如何高效地做到这一点。文章（Railsback et al., 2017，http://jasss. soc. sarry. ac. uk/20/1/3. html；另请参阅网页 www. railsback- grimm- abm-book. com/JASSS-models. html 的补充材料和更新）旨在作为使用 NetLogo 构建大型模型的指南。

文章首先指出，NetLogo 在历史上的运行缓慢且不适合大型模型的声誉似乎并不符合实际，并列出了几个虽然庞大但已经过系统分析和发布的 NetLogo 模型作为示例。然而，由于编程语句在任何语言中都很慢，许多模型确实一开始执行得非常慢。文章提供了一个逐步的过程，用于识别此类语句并用更快的代码替换它们，通常可以将执行时间减少几个数量级。文章还说明了如何使用离散事件模拟（14.2.5 节）使某些类型的模型运行更快，并描述了一个用于进行离散事件模拟的 NetLogo 扩展。文章还讨论了在高性能计算机集群上进行行为空间实验的相对易行性。文章还介绍了用于校准和敏感性分析的高效计算方法和软件。

我们还学会了克服 NetLogo 看似固有的局限性。例如，NetLogo 不直接支持使用正方形嵌块以外的空间单元，但通过其 GIS 扩展可以相对容易地导入多边形（使用海龟的一个子类来保存其状态变量），并将多边形用作非正方形嵌块（图 24.1）。

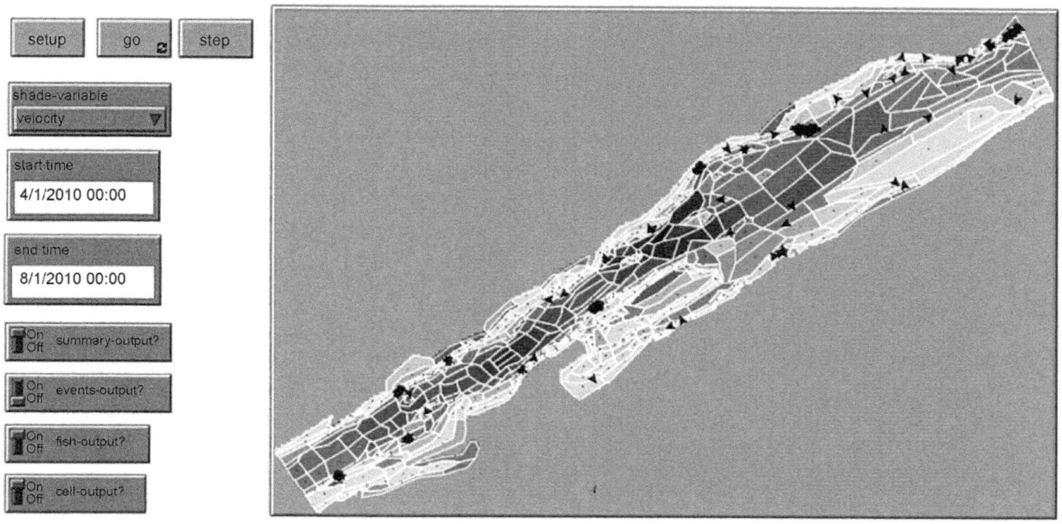

图 24.1　将空间表达为不规则多边形网格单元的未发表的河流鱼类 ABM 的 NetLogo 界面

单元格边界通过 GIS 扩展导入。海龟的一个子类持有网格单元的状态变量；每个多边形的中心放置一只这样的海龟。NetLogo 的嵌块根据其所在的多边形确定其特征（如 pcolor）。该模型还使用时间扩展将 NetLogo 中的时间步与特定的时间单位（在这里，每个时间步表示 2 小时，模型运行时间为 2010 年 4 月 1 日至 7 月 31 日）相关联

考虑到 NetLogo 的这些改进和在处理大型模型方面的新体验，似乎切换到 NetLogo 以外平台的高成本（必须自己编写和测试额外代码，并且要么重现行为空间和 NetLogo 的高效算法，要么放弃其带来的好处，且运行时错误检查更少，等等）很少会被其优势所抵消。我们建议您在完成 NetLogo 中需要做的事情之后，再切换到其他平台。

24.7 展　望

本教材的基本原则是推动基于主体的建模成为科学研究的一种标准工具。要实现这一目标，许多领域都需要进行相当大的调整：那些旨在使用和教授基于主体的建模的教授、讲师以及未来将成为教授和讲师的学生，面临学习资源匮乏的不利条件。我们预测这种情形不会持续太久，将 ABM 纳入青年学者使用的标准工具集的研究正持续获得学界关注。

在这样一个新领域，要保持与时俱进并推动其向前发展，与其他基于主体的建模者进行频繁交流至关重要。当然，不同机构和科学领域对于基于主体的科学的热情存在随机

性。幸运的是，对 ABM 感兴趣却感到孤独的建模者，可以加入志同道合的科学家组成的在线团队。参加日益增多的组织和活动，如基于开放主体的建模协会（www.openabm.org）、计算社会科学学会和 SwarmFest（www.swarm.org），是了解最新的基于主体的建模的技术、工具以及（我们希望越来越多的）理论的非常有效的方法。

当然，剩下的内容都是细节问题。

参考文献

Abrams, P. A. 1993. Why predation rate should not be proportional to predator density. Ecology 74, 726-33.

An, G. 2001. Agent-based computer simulation and SIRS: Building a bridge between basic science and clinical trials. Shock 16, 266-73.

An, G. 2015. Integrating physiology across scales and formalizing hypothesis exploration with agent- based modeling. Journal of Applied Physiology 118, 1191-92. doi: 10. 1152/japplphysiol. 00243. 2015.

An, L. 2012. Modeling human decisions in coupled human and natural systems: Review of agent-based models. Ecological Modelling 229, 25-36.

Augusiak, J., Van den Brink, P. J., & Grimm, V. 2014. Merging validation and evaluation of ecological models to 'evaludation': A review of terminology and a practical approach. Ecological Modelling 280, 117-28.

Auyang, S. Y. 1998. Foundations of complex-system theories in economics, evolutionary biology, and statisti- cal physics. Cambridge University Press, New York.

Axelrod, R. 1997. The dissemination of culture: A model with local convergence and global polarization. Journal of Conflict Research 41, 203-26.

Ayllón, D., Railsback, S. F., Vincenzi, S., Groeneveld, J., Almodóvar, A., & Grimm, V. 2016. InSTREAM-Gen: Modelling eco-evolutionary dynamics of trout populations under anthropogenic environ- mental change. Ecological Modelling 326, 36-53.

Ballerini, M., Cabibbo, N., Candelier, R., Cavagna, A., Cisbani, E., Giardina, I., Lecomte, V., Orlandi, A., Parisi, G., Procaccini, A., Viale, M., & Zdravkovic, V. 2008. Interaction ruling animal collective behavior depends on topological rather than metric distance: Evidence from a field study. Proceed- ings of the National Academy of Sciences 105, 1232-37.

Bohn, F. J., & Huth, A. 2017. The importance of forest structure to biodiversity-productivity relation- ships. Royal Society Open Science 4, 160521. doi: 10. 1098/rsos. 160521.

Bonnell, T. R., Campennì, M., Chapman, C. A., Gogarten, J. F., Reyna-Hurtado, R. A., Teichroeb, J. A., Wasserman, M. D., & Sengupta, R. 2013. Emergent group level navigation: An agent-based evalu- ation of movement patterns in a folivorous primate. PLoS ONE 8: e78264.

Botkin, D. B., Janak, J. F., & Wallis, J. R. 1972. Some ecological consequences of a computer model of for- est growth. Journal of Ecology 60, 849-72.

Brown, D., Page, S. E., Riolo, R., & Rand, W. 2004. Agent-based and analytical modeling to evaluate the effectiveness of greenbelts. Environmental Modelling & Software 19, 1097-1109.

Buchanan, M. 2009. Meltdown modelling: Could agent-based computer models prevent another finan- cial crisis? Nature 460, 680-82.

Burnham, K. P., & Anderson, D. R. 2002. Model selection and multimodel inference: A practical informa- tion-theoretic approach. Springer, New York.

Camazine, S., Deneubourg, J.-L., Franks, N. R., Sneyd, J., Theraulaz, G., & Bonabeau, E. 2001. Self-organization in biological systems. Princeton University Press, Princeton, NJ.

Campolongo, F., Cariboni, J., & Saltelli, A. 2007. An effective screening design for sensitivity analysis of large models. Environmental Modelling & Software 22, 1509-18.

Carter, N., Levin, S., Barlow, A., & Grimm, V. 2015. Modeling tiger population and territory dynamics using an agent-based approach. Ecological Modelling 312, 347-62.

Cortés-Avizanda, A., Jovani, R., Donázar, J. A., & Grimm, V. 2014. Bird sky networks: How do avian scavengers use social information to find carrion? Ecology 95, 1799-808.

Czárán, T. 1998. Spatiotemporal models of population and community dynamics. Chapman and Hall, London.

DeAngelis, D., & Mooij, W. 2003. In praise of mechanistically-rich models. In Models in ecosystem science (ed. C. Canham, J. Cole, & W. Lauenroth). Princeton University Press, Princeton, NJ, pp. 63-82.

DeAngelis, D., Rose, K., & Huston, M. 1994. Individual-oriented approaches to modeling ecological populations and communities. In Frontiers in mathematical biology (ed. S. Levin). Springer, New York, pp. 390-410.

Drechsler, M., Burgman, M. A., & Menkhorst, P. W. 1998. Uncertainty in population dynamics and its consequences for the management of the orange-bellied parrot Neophema chrysogaster. Biological Conservation 84, 269-81.

Drechsler, M., Frank, K., Hanski, I., O'Hara, B., & Wissel, C. 2003. Ranking metapopulation extinc- tion risk: From patterns in data to conservation management decisions. Ecological Applications, 990-98.

du Plessis, M. 1992. Obligate cavity-roosting as a constraint on dispersal of green (red-billed) wood- hoopoes: Consequences for philopatry and the likelihood of inbreeding. Oecologia 90, 205-11.

Duffy, J. 2006. Agent-based models and human subject experiments. In Handbook of computational economics, vol. 2: Agent-based computational economics (ed. L. Tesfatsion & K. Judd). Elsevier, Amsterdam, pp. 949-1011.

Eisinger, D., & Thulke, H.-H. 2008. Spatial pattern formation facilitates eradication of infectious disease. Journal of Applied Ecology 45, 415-23.

Eisinger, D., Thulke, H.-H., Selhorst, T., & Muller, T. 2005. Emergency vaccination of rabies under limited resources—combating or containing? BMC Infectious Diseases 5, 10.

Eliassen, S., Andersen, B. S., Jørgensen, C., & Giske, J. 2016. From sensing to emergent adaptations: Modelling the proximate architecture for decision-making. Ecological Modelling 326, 90-100.

Epstein, J., & Axtell, R. 1996. Growing artificial societies: Social science from the bottom up. MIT Press, Cambridge, MA.

Garcia, C., Stillman, R. A., Forster, R. M., Silva, T., & Bremner, J. 2016. Nuclear power and coastal birds: Predicting the ecological consequences of warm-water outflows. Ecological Modelling 342, 60-81.

Geanakoplos, J., Axtell, R., Farmer, D. J., Howitt, P., Conlee, B., Goldstein, J., Hendrey, M., Palmer, N. M., & Yang, C.-Y. 2012. Getting at systemic risk via an agent-based model of the housing market. American Economic Review 102, 53-58.

Gilbert, N., Hawksworth, J. C., & Swinney, P. A. 2009. An agent-based model of the English housing market. In AAAI Spring Symposium: Technosocial Predictive Analytics, pp. 30-35.

Giske, J., Eliassen, S., Fiksen, Ø., Jakobsen, P. J., Aksnes, D. L., Jørgensen, C., & Mangel, M. 2013. Effects of the emotion system on adaptive behavior. American Naturalist 182, 689-703.

Giske, J., Mangel, M., Jakobsen, P., Huse, G., Wilcox, C., & Strand, E. 2003. Explicit trade-off rules in proximate adaptive agents. Evolutionary Ecology Research 5, 835-65.

Gode, D. K., & Sunder, S. 1993. Allocative efficiency of markets with zero-intelligence traders: Market as a partial substitute for individual rationality. Journal of Political Economy 101, 119-37.

Goss-Custard, J., Burton, N., Clark, N., Ferns, P., McGrorty, S., Reading, C., Rehfsch, M., Stillman, R., Townend, I., West, A., & Worrall, D. 2006. Test of a behavior-based individual-based model: Re- sponse of shorebird mortality to habitat loss. Ecological Applications 16, 2215-22.

Grimm, V. 1999. Ten years of individual-based modelling in ecology: What have we learned and what could we learn in the future? Ecological Modelling 115, 129-48.

Grimm, V., & Berger, U. 2003. Seeing the forest for the trees, and vice versa: Pattern- oriented ecological modelling. In Handbook of scaling methods in aquatic ecology: Measurement, analysis, simulation (ed. L. Seuront & P. Strutton) . CRC Press, Boca Raton, FL, pp. 411-28.

Grimm, V., & Berger, U. 2016. Robustness analysis: Deconstructing computational models for ecological theory and applications. Ecological Modelling 326, 162-67.

Grimm, V., & Railsback, S. 2005. Individual- based modeling and ecology. Princeton University Press, Princeton, NJ.

Grimm, V., & Railsback, S. 2012. Pattern-oriented modelling: A "multiscope" for predictive systems ecol- ogy. Philosophical Transactions of the Royal Society B 367, 298-310.

Grimm, V., & Wissel, C. 1997. Babel, or the ecological stability discussions: An inventory and analysis of terminology and a guide for avoiding confusion. Oecologia 109, 323-34.

Grimm, V., Augusiak, J., Focks, A., Frank, B. M., Gabsi, F., Johnston, A. S. A., Liu, C., Martin, B. T., Meli, M., Radchuk, V., Thorbek, P., & Railsback, S. F. 2014. Towards better modelling and decision sup- port: Documenting model development, testing, and analysis using TRACE. Ecological Modelling 280, 129-39.

Grimm, V., Berger, U., Bastiansen, F., Eliassen, S., Ginot, V., Giske, J., Goss-Custard, J., Grand, T., Heinz, S., Huse, G., Huth, A., Jepsen, J., Jørgensen, C., Mooij, W., Müller, B., Pe'er, G., Piou, C., Railsback, S., Robbins, A., Robbins, M., Rossmanith, E., Rüger, N., Strand, E., Souissi, S., Stillman, R., Vabø, R., Visser, U., & DeAngelis, D. 2006. A standard protocol for describing individual- based and agent- based models. Ecological Modelling 198, 115-26.

Grimm, V., Dorndorf, N., Frey-Roos, F., Wissel, C., Wyszomirski, T., & Arnold, W. 2003. Modelling the role of social behavior in the persistence of the alpine marmot Marmota marmota. Oikos 102, 124-36.

Grimm, V., Revilla, E., Berger, U., Jeltsch, F., Mooij, W., Railsback, S., Thulke, H.-H., Weiner, J., Wiegand, T., & DeAngelis, D. 2005. Pattern-oriented modeling of agent-based complex systems: Lessons from ecology. Science 310, 987-91.

Grimm, V., Berger, U., DeAngelis, D., Polhill, J., Giske, J., & Railsback, S. 2010. The ODD protocol: A review and first update. Ecological Modelling 221, 2760-68.

Groeneveld, J., Müller, B., Buchmann, C. M., Dressler, G., Guo, C., Hase, N., Hoffmann, F., John, F., Klas- sert, C., Lauf, T., Liebelt, V., Nolzen, H., Pannicke, N., Schulze, J., Weise, H., & Schwarz, N. 2017. Theoretical foundations of human decision- making in agent- based land use models—a review. Environmental Modelling & Software 87, 39-48.

Groves, T. 1973. Incentives in teams. Econometrica 41, 617-31.

Gusset, M., Jakoby, O., Müller, M., Somers, M., Slotow, R., & Grimm, V. 2009. Dogs on the catwalk: Modelling re- introduction and translocation of endangered wild dogs in South Africa. Biological Conservation 142, 2774-81.

Haefner, J. W. 2012. Modeling biological systems: Principles and applications. Springer Science & Business Media, New York.

Heine, B.-O., Meyer, M., & Strangfeld, O. 2007. Das Konzept der stilisierten Fakten zur Messung und

Bewertung wissenschaftlichen Fortschritts. Die Betriebswirtschaft 67, 583-601.

Heine, B. - O., Meyer, M., & Strangfeld, O. 2005. Stylised facts and the contribution of simulation to the economic analysis of budgeting. Journal of Artificial Societies and Social Simulation 8, 4. http://jasss. soc. surrey. ac. uk/8/4/4. html.

Hemelrijk, C. K. 1999. An individual- orientated model of the emergence of despotic and egalitarian societies. Proceedings of the Royal Society of London B 266, 361-69.

Herrera, C., & Jovani, R. 2010. Lognormal distribution of individual lifetime fecundity: Insights from a 23-year study. Ecology 91, 422-30.

Hilborn, R., & Mangel, M. 1997. The ecological detective: Confronting models with data. Princeton Uni- versity Press, Princeton, NJ.

Holland, J. H. 1995. Hidden order: How adaptation builds complexity. Perseus Books, Reading, MA.

Horn, J., Becher, M. A., Kennedy, P. J., Osborne, J. L., & Grimm, V. 2016. Multiple stressors: Using the honeybee model BEEHAVE to explore how spatial and temporal forage stress affects colony resil- ience. Oikos 125, 1001-16.

Houston, A., & McNamara, J. 1999. Models of adaptive behaviour: An approach based on state. Cambridge University Press, Cambridge.

Hunt, C. A., Kennedy, R. C., Kim, S. H. J., & Ropella, G. E. P. 2013. Agent-based modeling: A systematic assessment of use cases and requirements for enhancing pharmaceutical research and develop- ment productivity. WIREs Systems Biology and Medicine 5, 461-80. doi: 10. 1002/wsbm. 1222.

Huse, G., Railsback, S., & Fernø, A. 2002. Modelling changes in migration pattern of herring: Collective behaviour and numerical domination. Journal of Fish Biology 60, 571-82.

Huth, A., & Wissel, C. 1992. The simulation of the movement of fish schools. Journal of Theoretical Biol- ogy 156, 365-85.

Huth, A., Drechsler, M., &Kohler, P. 2004. Multicriteria evaluation of simulated logging scenarios in a tropical rain forest. Journal of Environmental Management 71, 321-33.

Janssen, M. A., Radtke, N. P., & Lee, A. 2009. Pattern-oriented modeling of commons dilemma experi- ments. Adaptive Behavior 17, 508-23.

Jeltsch, F., Milton, S., Dean, W., & van Rooyen, N. 1996. Tree spacing and coexistence in semiarid savan- nas. Journal of Ecology 84, 583-95.

Jeltsch, F., Müller, M. S., Grimm, V., Wissel, C., & Brandl, R. 1997. Pattern formation triggered by rare events: Lessons from the spread of rabies. Proceedings of the Royal Society of London B 264, 495-503.

Jovani, R., & Grimm, V. 2008. Breeding synchrony in colonial birds: From local stress to global harmony. Proceedings of the Royal Society of London B 275, 1557-63.

Kaldor, N. 1961. Capital accumulation and economic growth. In The Theory of Capital (ed. F. A. Lutz & D. C. Hague) . MacMillan, London, pp. 177-222.

Kleijnen, J. P. C., & Sargent, R. G. 2000. A methodology for fitting and validating metamodels in simula- tion. European Journal of Operational Research 120, 14-29.

Kornhauser, D., Wilensky, U., & Rand, W. 2009. Design guidelines for agent based model visualization. Journal of Artificial Societies and Social Simulation 12, 1. http://jasss. soc. surrey. ac. uk/12/2/1. html.

Kramer-Schadt, S., Fernandez, N., Grimm, V., & Thulke, H. -H. 2009. Individual variation in infectious- ness explains long-term disease persistence in wildlife populations. Oikos 118, 199-208.

LeBaron, B. 2001. Empirical regularities from interacting long- and short- memory investors in an agent- based stock market. IEEE Transactions on Evolutionary Computation, 442-55.

Levins, R. 1966. The strategy of model building in population biology. American Scientist 54, 421-31. Lotka, A. J. 1925. Elements of physical biology. Williams and Wilkins, Baltimore.

Mangel, M., & Clark, C. 1986. Toward a unifed foraging theory. Ecology 67, 1127-38.

Martin, K. S., Blemker, S. S., & Peirce, S. M. 2015. Agent-based computational model investigates muscle-specific responses to disuse-induced atrophy. Journal of Applied Physiology 118, 1299-1309.

McQuinn, I. 1997. Metapopulations and the Atlantic herring. Reviews in Fish Biology and Fisheries 7, 297-329.

Meredith, D. D., Wong, K. W., Woodhead, R. W., & Wortman, R. H. 1973. Design and planning of engineering systems. Prentice-Hall, Englewood Cliffs, NJ.

Mitchell, M. 1998. An introduction to genetic algorithms. MIT Press, Cambridge, MA.

Neuert, C., du Plessis, M., Grimm, V., & Wissel, C. 1995. Welche ökologischen Faktoren bestimmen die Gruppengröße bei Phoeniculus purpureus (Gemeiner Baumhopf) in Südafrika? Ein individuen- basiertes Modell. Verhandlungen der Gesellschaft für Ökologie 24, 145-49.

Neuert, C., Rademacher, C., Grundmann, V., Wissel, C., & Grimm, V. 2001. Struktur und Dynamik von Buchenurwäldern: Ergebnisse des regelbasierten Modells BEFORE. Naturschutz und Landschafts- planung 33, 173-83.

O'Sullivan, D., & Perry, G. 2013. Spatial simulation: Exploring pattern and process. John Wiley and Sons, Hoboken, NJ.

Parker, D., Manson, S., Janssen, M., Hofmann, M., & Deadman, P. 2003. Multi- agent systems for the simulation of land-use and land-cover change: A review. Annals of the Association of American Geographers 93, 314-37.

Partridge, B. L. 1982. The structure and function of fish schools. Scientific American 246, 90-99.

Peck, S. L. 2004. Simulation as experiment: A philosophical reassessment for biological modeling. Trends in Ecology and Evolution 19, 530-34.

Peirce, S., Van Gieson, E., & Skalak, T. 2004. Multicellular simulation predicts microvascular patterning and in silico tissue assembly. FASEB Journal 18, 731-33.

Pe'er, G. 2003. Spatial and behavioral determinants of butterfly movement patterns in topographically complex landscapes. PhD thesis, Ben-Gurion University of the Negev.

Pe'er, G., Heinz, S., & Frank, K. 2006. Connectivity in heterogeneous landscapes: Analyzing the effect of topography. Landscape Ecology 21, 47-61.

Pe'er, G., Saltz, D., & Frank, K. 2005. Virtual corridors for conservation management. Conservation Biol- ogy 19, 1997-2003.

Pe'er, G., Saltz, D., Thulke, H.-H., & Motro, U. 2004. Response to topography in a hilltopping butterfly and implications for modelling nonrandom dispersal. Animal Behaviour 68, 825-39.

Pitt, W., Box, P., & Knowlton, F. 2003. An individual- based model of canid populations: Modelling territoriality and social structure. Ecological Modelling 166, 109-21.

Platt, J. R. 1964. Strong inference. Science 146, 347-52.

Polhill, J., Brown, D., & Grimm, V. 2008. Using the ODD protocol for describing three agent- based social simulation models of land use change. Journal of Artificial Societies and Social Simulation 11, 3. http://jasss. soc. surrey. ac. uk/11/2/3. html.

Rademacher, C., &Winter, S. 2003. Totholz im Buchen- Urwald: Generische Vorhersagen des Simulationsmodells BEFORE- CWD zur Menge, räumlichen Verteilung und Verfügbarkeit. Forstwissen- schaftliches

Centralblatt 122, 337-57.

Rademacher, C., Neuert, C., Grundmann, V., Wissel, C., & Grimm, V. 2001. Was charakterisiert Buchenurwälder? Untersuchungen der Altersstruktur des Kronendachs und der räumlichen Verteilung der Baumriesen mit Hilfe des Simulationsmodells BEFORE. Forstwissenschaftliches Centralblatt 120, 288-302.

Rademacher, C., Neuert, C., Grundmann, V., Wissel, C., & Grimm, V. 2004. Reconstructing spatiotem- poral dynamics of Central European natural beech forests: The rule-based forest model BEFORE. Forest Ecology and Management 194, 349-68.

Railsback, S. F., & Harvey, B. C. 2013. Trait-mediated trophic interactions: Is foraging theory keeping up? Trends in Ecology & Evolution 28, 119-25.

Railsback, S. F., & Harvey, B. C. 2020. Modeling populations of adaptive individuals. Princeton University Press, Princeton, NJ.

Railsback, S. F., & Johnson, M. D. 2014. Effects of land use on bird populations and pest control services on coffee farms. Proceedings of the National Academy of Sciences 111, 6109-14.

Railsback, S., & Harvey, B. 2002. Analysis of habitat-selection rules using an individual-based model. Ecology 83, 1817-30.

Railsback, S., Ayllón, D., Berger, U., Grimm, V., Lytinen, S., Sheppard, C., & Thiele, J. 2017. Improving execution speed of models implemented in NetLogo. Journal of Artificial Societies and Social Simu- lation 20, 3. http://jasss. soc. surrey. ac. uk/20/1/3. html.

Railsback, S., Harvey, B., Hayes, J., & LaGory, K. 2005. Tests of a theory for diel variation in salmonid feeding activity and habitat use. Ecology 86, 947-59.

Railsback, S., Lamberson, R., Harvey, B., & Duffy, W. 1999. Movement rules for individual-based models of stream fish. Ecological Modelling 123, 73-89.

Railsback, S. F., & Johnson, M. D. 2011. Pattern-oriented modeling of bird foraging and pest control in coffee farms. Ecological Modelling 222, 3305-19.

Rammig, A., & Fahse, L. 2009. Simulating forest succession after blowdown events: The crucial role of space for a realistic management. Ecological Modelling 220, 3555-64.

Reynolds, C. 1987. Flocks, herds, and schools: A distributed behavioral model. Computer Graphics 21, 25-36.

Saltelli, A., Chan, K., & Scott, E. M., eds. 2008a. Sensitivity analysis. Wiley-Interscience, NewYork. Saltelli, A., Ratto, M., Andres, T., Campolongo, F., Cariboni, J., Gatelli, D., Saisana, M., & Tarantola, S., eds. 2008b. Global sensitivity analysis: The primer. Wiley-Interscience, New York.

Schelling, T. C. 1971. Dynamic models of segregation. Journal of Mathematical Sociology 1, 143-86. Schelling, T. C. 2006. Some fun, thirty-five years ago. In Handbook of computational economics, vol. 2: Agent- based computational economics (ed. L. Tesfatsion & K. Judd) . Elsevier, Amsterdam, pp. 1639-44.

Schmolke, A., Thorbek, P., DeAngelis, D. L., & Grimm, V. 2010. Ecological models supporting environ- mental decision making: A strategy for the future. Trends in Ecology and Evolution 25, 479-86.

Schulze, J., Müller, B., Groeneveld, J., & Grimm, V. 2017. Agent-based modelling of social-ecological systems: Achievements, challenges, and a way forward. Journal of Artificial Societies & Social Simula- tion 20, 2. http://jasss. soc. surrey. ac. uk/20/2/8. html.

Smith, A. K., Petersen, B. K., Ropella, G. E. P., Kennedy, R. C., Kaplowitz, N., Ookhtens, M., & Hunt, C. A. 2016. Competing mechanistic hypotheses of acetaminophen-induced hepatotoxicity challenged by virtual experiments. PLoS Computational Biology 12, e1005253. doi: 10. 1371/journal. pcbi. 1005253.

Starfield, A. M., Smith, K. A., & Bleloch, A. L. 1990. How to model it: Problem solving for the computer age.

McGraw-Hill, New York.

Staufer, H. B. 2008. Contemporary Bayesian and frequentist statistical research methods for natural re- source scientists. John Wiley & Sons, Hoboken, NJ.

Strand, E., Huse, G., & Giske, J. 2002. Artificial evolution of life history and behavior. American Naturalist 159, 624-44.

Thiele, J. C., & Grimm, V. 2015. Replicating and breaking models: Good for you and good for ecology. Oikos 124, 691-96.

Thiele, J. C., Kurth, W., & Grimm, V. 2014. Facilitating parameter estimation and sensitivity analysis of agent-based models: A cookbook using NetLogo. Journal of Artificial Societies and Social Simula- tion 17, 11. http://jasss. soc. surrey. ac. uk/17/3/11. html.

Thiele, J., & Grimm, V. 2010. NetLogo meets R: Linking agent-based models with a toolbox for their analysis. Environmental Modelling & Software 25, 972-74.

Thiery, J., D'Herbes, J., & Valentin, C. 1995. A model simulating the genesis of banded vegetation patterns in Niger. Journal of Ecology 83, 497-507.

Thulke, H. -H., & Eisinger, D. 2008. The strength of 70%: After revision of a standard threshold of ra- bies control. In Towards the elimination of rabies in Eurasia (ed. B. Dodet, A. Fooks, T. Muller, & N. Tordo), vol. 131 of Developments in Biologicals. S. Karger AG, Basel, pp. 291-98.

Turner, M. 1993. Book review of: Remmert, H. (ed.) 1991. The mosaic- cycle concept of ecosystems. Springer, Berlin. Journal of Vegetation Science 4, 575-76.

Valone, T. 2006. Are animals capable of Bayesian updating? An empirical review. Oikos 112, 252-59.

Vincenot, C. E. 2018. How new concepts become universal scientific approaches: Insights from citation network analysis of agent-based complex systems science. Proceedings of the Royal Society B: Bio- logical Sciences 285. doi: 10. 1098/rspb. 2017. 2360.

Watson, J. 1968. The double helix: A personal account of the discovery of the structure of DNA. Atheneum, New York.

Weimerskirch, H., Pinaud, D., Pawlowski, F., & Bost, C. -A. 2007. Does prey capture induce area-re- stricted search? A fine-scale study using GPS in a marine predator, the wandering albatross. Amer- ican Naturalist 170, 734-43.

Weisberg, M. 2006. Robustness analysis. Philosophy of Science 73, 730-42.

Weisberg, M. 2012. Simulation and similarity: Using models to understand the world. Oxford University Press, Oxford.

Wiegand, T., & Moloney, K. A. 2014. Handbook of spatial point-pattern analysis in ecology. CRC Press, Boca Raton, FL.

Wiegand, T., Revilla, E., & Knauer, F. 2004. Dealing with uncertainty in spatially explicit population models. Biodiversity and Conservation 13, 53-78.

Wiegand, T., Jeltsch, F., Hanski, I., & Grimm, V. 2003. Using pattern-oriented modeling for revealing hidden information: A key for reconciling ecological theory and conservation practice. Oikos 100, 209-22.

Wilensky, U. 1999. NetLogo. http://ccl. northwestern. edu/netlogo/. Center for Connected Learning and Computer-Based Modeling, Northwestern University, Evanston, IL.

Wilensky, U., & Shargel, B. 2002. BehaviorSpace (computer software). Center for Connected Learning and Computer-Based Modeling, Northwestern University, Evanston, IL.

Wimsatt, W. C. 1981. Robustness, reliability, and overdetermination. In Scientific inquiry and the social sciences (ed. M. Brewer & B. Collins) . Jossey-Bass, San Francisco, pp. 124-63.

Wissel, C. 1992. Modelling the mosaic-cycle of a Middle European beech forest. Ecological Modelling 63, 29-43.

Yu, R., Railsback, S., Sheppard, C., & Leung, P. 2013. Agent-based fishery management model of Hawaii's longline fisheries (FMMHLF): Model description and software guide. University of Hawaii at Manoa, School of Ocean and Earth Science report 13-01, Honolulu, HI. www. soest. hawaii. edu/PFRP/soest_ jimar_ rpts/yu_ leung_ abm_ 2013. pdf.

Zurell, D., Berger, U., Cabral, J. S., Jeltsch, F., Meynard, C. N., Münkemüller, T., Nehrbass, N., Pagel, J., Reineking, B., Schröder, B., & Grimm, V. 2010. The virtual ecologist approach: Simulating data and observers. Oikos 221, 98-105.